普通高等学校教材

ANSYS结构力学分析及工程应用实例

马 辉 孙 伟 郭旭民 徐昆鹏 编著

东北大学出版社
·沈 阳·

图书在版编目（CIP）数据

ANSYS 结构力学分析及工程应用实例 / 马辉等编著 .
沈阳 : 东北大学出版社，2024. 10. -- ISBN 978-7
-5517-3682-4

Ⅰ . O342-39
中国国家版本馆 CIP 数据核字第 2024ZL8908 号

出 版 者：东北大学出版社
　　　　　地址：沈阳市和平区文化路三号巷 11 号
　　　　　邮编：110819
　　　　　电话：024-83683655（总编室）
　　　　　　　　024-83687331（营销部）
　　　　　网址：http://press.neu.edu.cn
印 刷 者：辽宁一诺广告印务有限公司
发 行 者：东北大学出版社
幅面尺寸：185 mm × 260 mm
印　　张：24.5
字　　数：549 千字
出版时间：2024 年 10 月第 1 版
印刷时间：2024 年 10 月第 1 次印刷
策划编辑：刘桉彤
责任编辑：高艳君
责任校对：邱　静
封面设计：潘正一
责任出版：初　茗

ISBN 978-7-5517-3682-4　　　　　　　　　定　价：89.00 元

前　言

　　ANSYS是一款大型通用有限元分析软件，主要用于分析机械结构在外力作用下出现的响应，如应力、位移、温度等。根据这些响应可判断机械结构受到外力负载后是否符合要求，如不符合，可进一步改进设计。ANSYS公司推出了ANSYS经典版（Mechanical APDL）和ANSYS Workbench两个版本，本书主要介绍ANSYS经典版。ANSYS软件广泛应用于一般机械、航空航天、车辆、船舶等领域，在国内外均有众多用户。当前，采用ANSYS软件对结构进行有限元建模及力学分析已成为众多企业在产品设计和研发阶段必然经历的一个关键流程，因而，对于机械工程专业的本科生或研究生而言，学习ANSYS软件并掌握结构力学分析技术是胜任本职工作的一项基本技能。

　　本书主要面向ANSYS软件的初学者，主要从ANSYS软件基本操作、结构静力学分析和结构动力学分析三方面向读者介绍对一个实际结构进行力学分析所要掌握的关键技术。第1篇为ANSYS软件基本操作，包括：第1章ANSYS简介及ANSYS参数化设计语言APDL；第2章ANSYS结构分析常用单元及选用方法；第3章ANSYS几何建模方法；第4章ANSYS网格划分方法；第5章ANSYS约束、加载和求解技术；第6章ANSYS后处理。第2篇为结构静力学分析，包括：第7章结构静力学分析的基本概念；第8章平面问题分析实例；第9章梁类结构分析案例；第10章壳类结构分析实例；第11章实体结构分析实例；第12章接触分析实例。第3篇为结构动力学分析，包括：第13章结构动力学分析的基本概念；第14章模态分析实例；第15章谐响应分析实例；第16章瞬态响应分析实例；第17章谱分析实例。

　　ANSYS是一个大型商业化软件，涉及的模块及操作技巧众多，本书"不求全面，但求关键"，着重介绍对机械结构进行力学分析所必须掌握的选单元、几何建模、分网、加约束、加载荷、求解设置、后处理等主要步骤。同时，案例化教学也是本书一个重要特点，针对一个实际的结构分析案例，分别基于图形用户界面（Graphical User Interface, GUI）对话框和ANSYS参数化设计语言（ANSYS Parametric Design Language，APDL）完成整个分析，使读者深入掌握ANSYS结构分析的整个流程，并能举一反三，应用到具体分析任务上。总之，本书内容简明，构思精练，结构清晰，语言叙述简练易懂，符合大规模课程教学的要求，可有效满足广大学生学习的需求。

本书由东北大学马辉教授、孙伟教授、郭旭民讲师、徐昆鹏讲师合作编著完成，其中，马辉教授负责全书的内容策划，并编写了第1篇的第1章、第2章，第2篇的第9章、第12章，第3篇的第13章、第14章；孙伟教授负责全书的内容审核并提出具体改进意见，并编写了第1篇的第3章，第2篇的第7章、第8章，第3篇的第15章；郭旭民讲师编写了第1篇的第5章、第6章，第2篇的第10章，第3篇的第16章、第17章；徐昆鹏讲师编写了第1篇的第4章，第2篇的第11章。在编写过程中，课题组的研究生也做了大量的工作，包括张辉、马泽宇、赵晓剑、刘明、曲校池、张龙、李鑫。同时，作者参阅了大量经典的ANSYS教材，还得到了很多兄弟学校和老师的大力支持，在此一并表示感谢。

由于水平有限，本书可能会有不妥之处，敬请读者批评指正。

编著者

2024年5月

目　录

第1篇
ANSYS软件基本操作

第1章　ANSYS简介及ANSYS参数化设计语言APDL

本章主要对ANSYS软件的用户界面、组成及其主要功能模块、产生的文件和分析流程进行了简要介绍。此外，也对ANSYS参数化设计语言（ANSYS Parametric Design Language，APDL）进行了简要介绍，对APDL文件的编写涉及的内容（参数定义及命名规则、删除参数及参数值的置换、参数公式及带参数的函数、数组参数及用法、参数与数据文件的写出与读入、APDL中的控制程序）进行了简要介绍。在软件介绍过程中还分别给出了利用图形用户界面（Graphical User Interface，GUI）和命令流（APDL）来分析简支梁在均布力和力矩作用下变形、弯矩和剪力的过程，以此让读者初步理解基于ANSYS对结构进行具体分析的流程。

1.1　ANSYS简介

ANSYS是美国ANSYS公司研制的大型通用有限元分析软件，主要用于分析机械结构在外力作用下出现的响应，如应力、位移、温度等。根据这些响应可判断机械结构受到外力负载后是否符合要求，如不符合，可进一步改进设计。一般机械系统几何结构相当复杂、存在多种负荷，理论分析往往无法进行。想要求解，必须先简化结构，采用数值模拟方法分析。随着计算机行业的发展，相应的软件也应运而生，ANSYS软件目前广泛应用于机械、航空航天、车辆、船舶、电子、压力容器、生物医学等领域，在国内外有众多用户。

ANSYS公司成立于1970年，总部设在美国宾夕法尼亚州，目前是世界计算机辅助工程（CAE）行业中最大的公司。其创始人John Swanson为匹兹堡大学力学教授、有限元界权威。在发展过程中，ANSYS不断改进提高，功能不断增强，自ANSYS 7.0开始，ANSYS公司推出了ANSYS经典版（Mechanical APDL）和ANSYS Workbench版两个版本，这里主要介绍ANSYS经典版。

ANSYS的界面非常友好，与AutoCAD有些类似，使用方法也和AutoCAD有相似的地方：GUI方式和命令流方式。GUI方式即通过点击菜单项，在弹出的对话框中输入参数并进行相应设置，从而进行问题分析和求解；命令流方式是指在ANSYS的命令流输入窗口输入求解所需的命令，通过执行这些命令来解答问题。GUI方式比较容易掌握，但是在熟悉ANSYS的命令之后，命令流方式的效率要比GUI方式的效率高许多。目前，ANSYS软件已形成完善、成熟的三大核心体系：以结构、热力学为核心的体系，以计算流体动力学为核心的体系，以计算电磁学为核心的体系。这三大体系不仅提供MCAE／CFD／CEM领域的单场分析技术，各单场分析技术之间还可以形成多物理场耦合分析机制。

ANSYS作为一个完整的有限元分析系统，主要包括3个功能模块和2个支撑环境，即预处理（Preprocessor）、求解（Solve）和后处理（PostProcessor）模块，图形及数据可视化系统和数据库2个支撑环境。

1.1.1 ANSYS用户界面

ANSYS基于Motif标准创建了图形用户界面，用户可通过对话框、下拉菜单和子菜单等方式进行数据输入和功能选择，其主界面如图1.1所示，包括以下9个部分。

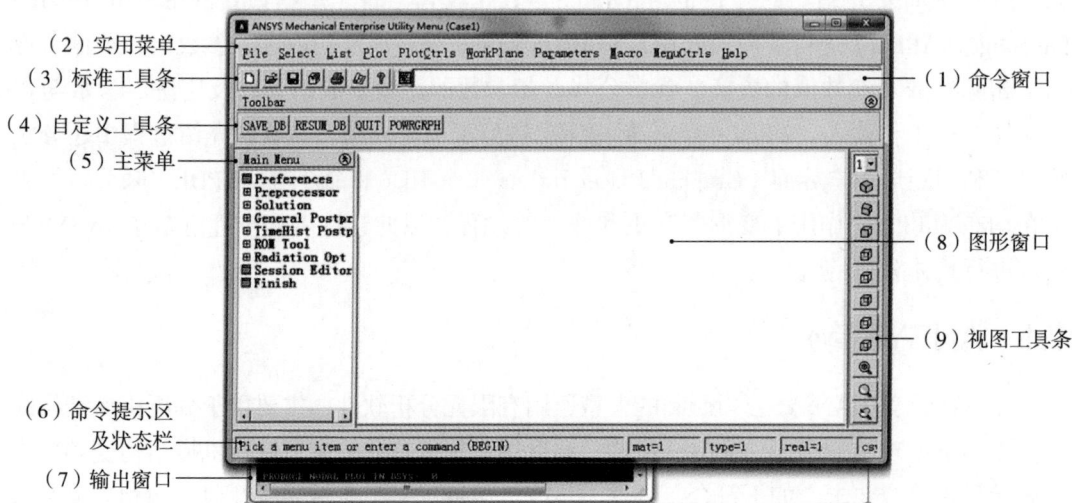

图1.1 ANSYS图形用户界面

（1）命令窗口（Command Input）。用户可在此窗口输入命令（主要是APDL）来实现相关操作，也可浏览先前输入的命令。所有输入的命令将在此窗口显示。

（2）实用菜单（Utility Menu）。实用菜单也称下拉式菜单（图1.2），主要包括文件管理（File，图1.3）、对象选择（Select，图1.4）、信息列表（List，图1.5）、图形显示（Plot，图1.6）、显示控制（PlotCtrls，图1.7）、工作平面设定（WorkPlane，图1.8）、参数设置（Parameters，图1.9）、宏命令（Macro，图1.10）、菜单控制（MenuCtrls，图1.11）和软件帮助（Help）等应用功能。该菜单为下拉式结构，单击相应的按钮即可完成相应操作。

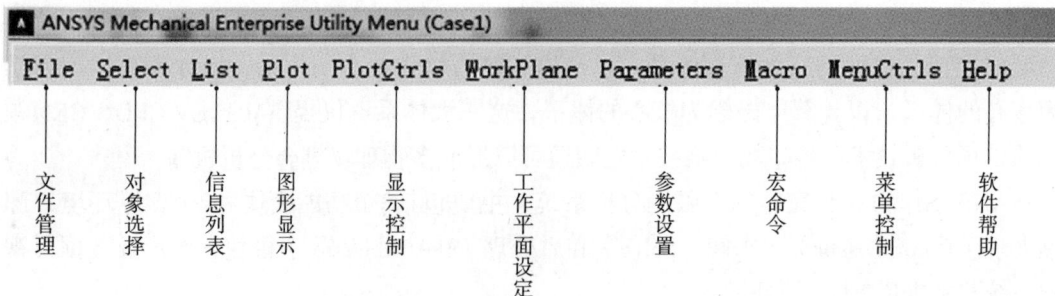

图1.2 实用菜单

Clear & Start New ...	清除或开始一个新的数据库
Change Jobname ...	更改工作文件名
Change Directory ...	更改工作目录
Change Title ...	更改工作标题
Resume Jobname.db ...	打开一个数据库
Resume from ...	从其他位置打开一个数据库
Save as Jobname.db	存储数据库为默认的文件名
Save as ...	另存数据库为
Write DB log file ...	记录DB过程操作
Read Input from ...	读入ANSYS数据文件
Switch Output to	将数据文件转化为另外形式的文件
List	列表显示
File Operations	文件操作
File Options ...	文件选项
Import	导入其他形式的模型
Export ...	导出模型
Report Generator ...	计算报告生成器
Exit ...	退出ANSYS

图1.3　文件管理（File）

Entities ...	选择项目
Component Manager	组件管理器
Comp/Assembly	组件创建
Everything	选择所有
Everything Below	按项选择

图1.4　对象选择（Select）

Files ▶	显示文件信息
Status ▶	显示文件状态
Keypoint ▶	显示关键点信息
Lines ...	显示线信息
Areas	显示面积状态
Volumes	显示体积信息
Nodes ...	显示节点信息
Elements	显示单元信息
Components	显示组件信息
Picked Entities +	GUI方式显示信息
Properties ▶	显示属性信息
Loads ▶	显示载荷信息
Results ▶	显示结果信息
Other ▶	显示其他信息

图1.5　信息列表（List）

Replot	重新显示
Keypoints ▶	显示关键点
Lines	显示线
Areas	显示面积
Volumes	显示体积
Specified Entities ▶	显示特殊项
Nodes	显示节点
Elements	显示单元
Layered Elements ...	显示层单元
Materials ...	显示材料
Data Tables	显示数据表
Array Parameters	显示矩阵参数
Results ▶	显示结果
Multi-Plots	多种显示
Components ▶	显示组件

图1.6　图形显示（Plot）

Pan Zoom Rotate ...	视图旋转放大
View Settings ▶	视图设置
Numbering ...	数目符号控制
Symbols ...	标志控制
Style ▶	风格控制
Font Controls ▶	字体控制
Window Controls ▶	窗口控制
Erase Options ▶	擦除选项
Animate ▶	动画
Annotation ▶	文字注释
Device Options ...	设备选项
Redirect Plots ▶	显示控制
Hard Copy ▶	图片复制控制
Save Plot Ctrls ...	保存显示控制
Restore Plot Ctrls ...	重置显示控制
Reset Plot Ctrls	恢复最初设置
Capture Image ...	抓图
Restore Image ...	保存图片
Write Metafile ▶	保存增强形图片
Multi-Plot Controls ...	多重显示控制
Multi-Window Layout ...	多重窗口控制
Best Quality Image ▶	图片质量控制

图1.7　显示控制（PlotCtrls）

Display Working Plane	显示工作平面
Show WP Status	显示工作平面信息
WP Settings ...	工作平面设置
Offset WP by Increments ...	工作平面偏移
Offset WP to ▶	工作平面偏移位置
Align WP with ▶	对齐工作平面
Change Active CS to ▶	改变当前坐标系到
Change Display CS to ▶	改变显示坐标系到
Local Coordinate Systems ▶	创建或删除局部坐标系系统

图1.8　工作平面设定（WorkPlane）

Scalar Parameters ...	参数设置
Get Scalar Data ...	获取参数值
Array Parameters ▶	矩阵参数设置
Get Array Data ▶	获取矩阵值
Array Operations ▶	矩阵操作
Functions ▶	函数设置
Angular Units ...	角度单位
Save Parameters ...	保存参数
Restore Parameters ...	重置参数值

图1.9　参数设置（Parameters）

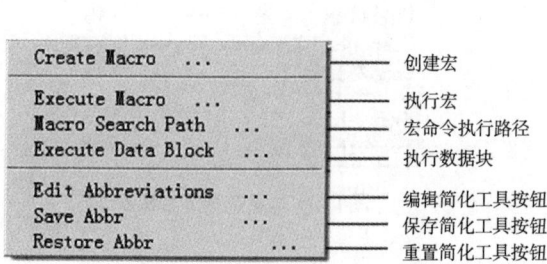

图1.10　宏命令（Macro）

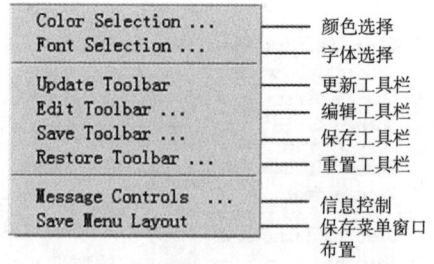

图1.11　菜单控制（MenuCtrls）

（3）标准工具条（Standard Toolbar）。标准工具条主要完成使用较为频繁的功能，如文件新建、保存、打开、打印等。

（4）自定义工具条（ANSYS Toolbar）。自定义工具条主要包括一些快捷方式，常用的有存盘（SAVE_DB）、恢复（RESUME_DB）、退出系统（QUIT）等。用户也可根据需要自行编辑一些快捷方式。

（5）主菜单（Main Menu）。主菜单为树状结构，基于分析流程排布操作命令的顺序，包括图形界面过滤器（Preferences）、预处理器（Preprocessor，简称PREP7）、求解器（Solution）、后处理器（General Postproc，简称POST1；TimeHist Postproc，简称POST26）等。主菜单是GUI操作ANSYS最主要的工具。

① Preferences（图形界面过滤器）。Preferences通过选择可以过滤掉与分析学科无关的用户界面选项。

② Preprocessor（预处理器）。主要用于单元定义、建立模型、划分网格。

Preprocessor→Element Type→Add/Edit/Delete，用于定义、编辑或删除单元类型。在执行一个分析任务前，必须定义单元类型。一旦定义了单元类型，就定义了单元类型号，后续操作将通过单元类型号来引用该类型单元。ANSYS单元库包含了100多种不同单元，可以根据分析学科、实体的几何性质、分析的精度等来选择单元类型。

Preprocessor→Real Constants→Add/Edit/Delete，用于定义、编辑或删除实常数。一旦定义实常数，就定义了实常数号，后续操作将通过实常数号来引用该实常数。单元只包含了基本的几何信息和自由度信息，有些类型的单元还需要使用实常数，对其部分几何和物理信息进行补充说明。

Preprocessor→Material Props→Material Models，这是定义材料属性的最常用方法，一个材料模型对应一个材料参考号。材料属性可以分为如下类型：线性材料和非线性材料，各向同性、正交异性和非弹性材料，不随温度变化的和随温度变化的材料。

Preprocessor→Modeling→Create，主要用于创建简单实体或节点、单元，按实体级别由低级到高级排列为关键点、线、面、体等。

Preprocessor→Modeling→Operate，通过布尔运算、比例等操作形成复杂实体。ANSYS提供的布尔操作预算种类有加（add）、减（subtract）、交（intersect）、划分（divide）、黏结（glue）、搭接（overlap）等。

Preprocessor→Modeling→Move/Modify，用于移动或修改实体。

Preprocessor→ Modeling→Copy，用于复制实体。

Preprocessor→Modeling→Reflect，用于镜像实体，镜像平面必须是激活的直角坐标系的坐标平面。

Preprocessor→Modeling→Delete，用于删除实体。每种实体的删除命令都有两种：一种是只删除实体本身；另一种是在删除实体本身的同时，还删除所属的低级实体。例如Preprocessor→Modeling→Delete→Line Only命令只删除线，Preprocessor→Modeling→Delete→ Line and Below命令不仅删除线，还删除所属线上的关键点。但是该命令不能单独删除高级实体上的低级实体。

Preprocessor→Meshing→MeshTool，网格划分工具。

③ Solution（求解器）。Solution主要用于选择分析类型、分析选项、施加载荷、载荷步设置、求解控制和求解等。

Solution→Analysis Type→New Analysis，开始一个新的分析。此处需要用户指定分析类型。ANSYS提供的分析类型有静态分析、模态分析、谐响应分析、瞬态分析、谱分析、屈曲分析、子结构分析。

Solution→Analysis Type→Analysis Options，选定分析类型后，应当设置分析选项。不同的分析类型有不同的分析选项。

Solution→Define Loads→Apply/Delete/Operate，用于载荷的施加或删除或操作。ANSYS的载荷共分为6类：DOF（自由度）载荷、力矩、表面分布载荷、体积载荷、惯性载荷和耦合场载荷。在不同的学科中，每种载荷都有不同的含义。

Solution→Load Step Opts，设置载荷步选项。该命令包括输出控制、求解控制、时间/频率设置、非线性设置、频谱设置等。

Solution→Solve→Current LS，求解当前载荷步。

Solution→Unabridged Menu/Abridged Menu，切换完整/缩略求解器菜单。

④ POST1（通用后处理器）。POST1用于显示在指定时间点上选定模型的计算结果，包括结果读取、结果显示、结果计算等。

General Postproc→Read Results，从结果文件中读取结果数据到数据库中。ANSYS求解后，结果保存在结果文件中，只有读取到数据库中才能进行操作和后处理。

General Postproc→Plot Results，以图形显示结果，包括变形显示（PlotDeformed Shape）、等高线（Contour Plot）、矢量图（Vector Plot）、路径图（Plot Path Item）等。

General Postproc→List Results，列表显示结果。

General Postproc→Query Results，显示查询结果。

General Postproc→Nodal Calcs，计算选定的节点力、节点载荷及其合力等。

General Postproc→Element Table，用于单元表的定义、修改、删除和数学运算等。

⑤ POST26（时间历程后处理器）。POST26用于显示模型上指定点在整个时间历程上的结果，即某点结果随时间或频率的变化情况。所有POST26时间历程后处理器下的操作都是基于变量的，变量代表了与时间或频率相对应的结果数据，参考号为1的变量为时间或频率。

TimeHist Postpro→Define Variables，定义变量。

TimeHist Postpro→List Variables，列表显示变量。

TimeHist Postpro→Graph Variables，用图线显示变量。

TimeHist Postpro→Math Operate，对已有变量进行数学预算，以得到新的变量。

（6）命令提示区及状态栏（Prompt Area and Status）。命令提示区提示用户在当前命令下应输入的信息，便于用户进行正确的操作和参数输入。状态栏用于显示当前ANSYS分析所处的状态，如单元类型、材料属性、实常数以及当前坐标系等。

（7）输出窗口（Output Window）。输出窗口显示软件运行过程的文本输出，显示用户执行的命令和功能及相关信息、模型信息等，如错误、警告、模型质量和体积等。通常隐藏于其他窗口之后，需要查看时可提到前面。

（8）图形窗口（Graphic Window）。图形窗口显示ANSYS创建或输入的几何模型、有限元模型和分析结果等信息。

（9）视图工具条（View Toolbar）。视图工具条用于完成模型的缩放、旋转、视觉变换等操作。

1.1.2　ANSYS组成及其主要功能模块

在利用ANSYS进行有限元分析的过程中，通常使用预处理（Preprocessor）、求解（Solution）和后处理（POST1或POST26）3个模块。

（1）预处理模块。预处理模块主要用于建立（或导入）和编辑几何模型，以及分网生成有限元模型，主要包括参数的定义（单元类型、单元实常数和材料参数等）、几何建模（三维CAD导入、自底向上的建模和自顶向下的建模）、网格划分（自由分网、映射分网、扫掠分网和自适应分网）。

（2）求解模块。求解模块的功能包括分析类型选择、求解算法选择、精度控制、结果输出控制和模型求解计算等。用户先设置分析类型、分析选项、求解算法、载荷数据和载荷步等内容，然后启动计算功能。计算完毕后，ANSYS将求解结果自动保存到结果文件。ANSYS的求解模块主要包括结构静力学分析、结构动力学分析（模态分析、瞬态动力学分析、谐响应分析、谱分析和随机振动响应分析）、结构非线性分析、多体动力学分析、热分析、电磁场分析、流体动力学分析、声场分析和压电分析。

（3）后处理模块。后处理模块包括通用后处理器（POST1）和时间历程后处理器（POST26）两部分。通用后处理模块主要用于查看单步静力结果、给定时间或指定载荷步的整体模型的响应结果，如静力分析、模态分析、屈曲分析、瞬态动力学响应分析、谱分析等。通用后处理模块的显示方式包括图形显示、动画显示、数据列表显示、路径曲线显示等。时间历程后处理模块用于查看模型中指定点的分析结果随时间、频率或载荷步等的变化关系，可实现从简单的图形显示和列表显示到数值微积分计算和响应频谱生成的复杂环境。

1.1.3　ANSYS产生的文件

当建立一个分析任务时，ANSYS会自动创建大量的文件，这些文件以任务名（Jobname）为文件名的基础，通过给任务名自动添加字符或使用不同扩展名来区别文件的类型，如ANSYS文件的扩展名可以有1~4个字符。一些比较重要的文件类型和格式如表1.1所示。

表1.1　ANSYS的文件类型和格式

文件类型	扩展名		存储	文件格式
数据库文件	.DB		模型、载荷、约束、输入输出数据	二进制
记录文件	.LOG		运行过程中的每一个命令	ASCⅡ
错误与警告文件	.ERR		运行过程中的所有错误和警告信息	ASCⅡ
结果文件	结构和耦合分析	.RST	预算过程中所有结果数据	二进制
	热分析	.RTH		
	磁场分析	.RMG		
	流体力学分析	.RFL		

在所有文件中，数据库文件是最重要的文件，所有的模型、载荷、约束数据、输入/输出数据都存放在该文件中，各个处理器通过数据库文件进行相互通信。各种文件的文件名是以任务名为基础的，所以开始一个新的任务时，最好定义一个新的任务名，否则ANSYS使用默认任务名File。另外，要注意的是，在默认的情况下，记录文件、错误与警告文件总是在尾部追加数据，而不是覆盖原有文件。还有，在默认的情况下ANSYS所创建的文件都保存在工作文件夹下，当前工作文件夹的位置可以用Utility Menu→File→Change Directory命令查看或修改。

1.1.4　ANSYS的分析流程

总的来讲，利用ANSYS对机械结构进行各种分析包含以下11个关键步骤：①定义分析文件名；②筛选分析类型；③定义单元；④定义材料参数；⑤定义梁截面参数；⑥建立几何模型；⑦进行网格划分；⑧设置求解类型；⑨定义载荷及边界条件；⑩求解；⑪后处理及结果分析。

以下以简支梁为例，基于GUI模式简要描述利用ANSYS进行结构力学分析的流程。图1.12中外伸梁上均布载荷集度q=3 kN/m，集中力偶矩M_e=3 kN/m，截面为0.2 m×0.2 m，弹性模量为211 GPa，泊松比为0.3，试利用ANSYS软件求解其变形。

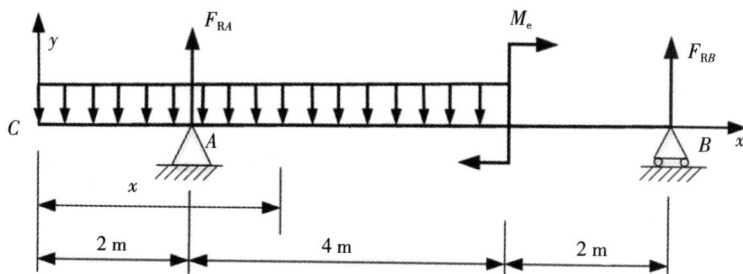

图1.12　简支梁结构

（1）定义分析文件名。拾取菜单Utility Menu→File→Change Jobname，弹出如图1.13所示的对话框，在"[/FILNAM]"文本框中输入"Example1"，单击"OK"按钮。

（2）筛选分析类型。拾取菜单Main Menu→Preferences，弹出如图1.14所示的对话框，选中"Structural"项，单击"OK"按钮。

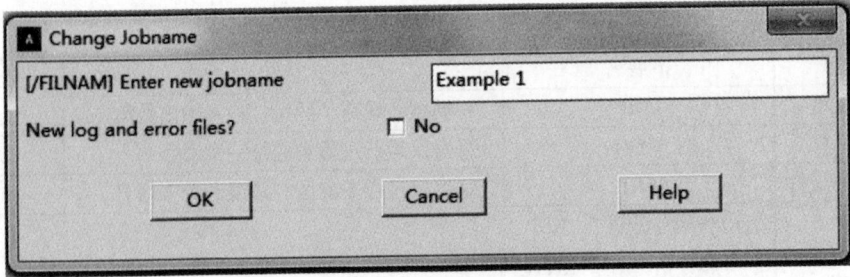

图1.13　定义分析文件名

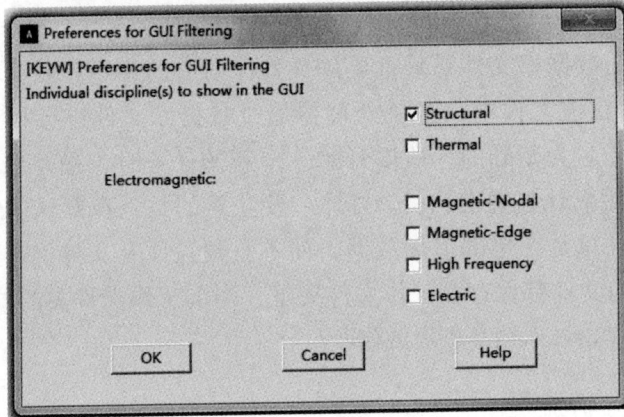

图1.14　筛选分析类型

（3）定义单元。拾取菜单Main Menu→Preprocessor→Element Type→Add/Edit/Delete，弹出如图1.15所示的对话框，单击"Add..."按钮，弹出如图1.16所示的对话框，在左侧列表中选择"Beam"，在右侧列表中选择"3 node 189"，单击"OK"按钮。单击图1.15所示的对话框的"Close"按钮。

（4）定义材料参数。拾取菜单Main Menu→Preprocessor→Material Props→Material Models，弹出如图1.17所示的对话框，在右侧列表依次拾取"Structural""Linear""Elastic""Isotropic"，在"EX"文本框中输入"2.1e11"（弹性模量），在"PRXY"文本框中输入"0.3"（泊松比），单击"OK"按钮，然后关闭对话框。

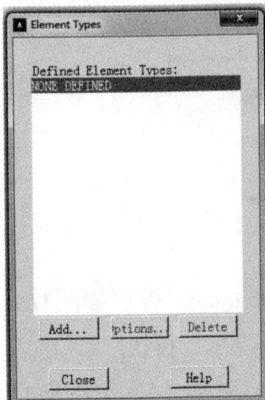

图1.15　单元类型选择

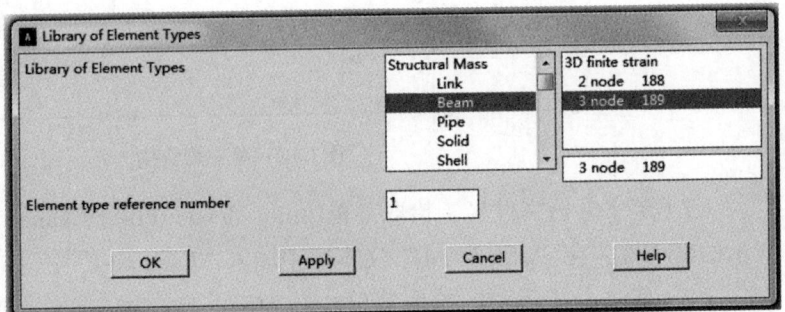

图1.16　单元类型库选择

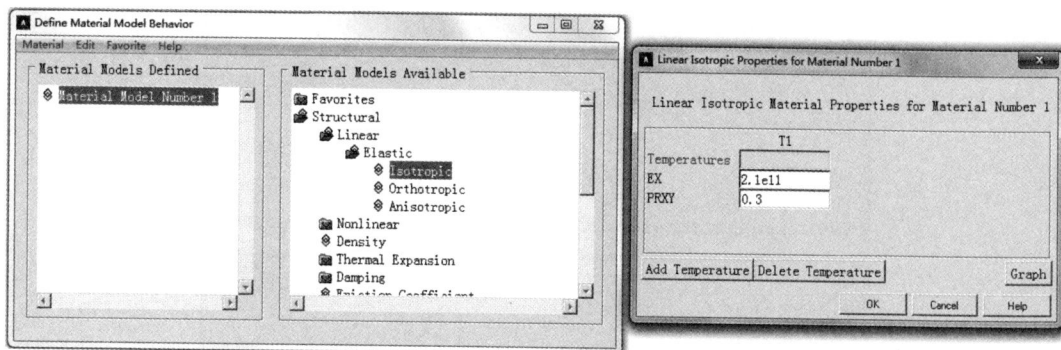

图1.17　定义材料参数

（5）定义梁截面参数。拾取菜单Main Menu→Preprocessor→Sections→Beam→Common Sections，弹出如图1.18所示对话框，在对话框中选择梁截面形状为矩形，输入B（宽度）、H（高度）、Nb（宽度方向的网格数）、Nh（高度方向的网格数）等参数。单击"Meshview"，可显示相关梁截面参数（如面积和截面惯性矩等）信息，如图1.18所示。

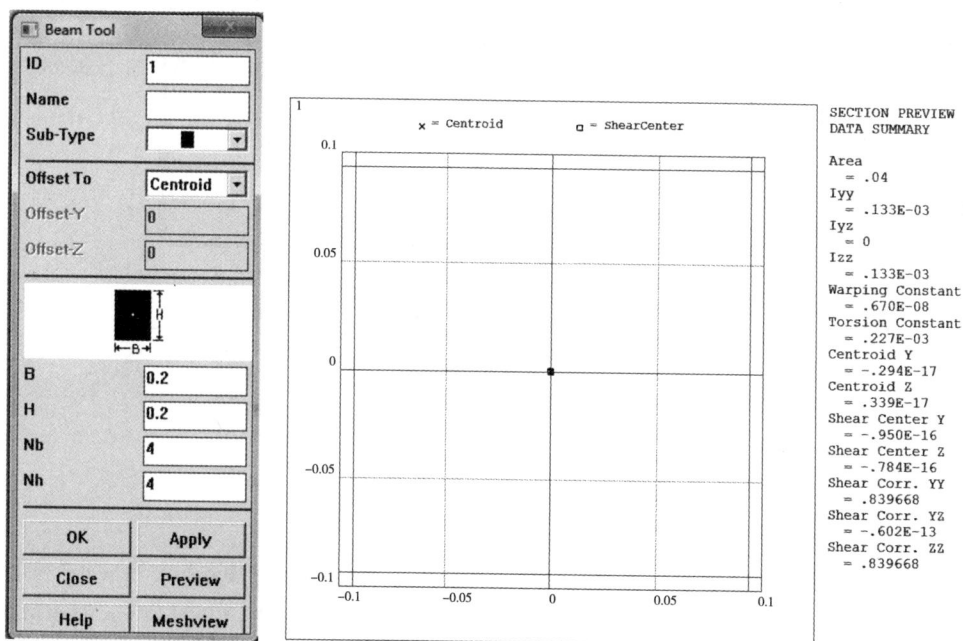

图1.18　定义梁截面参数

（6）建立几何模型。

①创建关键点。在ANSYS主菜单中，执行Main Menu→Preprocessor→Modeling→Create→Keypoints→In Active CS命令，创建关键点1~4，其坐标分别为1（0，0，0），2（2，0，0），3（6，0，0），4（8，0，0），如图1.19所示。图形窗口显示创建的关键点，如图1.20所示。

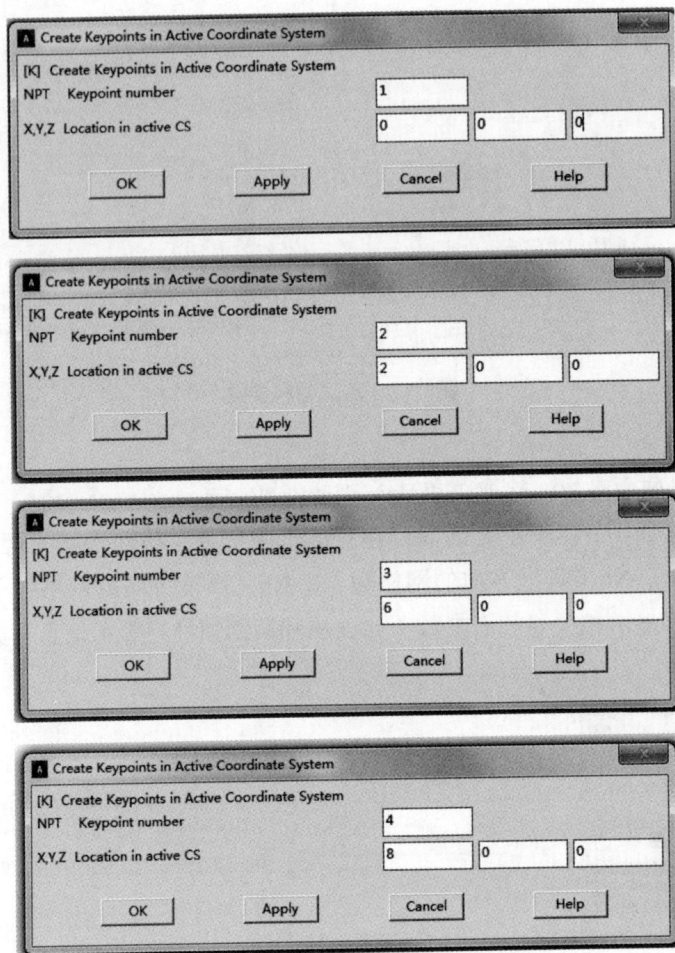

图1.19　创建关键点

图1.20　图形窗口显示创建的关键点

② 创建线。在ANSYS主菜单中，执行Main Menu→Preprocessor→Modeling→Create→Lines→lines→Straight Line命令，依次连接关键点1和2、2和3、3和4，图形窗口显示创建的线，如图1.21所示。在ANSYS中，关键点及线均有编号，可通过执行PlotCtrls→Numbering在"Plot Numbering Controls"中选择"KP"和"LINE"，单击"OK"按钮，如图1.22所示。在图形窗口中显示关键点及线编号，如图1.23所示。

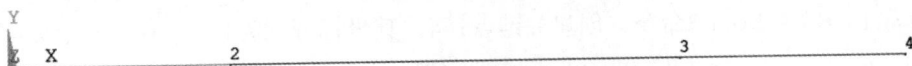

图1.21　图形窗口显示创建的线

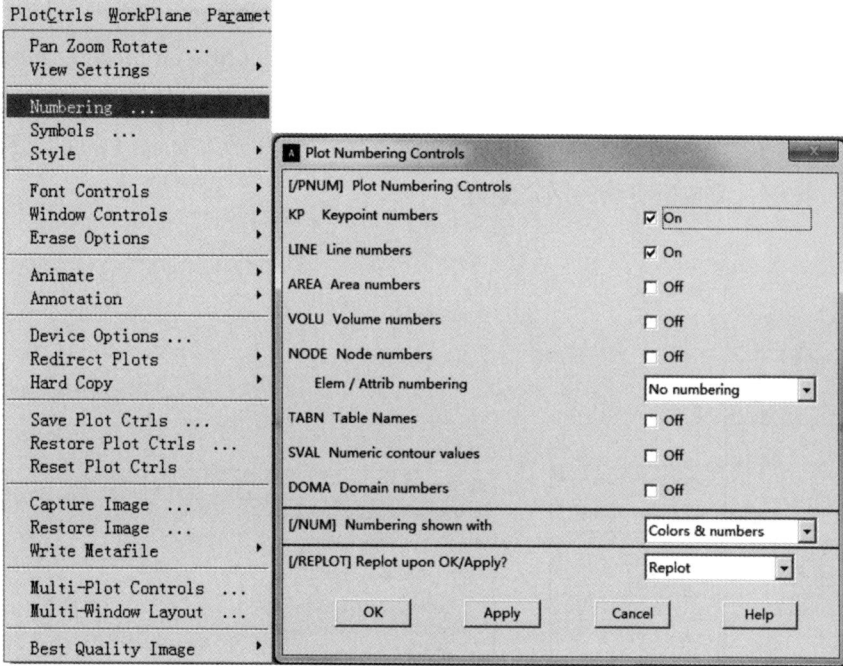

图1.22 显示关键点及线号

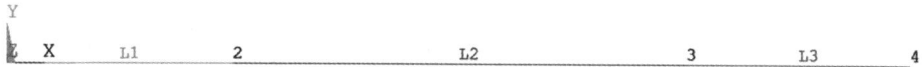

图1.23 图形窗口显示关键点及线编号

（7）进行网格划分。在选好单元类型及定义完单元截面参数后，还需将单元类型、材料参数及截面参数与具体的几何结构关联，其含义就是使用这种单元及截面参数来进行网格划分。执行Main Menu→Preprocessor→Meshing→Mesh Attributes→All Lines命令，赋予所有线单元材料参数、单元类型及单元截面，如图1.24所示。

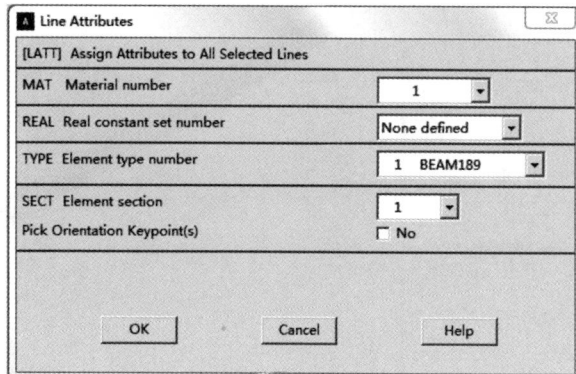

图1.24 线单元属性定义

划分网格前需制定具体的划分方案。执行Main Menu→Preprocessor→Meshing→MeshTool命令，在"Lines"一栏选择"Set"按钮，将打开"Element Size on Picked Lines"菜单，选择"Pick All"按钮，选择所有线，如图1.25所示。在"Size"一栏设置单元长度为0.5，如图1.26所示。在"MeshTool"对话框中选择"Mesh"，生成"Mesh Lines"菜单，选择"Pick All"按钮，完成所有线的网格划分。

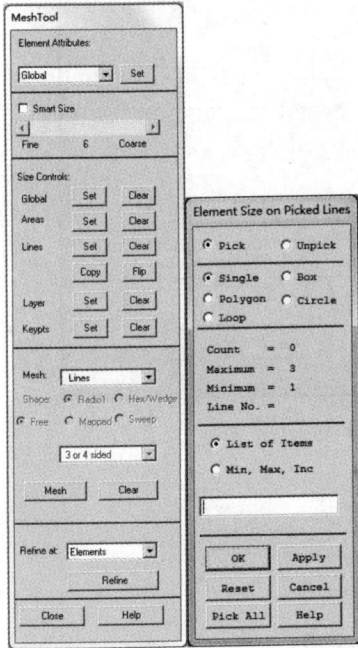

图1.25 划分单元尺寸设置

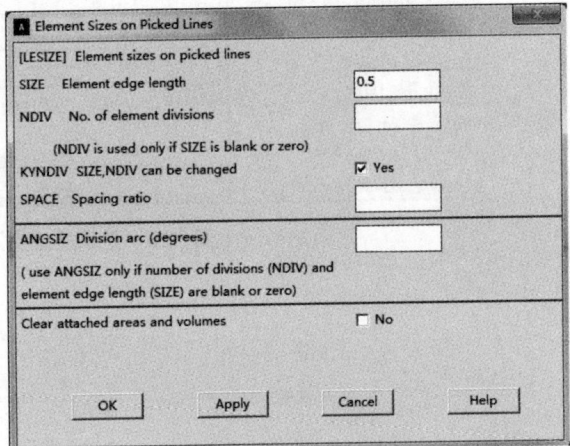

图1.26 单元尺寸设置

执行PlotCtrls→Style→Size and Shape命令，显示根据截面定义显示单元形状对话框，在"[/ESHAPE]"一栏选择"On"，如图1.27所示。图形窗口显示的有限元网格和单元形状如图1.28所示。

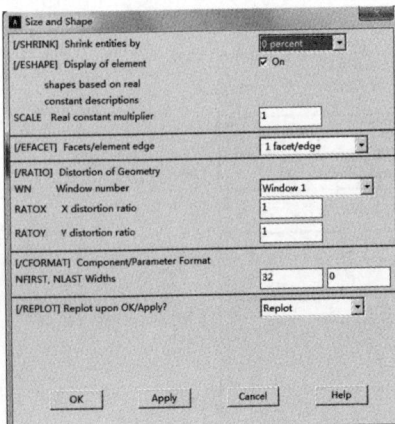

图1.27 根据截面定义显示单元形状

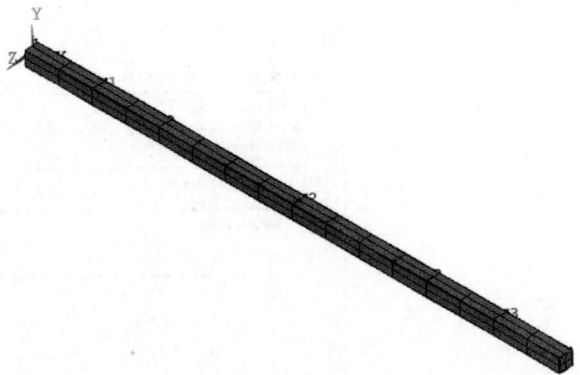

图1.28 图形窗口显示的网格和单元形状

（8）设置求解类型。执行Main Menu→Solution→New Analysis命令，在"New Analysis"对话框中选择"Static"（静力学分析，默认选项），如图1.29所示。

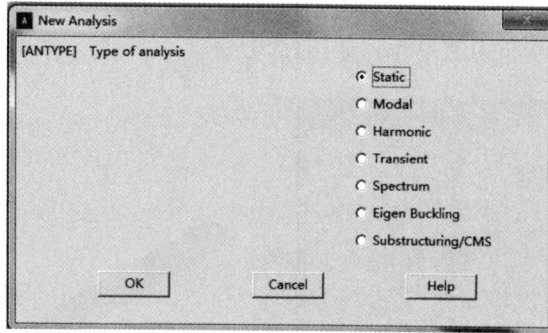

图1.29　选择求解类型菜单

（9）定义边界条件及载荷。设置边界条件可以在前处理（PREP7）模块中进行，也可以在求解模块中设定。这里在求解模块中进行边界条件的设定。通过Main Menu→Solution→Define loads→Apply→Structural→Displacement→On Keypoints命令，选择关键点2，单击"OK"按钮，在"Apply U，ROT on KPs"对话框中选择自由度UX，UY，UZ，ROTX及ROTY，保留自由度ROTZ，见图1.30。基于类似的原理，选择关键点4，约束自由度UY和UZ。执行约束设置后图形窗口显示见图1.31。

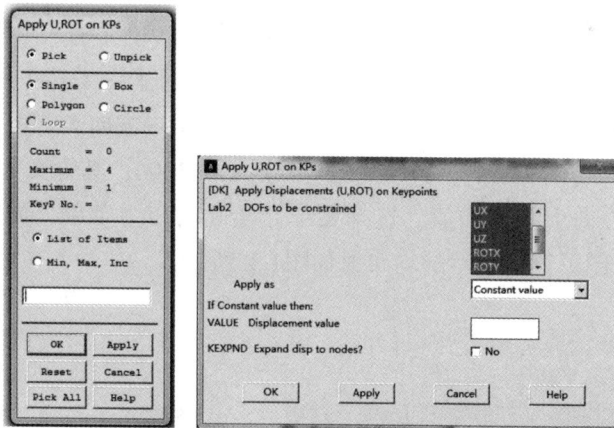

图1.30　定义边界条件

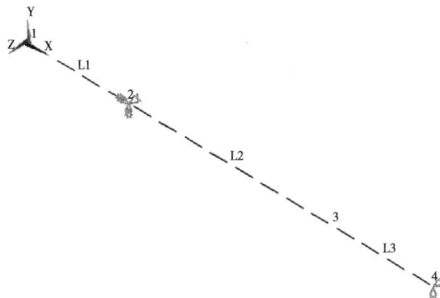

图1.31　执行约束设置后图形窗口显示

选择线1和线2单元进行均布载荷施加，执行Select→Entities，单击"OK"按钮，用鼠标选择线1和线2，单击"OK"按钮，再点击Select→Entities，弹出"Select Entities"菜单，依次选择"Elements""Attached to""Lines""From Full"，单击"OK"按钮（图1.32），显示需要施加均布力的单元，如图1.33所示。

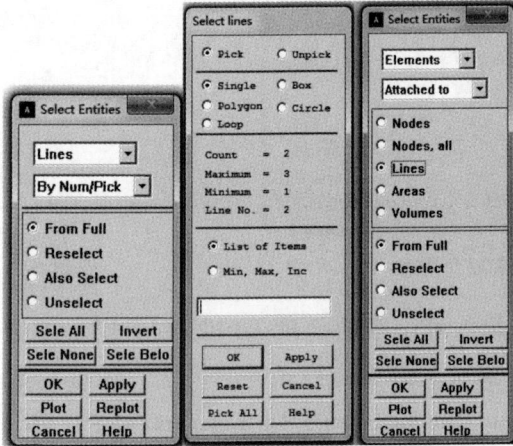

图1.32 选择需要施加力的梁单元

图1.33 图形窗口显示需要施加均布力的单元

选择Main Menu→Solution→Define loads→Apply→Structural→Pressure→On Beams，弹出"Apply PRES on Beams"菜单，选择"Pick All"按钮，弹出"Apply PRES on Beams"菜单，在面载荷"LKEY"选项填入"2"。根据Beam189单元输入参数及选项，face1—I-J（-z方向），若面载荷输入负值则与正方向相反，下同；face2—I-J（-y方向）；face3—I-J（+x方向）；face4—I（+x方向）；face5—J（-x方向）。根据本案例实际施加载荷方向，选择face2。"VALI"和"VALJ"分别填入3000，其含义为在节点I和节点J处的分布载荷值，IJ方向上线性插值。选择梁单元实际均布力菜单，如图1.34所示。通过Select→Everything，图形窗口显示的均布力如图1.35所示。

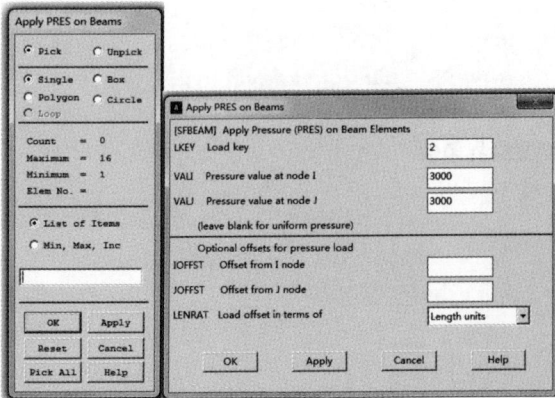

图1.34 选择梁单元实际均布力

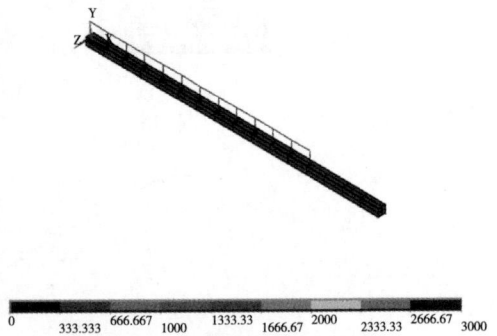

图1.35 图形窗口显示的均布力

选择Main Menu→Solution→Define loads→Apply→Structural→Force/Moment→On Keypoints，选择关键点3，单击"OK"按钮，弹出"Apply F/M on KPs"菜单，在"Lab"

一栏选择"MZ"，在"VALUE"填入"–3000"，单击"OK"按钮，实施过程和显示结果如图1.36所示。

（10）求解。在完成求解类型确定、边界条件设置、载荷施加后，就可以进行求解。具体在ANSYS主菜单中的操作描述如下：执行Main Menu→Solution→Solve→Current LS→Close。

（11）后处理及结果分析。ANSYS具有强大的后处理能力，可图形化显示变形及应力分布。这里仅显示框架结构在外载荷作用下的位移。在ANSYS主菜单中，单击Main Menu→General Postproc→Plot Results→Contour Plot，启动设置输出位移对话框，见图1.37，这里在对话框中选择DOF Solution→Displacement vector sum，在Scale Factor一栏选择"User Specified"，其后输入"1000"（放大倍数），单击"OK"按钮。图1.38为图形窗口中显示的梁的合位移云图。

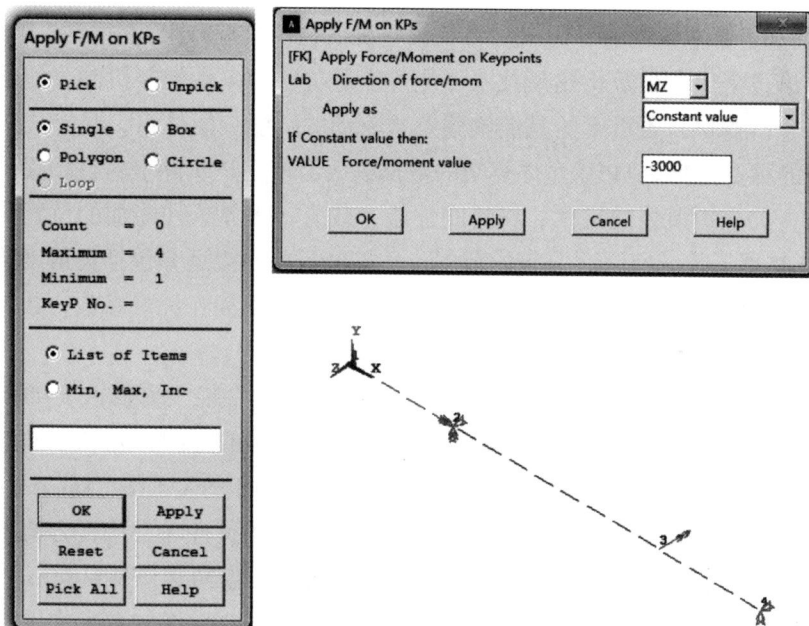

图1.36　施加集中力偶矩及显示加载结果

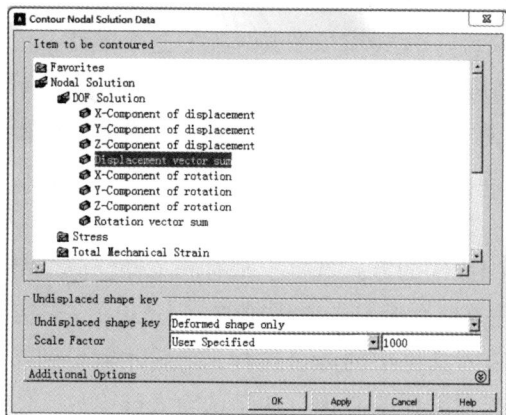

图1.37　设置输出位移

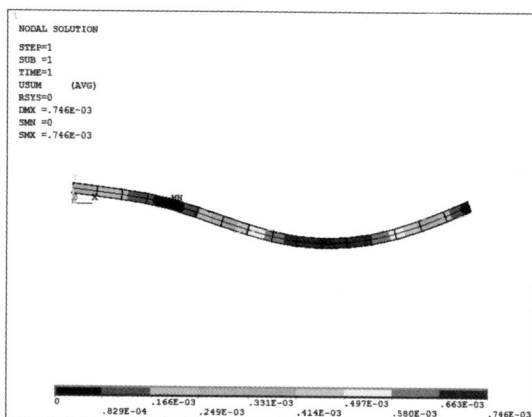

图1.38　图形窗口中显示的梁的合位移云图

1.2 ANSYS参数化设计语言（APDL）

1.2.1 APDL简介

ANSYS软件的标准分析流程包括建立分析模型并施加边界条件、求解计算和结果分析三个步骤。对于一个简单模型来说，无论是新建分析，还是进行修改后重新分析，按照这3个步骤进行都是简单的。但对于一个复杂模型来说，对新建模型进行分析是必须完成的，但在对其进行修改后重新分析时，若继续按照上述3个步骤来做，其过程是相当复杂和费时的。

为了解决这个问题，ANSYS提供了APDL。它能够利用第1次分析时的LOG文件对其进行修改，用户就可以完成任意多次分析，从而大大减少了修改后重新分析时所需时间。

APDL是基于脚本编程的专用语言，其核心价值在于实现有限元分析的智能化和流程自动化。该语言采用全参数化建模技术，通过变量关联与条件控制机制，能够高效执行常规有限元分析操作，更重要的是能构建参数驱动的智能分析体系，是完成优化设计和自适应网格的重要基础。APDL允许复杂的数据输入，使用户实际上对任何设计或分析属性有控制权，如分析模型的尺寸、材料的性能、载荷、边界条件施加的位置和网格的密度等。APDL扩展了传统有限元分析的范围，并扩展了更高级运算包括灵敏度研究、零件库参数化建模、设计修改和设计优化等。APDL具有如下功能：标量参数、数组参数、表达式和函数、分支和循环、重复功能和缩写、宏、用户程序。

APDL的优点：①可以减少大量的重复工作，特别适合经少许修改（如修改网格密度）或需要多次重复计算的场合，可为设计人员节省大量的时间，以利于设计人员有更多的精力从事产品的构思。②便于保存和携带，一个APDL的ASCII（American Standard Code for Information Interchange，美国信息交换标准代码）文件非常小，方便携带交流。③不受软件的系统操作平台限制，即用户使用APDL文件既可以在Windows平台进行交流，也可以在UNIX或其他操作平台进行交流。而用GUI方式生成的数据文件不能直接交流。④不受ANSYS版本的限制，在一般情况下，ANSYS软件以GUI方式生成的数据文件只能向上兼容一个版本，也就是ANSYS 7.0版本的文件只能直接调用ANSYS 6.1版本的数据文件，而不能调用ANSYS 5.7及以前版本的数据文件。而APDL文件则不存在这个限制，仅有个别命令会有影响。⑤在进行优化设计和自适应网格分析时，则必须使用APDL文件系统。⑥利用APDL方式，用户很容易建立参数化的零件库，以利于其快速生成有限元分析模型。利用APDL可以编写一些常用命令的集合即宏命令，或者制作快捷键，并将其放在工具栏上。⑦可以利用APDL从事二次开发。

APDL的缺点：①在ANSYS软件中，每个GUI操作的方式基本上都有一个操作命令与之对应，这样就生成了大量的操作命令，要记住这些命令是非常困难的。②APDL文件方式不直观，由于其属于一种脚本语言，必须将输入文件中的命令执行完之后才能得到结果，这对于不习惯进行程序调试的人来说容易产生厌烦的心理，甚至认为太难而放弃使用。

总结：APDL方式对于一个大型复杂系统来说，利大于弊。但APDL文件不能按其他语言（如Fortran、C、C++等）的编写方式去做，这样难度会更大。一般的方法是充分利用第1次分析时的LOG文件，对这个文件做适当的修改即可得到自己的命令流文件，再添加一些APDL控制命令，就可以得到APDL命令的文件了。

在GUI方式下，用户每执行一次操作，ANSYS都会将与该操作路径相对应的操作命令写入一个LOG文件里，对该操作命令的响应情况则输出到ANSYS的输出窗口（Output Window）里，生成的结果则显示在屏幕上。LOG文件的默认文件名是"Jobname.log"，如果没有指定工作文件名，则为"File.log"。这个文件是生成APDL文件的基础。但由于在GUI方式下可以使用图形拾取操作，而在APDL方式下一般不能采用图形拾取操作，因此，在LOG文件转向命令流文件时，必须将GUI方式的拾取操作转变为操作命令来执行。

1.2.2 APDL程序的编写

以下从参数定义及命名规则、删除参数及参数值的置换、参数公式及带参数的函数、数组参数及用法、参数与数据文件的写出与读入、APDL中控制程序6个内容描述APDL程序的编写方法。

（1）参数定义及命名规则。

① 参数。参数是APDL的变量，它们更像Fortran变量，而不像Fortran参数。不必明确参数类型，所有数值变量都以双精度存储。被使用但未声明的参数都被赋一个接近0的值或极小值。例如，A的参数被定义为A=B，但B没被定义，则赋给A一个极小值。

② 参数命名规则。参数名称必须以字母开头，只能包含字母、数字和下划线，且不超过32个字符。下面给出一些有效和无效的参数名。有效参数名：ABC，PI，X_OR_Y。无效参数名：2CF3（以数字开头）、M&E（含非法字符&）。需要注意的是要避免参数名与经常使用的ANSYS标识字相同，如自由度（DOF）、标识字（TEMP，UX，PRE等）、常用标识字（ALL，PICK，STAT等）、用户定义标识字（如用ETABLE命令定义的标识字）、数组类型标识字（如CHAR，ARRAY，TABLE等）。名称为ARG1~ARG9和AR10~AR99的参数被保留为局部参数。

③ 定义参数。定义参数的方法主要是赋值给参数；提取ANSYS提供的值，再赋给参数；也可以用*Get命令或者各种内部函数，从模型中提取特定的数据或进行数值运算。在运行过程中给参数赋值，可以用*Set命令定义参数。如下面的例子：*Set,ABC,-23;*Set,QR,2.07E11;*Set,XORY,ABC;*Set,CPARM,'CASE1'。也可以用"="作为一种速记符来调用*Set命令，其格式为Name=Value。其中，Name是指参数名，Value是指赋给该参数的数值或字符。对于字符参数，赋给的值必须被括在单引号中，并不能超过8个字符。举例说明"="的用法：ABC=-23;QR=2.07E11;XORY=ABC;CPARM='CASE1'。

（2）删除参数及参数值的置换。可通过两种途径来删除参数。①使用"="命令，令其右边为空。例如，使用该命令来删除参数QR，可表达为QR=；②使用*Set命令（Utility Menu或Parameters或Scalar Parameters），但不给参数赋值，例如使用该命令来删除参数QR，可表达为*Set，QR。

令某个数值参数为0并不会删除该参数。同样，令某个字符参数为空的单引号（''）或单引号中为空格也没有删除该参数。只要在有关数字命令的地方用到参数，该参数值都会被自动置换。假如没有给该参数赋值（该参数还没被定义），程序会自动赋给它一个接近0的值，通常不会发出警告。

（3）参数公式及带参数的函数。参数公式包括对参数和数值的预算，例如，+为加，-为减，*为乘，/为除，**为求幂，<为小于，>为大于。一个带参数的函数是数学运算的程序序列，并返回一个值，如LOG（13.2）。ANSYS常用内部函数如表1.2所示。

表1.2 ANSYS常用内部函数及说明

ANSYS内部函数	说明
ABS（x）	返回x的绝对值
SIGN（x，y）	返回一个大小等于x的绝对值，返回值的正负号与y的正负号保持一致，当$y=0$时，结果取正号
EXP（x）	返回x的指数值，即e^x
LOG（x）	返回x的自然对数值$\ln$（x）
LOG10（x）	返回x的常用对数值$\log_{10}$（x）
SQRT（x）	返回x的平方根值
NINT（x）	返回x的整数部分
MOD（x，y）	返回x/y的余数部分。若$y=0$，则返回0
RAND（x，y）	在x和y范围内产生随机数（一致分布）（x为下限，y为上限）
GDIS（x，y）	生成平均值为x且标准差为y的正态分布的随机数
SIN（x），COS（x），TAN（x）	x的正弦、余弦及正切值。x的默认单位为弧度，但可用*AFUN命令转化为度数
SINH（x），COSH（x），TANH（x）	x的双曲正弦、余弦及正切值
ASIN（x），ACOS（x），ATAN（x）	x的反正弦、反余弦及反正切值。对于ASIN和ACOS，x必须在-1.0~$+1.0$。输出的默认单位为弧度，但可用*AFUN命令转化为度数。对于ASIN和ATAN，输出值的范围在$-pi/2$~$+pi/2$；对于ACOS，输出值的范围在0~pi
ATAN2（y，x）	y/x的反正切值。输出的默认单位为弧度，但可用*AFUN命令转化为度数。输出值的范围在$-pi$~$+pi$

（4）数组参数及用法。变量参数只能存储一个参数值，而数组参数可以按多个行、列与面结构存储多个参数值，包含多个元素。ANSYS允许定义三种数组类型：Array数组类型，用于存储整型或实型数据；Char字符型数组，用于存储字符串的数组；Table表，用于存储整数或实数，是一种特殊的数值型数组，可以实现在数组元素之间的线性插值算法。可利用*DIM命令对数组进行定义。定义数组后，Array和Table类型的数组元素将被初始化为0。

利用*DIM命令定义数组的格式如下：

```
*DIM,Par,Type,IMAX,JMAX,KMAX,Var1,Var2,Var3
```

其中，Par是数组名，Type是数组类型，标识字有ARRAY（缺省），CHAR，TABLE和

STRING；IMAX，JMAX和KMAX分别是数组下标（I，J，K）的最大值；Var1，Var2，Var3是Type=TABLE时对应行、列和面的变量名。利用*DIM命令定义数组实例如下：

　*DIM,A,,5 !定义一维ARRAY数组A,维数为5×1×1

　*DIM,B,Array,5,5　!定义二维ARRAY数组B,维数为5×5×1

　*DIM,C,Array,5,5,5　!定义三维ARRAY数组C,维数为5×5×5

　*DIM,D,Table,5,　!定义TableD,维数为5×1×1

（5）参数与数据文件的写出与读入。APDL提供了*VWRITE命令，将数据写入文件，一次最多可将19个参数或数组按照Fortran实数格式写到一个文件中。利用这一功能可以写出用于其他程序、报告等的输出文件，如写出文件数据等。同时，APDL提供了*VREAD命令，从一个ASCII数据文件读取数据并存入数组参数中，另外，提供了*TREAD命令，读取ASCII文件中的表数据并存入表数组参数中。

① *VWRITE命令用于把数组中的数据按照指定格式（表格式）写入数据文件中。*VWRITE命令一次最多写出19个参数，并写到由*CFOPEN命令打开的文件中。*VWRITE命令的使用格式如下：

　*VWRITE,Par1,Par2,Par3,Par4,Par5,Par6,Par7,Par8,Par9,Par10,Par11,Par12,Par13,Par14,Par15,Par16,Par17,Par18,Par19

其中，Par1~Par19是依次写出的19个参数或常数，某个空值表示忽略，所有忽略则输出一空行。允许写出的数据包括常数、变量与数组，包括数值型和字符型数据。

在*VWRITE命令执行之前必须利用*CFOPEN命令打开一个数据文件，这样所有*VWRITE命令写出的数据都输入该数据文件中。*CFOPEN命令的使用格式如下：

　*CFOPEN,Fname,Ext,--,Loc

其中，Fname是带路径的文件名（两者允许最多250个字符长度），缺省路径为工作目录，文件名缺省为Jobname；Ext是文件的扩展名（最多8个字符长度，如果Fname为空，则扩展名缺省为CMD）；--表示该域是不需要使用的值域；Loc用于确定打开的文件已经存在时，是覆盖已有文件包含的数据，重新写入新数据，还是采用追加的方式在数据文件的结尾增加新的数据，Loc设置成空格表示采用覆盖的方式写数据到文件中，设置成APPEND时标识采用追加方式将数据写入文件中。

与*CFOPEN命令成对使用的另外一个命令是*CFCLOS，总是在*CFOPEN命令与一系列写数据*VWRITE命令之后，用于关闭用*CFOPEN命令打开的文件。*CFCLOS命令的使用格式为*CFCLOS。

在*VWRITE命令行之后必须紧跟写出数据的格式说明行，规定*VWRITE命令所写出的每项数据的格式描述符。常用格式描述符的说明与用法如表1.3所示。

② *VREAD命令可以读数据文件中的数据并用来填充已定义的数组参数。数据文件必须是ASCII格式文件，并按指定下标将读入的数据赋给数组参数。读取数据文件时，必须在*VREAD命令行的下一行指定数据读入格式说明，控制从文件中读取数据信息的格式，数据格式说明必须在一对圆括号中。关于数据描述符的内容参照表1.3中的说明。命令的使用格式如下：

21

表1.3　APDL数据格式描述符

描述格式	名称	用法说明	举例
Fw.d	单精度实型描述格式	F是描述符，w是数据宽度，d是小数位数	F10.2：总长10个数字字符，小数点后保留2位数字
Ew.d	指数描述格式	E是描述符，w是数据宽度，d是以指数形式出现的数字部分的小数位数	E12.2：表示输出数字总共占12个字符位置，小数点后保留2位数字
Dw.d	双精度描述格式	D是描述符，w是数据宽度，d是小数位数，与E描述符描述格式类似，只是数据精度更高，输出位更长	D18.10：表示输出数字总共占18个字符位置，小数点后保留10位数字
Aw	字符型描述格式	A是描述符，w是字符数据宽度，w最长允许8个字符长度	A6：包含6个字符的字符串
nX	X编辑符	X是描述符，表示产生空格，n是空格的数据	2X：表示位置后移动2个字符位置
'	撇号编辑符	撇号编辑符，成对使用，用于在格式说明中插入说明字符	'I='：输出行中显示字符串"I="
/	斜杠编辑符	结束当前行的输出，转到下一行输出，如果有两个连续斜杠（//），则添加一个空行	—

　　*VREAD,ParR,Fname,Ext,--,Label,n1,n2,n3,NSKIP

其中，ParR是读入数据的赋值对象数组，必须是已经存在的数组参数；Fname是带路径的文件名（允许最多250个字符长度），缺省路径为工作目录，文件名缺省为Jobname；Ext是文件的扩展名（最多8个字符长度）；--表示该域是不需要使用的值域；Label可以取IJK，IKJ，JIK，JKI，KIJ，KJI，空格标识IJK；n1，n2，n3分别对应K，I，J；NSKIP是读入数据文件时需要跳过的开始行数，表示从下一行开始读入数据文件中的数据，缺省值是0，表示从第一行开始读入数据。

　　（6）APDL中控制程序。APDL语言像其他编程语言一样提供相关的循环、选择等控制程序，现简要描述如下。

　　① 无条件分支：*GO。最简单的转向命令*GO，指示程序转到某个指定标识字行处，不执行中间的任何命令。程序继续从该指定标识字行处开始执行。例如：

```
*GO,:BRANCH1
---  !这个程序体被跳过(不执行)
---
:BRANCH1
---
```

　　由*GO命令指定的标识字必须以冒号（：）开头，并不能超过8个字符（包括冒号）。该标识字可位于同一个文件中的任何地方。注意，不鼓励使用*GO命令。最好使用其他分支命令来控制程序流。

　　② 有条件分支：*IF命令。APDL允许根据条件执行某些供选择的程序体中的一个。

条件的值通过比较两个数的值或等于某数值的参数来确定。*IF命令的语法为

　　　　*IF,VAL1,Oper,VAL2,Base

其中，VAL1是比较的第一个数值（或数字参数）；Oper是比较运算符；VAL2是比较的第二个数值（或数字参数）；若比较的值为真，则执行Base指定的操作。APDL提供了8个比较运算符：EQ为等于（VAL1=VAL2）；NE为不等于（VAL1≠VAL2）；LT为小于（VAL1<VAL2）；GT为大于（VAL1>VAL2）；LE为小于或等于（VAL1≤VAL2）；GE为大于或等于（VAL1≥VAL2）；ABLT为绝对值小于；ABGT为绝对值大于。

　　通过给Base变量赋值Then，*IF命令变成了IF-THEN-ELSE结构。该结构如下：一个*IF命令；一个或多个*ELSEIF命令选项；一个*ELSE命令选项；一个必需的*ENDIF命令，标识字结构的结束。

　　在最简单的形式中，*IF命令判断比较的值，若为真，则转向Base变量所指定的标识字。结合一些*IF命令，将能得到和其他编程语言中CASE语句相同的功能。注意，不要转向某个位于IF-THEN-ELSE结构或DO循环中的带标识字的行。通过给Base变量赋值STOP，可以离开ANSYS。

　　IF-THEN-ELSE结构仅仅判断条件并执行接下来的程序体或跳到*ENDIF命令的下一条语句（用"Continue"注释表示）。

*IF,A,EQ,1,THEN

!Block1

*ENDIF

!继续执行

　　③ 循环：DO循环。DO循环允许按指定的次数循环执行一系列的命令。*DO和*ENDDO命令分别是循环开始和结束点的标识字。

　　下面的DO循环例子读取5个载荷步文件（从1到5）并对5个文件做了同样的更改。

*DO,I,1,5　!I=1to5

LSREAD,I　!读取载荷步文件I

OUTPR,ALL,None　!改变输出控制

ERESX,NO

LSWRITE,I　!重写载荷步文件I

*ENDDO

　　在构造DO循环时，要遵循以下规则：不要通过在*IF或*Go命令中带有"：Label"来从DO循环结构中跳出；不用在DO循环结构中用"：Label"来跳到另外一行语句，可以用if-then-else-endif结构来代替；在DO循环结构中，第一次循环后，自动禁止命令结果输出。如果想得到所有循环的结果输出，就在DO循环结构中使用/GOPR或/Go（无响应行）命令。

1.2.3　APDL的运行

　　（1）APDL程序生成。生成APDL程序的编制主要有两种方法：方法一，借助ANSYS

中的日志文件（jobname.log）完成APDL程序的编制；方法二，用一个文本编辑器，例如记事本，直接按有限元的分析步骤完成APDL程序。其中，方法一适用于初学者，而方法二需要具有一定的APDL编程基础，方法二也是在已有程序基础上完成新的APDL程序常用的方法。

① 借助ANSYS中的日志文件。在对话框操作（GUI）模式下，用户每执行一次操作，ANSYS都会将对应于操作的命令写入日志文件（jobname.log）中，因此，ANSYS的日志文件中包括了操作过程中的所有指令，该文件是生成APDL程序编制的基础。

生成APDL程序时，为了提高建模和求解效率，可忽略某些不必要的操作，诸如改变视图、图形放缩、移动和旋转等操作。因此，完成GUI操作后，需要执行Utility Menu→File→Write DB log file命令，弹出Write Database Log对话框（图1.39），在指定完文件名后（该文件在工作目录中），选择仅输出重要命令（Write essential commands only）方式输出文件。

图1.39　数据写入对话框

② 直接按有限元的分析步骤完成APDL程序。有限元分析步骤包括前处理、求解和后处理，直接按照这个流程，从资料库（目前已有大量的指导书）中查找单元定义、建模、加约束条件、求解、后处理的相关命令，同时要注意每个命令涉及的相关参数，完成APDL程序。

（2）运行APDL程序。运行APDL程序也有两种方法：方法一，利用实用菜单的Read Input from命令完成APDL程序的运行；方法二，将相关命令直接输入命令窗口（用复制和粘贴）。

对于方法一，单击Utility Menu→File→Read Input from命令，弹出Read File对话框（图1.40），选择需要读取的APDL程序。

方法二非常简单，就是从文本文件中复制所有命令或者一段，粘贴到ANSYS界面的命令窗口（图1.41）就可运行APDL。这种运行APDL的方式也是在APDL编程过程中程序调试常做的。

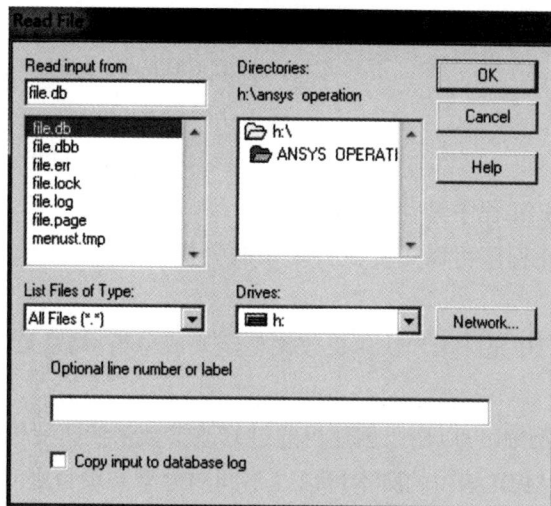

图1.40　文件读取对话框

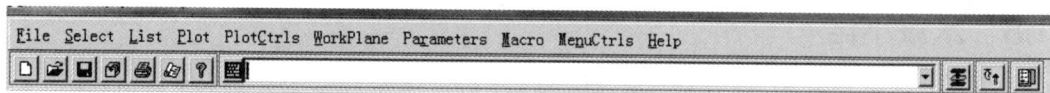

图1.41　用于执行APDL的命令窗口

（3）基于APDL语言的结构分析实例。这里以1.1.4节给出的简支梁求变形为例，给出相关命令流，描述利用APDL对结构进行分析的流程。命令流如下：

```
/CLEAR                              !建立关键点
q=3000   !均布载荷集度3 kN/m         K,1,,,,
L1=2                                K,2,L1,,
L2=4                                K,3,L1+L2,,,
L3=2                                K,4,L1+L2+L3
Me=3000!集中力偶矩                   !由关键点生成线
/PREP7                              LSTR,1,2
KEYW,PR_STRUC,1                     LSTR,2,3
ET,1,BEAM189                        LSTR,3,4
!定义材料参数                        ESIZE,0.5
MP,EX,1,2.11e11                     LMESH,ALL
MP,PRXY,1,0.3                       /SOL
!定义梁截面参数                      DK,2,,0,,0,UX,UY,UZ,ROTX,ROTY,,
SECTYPE,1,BEAM,RECT,,0              DK,4,UY
SECOFFSET,CENT                      DK,4,UZ
SECDATA,0.2,0.2,4,4,0,0,0,0,0,0,0,0 LSEL,S,,,1,2
!建立模型                           ESLL,S
```

```
SFBEAM,ALL,2,PRES,q,,,,,,0          /POST1
Allsel,all                          /DSCALE,ALL,1000
FK,3,MZ,−Me                         /EFACET,1
SOLVE                               PLNSOL,U,SUM,0,1.0
```

对比GUI操作，APDL程序具有如下优势。

① 自动化。APDL程序可以重复执行复杂的分析任务，减少人为错误，提高工作效率。

② 快速迭代。APDL允许用户快速更改模型定义或分析参数，无须重新启动整个分析过程。

③ 参数化建模。APDL可以用于创建可通过修改参数来快速变化的复杂模型。

④ 脚本重用。用APDL编写的脚本可以在不同的模型和项目之间重复使用，减少开发时间。

对于初学者而言，建议对GUI操作形成的LOG文件进行修改，再形成APDL程序。

1.3　本章小结

本章在简要介绍ANSYS软件的基础上对ANSYS GUI和APDL编程进行了简单介绍。首先，对ANSYS用户界面、组成及其主要功能模块、产生的文件和分析流程进行了介绍，以简支梁在均布力和集中力偶矩作用下变形为例进行了分析，介绍了基于菜单的ANSYS静力学分析流程。其次，对APDL进行了介绍，给出了APDL编写过程中需要掌握的内容，如参数定义及命名规则、数组参数及用法、参数与数据文件的写出与读入、APDL中控制程序等。最后，以简支梁求变形为例，给出相关命令流，描述利用APDL对结构进行分析的流程，并将其计算过程与GUI操作进行比对，展示了APDL程序的优势。

第2章　ANSYS结构分析常用单元及选用方法

本章主要对ANSYS的结构单元进行简要介绍，主要包括质量单元（MASS21）、弹簧单元（COMBIN14和COMBI214）、矩阵单元（MATRIX27）、平面单元（PLANE182和PLANE183）、梁单元（BEAM188和BEAM189）、壳单元（SHELL181和SHELL281）和实体单元（SOLID185和SOLID186），并粗略给出结构分析中单元的选择方法。

2.1　ANSYS单元简介及一般特性

ANSYS有七大类单元，分别为结构单元、热单元、电磁单元、耦合场单元、流体单元、分网单元、显示动力学分析单元。这里主要对结构单元进行介绍。单元一般特性包括单元的输入参数、单元的结果输出、单元坐标系、节点和单元载荷等。

2.1.1　单元的输入参数

单元的输入参数主要有单元名称、节点、自由度、实常数、材料性质、载荷、单元特性、KEYOPTS（key options，关键选项）等，简单介绍如下。

（1）单元名称。单元名称由两部分组成：一部分是用不超过8个字符的名称定义的单元类型，另一部分是用"唯一"定义的单元序号，如BEAM189=BEAM+189。用ET命令定义单元类型时，可采用单元名称或单元序号，如ET，1，BEAM3或ET，1，3均可。

（2）节点。单元的节点用I，J，K等描述，在每个单元的单元几何中标出了节点的顺序和方位。节点序列可在网格划分时自动生成，也可以由用户通过E命令定义节点序列。节点号必须与单元描述中"Nodes"的列表顺序相符，节点I是单元的第一个节点号，节点顺序决定某些单元的单元坐标系方位。

（3）自由度。每种单元类型都有一个自由度集，该自由度集构成节点未知量，它们可以是位移、转角、温度、压力等。所谓导出结果（如应力和热流等）均是根据自由度结果计算得到的。用户不必明确地定义节点上的自由度，而是用与之相关的单元类型确定，因此单元类型的选择在ANSYS分析中是很重要的。其中，位移和转角自由度通常用UX，UY，UZ，ROTX，ROTY，ROTZ表示，其意义分别为沿节点坐标系x，y，z的平动位移和绕节点坐标系x，y，z的转动位移。

（4）实常数。实常数用于计算单元矩阵，典型的实常数包括面积、厚度或高度、内径与外径等。实常数的内容由单元决定，每一种单元的实常数可能都不相同。实常数通过命令R输入，且输入的实常数顺序和数值必须与单元"实常数"列表相符，否则可能会导致输入不正确。对于杆、梁和壳单元，检查实常数比较好的方法是打开单元形状（命令/ESHAPE），然后显示单元。注意，目前一些单元如梁单元和壳单元也采用截面参数（Main Menu→Preprocessor→Sections）描述截面属性。

（5）材料性质。每种单元都有不同的材料性能，典型的材料性质包括弹性模量、密度等。ANSYS用标识符定义每种性质，如EX标识单元坐标系下x方向的弹性模量、DENS表示密度等。

（6）载荷。不同的单元类型有不同的表面载荷和体载荷。对于结构分析单元，其典型的表面载荷为压力（分布载荷），而体载荷可以是各种场力，例如重力、离心力等。

（7）单元特性。在单元特性列表中给出了单元的附加分析能力，如应力刚化、大变形、塑性、蠕变、膨胀、单元生死等，绝大多数特性导致单元是非线性的且需要迭代求解。在使用某个单元时，应查看该单元是否需要具有某方面的分析能力。

（8）KEYOPTS。KEYOPTS用于打开或关闭单元的各种选项。KEYOPTS包括单元刚度矩阵选项、单元输出选项、单元坐标系选项等，在定义单元类型时一并定义。在单元介绍中，KEYOPTS用序号表达，如KEYOPT（1），KEYOPT（2）等，可在命令ET中的6个顺序位置输入6个KEYOPTS的值，也可用命令KEYOPTS单独输入，但KEYOPT（7）及以上的值必须采用命令KEYOPT输入。

一般地，ANSYS均会给出KEYOPTS的缺省值，如果用户不定义KEYOPTS，ANSYS就采用缺省值计算。若在不同的ANSYS产品或版本上运行命令流文件，即使与缺省值相同，也建议明确定义KEYOPTS，因为不同产品或版本的缺省值可能不同。

2.1.2　单元的结果输出

结果输出包括节点解和单元解，节点解也称节点自由度解或基本解，它是有限元分析的直接结果，而单元解主要是各个单元质心的结果，大多数单元的KEYOPTS可以设置更多的结果输出，如积分点的结果等。

（1）节点解。节点解包括节点自由度解（对于结构分析主要是节点位移）与约束节点的反力解。节点自由度解是指整个模型中所有活动自由度的解，由所有活动单元相关的自由度集决定。命令OUTPR，NSOL和命令OUTRES，NSOL分别控制打印输出和结果文件输出。所有约束节点的反力通过命令OUTPR，RSOL和命令OUTRES，RSOL控制输出。

（2）单元解。单元解是指面载荷、质心解、表面解、积分点解、单元节点解、单元节点载荷、非线性解、平面和轴对称解、杆件力解等及其结果项。单元解不同于节点解，其代表了每个单元节点上的结果数据。单元解对于2D和3D实体单元、壳单元都适用，是一种导出结果，如应变和应力等。

2.1.3　单元坐标系

单元坐标系用于确定输入或输出参数的方向，如正交各向异性材料的方向、压力载荷方向及应力方向等。每个单元都有缺省的单元坐标系，详见各单元介绍，但一般设置如下。

单元坐标系采用右手正交法则。对于线单元（如LINK或BEAM），缺省的x轴方向为单元I节点指向J节点。对于实体单元（如PLANE或SOLID），缺省的单元坐标系一般平行于总体直角坐标系。对于壳单元，缺省时一般是x轴方向沿着单元I-J节点，z轴方向垂直于壳的表面（与外法线方向相同，外法线方向由从单元节点I-J-K按右手法则确定），y轴与x轴和z轴构成的平面垂直。

2.1.4 线性材料性质

线性材料性质可用命令MP输入，除EX和KXX必须输入非零值外，其余性质在没有输入时均采用缺省值，这里的X，Y和Z均指单元坐标系的方向。结构材料性质必须是各向同性、正交各向异性或各向异性的材料。对于各向同性材料，必须输入弹性模量（EX）；泊松比（PRXY或NUXY）缺省值为0.3；如拟采用零值，需要输入PRXY或NUXY为0或空；泊松比不能大于或等于0.5。剪切弹性模量（GXY）缺省值为EX/（2（1+NUXY）），若要输入GXY，则必须与EX/（2（1+NUXY））相符，即输入GXY的唯一原因是确保所输入性质的一致性。

2.1.5 节点和单元载荷

载荷分为节点载荷和单元载荷两种类型。节点载荷施加在节点上，与单元没有直接关系，而与节点自由度直接相关，分别用命令D和F施加（如节点位移约束和节点集中力载荷）。单元载荷是指面载荷、体载荷和惯性载荷，总是与具体单元相关（即使输入在节点上）。

面载荷（如结构分析单元的压力、热单元的对流等）可以节点载荷形式施加，也可以单元载荷形式施加，如面载荷可施加到单元的一个面上，或更方便地施加到单元面的节点上。面载荷以节点载荷形式可施加更一般的渐变载荷。某些单元可以施加多种面载荷，而有些可在一个单元面上施加多种面载荷。值得注意的是，施加在壳单元边上的面载荷以单位长度而不是单位面积为基础。面载荷用命令SFE和SF施加，SFE可直接施加面载荷，而SF则以所选择节点构成的单元面施加。对于结构分析单元而言，面载荷主要是压力（标识符PRES）。

惯性载荷（重力或向心力等）是一种体载荷，对具有结构自由度和质量的单元适用，典型施加命令有ACEL和OMEGA。

2.2 ANSYS结构分析常用单元

本节主要对结构分析常用单元，如质量单元（MASS21）、弹簧单元（COMBIN14和COMBI214）、矩阵单元（MATRIX27）、平面单元（PLANE182和PLANE183）、梁单元（BEAM188和BEAM189）、壳单元（SHELL181和SHELL281）和实体单元（SOLID185和SOLID186）进行简要介绍。

2.2.1 质量单元

图2.1为MASS21单元几何图。MASS21是一个具有6自由度的单节点单元，即沿x，y和z轴方向的平动和绕x，y和z轴的转动。每个方向都可以具有不同的质量和转动惯量。MASS21单元在静态解中无任何效应，除非具有加速度或旋转载荷或惯性解除，该单元支持大变形、单元生死和线性摄动分析功能。

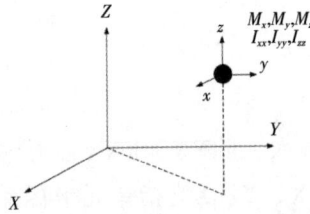

图2.1　MASS21单元几何图

图2.2为"MASS21 element type options"对话框。表2.1给出了MASS21单元输入参数与选项。

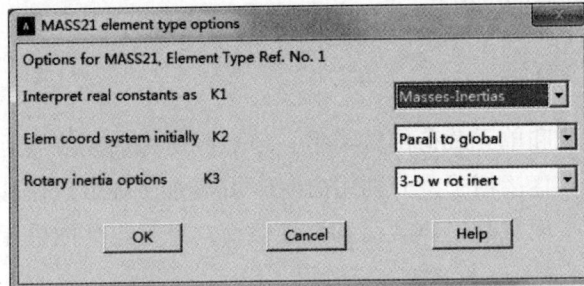

图2.2　MASS21单元关键字设置

表2.1　MASS21单元输入参数与选项

参数类别	参数及说明
节点	I
自由度	若KEYOPT（3）=0，则自由度为UX, UY, UZ, ROTX, ROTY, ROTZ； 若KEYOPT（3）=2，则自由度为UX, UY, UZ； 若KEYOPT（3）=3，则自由度为UX, UY, ROTZ； 若KEYOPT（3）=4，则自由度为UX, UY。 以上自由度均位于节点坐标系下
实常数	若KEYOPT（3）=0，则实常数为MASSX, MASSY, MASSZ, IXX, IYY, IZZ； 若KEYOPT（3）=2，则实常数为MASS； 若KEYOPT（3）=3，则实常数为MASS, IZZ； 若KEYOPT（3）=4，则实常数为MASS （MASSX, MASSY, MASSZ为单元坐标系中的质量分量，IXX, IYY, IZZ为绕单元坐标轴的转动惯量）
材料属性	DENS[仅KEYOPT（1）=1时]
面载荷	无
体载荷	无
特性	大变形、单元生死、线性摄动
KEYOPT（1）	实常数解释：0—实常数为质量和转动惯量；1—实常数为体积和转动惯量/密度（在材料性质中必须输入密度）
KEYOPT（2）	初始单元坐标系：0—初始单元坐标系平行于总体直角坐标系；1—初始单元坐标系平行于节点坐标系
KEYOPT（3）	转动惯量控制：0—考虑转动惯量的3D质量；2—不考虑转动惯量的3D质量；3—考虑转动惯量的2D质量；4—不考虑转动惯量的2D质量

2.2.2　弹簧单元

（1）COMBIN14单元。COMBIN14单元具有分析一维、二维或三维模型的轴向拉伸或扭转的功能。轴向的弹簧-阻尼选项是一维的拉伸或压缩单元，它的每个节点具有3个自由度——X，Y，Z的轴向移动，它不能考虑弯曲或扭转。扭转的弹簧-阻尼器选项是一个纯扭转单元，它的每个节点具有3个自由度：绕X，Y，Z的旋转，它不能考虑弯曲或轴向力。

如图2.3所示，COMBIN14单元由两个节点组成。阻尼特性不能用于静力或无阻尼的模态分析。单元的阻尼部分只是把阻尼系数传递到结构阻尼矩阵中。

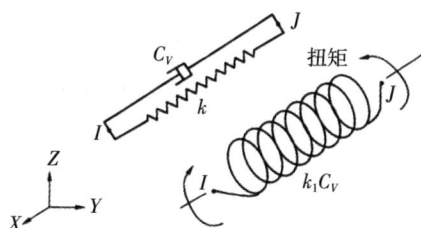

图2.3　COMBIN14单元几何图

图2.4为 "COMBIN14 element type options" 对话框。

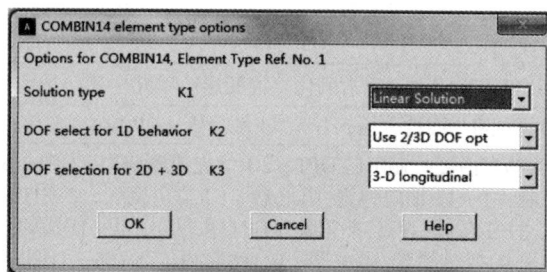

图2.4　COMBIN14单元关键字设置

图2.5为 "Real Constant Set Number 1, for COMBIN14" 对话框，该对话框可输入5个实常数，分别是弹簧刚度系数（Spring constant）、阻尼系数（Damping coefficient）、非线性阻尼系数［Nonlinear damping coeff，如果用户需要使用该实常数，则必须设置K1关键字为非线性求解Nonlinear］、初始长度（Initial Length）、初始力（Initial Force，在三维扭转

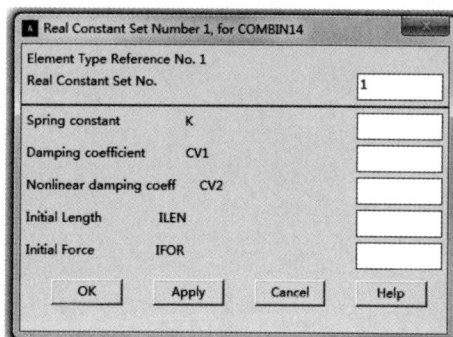

图2.5　COMBIN14单元实常数设置

分析中表示扭矩）。

弹簧的预载荷可以通过以下两种方式进行设置：用户可以使用初始长度或初始力，但仅有二维和三维模型支持该方法。如果初始长度与通过节点坐标系输入的长度不同，则程序认为存储弹簧预负荷。如果用户输入了初始力，则负值表示弹簧初始为压缩状态，正值表示弹簧初始为拉伸状态。

COMBIN14单元输入参数与选项见表2.2。

表2.2　COMBIN14单元输入参数与选项

参数类别		参数及说明
节点		I, J
自由度		若KEYOPT（3）=0，则自由度为UX，UY，UZ； 若KEYOPT（3）=1，则自由度为ROTX，ROTY，ROTZ； 若KEYOPT（3）=2，则自由度为UX，UY； 若KEYOPT（2）>0，见下文
实常数	K	弹簧常数
	CV1	阻尼常数
	CV2	线性阻尼常数，且必须KEYOPT（1）=1
材料属性		DAMP
面载荷		无
体载荷		无
特性		非线性（CV2≠0），应力刚化、大变形、单元生死
KEYOPT（1）		求解类型：0—线性分析；1—非线性分析（CV2≠0）
KEYOPT（2）		1D行为的自由度控制[KEYOPT（2）优先或覆盖KEYOPT（3）选项]：0—由KEYOPT（3）控制；1—1D轴向弹簧-阻尼器（UX自由度）；2—1D轴向弹簧-阻尼器（UY自由度）；3—1D轴向弹簧-阻尼器（UZ自由度）；4—1D扭转弹簧-阻尼器（ROTX自由度）；5—1D扭转弹簧-阻尼器（ROTY自由度）；6—1D扭转弹簧-阻尼器（ROTZ自由度）；7—压力自由度（用于流体分析）；8—温度自由度（用于热分析）
KEYOPT（3）		2D和3D自由度控制：0—3D轴向弹簧-阻尼器；1—3D扭转弹簧-阻尼器；2—2D轴向弹簧-阻尼器（必须位于XY平面内）

（2）COMBI214单元。COMBI214单元是二维弹簧阻尼轴承单元，该单元只能应用于二维分析并且具有轴向和交叉耦合分析功能，如图2.6所示。COMBI214单元由3个节点组成，

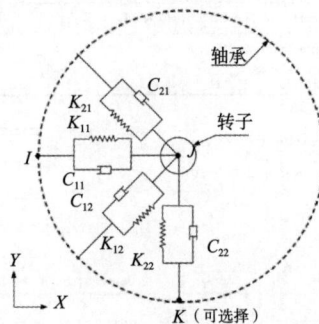

图2.6　COMBI214单元几何图

其中一个节点为可选择方向的节点，每个节点只有X，Y或Z方向的拉伸和压缩两个自由度。该单元不能考虑弯曲和扭转，如果用户需要考虑质量，可以使用质量单元MASS21。

图2.7为"COMBI214 element type options"对话框。

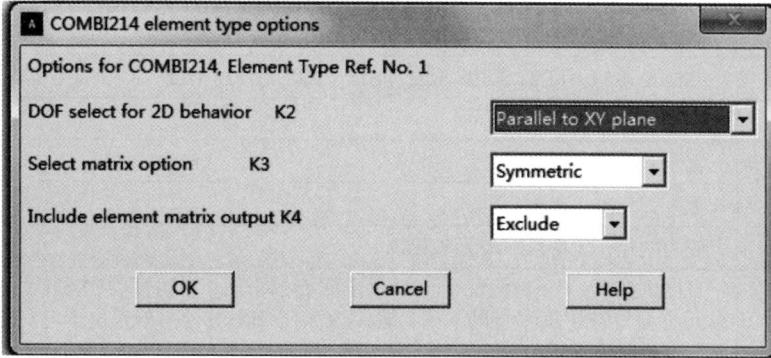

图2.7 COMBI214单元关键字设置

图2.8为"Real Constant Set Number 1，for COMBI214"对话框。在该对话框中用户可输入8个实常数，分别是K11、K22、K12、K21 4个刚度系数和C11、C22、C12、C21 4个阻尼系数，其中刚度系数单位为N/m，阻尼系数单位为N·s/m。K和C后的数字代表K2关键字中设置的不同平面，如K2设置为Parallel to XY plane，则K11=Kxx，K22=Kyy，K12=Kxy，K21=Kyx，C相同。

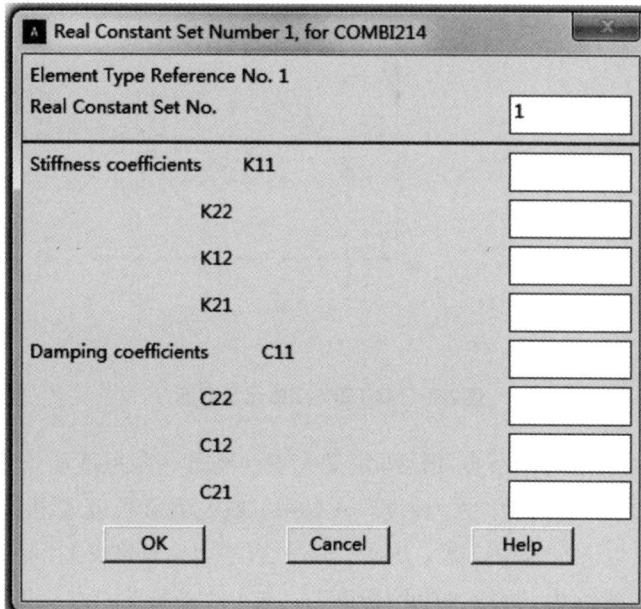

图2.8 COMBI214单元实常数设置

COMBI214单元输入参数与选项见表2.3。

表2.3 COMBI214单元输入参数与选项

参数类别	参数及说明
节点	I, J, K（K为非线性分析中的方位节点，可选）
自由度	当KEYOPT（2）=0时，自由度为UX，UY； 当KEYOPT（2）=1时，自由度为UY，UZ； 当KEYOPT（2）=2时，自由度为UX，UZ
实常数	共8个：K11，K22，K12，K21，C11，C22，C12，C21
材料属性	无
面载荷	无
体载荷	无
特性	应力刚化、大变形、单元生死
KEYOPT（2）	自由度选择：0—单元位于与XY平面平行的平面，自由度为UX和UY（缺省）；1—单元位于与YZ平面平行的平面，自由度为UY和UZ；2—单元位于与XZ平面平行的平面，自由度为UX和UZ
KEYOPT（3）	单元对称性：0—单元对称（缺省），即K12=K21且C12=C21；1—单元不对称

2.2.3 矩阵单元

MATRIX27单元是一种没有定义几何形状的任意单元（见图2.9），也称矩阵单元，包括刚度、阻尼或质量矩阵。MATRIX27单元虽无几何特性，但其弹性响应可用刚度、阻尼或质量矩阵定义。该单元假定有2个节点，每个节点有6个自由度，即沿着节点坐标系的3个平动位移和3个转动位移自由度。

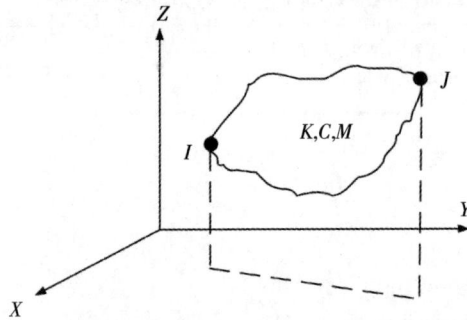

图2.9 MATRIX27单元示意图

MATRIX27单元通过两个节点和矩阵定义元素。刚度、阻尼或质量矩阵中的元素以实常数输入，刚度常数的量纲为"力/长度"（N/m）或"力×长度/弧度"（N·m/rad），阻尼常数的量纲为"力×时间/长度"（N·s/m）或"力×长度×时间/弧度"（N·m·s/rad），质量常数的量纲为"力×时间^2/长度"（N·s^2/m）或"力×长度×时间^2/弧度"（N·m·s^2/rad）。

该单元所定义的所有矩阵均为12×12维，自由度顺序为I节点的UX，UY，UZ，ROTX，ROTY，ROTZ及J节点的6个相同的自由度，其自由度顺序与BEAM4单元相同。若有一个节点未使用（如仅用一个节点定义该单元），则与其对应的行和列元素全部缺省为0。

MATRIX27单元输入参数与选项见表2.4。

表2.4 MATRIX27单元输入参数与选项

参数类别	参数及说明
节点	I, J
自由度	UX, UY, UZ, ROTX, ROTY, ROTZ
实常数	C1, C2, …, C78—矩阵上三角元素[仅当KEYOPT（2）=0时]; C79, C80, …, C144—非对称矩阵的下三角元素[仅当KEYOPT（2）=2时]; C1, C2, …, C66—反对称矩阵上三角元素，缺少对角线元素[仅当KEYOPT（2）=3时]
材料属性	DAMP
面载荷	无
体载荷	无
特性	单元生死、线性摄动
KEYOPT（1）	仅当KEYOPT（2）=0时：0—只输入正定矩阵或零矩阵（zero definite matrices）; 1—输入正、零或负定矩阵
KEYOPT（2）	矩阵形式（仅当）：0—对称矩阵；2—非对称矩阵；3—反对称矩阵
KEYOPT（3）	输入的实常数用于定义何种矩阵：2—定义12×12的质量矩阵；4—定义12×12的刚度矩阵；5—定义12×12的阻尼矩阵
KEYOPT（4）	单元矩阵输出：0—不输出；1—求解阶段输出单元矩阵

2.2.4 平面单元

（1）PLANE182单元。PLANE182用于二维实体结构建模。PLANE182单元既可作为平面单元，也可作为轴对称单元。PLANE182单元位移插值为一阶函数，因此单元具有常应变特性。图2.10为PLANE182单元几何图，该单元有4个节点，每个节点有2个自由度，即沿节点X和Y方向的平动位移。

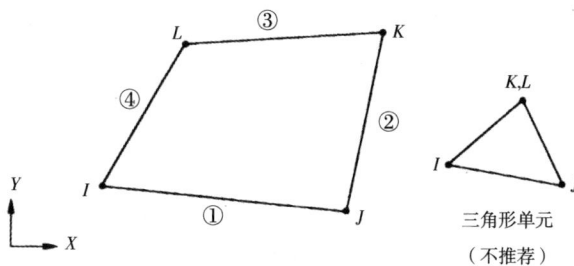

图2.10 PLANE182单元几何图

图2.11为"PLANE182 element type options"对话框。
PLANE182单元输入参数与选项见表2.5。

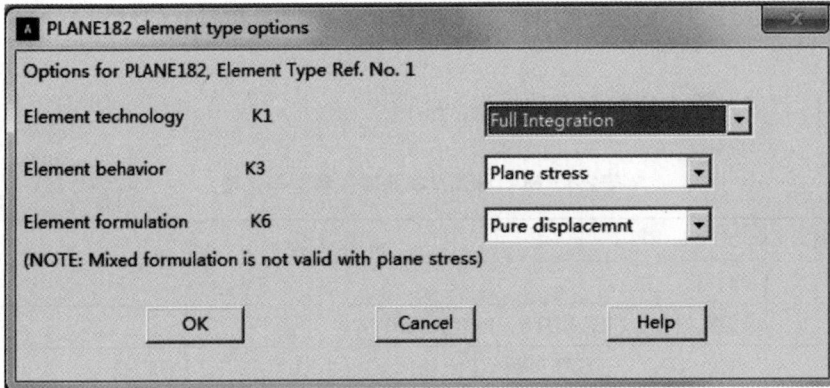

图2.11　PLANE182单元关键字设置

表2.5　PLANE182单元输入参数与选项

参数类别	参数及说明
节点	I, J, K, L
自由度	UX, UY
实常数	THK—当KEYOPT（3）=3时的厚度；HGSTF—当KEYOPT（1）=1时的沙漏刚度比例系数，缺省为1.0，若输入为0.0，则采用缺省系数，即1.0
材料属性	EX, EY, EZ, PRXY, PRYZ, PRXZ（或NUXY, NUYZ, NUXZ），APLX, PLPY, ALPZ, DENS, GXY, GYZ, GXZ, DAMP
面载荷	face1—I-J；face2—K-J；face3—L-K；face4—I-L
体载荷	温度——T（I），T（J），T（K），T（L）
特性	塑性、超弹、黏弹、黏塑、弹性、应力刚化、大变形、大应变、单元生死、初应力输入、单元技术自动选择
KEYOPT（1）	单元技术：0—完全积分的B方法；1—沙漏控制的减缩积分；2—增强应变算法；3—简化增强应变算法
KEYOPT（3）	单元行为：0—平面应力；1—轴对称；2—平面应变（Z方向应变=0）；3—考虑单元厚度的平面应力；5—广义平面应变
KEYOPT（6）	单元公式：0—仅采用位移法（缺省）；1—采用u-P混合公式法（平面应力无效）
KEYOPT（10）	初应力输入：0—不使用用户子例程输入初应力（缺省）；1—使用用户子例程输入初应力

（2）PLANE183单元。PLANE183是一个高阶单元，具有二次位移函数，因此为线应变单元。PLANE183单元能够很好地适应不规则模型的网格划分，在断裂力学中使用该单元模拟裂纹尖端的奇异性，如图2.12所示。PLANE183单元有8个节点，每个节点有2个自由度，分别为x和y方向的平移。该单元既可作为平面单元，也可作为轴对称单元。压力可以作为单元边界上的面载荷输入，正压力指向单元内部。PLANE183单元支持塑性、超弹、黏弹性、黏塑性/蠕变、弹性、应力刚化、大变形、非线性稳定性、用户重画网格、自动选择单元、单元生死和线性摄动分析功能。

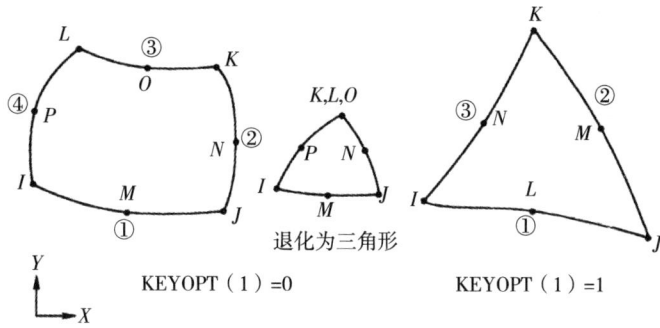

图2.12　PLANE183单元几何图

图2.13为"PLANE183 element type options"对话框。PLANE183单元包括关键字K1、K3和K6。关键字K1用来设置PLANE183单元形状。用户可以选择两种单元形状：8节点四边形（Quadrilateral），这是ANSYS的默认选项，对应的命令为KEYOPT（1）=0；6节点三角形（Triangle），对应的命令为KEYOPT（1）=1。其余KEYOPT选项同PLANE182单元。

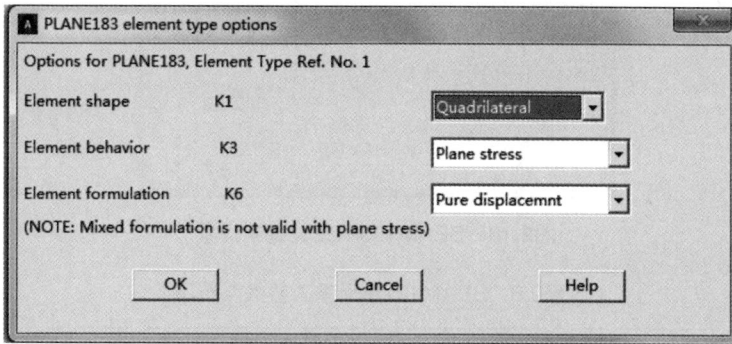

图2.13　PLANE183单元关键字设置

2.2.5　梁单元

BEAM188和BEAM189单元（二者简称为BEAM18x单元）分别为3D线性有限应变梁元和3D二次有限应变梁元（图2.14和图2.15），其中，BEAM188为2个节点单元，BEAM189为3个节点单元，二者均适用于分析从细长到中等粗/短的梁结构，该单元基于铁木辛柯梁理论，并考虑了剪切变形的影响。BEAM188单元是2个节点单元采用线性、二次和三次形函数插值，单元几何、节点位置和单元坐标系，如图2.14所示。在每个节点处有6个或7个自由度，自由度的个数取决于KEYOPT（1）的值。

图2.16为"BEAM188 element type options"对话框。

BEAM18x单元输入参数与选项见表2.6。

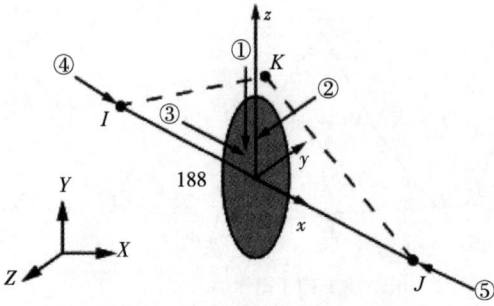

图2.14　BEAM188单元几何图　　　　　　　图2.15　BEAM189单元几何图

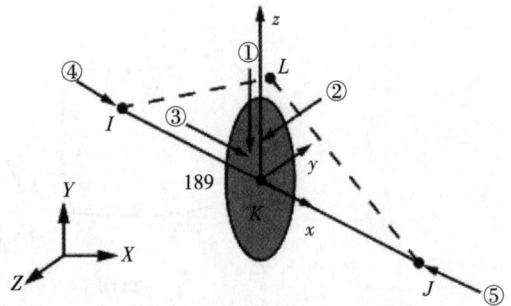

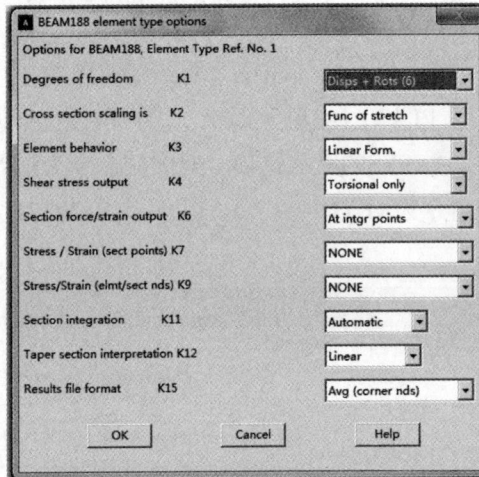

图2.16　BEAM188单元关键字设置

表2.6　BEAM18x单元输入参数与选项

参数类别	参数及说明
节点	I, J, K, L（对于BEAM189单元，L为方向节点，虽是可选的，但建议采用）
自由度	当KEYOPT（1）=0时，自由度为UX, UY, UZ, ROTX, ROTY, ROTZ；当KEYOPT（1）=1时，自由度为UX, UY, UZ, ROTX, ROTY, ROTZ, WARP, WARP—翘曲位移
截面控制项	TXZ, TXY, ADDMAS（详见SECCONTROLS命令）；分别为横向剪切刚度和附加质量，缺省时TXZ和TXY分别为$A \times GXZ$和$A \times GXY$，A为横截面面积
材料属性	EX, ALPX, DENS, DAMP, GXY, GYZ, GXZ（或PRXY或NUXY）
面载荷	face1—I-J（-Z方向），若面载荷为负值，则与正方向相反，下同；face2—I-J（-Y方向）；face3—I-J（+X方向）；face4—I（+X方向）；face5—J（-X方向）
体载荷	温度—每个端面的T（0, 0），T（1, 0），T（0, 1）
特性	塑性、超弹、黏弹、黏塑、蠕变、应力刚化、大变形、初应力、单元生死[KEYOPT（11）=1]、单元技术自动选择、支持多种材料模型
KEYOPT（1）	翘曲自由度控制：0～6个自由度，自由扭转（缺省）；1～7个自由度，考虑翘曲，输出双力矩和双曲率
KEYOPT（2）	截面缩放比例控制：0—截面为轴向伸长的比例函数（缺省），仅在NLGEOM, ON时适用；1—假定为刚性截面（与经典梁理论相同）
KEYOPT（4）	剪应力输出控制：0—仅输出扭转剪应力（缺省）；1—仅输出横向剪应力（弯曲剪应力）；2—输出以上二者的组合值

表2.6（续）

参数类别	参数及说明
KEYOPT（6）	单元积分点结果输出控制：0—输出截面内力、应变和弯矩（缺省）；1—在上述基础上增加当前截面面积的输出；2—在上述基础上增加单元方向（X，Y，Z）输出；3—输出截面力和弯矩以及外推至节点的应变和曲率
KEYOPT（7）	截面积分点输出控制（截面类型ASEC无效）：0—无（缺省）；1—最大、最小应力和应变；2—在上述基础上增加每个积分点的应力和应变输出
KEYOPT（8）	栅点结果输出控制（截面类型ASEC无效）：0—无（缺省）；1—最大、最小应力和应变；2—在1的基础上增加截面表面上栅点的应力和应变输出；3—在1的基础上增加截面上每个栅点的应力和应变输出
KEYOPT（9）	单元节点和截面栅点外推值的输出控制（截面类型ASEC无效）：0—无（缺省）；1—最大、最小应力和应变；2—在1的基础上增加截面表面的应力和应变输出；3—在1的基础上增加所有栅点的应力和应变输出
KEYOPT（10）	初应力输入控制：0—无用户子程序提供的初应力（缺省）；1—通过用户子程序USTRESS读入初应力
KEYOPT（11）	设置截面特性：0—当可采用预积分截面特性时，自动计算截面特性（缺省）；1—采用截面数值积分（使用生死单元功能时）
KEYOPT（12）	变截面控制：0—截面线性变化，计算每个高斯积分点的截面特性（缺省），此法计算精确但计算量很大；1—采用平均截面，对于变截面单元，仅计算单元质心的截面特性，这是划分网格的阶数估计，但速度快

2.2.6　壳单元

（1）SHELL181单元。SHELL181单元适合模拟薄壳至中等壳结构。SHELL181单元使用一次位移差值函数，为低阶单元。如图2.17所示，SHELL181单元由4个节点组成，每个节点有6个自由度，分别是x，y和z方向的平动自由度和绕x，y和z轴的转动自由度。SHELL181单元非常适用于分析线性的、大转动变形和非线性的大形变。壳体厚度的变化是为了适应非线性分析。在SHELL181单元的应用范围内，完全积分和降阶积分都是适用的。SHELL181单元还可以应用于多层结构的材料，如复合层压壳体或者夹层结构的建模。在复合壳体的建模过程中，其精确度取决于一阶剪切形变理论（通常指壳理论）。

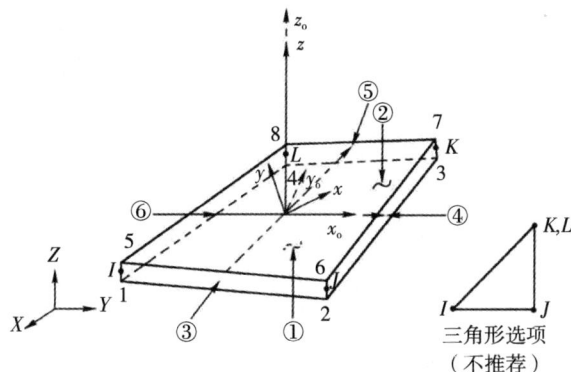

图2.17　SHELL181单元几何图

图2.18所示为"SHELL181 element type options"对话框。SHELL181单元输入参数与选项见表2.7。

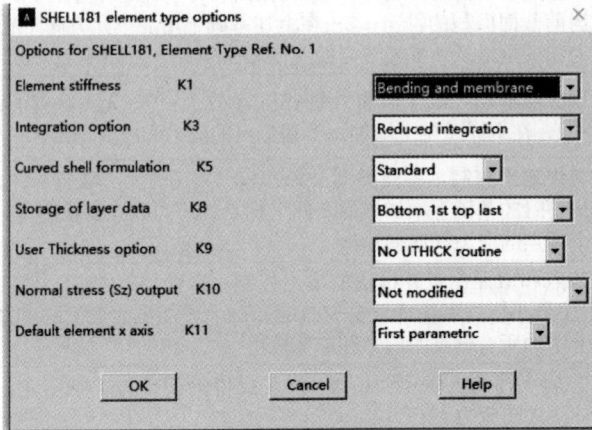

图2.18 SHELL181单元关键字设置

表2.7 SHELL181单元输入参数与选项

参数类别		参数及说明
节点		I, J, K, L
自由度		KEYOPT（1）=0，自由度为UX，UY，UZ，ROTX，ROTY，ROTZ；KEYOPT（1）=1，自由度为UX，UY，UZ
实常数	TK（I）	节点I的壳厚度
	TK（J）	节点J的壳厚度
	TK（K）	节点K的壳厚度
	TK（L）	节点L的壳厚度
	THETA	单元x轴转角（度）
	ADMSUA	附加质量（质量/面积）
	E11	横向剪切刚度
	E22	横向剪切刚度
	E33	横向剪切刚度
	转动刚度系数	面内转动刚度
	薄膜HG系数	薄膜沙漏控制系数
	弯曲HG系数	弯曲沙漏控制系数
材料属性		EX，EY，EZ（或PRXY，PRYZ，PRXZ或NUXY，NUYZ，NUXZ），ALPX，ALPY，ALPZ（或CTEX，CTEY，CTEZ或THSX，THSY，THSZ），DENS，GXY，GYZ，GXZ，DAMP对单元仅需定义一次（命令MAT指定材料组）；REFT对单元可仅定义一次，也可基于各层定义
面载荷		face1—I–J–K–L（底面，+Z方向）；face2—I–J–K–L（顶面，–Z方向）；face3—J–I；face4—K–J；face5—L–K；face6—I–L

表2.7（续）

参数类别	参数及说明
体载荷	①当KEYOPT（1）=0时（薄膜和弯曲刚度）：T1，T2，T3，T4为层1底面角点温度，T5，T6，T7，T8为层1~2角点温度，以此类推，最后为NL层顶面温度；最多4×（NL+1）个温度值，单层单元为8个温度值 ②当KEYOPT（1）=1时（仅薄膜刚度）：T1，T2，T3，T4为层1角点温度，T5，T6，T7，T8为层2角点温度，以此类推，最后为NL层角点温度；最多4×NL个温度值，单层单元为4个温度值
特性	塑性、超弹、黏弹、黏塑、蠕变、应力刚化、大变形、大应变、初应力、单元生死、自动选择单元技术、壳截面及预积分壳截面、沙漏刚度输入
KEYOPT（1）	单元刚度控制：0—考虑弯曲和膜刚度（缺省），1—仅考虑膜刚度，2—仅应力/应变评估
KEYOPT（3）	积分选项：0—带沙漏控制的减缩积分（缺省），2—非协调模式的完全积分
KEYOPT（4）	0—根据单元的连接性计算（缺省），1—由局部坐标系的z坐标方向控制
KEYOPT（5）	0—标准壳形式（缺省），1—高级曲壳形式，2—简化曲壳形式
KEYOPT（8）	数据存储控制：0—仅存储多层单元的顶层顶面和底层底面数据（缺省），1—存储多层单元的所有层的顶面和底面数据（数据量很大），2—存储单层或多层单元的所有层的顶面、底面和中面数据
KEYOPT（9）	用户厚度选项：0—不采用用户子例程定义初始厚度（缺省），1—采用用户子例程UTHICK读入初始厚度
KEYOPT（10）	厚度法向应力（S_z）输出选项：0—S_z未修改（缺省，S_z=0），1—从施加的压力负载中恢复和输出S_z
KEYOPT（11）	设置默认单元x轴（x_0）方位：0—单元质心处的第一个参数方向（缺省），1—从元素节点I指向元素节点J

（2）SHELL281单元。SHELL281单元适合模拟薄壳至中等厚度壳结构。该单元使用二次位移插值函数，为高阶等参元，具有线应变性能，可以模拟复杂曲面模型（图2.19）。单元由8个节点组成，每个节点有6个自由度，分别是沿x，y和z轴方向的平动自由度和绕x，y和z轴的转动自由度。当用户使用只考虑弯曲变形时，单元只有3个平动自由度。SHELL281单元非常适用于分析线性的、大转动变形和非线性的大形变。壳体厚度的变化是为了适应非线性分析。

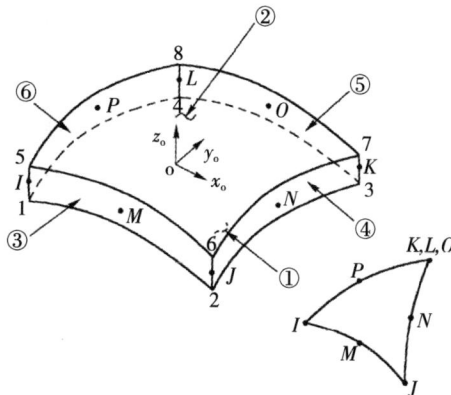

图2.19　SHELL281单元几何图

SHELL281单元和SHELL181单元功能和特点相同，其输入和输出项目大多数与SHELL181相同，这里不再赘述。

2.2.7 实体单元

（1）SOLID185单元。用户可通过设置SOLID185单元的单元关键字KEYOPT（2）实现模拟实体结构和复合材料结构。实体结构SOLID185是一个低阶体单元，具有一次位移函数（图2.20）。SOLID185单元有8个节点，每个节点有3个沿着X，Y和Z轴方向平移的自由度。压力可以作为面载荷加载到图中带圆圈的数字所指的单元面上，正的压力指向单元内部。实体结构SOLID185单元自动考虑应力刚化的影响，如果要考虑应力刚化引起的刚度矩阵不对称，则可以使用NROPT，UNSYM命令。

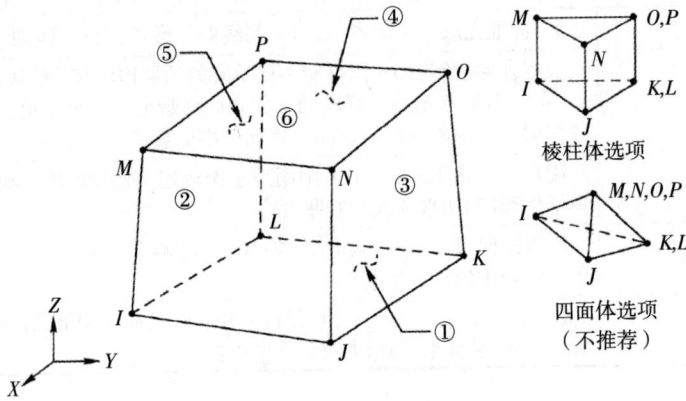

图2.20 SOLID185单元几何图

SOLID185单元包括关键字K2，K3，K6和K8，如图2.21所示。SOLID185单元输入参数与选项见表2.8。

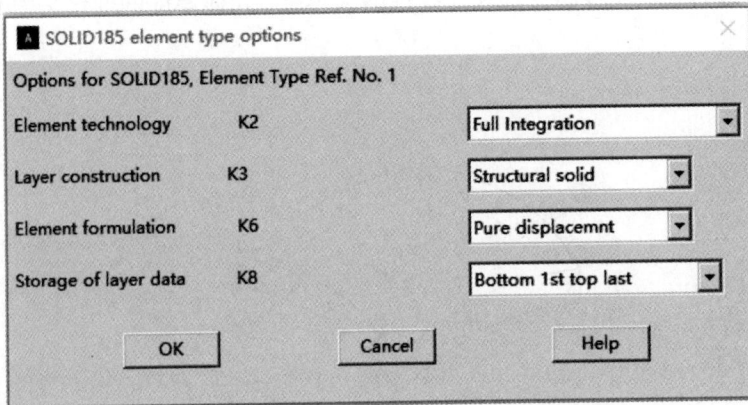

图2.21 SOLID185单元关键字设置

表2.8　SOLID185单元输入参数与选项

参数类别	参数及说明
节点	I, J, K, L, M, N, O, P
自由度	UX, UY, UZ
实常数	无—当KEYOPT（2）=0；HGSTF—当KEYOPT（2）=1时的沙漏刚度比例系数，缺省为1.0；若输入为0.0，则采用缺省系数，即1.0
材料属性	EX, EY, EZ, PRXY, PRYZ, PRXZ或（NUXY, NUYZ, NUXZ），ALPX, ALPY, ALPZ（或CTEX, CTEY, CTEZ或THSX, THSY, THSZ），DENS, DAMP, GXY, GYZ, GXZ
面载荷	face1—J-I-K-L；face2—I-J-N-M；face3—J-K-O-N；face4—K-L-P-O；face5—L-I-M-P；face6—M-N-O-P
体载荷	温度—T（I），T（J），T（K），T（L），T（M），T（N），T（O），T（P）
特性	塑性、超弹、黏弹性、黏塑性/蠕变、应力刚化、大变形、大应变、初应力输入、单元生死、单元技术选择
KEYOPT（2）	单元技术：0—完全积分的B方法，1—沙漏控制的减缩积分，2—增强应变算法，3—简化增强应变算法
KEYOPT（3）	层状结构设置：0—结构实体（缺省），1—层状结构（Layered solid）
KEYOPT（6）	单元公式：0—仅采用位移法（缺省）；1—采用u-P混合公式法

（2）SOLID186单元。用户通过设置SOLID186单元的单元关键字KEYOPT（2）可以实现模拟实体结构和复合材料结构。SOLID186单元是一个高阶体单元，具有二次位移函数，因此为线应变等参单元，适用于曲面划分网格。SOLID186单元使用20个节点来定义，每个节点具有3个沿着X，Y和Z轴方向平移自由度，如图2.22所示。可以使用该单元模拟三维裂纹尖端应力的奇异性，还可以使用混合模式模拟几乎不可压缩弹塑性材料和完全不可压缩超弹性材料。SOLID186可以考虑包括应力刚化的影响，如果用户需要考虑

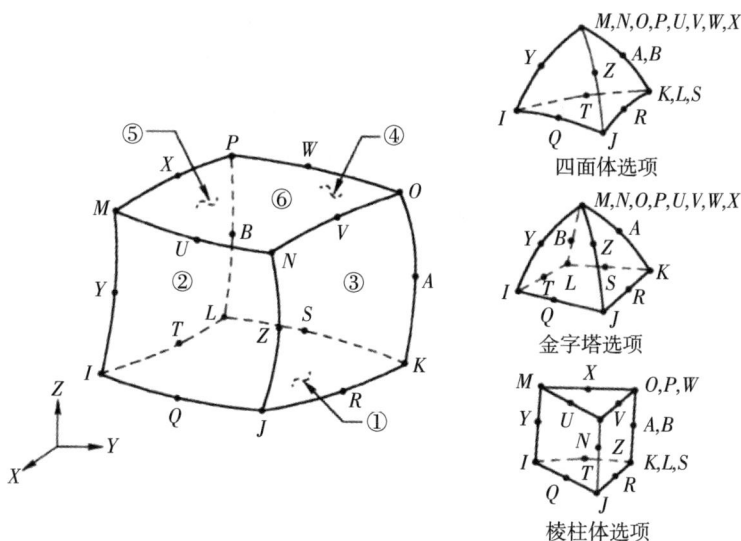

图2.22　SOLID186单元几何图

应力刚化引起的刚度矩阵的不对称，则可以使用NROPT和UNSYM命令。

SOLID186单元输入参数与选项见表2.9。

表2.9 SOLID186单元输入参数与选项

参数类别	参数及说明
节点	I, J, K, L, M, N, O, P, Q, R, S, T, U, V, W, X, Y, Z, A, B
自由度	UX, UY, UZ
实常数	无
材料属性	EX, EY, EZ, PRXY, PRYZ, PRXZ或（NUXY, NUYZ, NUXZ），ALPX, ALPY, ALPZ（或CTEX, CTEY, CTEZ或THSX, THSY, THSZ），DENS, DAMP, GXY, GYZ, GXZ
面载荷	face1—J-I-K-L；face2—I-J-N-M；face3—J-K-O-N；face4—K-L-P-O；face5—L-I-M-P；face6—M-N-O-P
体载荷	温度—T（I），T（J），T（K），T（L），…，T（Y），T（Z），T（A），T（B）
特性	塑性、超弹、黏弹性、黏塑性/蠕变、应力刚化、大变形、大应变、初应力输入、单元生死、单元技术选择
KEYOPT（2）	单元技术：0——致缩减积分（缺省），1—完全积分
KEYOPT（3）	单元性能控制：0——结构实体单元，无分层（缺省）；1—分层实体单元，不适用于结构实体单元
KEYOPT（6）	单元公式：0—仅采用位移法（缺省）；1—采用u-P混合公式法

2.3 单元使用案例

本节以悬臂板结构为例，描述单元使用案例，分别使用梁单元（BEAM188）、平面单元（PLANE183）、壳单元（SHELL281）、实体单元（SOLID186）进行求解，并将获得的结果进行了比对。

悬臂板结构，长度L为90 mm、宽度W为40 mm、厚度T为3 mm，弹性模量E为2.04×10^5 MPa、密度ρ为7850 kg/m³、泊松比μ为0.3，适用于上述单元求解悬臂板结构在静力（自由端中心点施加恒力$F=50$ N）作用下的变形、应力以及固有频率。为了比对也给出基于材料力学计算变形（δ）及固有频率（ω_n）的公式：

$$\delta = \frac{FL^2}{3EI} \qquad (2.1)$$

式（2.1）中，截面惯性矩$I = \frac{1}{12}WT^3$。

$$\omega_n = \frac{1}{2\pi}\sqrt{\frac{3EI}{L^3(m+0.23m_b)}} \qquad (2.2)$$

式（2.2）中，m——梁自由端质量；m_b——梁的质量。

利用APDL语言可编出基于材料力学求解变形及固有频率的命令流。

```
!基于ANSYS计算变形                          !基于ANSYS计算第1阶固有频率
F=50                                        M=0
E=2.04E11                                   PI=acos(-1)
L=90/1000                                   ROU=7850
W=40/1000                                   MB=W*T*L*ROU
T=3/1000                                    Omegan=sqrt(3*E*I/L**3/(m+0.23*Mb))  !rad/s
I=1/12*W*T**3                               Omegan1=Omegan/2/Pi   !固有频率310.2 Hz
Deta=F*L**3/(3*E*I)    !计算得到δ=6.62E-4 m
```

（1）基于梁单元（BEAM188）的命令流。

```
/PREP7                                      SECNUM, 1
!定义几何参数                               LESIZE,1,,,100,,,,,1
L=90/1000                                   LMESH,        1
W=40/1000                                   /ESHAPE,1.0
T=3/1000                                    /SOL              !计算y向静变形
ET,1,Beam188           !定义梁单元          DK,1,ALL
KEYOPT,1,3,2           !高阶形函数          FK,2,FY,-50
MP,EX,1,2.04E11                             SOLVE
MP,PRXY,1,0.3                               /POST1
MP,DENS,1,7850                              PLNSOL,U,Y,1,1.0
SECTYPE,  1,BEAM,RECT,,0                    PLNSOL,S,EQV,1,1.0
SECOFFSET,CENT
SECDATA,T,W,4,10,0,0,0,0,0,0,0,0           /SOL              !计算前6阶固有频率
K,1,0,0,0,                                  ANTYPE,2
K,2,L,0,0,                                  MODOPT,LANB,6,1,0,,OFF
LSTR,1,2                                    MXPAND,6,,,1
TYPE,  1                                    SOLVE
MAT,1
```

y向变形和von Mises应力如图2.23所示。对比材料力学得到的静变形（挠度）结果，梁单元计算变形结果和理论结果吻合。

前6阶固有频率及振型如图2.24所示。对比第1阶固有频率理论结果（310.2 Hz），梁单元计算变形结果和理论结果也很吻合。

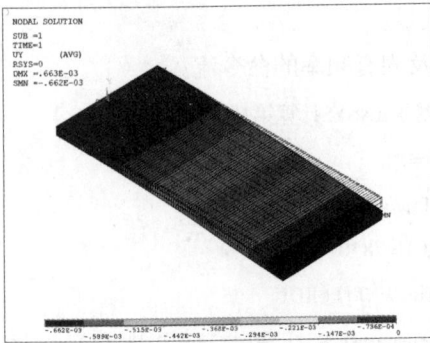

(a) y向变形（6.62×10⁻⁴ m）

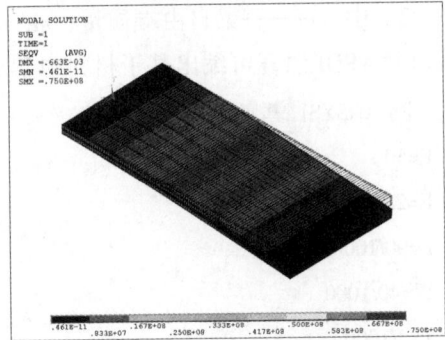

(b) von Mises 应力（75 MPa）

图2.23 静力学结果（梁单元）

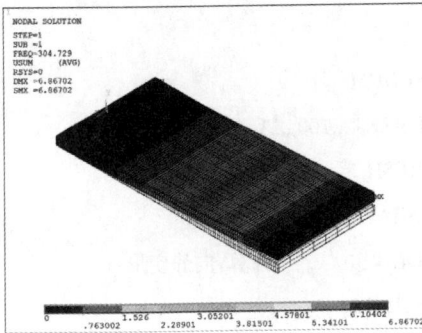

(a) f_{n1}=304.73

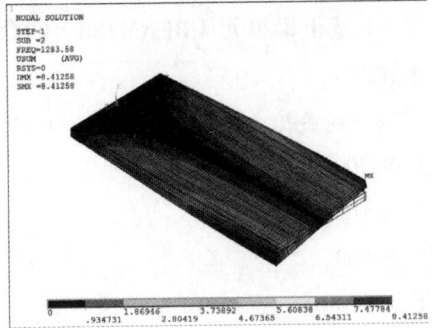

(b) f_{n2}=1283.6

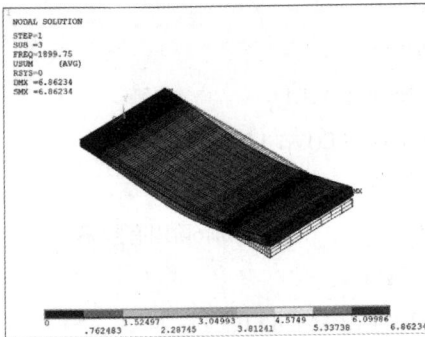

(c) f_{n3}=1899.8

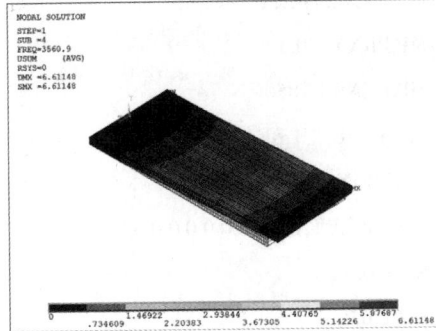

(d) f_{n4}=3560.9

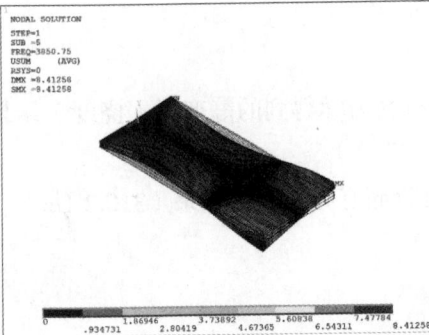

(e) f_{n5}=3850.7

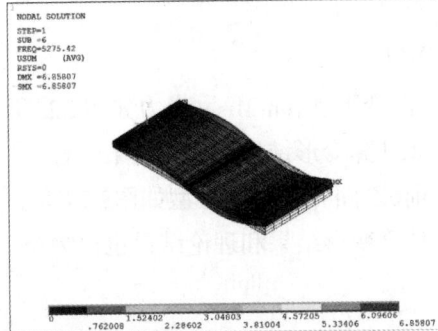

(f) f_{n6}=5275.4

图2.24 前6阶固有频率及振型（梁单元）

（2）基于平面单元（PLANE183）的命令流。

```
/PREP7                              MSHAPE,0,2D
!定义几何参数                        MSHKEY,1
L=90/1000                           AMESH,1
W=40/1000
T=3/1000                            /SOL    !计算y向静变形
ET,1,PLANE183                       DL,4,,ALL,
KEYOPT,1,3,3 !平面应力带厚度          NM=NODE(L,T/2,0)    !得到施加力的节点编号
R,1,W,                              F,NM,FY,-50
MP,EX,1,2.04E11                     SOLVE
MP,PRXY,1,0.3                       /POST1
MP,DENS,1,7850                      PLNSOL,U,Y,1,1.0
RECTNG,0,L,-T/2,T/2,                PLNSOL,S,EQV,1,1.0
                                    /SOL    !计算前6阶固有频率
TYPE,1                              DL,4,,ALL,
MAT,1                               ANTYPE,2
REAL,1                              MODOPT,LANB,6,1,0,,OFF
ESYS,0                              MXPAND,6,,,1
ESIZE,0.001,0,                      SOLVE
```

　　y向变形和von Mises应力如图2.25所示。前3阶固有频率及振型如图2.26所示。对比材料力学得到的静变形（挠度）结果，平面单元计算变形结果和理论结果吻合，梁单元和平面单元计算最大应力结果也非常接近。由于平面单元不能模拟面外运动，所以不能描述扭转和弦向振动（z轴横向振动），仅能描述前3阶弯曲振动，对比梁结果，二者也很吻合。

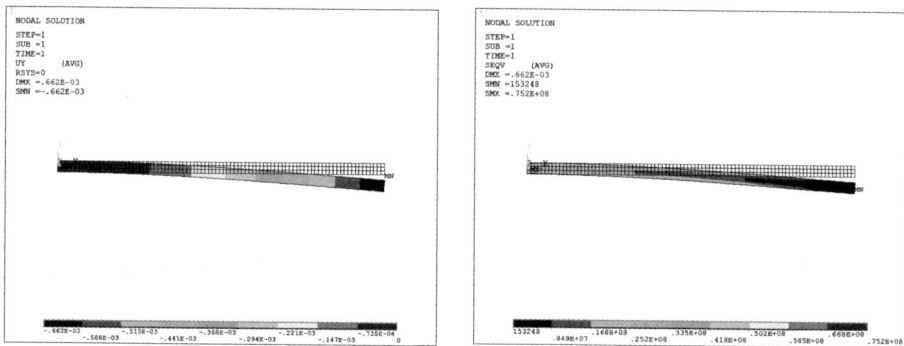

（a）y向变形（6.62×10^{-4} m）　　　　　　（b）von Mises应力（75.2 MPa）

图2.25　静力学结果（平面单元）

（a）f_{n1}=304.88

（b）f_{n2}=1900.92

（c）f_{n3}=5279.61

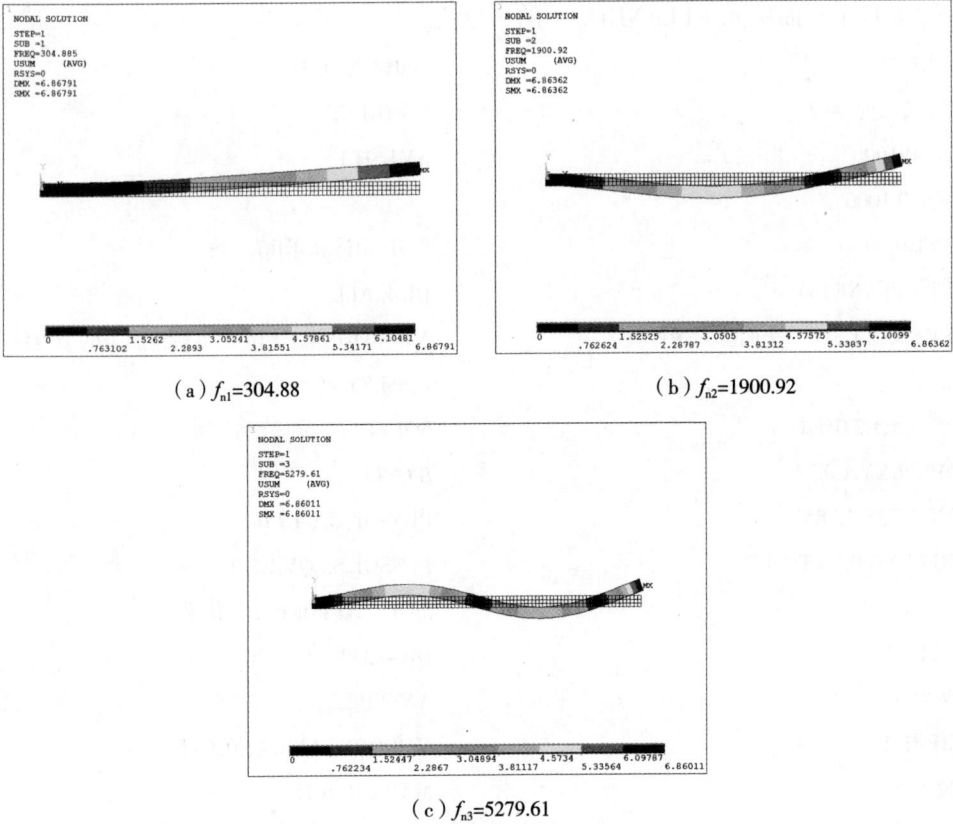

图2.26　前3阶固有频率及振型（平面单元）

①修改平面应力，不带厚度。在带厚度平面应力程序基础上，修改命令流"ET,1,PLANE183!平面应力不带厚度"和"REAL,0!没有实常数"，得到y向变形和von Mises应力，如图2.27所示。前3阶固有频率及振型如图2.28所示。平面应力不设置厚度，变形和应力计算结果与带厚度相差很大，变形和解析解不吻合，但对固有频率不影响。

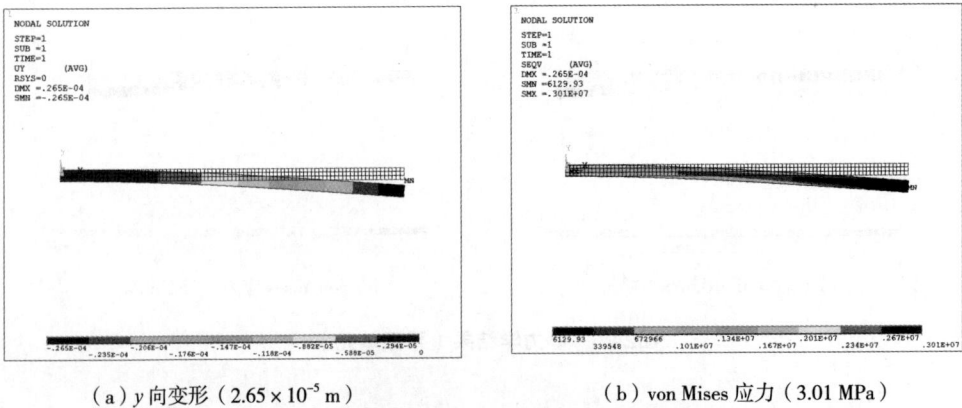

（a）y向变形（2.65×10^{-5} m）

（b）von Mises 应力（3.01 MPa）

图2.27　静力学结果（平面应力，不带厚度）

（a）f_{n1}=304.89

（b）f_{n2}=1900.92

（c）f_{n3}=5279.61

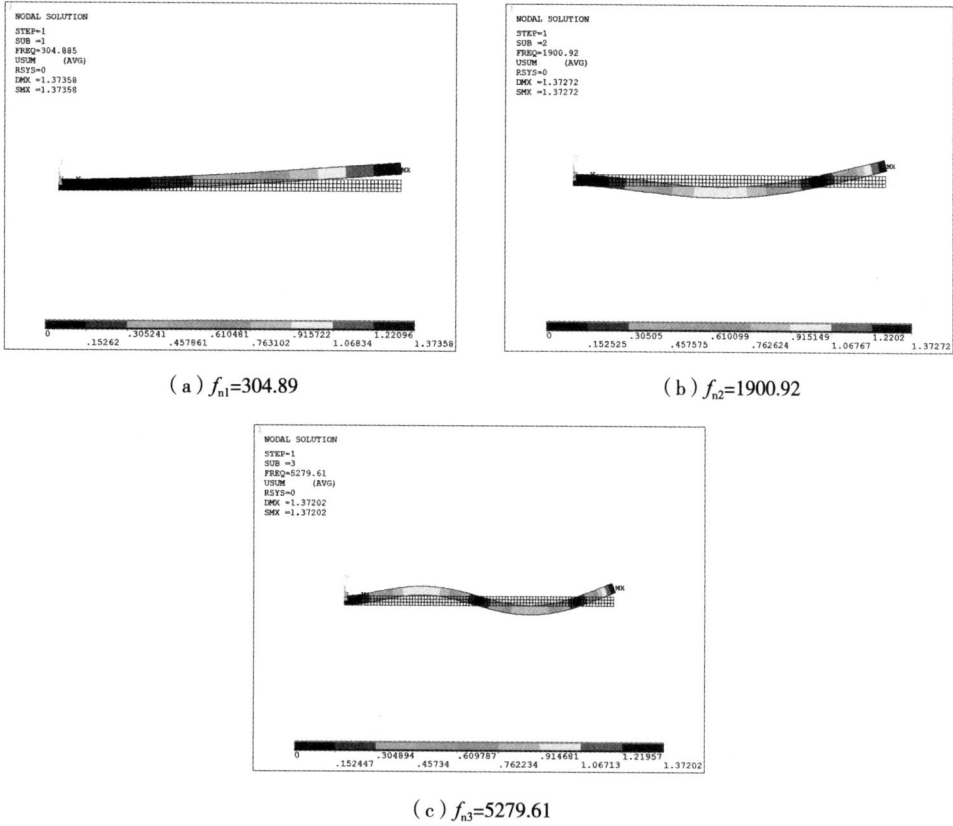

图2.28　前3阶固有频率及振型（平面应力，不带厚度）

②修改平面应变。在带厚度平面应力程序基础上，修改命令流"KEYOPT,1,3,2　！平面应变状态"，y向变形和von Mises应力如图2.29所示。前3阶固有频率及振型如图2.30所示。更改为平面应变状态后，变形和应力结果仍存在较大误差，此外对于固有频率也存在一定误差，振型无变化。

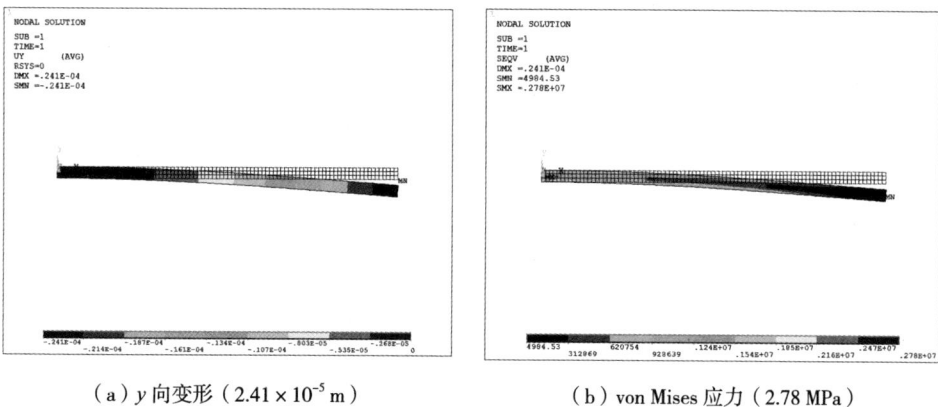

（a）y向变形（2.41×10^{-5} m）

（b）von Mises 应力（2.78 MPa）

图2.29　静力学结果（平面应变状态）

（a）f_{n1}=319.74

（b）f_{n2}=1992.88

（c）f_{n3}=5532.1

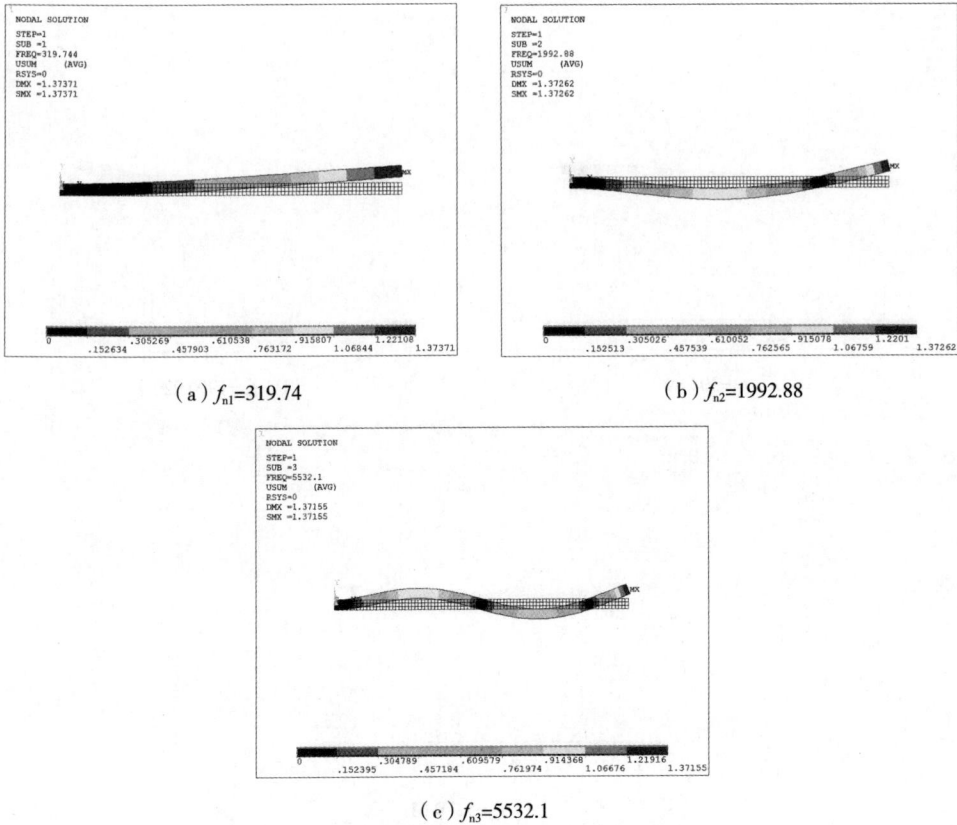

图2.30　前3阶固有频率及振型（平面应变状态）

（3）基于壳单元（SHELL281）的命令流。

/PREP7	A,1,2,3,4
!定义几何参数	
L=90/1000	TYPE,1
W=40/1000	MAT,1
T=3/1000	ESYS,0
MP,EX,1,2.04E11	SECNUM,1
MP,PRXY,1,0.3	ESIZE,0.001,0,
MP,DENS,1,7850	MSHAPE,0,2D
ET,1,Shell281	MSHKEY,0
SECT,1,SHELL,,	AMESH,1
SECDATA,T,1,0,0.5	
SECOFFSET,MID	/SOL
K,1,0,0,−W/2	DL,1,,ALL,　!计算y向静变形
K,2,0,0,W/2	NM=Node(L,0,0)　!得到施加力的节点编号
K,3,L,0,W/2	F,NM,FY,−50
K,4,L,0,−W/2	SOLVE

```
/POST1
PLNSOL,U,Y,1,1.0
PLNSOL,S,EQV,1,1.0

/SOL   !计算前6阶固有频率
```

```
DL,1,,ALL,
ANTYPE,2
MODOPT,LANB,6,1,0,,OFF
MXPAND,6,,,1
SOLVE
```

y向变形和von Mises应力如图2.31所示。前6阶固有频率及振型如图2.32所示。对比材料力学得到的静变形（挠度）结果，壳单元计算变形结果和理论结果比较吻合，固有频

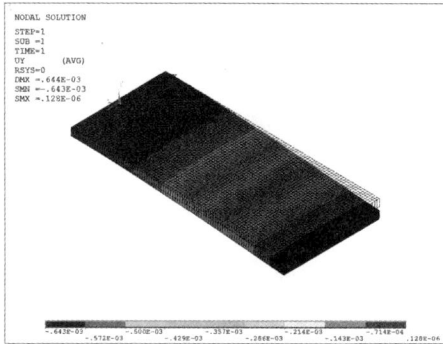

（a）y向变形（6.44×10^{-4} m）

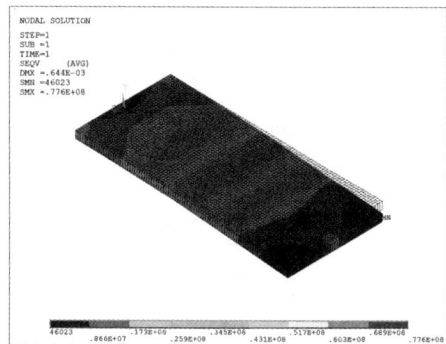

（b）von Mises 应力（77.6 MPa）

图2.31　静力学结果（壳模型）

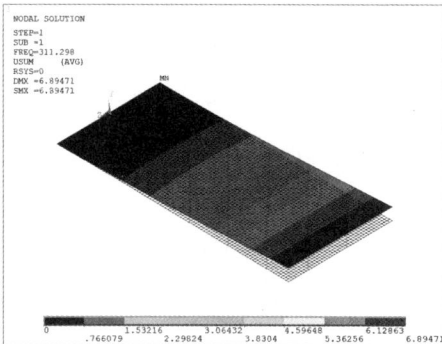

（a）f_{n1}=311.298

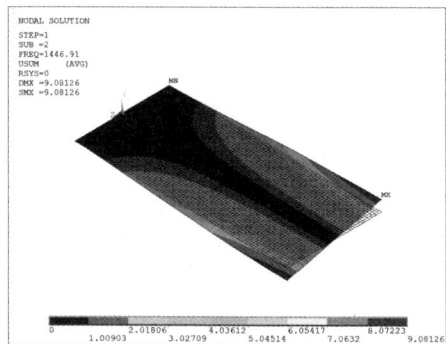

（b）f_{n2}=1446.91

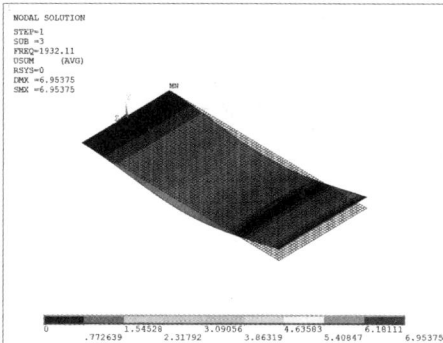

（c）f_{n3}=1932.11

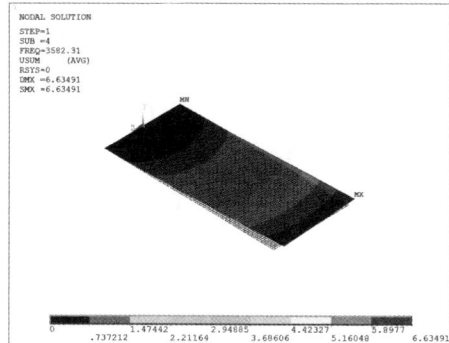

（d）f_{n4}=3582.31

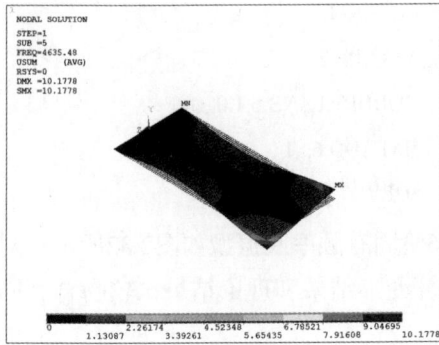
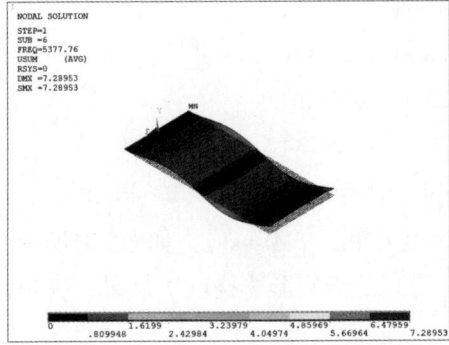

（e）$f_{n5}=4635.48$ 　　　　　　　　　　　（f）$f_{n6}=5377.76$

图2.32　前6阶固有频率及振型（壳单元）

率在弯曲方向和弦向方向与梁单元比较吻合，在扭转相关的模态方面存在一定误差，这主要是由于梁单元不能很好地模拟扭转模态。

（4）基于实体单元（SOLID186）的命令流。

```
/PREP7                          Vmesh,1
!定义几何参数                    /SOL  !计算y向静变形
L=90/1000                       DA,5,ALL,
W=40/1000                       NM=Node(L,0,0)  !得到施加力的节点编号
T=3/1000                        F,NM,FY,–50
MP,EX,1,2.04E11                  SOLVE
MP,PRXY,1,0.3                    /POST1
MP,DENS,1,7850                   PLNSOL,U,Y,1,1.0
ET,1,Solid186                   PLNSOL,S,EQV,1,1.0
BLOCK,0,L,–T/2,T/2,–W/2,W/2,

TYPE,1                          /SOL  !计算前6阶固有频率
MAT,1                           DA,5,ALL,
ESIZE,0.0015,0,                 ANTYPE,2
MSHAPE,0,3D                     MODOPT,LANB,6,1,0,,OFF
MSHKEY,1                        MXPAND,6,,,1
                                SOLVE
```

y向变形和von Mises应力如图2.33所示。前6阶固有频率及振型如图2.34所示。对比材料力学得到的静变形（挠度）结果，实体单元计算结果与理论结果比较吻合，实体单元和壳单元得到的静力学结果（变形和应力）也很吻合。

（a）y向变形（6.42×10^{-4} m）

（b）von Mises 应力（79.5 MPa）

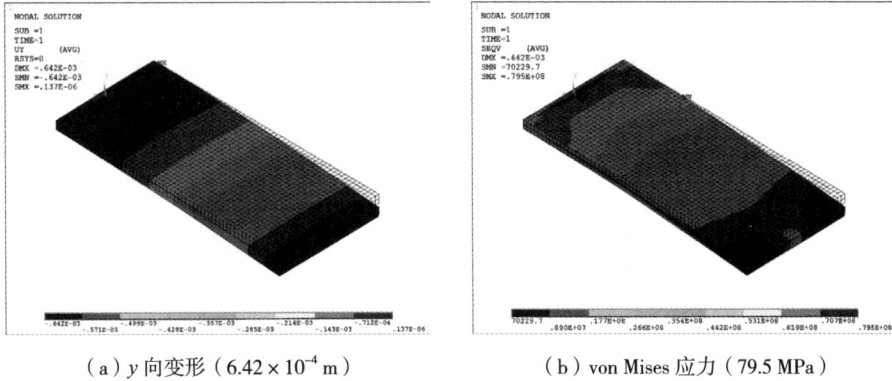

图2.33 静力学结果（实体模型）

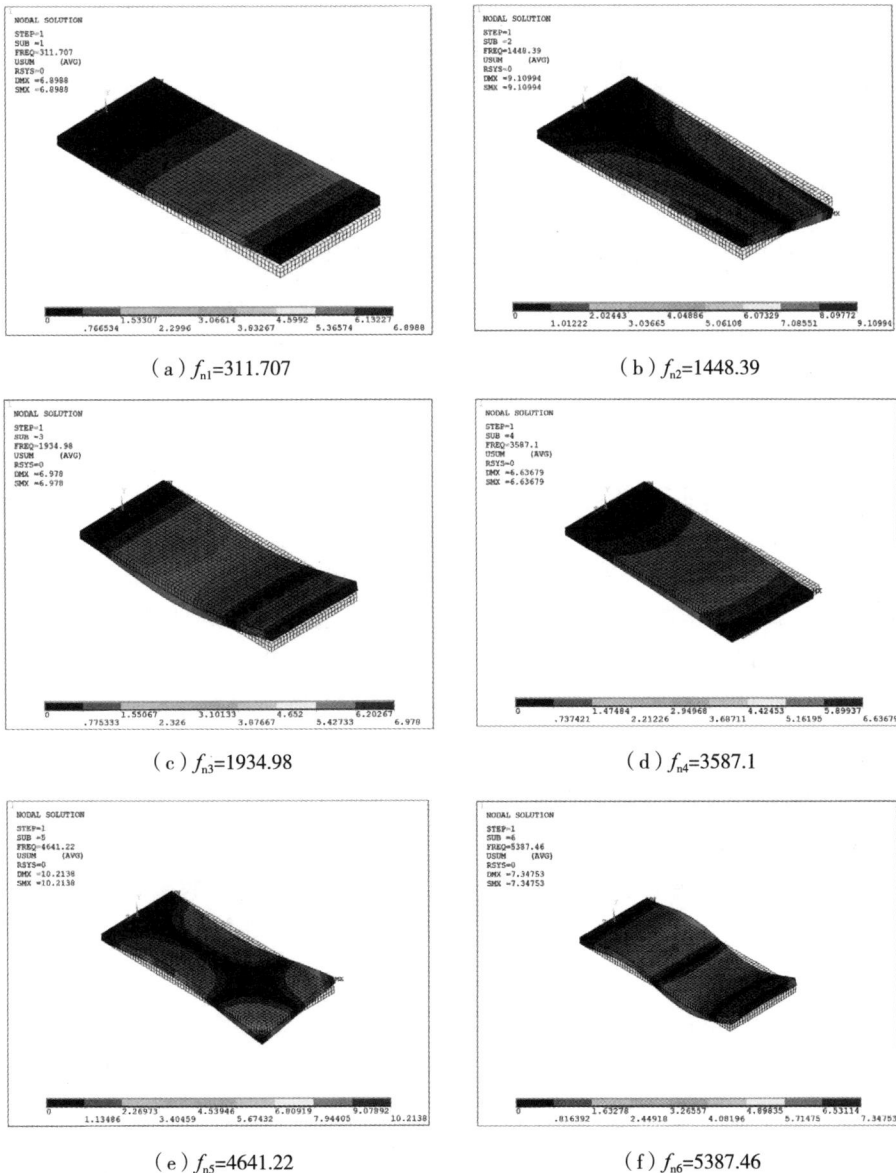

（a）f_{n1}=311.707

（b）f_{n2}=1448.39

（c）f_{n3}=1934.98

（d）f_{n4}=3587.1

（e）f_{n5}=4641.22

（f）f_{n6}=5387.46

图2.34 前6阶固有频率及振型（实体单元）

（5）基于不同单元仿真结果对比。在不同单元下对比结果，如表2.10所示。由表可知，选择不同的单元，得到结果存在一定的误差；在兼顾效率和精度的情况下，为了得到准确结果需要合理选择单元类型。

表2.10　不同单元工况下最大变形、最大应力和前6阶固有频率对比

单元类型	最大变形 /×10^{-4} m	最大应力 /MPa	固有频率/Hz					
			f_{n1}	f_{n2}	f_{n3}	f_{n4}	f_{n5}	f_{n6}
材料力学	6.62	—	310.2	—	—	—	—	—
梁单元（BEAM188）	6.62	75	304.73	1283.6	1899.8	3560.9	3850.7	5275.4
平面单元 （PLANE183，平面应力带厚度）	6.62	75.2	304.88	—	1900.92	—	—	5279.61
平面单元 （PLANE183，平面应力不带厚度）	0.265	3.01	304.89	—	1900.92	—	—	5279.61
平面单元 （PLANE183， 平面应变）	0.241	2.78	319.74	—	1992.88	—	—	5532.1
壳单元（SHELL281）	6.44	77.6	311.298	1446.91	1932.11	3582.31	4635.48	5377.76
实体单元 （SOLID186）	6.42	79.5	311.707	1448.39	1934.98	3587.1	4641.22	5387.46

注：为方便振型对比，具有相同振型的定义为同阶次，没有出现的振型用"—"表示，部分阶次与图2.28和图2.30不同。

2.4　结构分析中单元的选择方法

ANSYS中单元类型很多，如何选择正确的单元类型是学习ANSYS必须掌握的技巧。单元类型的选择跟需要解决的问题本身密切相关。在选择单元类型前，首先要对问题本身有非常明确的认识；其次，对于每一种单元类型，每个节点有多少个自由度，它包含哪些特性，能够在哪些条件下使用，在ANSYS的帮助文档中都有非常详细的描述，要结合问题，对照帮助文档里面的单元描述来选择恰当的单元类型。

ANSYS的单元库提供了100多种单元类型，单元类型选择的工作就是将单元的选择范围缩小到少数几个单元上，可参照的单元类型选择方法如下。

（1）设定物理场过滤菜单，将单元全集缩小到该物理场涉及的单元。

（2）根据模型的几何形状选定单元的大类。如细长结构可以考虑梁单元，薄壁结构可以考虑壳单元。

（3）根据模型结构的空间维数细化单元的类别，如确定为"BEAM"单元大类之后，在对话框的右栏中，有2D和3D的单元分类，然后根据结构的维数继续缩小单元类型选择的范围。

（4）在确定单元的大类之后，有时也可以根据单元的阶次来细分单元的小类，如确定为"Solid-Quad"，此时有两种单元类型——Quad 4node 182，Quad 8node 183，即带中

节点和不带中节点单元。

（5）根据单元的形状细分单元的小类，如对于三维实体，此时则可以根据单元形状是"六面体"还是"四面体"，确定单元类型为"Brick"还是"Tet"。

（6）进行完前面的选择工作，单元类型就基本上已经定位在2~3种了，接下来打开这几种单元的帮助手册，进行以下工作：仔细阅读其单元描述，检查是否与分析问题的背景吻合，了解单元所需输入的参数、单元关键项和载荷，了解单元的输出数据，仔细阅读单元使用限制和说明。

选取单元时一些注意事项如下。

（1）该选杆单元（LINK）还是梁单元（BEAM）？杆单元只能承受沿着杆件方向的拉力或者压力，杆单元不能承受弯矩，这是杆单元的基本特点。梁单元则既可以承受拉力、压力，还可以承受弯矩。如果结构要承受弯矩，肯定不能选杆单元。

（2）对于薄壁结构，是选实体单元还是壳单元？对于薄壁结构，最好选用壳（SHELL）单元，壳单元可以减少计算量，采用实体单元会大幅增加计算成本。而且，如果选实体单元，在薄壁结构承受弯矩的时候，如果在厚度方向的单元层数太少，有时候计算结果误差比较大，反而不如壳单元计算准确。

（3）实体单元众多，在保证效率和精度的情况下如何选择？实体单元类型比较多，也是实际工程中使用最多的单元类型。常用的实体单元类型有SOLID45，SOLID92，SOLID185，SOLID187这几种。其中，SOLID45，SOLID185可以归为第一类，它们都是六面体单元，都可以退化为四面体和棱柱体，单元的主要功能基本相同；SOLID92，SOLID187可以归为第二类，它们都是带中间节点的四面体单元，单元的主要功能基本相同。

如果分析的结构比较简单，可以很方便地全部划分为六面体单元，或者绝大部分是六面体，只含有少量四面体和棱柱体，此时，应该选用第一类单元，也就是选用六面体单元；如果分析的结构比较复杂，难以划分出六面体，应该选用第二类单元，也就是带中间节点的四面体单元。

六面体单元和带中间节点的四面体单元的计算精度都很高，它们的区别在于：一个六面体单元只有8个节点，计算规模小，但是复杂的结构很难划分出好的六面体单元，带中间节点的四面体单元恰好相反，不管结构多么复杂，总能轻易地划分出四面体单元，但是，由于每个单元有10个节点，总节点数比较多，计算量会增大很多。

在通常情况下，同一个类型中不同单元的计算精度几乎没有什么明显的差别。选取的基本原则是优先选用编号高的单元。比如在第一类中，应该优先选用SOLID185；在第二类中，应该优先选用SOLID187。ANSYS的单元类型是在不断发展和改进的，同样功能的单元，编号大的往往意味着在某些方面有优化或者增强。

对于实体单元，总结起来就是一句话：复杂的结构用带中间节点的四面体，优选SOLID187；简单的结构用六面体单元，优选SOLID185。

2.5 本章小结

　　本章对ANSYS的结构单元如质量单元、弹簧单元、矩阵单元、平面单元、梁单元、壳单元和实体单元进行简要介绍，并粗略给出结构分析中单元的选择方法。例如，对于复杂的结构用带中间节点的四面体，优选SOLID187；对于简单的结构用六面体单元，优选SOLID185。此外，需要指出的是，由于ANSYS版本众多，很多关键字和实常数在版本升级过程中发生了变化，建议大家参考对应使用版本的帮助文件，以免版本不同导致程序出错。

第3章 ANSYS几何建模方法

在ANSYS中创建机械结构的几何模型是对结构进行有限元分析的前提，尤其是对于具有复杂形状的零部件系统，创建几何模型更是其有限元分析流程中非常关键的一个步骤。ANSYS的几何建模方法包括三类：①几何模型导入法；②自底向上的建模；③自顶向下的建模。

3.1 几何模型导入法

几何模型导入是指将在三维计算机辅助设计（Computer Aided Design，CAD）软件（如Solidworks，Pro/e、CATIA，UG等）上创建的几何模型直接导入ANSYS分析环境以供后续有限元分析。几何模型导入通常适用于需要分析的结构外形比较复杂、ANSYS自身的建模方法难以实施的情况。按导入文件的格式，又可分为标准格式数据模型文件导入法和CAD软件原始格式导入法。标准格式数据模型包含SAT，IGES，Parasolid等，可以理解为这是一种中间格式，通常可以被任何工程仿真软件接受。

通常可以采用GUI操作或者直接利用APDL命令流，将几何模型导入ANSYS分析环境。下面以一个利用UG绘制的阶梯轴为例（图3.1），详细介绍将几何模型导入ANSYS的步骤。

在ANSYS中，利用GUI操作导入上述阶梯轴的具体步骤为：①将具有中间格式的阶梯轴文件"jietizhou.x_t"放入工作目录；②运行ANSYS，在实用菜单（Utility Menu）中依次点击File，Import，PARA...，在弹出的对话框（图3.2）的左侧会看到所要导入的阶梯轴*.x_t格式文件，选中"jietizhou.x_t"，点击"OK"按钮，完成导入。

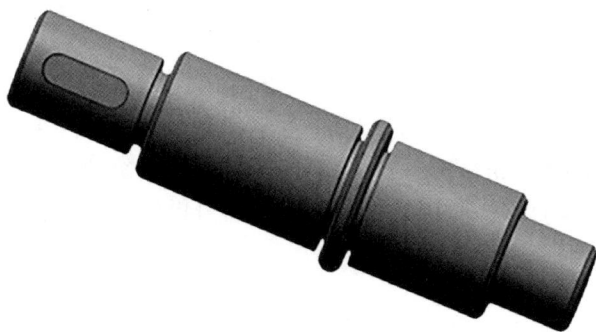

图3.1 阶梯轴模型

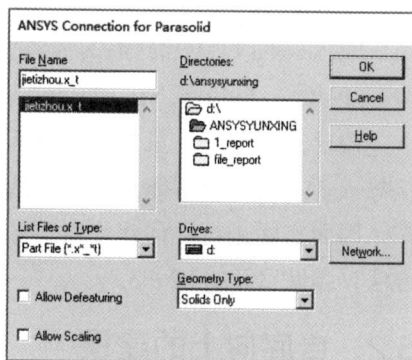

图3.2 几何模型导入

几何模型导入完成后在图形窗口显示为线条模式（图3.3）。可以通过以下操作将几何模型显示为实体：在实用菜单（Utility Menu）中，依次点击PlotCtrls，Style，Solid Model Facets，出现模型设置对话框（图3.4），在下拉框中选择"Normal Faceting"，点击"OK"按钮；在实用菜单中，依次点击Plot，Replot，即可得到几何模型的实体模型（图3.5）。

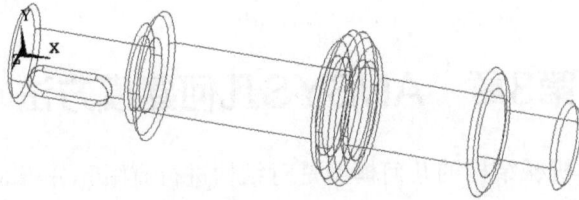

图3.3　阶梯轴线框模型

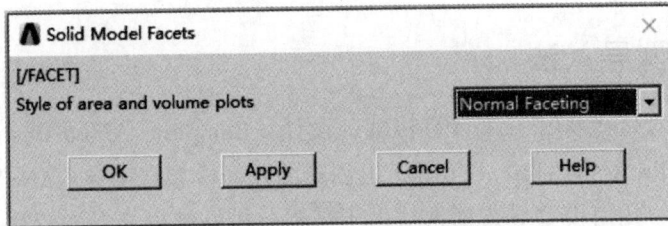

图3.4　实体模型设置对话框

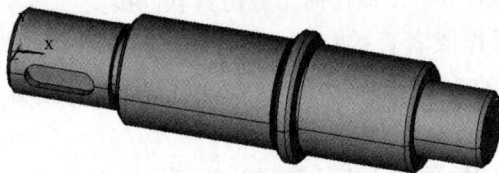

图3.5　阶梯轴实体模型

关于上述GUI操作实现几何模型导入对应的APDL命令流为：

/CLEAR   !用于显示实体模型

!将Parasolid文件传输到Mechanical APDL   /FACET,NORML

~PARAIN,'jietizhou','x_t','..\ansys\',SOLIDS,0,0   /REPLOT

需要注意的是，虽然直接导入几何模型给分析复杂结构带来了很大的方便，但是直接导入CAD模型也可能出现丢失线或面等特征的情况，可能需要进行较多的模型修补工作。因而实际进行几何建模时，假如条件允许，应优先选择ANSYS自身提供的几何建模方法，详见后续的3.2和3.3。

3.2　自底向上的建模

自底向上的建模方法是ANSYS中最基本的几何建模方法，它是指从简单的几何形状开始，逐渐添加和修改几何特征，直到完成所需的几何模型。一般是从最低级的图元（关键点）逐渐生成较为高级的图元（线、面、体），这种建模方法灵活可控，能满足各种不同的设计需求。下面以一个齿轮为例（图3.6），简要描述其自底向上的建模过程。

图3.6　齿轮

（1）创建关键点。在主菜单上分别点击Main Menu，Preprocessor，Modeling，Create，Keypoints，In Active CS，启动创建关键点对话框（图3.7），创建11个关键点，编号和坐标分别为1（5.43，76.31，0），2（5.53，77.81，0），3（5.59，79.31，0），4（5.41，80.82，0），5（5.11，82.34，0），6（4.69，83.87，0），7（4.21，85.39，0），8（3.62，86.92，0），9（2.93，88.45，0），10（2.21，89.97，0），11（0，90，0）。每输入一个关键点坐标，点击一次"Apply"按钮，待全部输入完成后点击"OK"按钮。创建完成后，图形窗口显示所创建的关键点见图3.8。

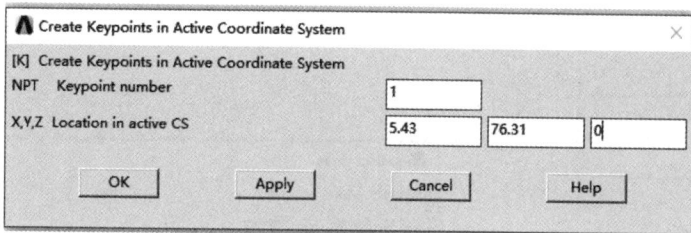

图3.7　创建关键点

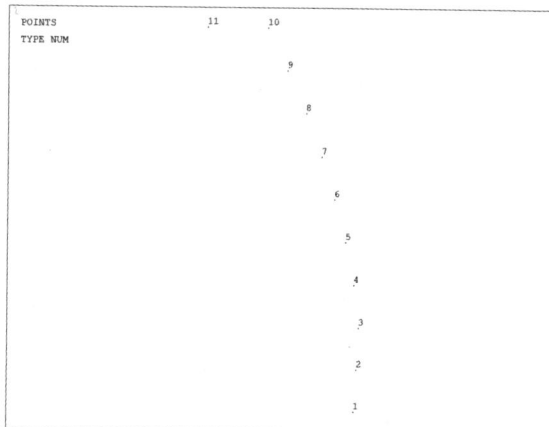

图3.8　关键点创建结果图

（2）生成样条曲线。在主菜单上分别点击Main Menu，Preprocessor，Modeling，Create，Lines，Splines，Spline thru KPs，启动拾取对话框，在图形窗口依次选取关键点1~10，单击"OK"按钮生成轮齿轮廓线（图3.9）。

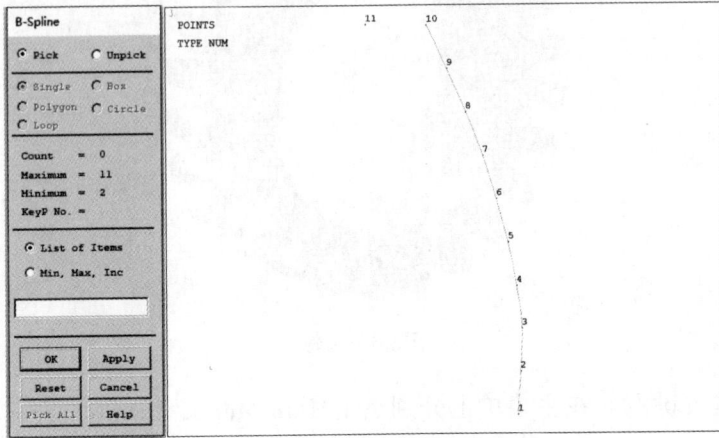

图3.9　关键点拾取及生成的轮齿轮廓线

（3）镜像。通过镜像操作生成另外一段轮廓线，在主菜单上分别点击Main Menu，Preprocessor，Modeling，Reflect，Lines，启动对话框（图3.10），并选取上一步的轮齿轮廓线，单击"OK"按钮，弹出对话框（图3.11），保持默认设置并单击"OK"按钮，生成镜像结果（图3.12）。

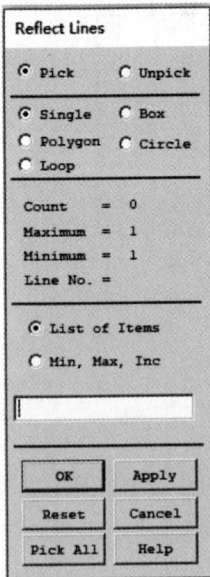

图3.10　镜像线条拾取

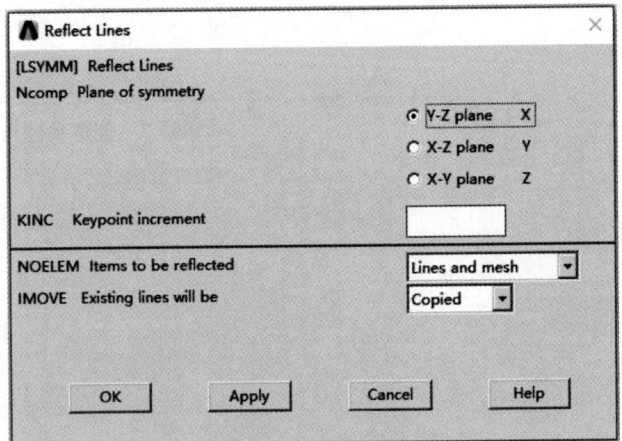

图3.11　镜像线条控制

（4）生成齿顶圆圆弧。在主菜单上分别点击Main Menu，Preprocessor，Modeling，Create，Lines，Arcs，Through 3 KPs，弹出关键点拾取框，依次选取关键点10，13，11，单击"OK"按钮，生成齿顶圆圆弧（图3.13）。

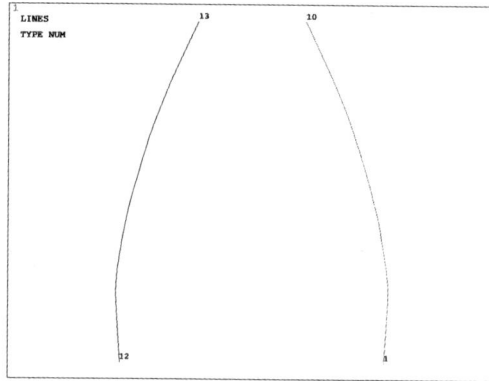

图3.12 镜像结果

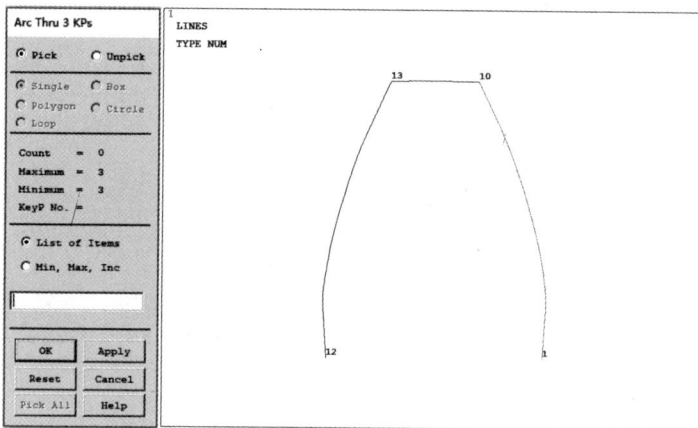

图3.13 三点拾取对话框及生成的齿顶圆圆弧

（5）轮齿齿数设置。此步骤主要用于后续生成齿轮轮齿个数，在实用菜单（Utility Menu）中，依次点击Parameters，Scalar Parameters，启动参数设置对话框（图3.14），在"Selection"一栏中输入"a=360/28"，单击"Accept"按钮。

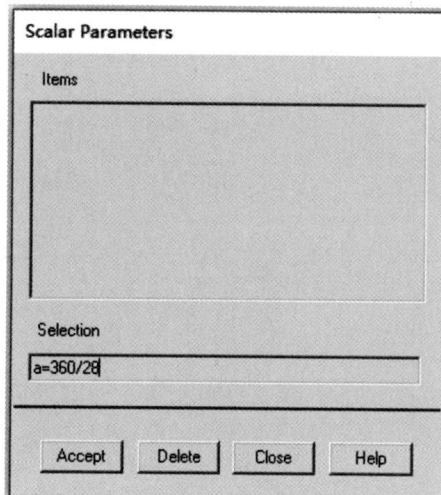

图3.14 参数设置

（6）生成带角度圆环面。在主菜单上分别点击Main Menu，Preprocessor，Modeling，Create，Areas，Circle，Partial Annulus，启动输入数据对话框，依次输入圆环内外半径，分别为65和76.6，依次输入起始及终止边界线的角度，分别是90−a/2和90+a/2，点击"OK"按钮。相关对话框及生成的带角度圆环面如图3.15所示。

（7）生成轮齿外形图。在主菜单上分别点击Main Menu，Preprocessor，Modeling，Create，Areas，Arbitrary，Through KPs，启动关键点拾取对话框，依次选取关键点1，10，13，12（注意可通过实用菜单Plot及DlotCtrls来显示关键点及关键点编号），单击"OK"按钮完成创建。拾取关键点生成面及生成结果如图3.16所示。

（8）将两个面合并。通过布尔运算将带角度的圆环面及轮齿外形面合在一起，在主菜单上分别点击Main Menu，Preprocessor，Modeling，Operate，Booleans，Add，Areas，启动对话框并单击"Pick All"按钮。面合并及生成的结果见图3.17。

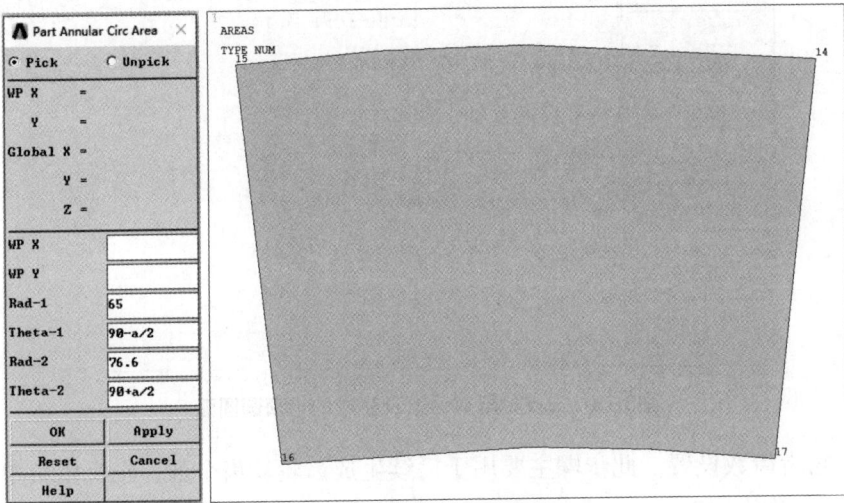

图3.15　数据输入及生成的圆环面

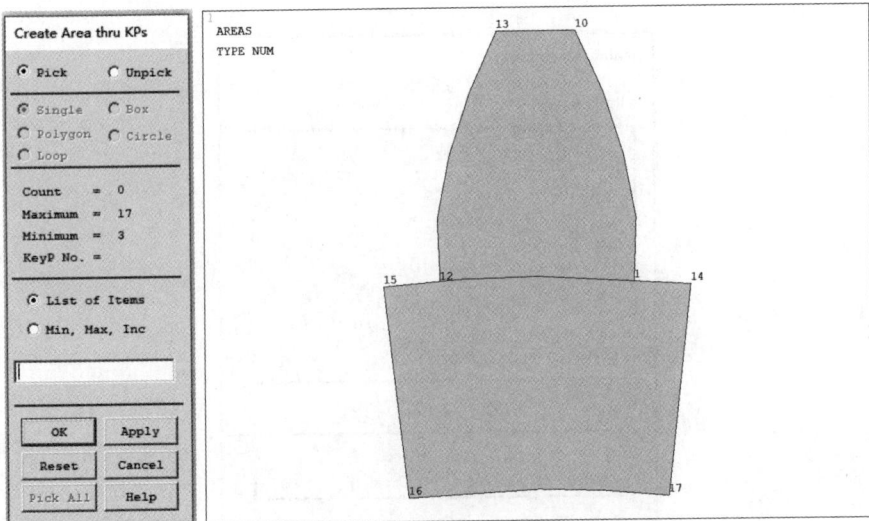

图3.16　拾取关键点生成面及相关结果

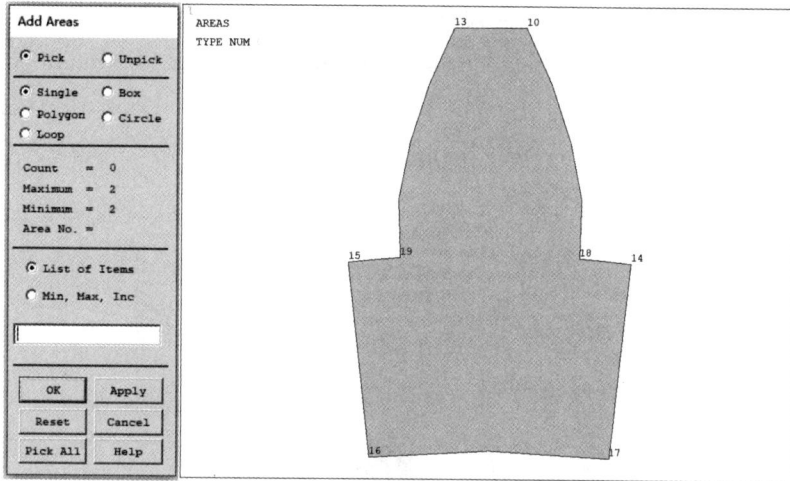

图3.17　面合并及生成的结果

（9）复制生成整个齿轮截面。通过复制操作生成整个齿圈，首先需将当前坐标系改为柱坐标系，选择Utility Menu，WorkPlane，Change Active CS to，Global Cylindrical。接着，在主菜单上分别点击Main Menu，Preprocessor，Modeling，Copy，Areas，启动对话框并单击"Pick All"，在弹出的"Copy Areas"对话框（图3.18）中输入数据（共有28个齿），单击"OK"按钮。此外，通过步骤（8）合并面操作，最终生成齿轮截面，相关结果见图3.19。

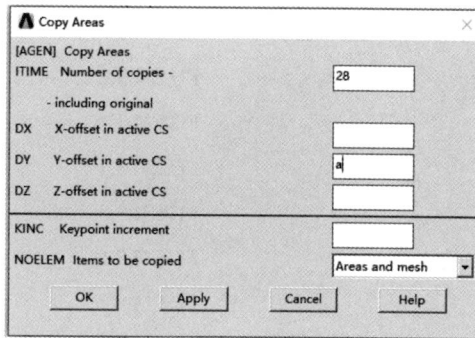

图3.18　复制区域

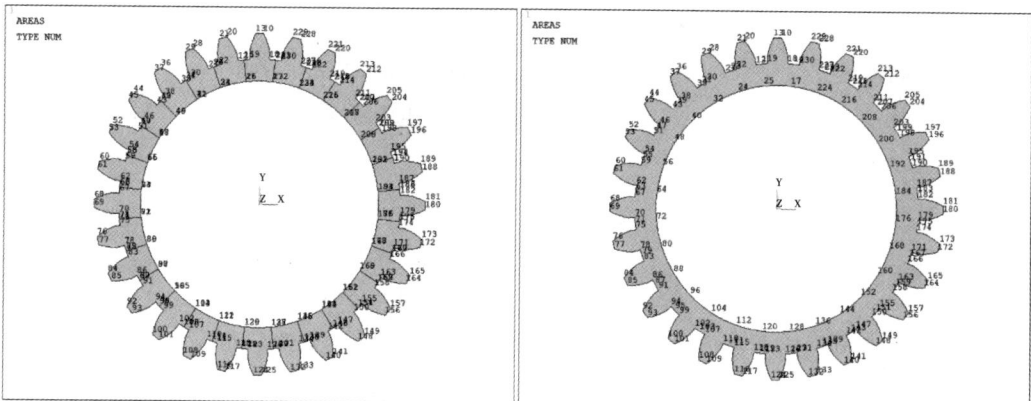

图3.19　合并前后的齿轮截面图

（10）拉伸生成最终的齿轮几何模型。基于创建的齿轮截面拉伸成最终的齿轮，在主菜单上分别点击Main Menu，Preprocessor，Modeling，Operate，Extrude，Areas，Along Normal，启动选择基准面对话框"Extrude Area by Norm"，点击"Pick All"按钮，弹出拉伸距离设定对话框"Extrude Area along Normal"，在"DIST"处输入"40"，点击"OK"按钮。相关操作及最终结果见图3.20。

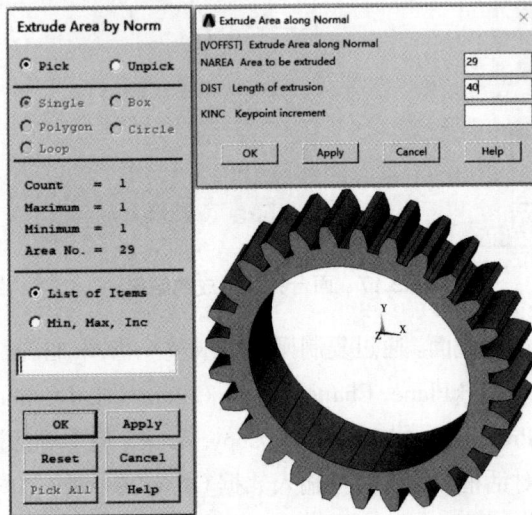

图3.20　通过拉伸完成最终的齿轮几何模型

上述GUI操作实现齿轮模型建立对应的APDL命令流如下。

```
/CLEAR                          FITEM,3,2
!进入前处理器                    FITEM,3,3
/PREP7                          FITEM,3,4
!创建关键点                      FITEM,3,5
K,1,5.43,76.31,0,               FITEM,3,6
K,2,5.53,77.81,0,               FITEM,3,7
K,3,5.59,79.31,0,               FITEM,3,8
K,4,5.41,80.82,0,               FITEM,3,9
K,5,5.11,82.34,0,               FITEM,3,10
K,6,4.69,83.87,0,               BSPLIN,,P51X  !生成线
K,7,4.21,85.39,0,               !选中生成的线
K,8,3.62,86.92,0,               FLST,3,1,4,ORDE,1
K,9,2.93,88.45,0,               FITEM,3,1
K,10,2.21,89.97,0,              !通过镜像生成线
K,11,0,90,0,                    LSYMM,X,P51X,,,,0,0
!选中关键点用于生成线            !通过关键点定义圆弧
FLST,3,10,3                     LARC,10,13,11
FITEM,3,1                       !设置参数
```

```
*SET,a,360/28
!生成圆环面
CYL4,,,65,90-a/2,76.6,90+a/2
!选中关键点用于生成面
FLST,2,4,3
FITEM,2,1
FITEM,2,10
FITEM,2,13
FITEM,2,12
A,P51X  !生成面
!选择圆弧面与轮齿面
FLST,2,2,5,ORDE,2
FITEM,2,1
FITEM,2,-2
!合并选择的面
AADD,P51X
```

```
!转换为柱坐标系
CSYS,1
!选中合并后的整个面
FLST,3,1,5,ORDE,1
FITEM,3,3
!生成齿轮截面
AGEN,28,P51X,,,,a,,,0
!选中所有面
FLST,2,28,5,ORDE,2
FITEM,2,1
FITEM,2,-28
!合并面
AADD,P51X
!选择合并后的整个轮齿面并拉伸
VOFFST,29,40,,
```

3.3　自顶向下的建模

自顶向下的建模是指由ANSYS提供常见的几何形状（如球体、圆柱体、长方体、四边形等），采用搭积木的方式，通过布尔运算完成的建模方式。在建模过程中，ANSYS会自动生成必要的低级图元。下面以轴承座为例（图3.21），简要描述自顶向下的建模过程。

图3.21　轴承座

（1）创建轴承座主体元素。在主菜单上分别点击Main Menu，Preprocessor，Modeling，Create，Volumes，Cylinder，Solid Cylinder，弹出创建实体圆柱体对话框，分别输入圆心坐标（0，0），半径40和深度40，点击"Apply"按钮，完成一个圆柱体的创建；接着，在主菜单上分别点击Main Menu，Preprocessor，Modeling，Create，Volumes，

＀

Block，By Dimensions，弹出创建实体长方体的对话框，分别输入X，Y，Z的范围（–40，40），（–50，0），（0，40），点击"Apply"按钮完成一个长方体的创建；重复上述创建长方体的步骤创建一个X，Y，Z范围为（–90，90），（–70，–48），（–15，45）的长方体。创建轴承座主体元素及最终生成的结果见图3.22。

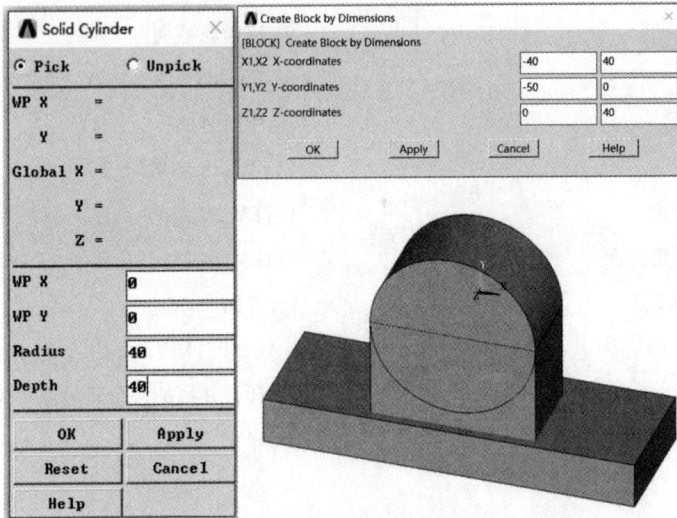

图3.22　创建轴承座主体元素及生成结果

（2）通过布尔运算创建轴承孔。首先调整局部坐标系，依次点击实用菜单Utility Menu，WorkPlane，Offect WP to，XYZ Locations，在弹出的对话框中输出（0，0，25），点击"OK"按钮。接着在主菜单上依次点击Main Menu，Preprocessor，Modeling，Create，Volumes，Cylinder，Solid Cylinder，弹出对话框，分别输入圆心坐标（0，0），半径30和深度15，点击"Apply"按钮并输入圆心坐标（0，0），半径20和深度–25，点击"OK"按钮。用布尔运算将上述创建的圆柱体从整体中减去，在主菜单上依次点击Main Menu，Preprocessor，Modeling，Operate，Booleans，Subtract，Volumes，在弹出对话框后先用光标单击基体（包含大圆柱及上述步骤创建的第一个长方体），点击"Apply"按钮，再点要减去的圆柱体（刚才创建的两个圆柱体），点击"OK"按钮。布尔减操作及生成的轴承孔见图3.23。

（3）创建底座圆孔。首先调整局部坐标系，依次点击实用菜单Utility Menu，WorkPlane，Offect WP to，XYZ Locations，在弹出的对话框中输出（70，–48，15），点击"OK"按钮。其次，旋转局部坐标系，依次点击实用菜单Utility Menu，WorkPlane，Offect WP by Increments，在弹出的对话框中输入（0，90，0），点击"OK"按钮。在主菜单上依次点击Main Menu，Preprocessor，Modeling，Create，Volumes，Cylinder，Solid Cylinder，弹出对话框，分别输入圆心坐标（0，0），半径15和深度22，点击"OK"按钮。再次，利用布尔减运算得到底座上的一个圆孔，在主菜单上依次点击Main Menu，Preprocessor，Modeling，Operate，Booleans，Subtract，Volumes，在弹出对话框后用光标单击基体（底座大长方体），点击"Apply"，再点要减去的圆柱体（刚才创建的圆柱体），单击"OK"

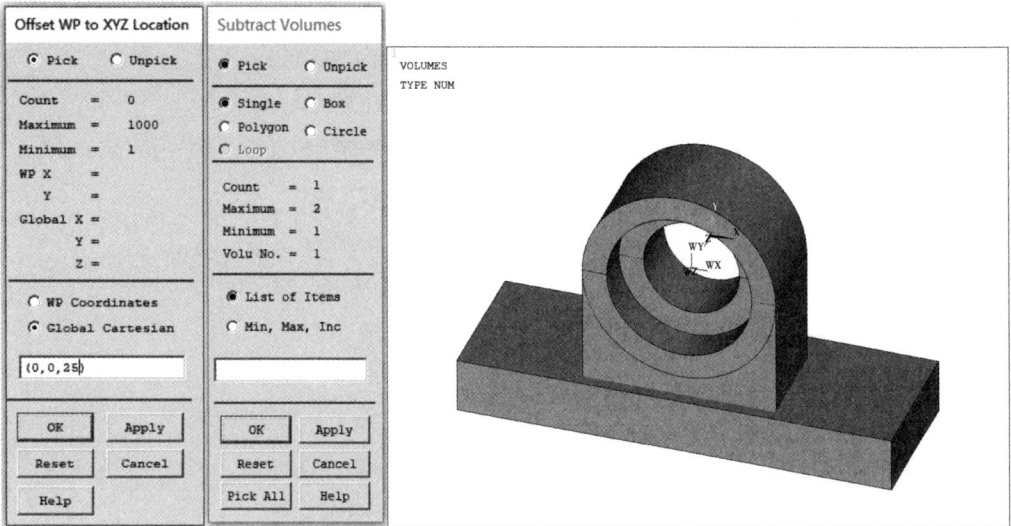

图3.23　局部坐标系创建、布尔减操作对话框及生成的轴承孔模型

按钮。最后，采用上述同样的步骤创建工作平面（−70，−48，15）并生成圆柱体圆心坐标（0，0）、半径15和深度22的圆柱体，同样采用布尔运算将生成的圆柱体删减掉，执行完后即形成轴承座模型。旋转局部坐标系操作及生成的轴承座模型见图3.24。

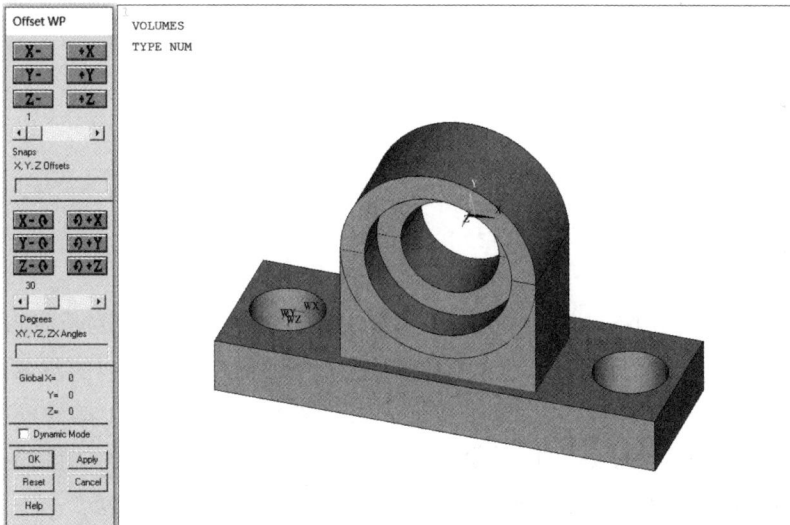

图3.24　旋转局部坐标系操作及生成的轴承座模型

（4）体合并。通过布尔运算将所有体合并，选择菜单Main Menu，Preprocessor，Modeling，Operate，Booleans，Add，Volumes，启动对话框并单击"Pick All"按钮。最终完成轴承座几何模型的创建，因其与上图基本一致，这里不再给出。

关于上述GUI操作实现轴承座模型建立对应的APDL命令流如下。

/CLEAR	/PREP7
!进入前处理器	!创建圆柱体

```
CYL4,0,0,40,,,,40                      FLST,2,1,8
!创建长方体                            FITEM,2,70,-48,15
BLOCK,-40,40,-50,0,0,40,               WPAVE,P51X
BLOCK,-90,90,-70,-48,-15,45,           !旋转局部坐标系
!创建局部坐标系                        WPROT,0,90,0
FLST,2,1,8                             !创建底座圆孔
FITEM,2,0,0,25                         CYL4,0,0,15,,,,22
WPAVE,P51X                             !删减体
!创建轴承孔                            VSBV,3,1
CYL4,0,0,30,,,,15                      FLST,2,1,8
CYL4,0,0,20,,,,-25                     FITEM,2,-70,-48,15
!选择未删减前的两个基体                WPAVE,P51X
FLST,2,2,6,ORDE,2                      CYL4,0,0,15,,,,22
FITEM,2,1                             VSBV,2,1
FITEM,2,-2                            !选择所有体元素
!选择需要删除的两个圆柱体              FLST,2,3,6,ORDE,3
FLST,3,2,6,ORDE,2                      FITEM,2,3
FITEM,3,4                             FITEM,2,6
FITEM,3,-5                            FITEM,2,-7
!删减体                                !合并体
VSBV,P51X,P51X                         VADD,P51X
!创建局部坐标系
```

3.4 本章小结

本章主要介绍了在ANSYS中三种不同建模方法的特点，通过实例对三种方法的GUI操作以及相应的APDL命令流进行描述。几何模型导入法的优点在于可以实现复杂模型的建立，但在导入过程中可能出现线、面等特征丢失的情况；而自底向上的建模和自顶向下的建模的建模过程较为灵活，可以满足不同的需求，但对于复杂结构的创建比直接导入更为困难，所以在后续实际应用中应根据具体结构选择合适的建模方法。

此外，本章在各实例建模过程中还演练了几何建模的相关操作方法，包括创建关键点、线及体，拉伸面形成体，布尔减及布尔加，镜像操作，通过复制形成循环对称模型以及设置工作面等。对应这些操作的GUI及APDL方法需要读者认真学习并掌握。

第4章　ANSYS网格划分方法

本章主要介绍ANSYS软件的网格划分方法，主要包括自由分网、映射分网、扫掠分网和自适应分网等。其中，自适应分网有很多限制条件，例如，通常仅适用于只有一种材料的结构。因而，本章着重介绍前3种网格划分方法。在ANSYS软件中，网格划分主要包括定义单元属性（包括单元类型和材料力学参数）、定义网格属性和执行网格划分三个步骤。另外，根据网格划分的方法不同（如映射分网、扫掠分网），在定义单元属性之后还需要对不规则的体结构进行规整切分操作。这里将以典型结构为例分别采用GUI及APDL的方式对自由分网、映射分网和扫掠分网三种网格划分方法进行介绍。

4.1　自由分网

自由分网是指由ANSYS软件自动生成网格，可通过单元数量、边长及曲率等来控制网格的质量，适用于任意曲线、曲面和实体结构的网格划分，不受单元形状的限制，因而适用于所有模型。但是，自由分网生成的单元形状不规则，内部节点位置由ANSYS软件程序自动生成，用户无法控制，因此在有些情况下，自由分网可能导致求解精度不高。以下以一个法兰圆柱筒体（图4.1，在ANSYS中创建的几何模型）为例，介绍自由分网的操作过程。

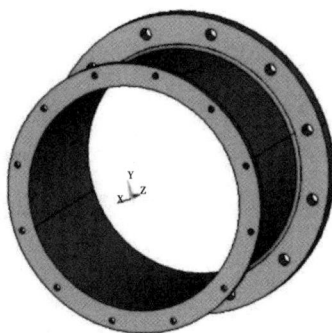

图4.1　法兰圆柱筒体

4.1.1　基于GUI的操作过程

（1）定义单元属性。

①定义单元类型。在ANSYS主菜单中，单击Main Menu，Preprocessor，Element Type，Add/Edit/Delete，弹出如图4.2所示的对话框，点击"Add..."按钮，选择"Solid"和"10node 187"，然后点击"OK"按钮，单击"Close"。

②定义材料力学参数。不同的分析需求所要输入的材料力学参数是不一样的，这里以静力学分析为例，需要输入材料的杨氏模量及泊松比。通过主菜单依次点击Main

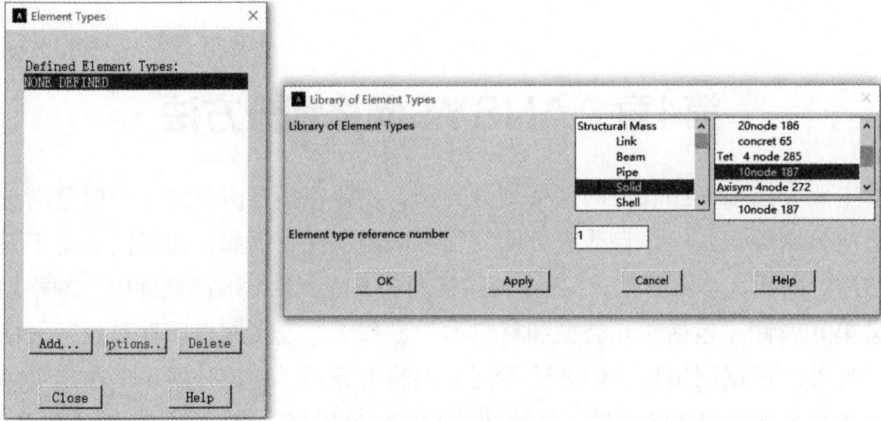

图4.2　定义单元属性

Menu，Preprocessor，Material Props，Material Models，弹出定义材料参数对话框。依次点击Structural，Linear，Elastic，Isotropic，展开材料属性的树形结构，在弹出的属性对话框中填入材料杨氏模量和泊松比的数值，如图4.3所示，点击"OK"按钮完成填写。

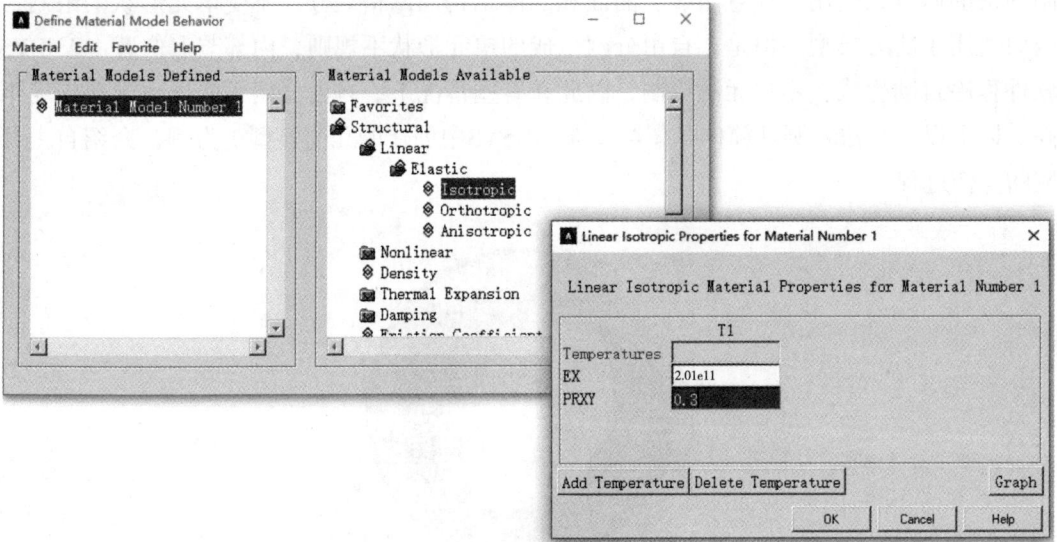

图4.3　定义材料力学参数

（2）定义网格属性。在ANSYS主菜单中，单击Main Menu，Preprocessor，Meshing，MeshTool，弹出分网操作对话框（图4.4）。在对话框中勾选"Smart Size"（智能网格尺寸控制），尺寸级别默认为6，选择自由网格划分"Free"。这样就完成了自由分网的基本网格属性定义。

（3）执行网格划分。在设置好网格属性后，单击"MeshTool"对话框中的"Mesh"按钮，弹出拾取窗口（图4.5），并选择待分网的法兰圆柱筒体，分网后的图形如图4.6所示。

在自由分网中，建议采用"Smart Size"（智能网格尺寸控制）来控制单元的尺寸。Smart Size有10个网格尺寸级别，从1级到10级，网格尺寸逐渐增大。图4.7是Smart Size分别设置为1，4，8和10的网格划分结果。

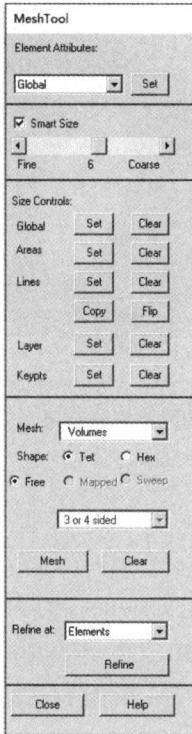
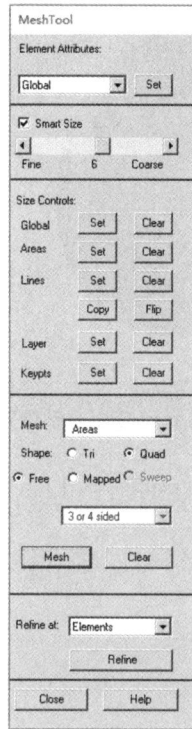
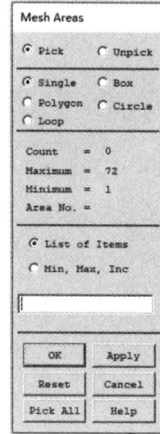

图4.4　定义网格属性　　　　　　　图4.5　自由网格划分

图4.6　法兰圆柱筒体自由网格划分结果

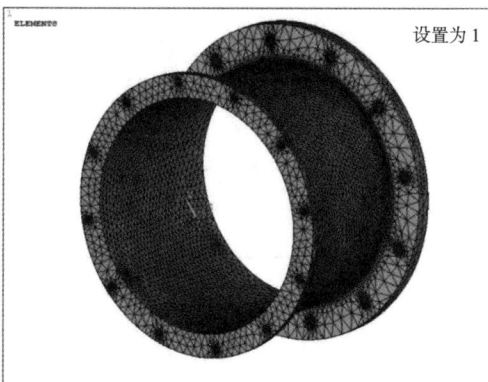
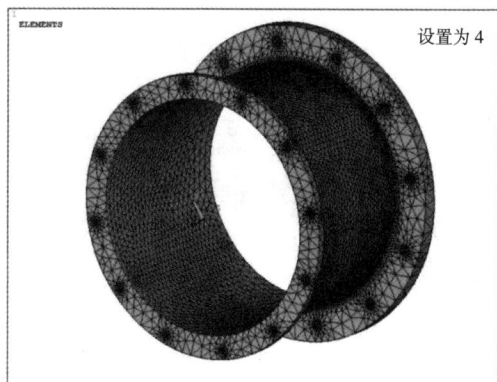

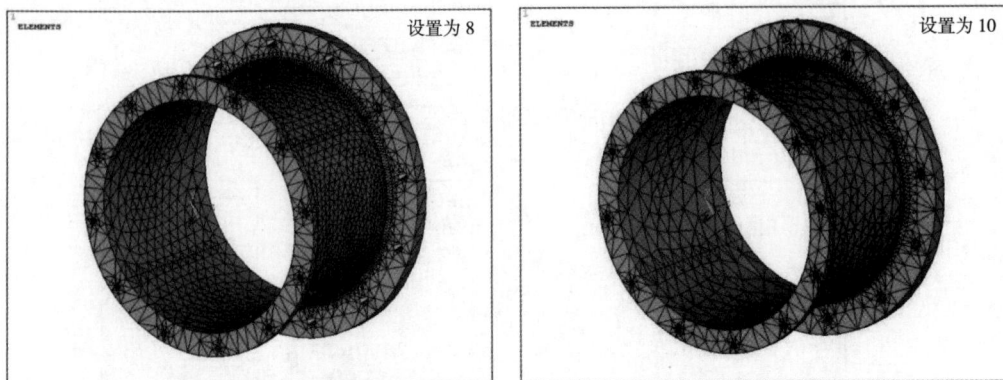

图4.7　Smart Size分别设置为1，4，8和10的网格划分结果

4.1.2　基于APDL命令流的操作过程

上述进行自由网格划分的APDL命令流如下。

!!自由网格划分

!(1)定义单元属性

ET,1,SOLID187　!定义单元类型

MP,EX,1,2.01E11　!定义弹性模量

MP,PRXY,1,,0.3　!定义泊松比

!(2)定义网格属性!

SMRT,6　!定义Smart Size的等级为6

MSHAPE,1,3D　!对三维体结构进行网格划分

MSHKEY,0　!采用自由网格划分

!(3)执行网格划分VMESH,1

VMESH,1

!对三维体结构(体编号为1)执行网格划分

4.2　映射分网

ANSYS映射分网法仅适用于形状规则或者处理（如切割、连接等方法）后形状规则的体或面，且映射面网格包含三角形单元或四边形单元，映射体网格只包含六面体单元。映射分网法生成的单元形状比较规则，用户可控制内部节点的位置。映射网格的基本应用条件如下：面有3条或4条边，体有4~6个面；面是奇数条边时，每边上分割成偶数，体为4面时，三角形面上单元数必须为偶数；同时，面和体上相对的两条边必须划分相同的单元数；面多于4条边，体多于6个面需要连接、合并、分割。以下以燕尾滑槽结构（截面尺寸如图4.8所示，总长200 mm）为例说明映射分网的过程。

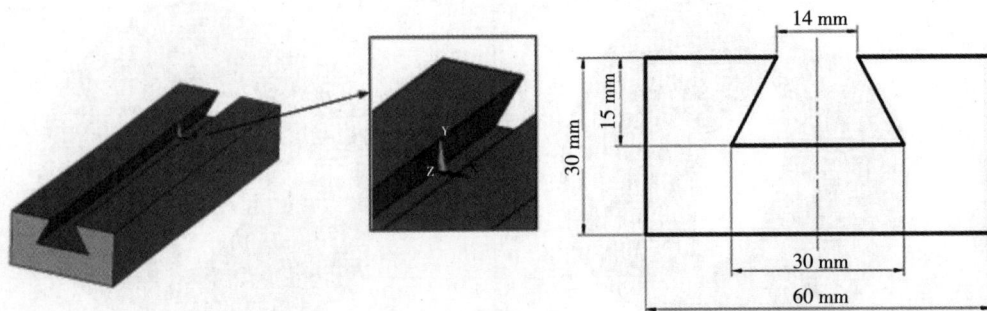

图4.8　燕尾滑槽结构

建立燕尾槽实体的APDL命令流如下：

!!建立燕尾槽实体

/CLEAR,START

/PREP7

!创建关键点

K,1,0,0,0,

K,2,0,0.03,0,

K,3,0.023,0.03,0,

K,4,0.015,0.015,0,

K,5,0.045,0.015,0,

K,6,0.037,0.03,0,

K,7,0.06,0.03,0,

K,8,0.06,0,0,

!通过关键点创建直线

LSTR,1,2

LSTR,2,3

LSTR,3,4

LSTR,4,5

LSTR,5,6

LSTR,6,7

LSTR,7,8

LSTR,8,1

!通过线创建面

AL,ALL

!通过面拉伸创建体

VEXT,1,,,0,0,0.2,,,,

!基于截面沿着Z轴拉伸200 mm

4.2.1　基于GUI的操作过程

（1）对体结构进行规整切分。采用工作平面WorkPlane将燕尾槽体切分成5个六面体，以满足映射网格划分条件。具体操作如下（本案例全局坐标及工作坐标的初始位置和方向如图4.8所示，以下操作的工作坐标移动参数均以此位置作为参考）。

① 对工作平面进行第1次调整。在实用菜单中，单击WorkPlane，Offset WP by Increments…，在弹出的如图4.9所示的"Offset WP"对话框中的"X，Y，Z Offsets"一栏填入"0，0.015，0"后单击"OK"按钮；然后在"XY，YZ，ZX Angles"一栏填入"0，90，0"后单击"OK"按钮，完成工作平面第1次调整。

② 对体结构进行第1次切分，在左侧主菜单单击Main Menu，Preprocessor，Modeling，Operate，Booleans，Divide，Volu by WrkPlane，弹出"Divide Vol by WrkPlane"对话框，选择燕尾槽体结构，在对话框中点击"OK"按钮，完成第1次切分，切分后的图形如图4.10所示。

③ 对工作平面进行第2次调整。在实用菜单中单击WorkPlane，Offset WP by Increments…，在弹出的如图4.11所示的"Offset WP"对话框中的"X，Y，Z Offsets"一栏填入"0.015，0，0"后单击"OK"按钮；然后在"XY，YZ，ZX Angles"一栏填入"0，0，90"后单击"OK"按钮，完成工作平面第2次调整。

④ 对体结构进行第2次切分，在主菜单单击Main Menu，Preprocessor，Modeling，Operate，Booleans，Divide，Volu by WrkPlane，弹出"Divide Vol by WrkPlane"对话框，选择燕尾槽体结构下侧的矩形截面体结构，在对话框中点击"OK"按钮，完成第2次切分，切分后的图形如图4.12所示。

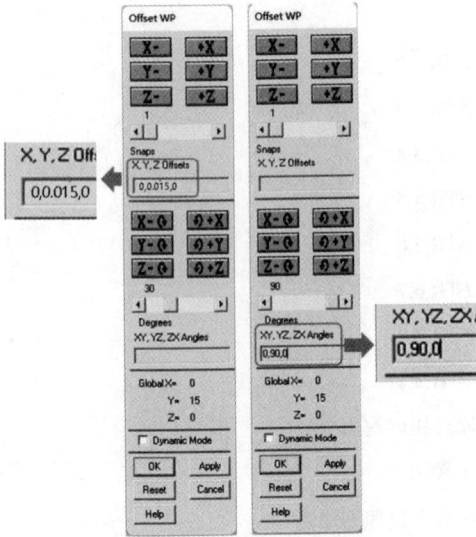

图4.9　工作平面第1次调整

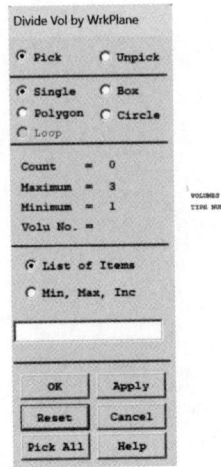

图4.10　第1次切分

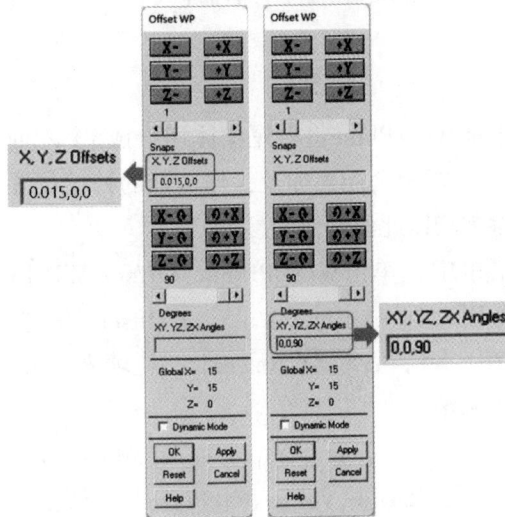

图4.11　工作平面第2次调整

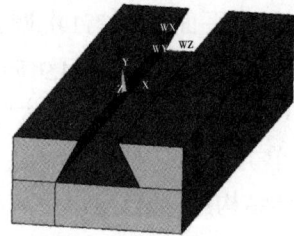

图4.12　第2次切分

⑤ 对工作平面进行第3次调整。在实用菜单中单击WorkPlane，Offset WP by Increments…，在弹出的如图4.13所示的"Offset WP"对话框中的"X，Y，Z Offsets"一栏填入"0，0，0.03"后单击"OK"按钮，完成工作平面第3次调整。

⑥ 对体结构进行第3次切分，在主菜单单击Main Menu，Preprocessor，Modeling，Operate，Booleans，Divide，Volu by WrkPlane，弹出"Divide Vol by WrkPlane"对话框，选择燕尾槽体结构下侧的矩形截面较大的体结构，在对话框中点击"OK"按钮，完成第3次切分，切分后的图形如图4.14所示。

（2）定义单元属性。在ANSYS主菜单中，单击Main Menu，Preprocessor，Element Type，Add/Edit/Delete，Add，选择Solid单元中的Brick 8 node 185单元，然后选择"OK"，单击"Close"（图4.15）。同时，根据图4.3的操作定义材料力学参数。

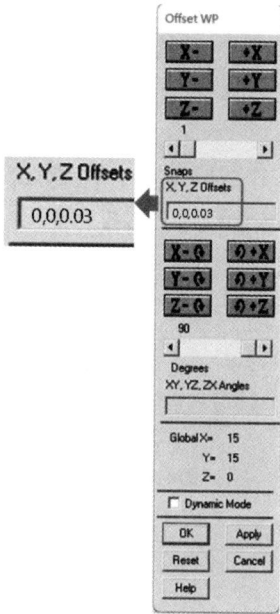

图4.13　工作平面第3次调整

图4.14　第3次切分

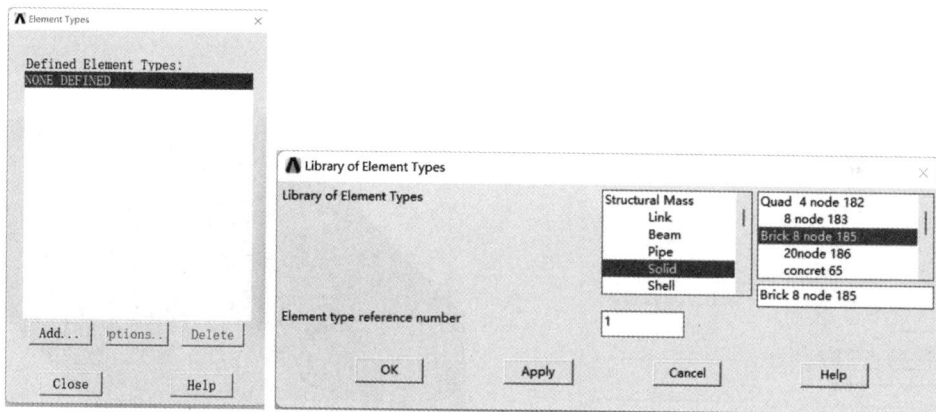

图4.15　单元类型的定义

（3）网格划分。

① 首先对线进行划分。在ANSYS主菜单中，单击Main Menu，Preprocessor，Meshing，Size Cntrls，Manual Size，Lines，Picked Lines，弹出如图4.16所示左侧的线拾取对话框，并在选取需要划分的线后点击"OK"按钮，弹出图4.16右侧的设置窗口，可选择采用进行单元长度和等分段数的方式来进行线的划分。这里采用等分段数的方式进行操作，线划分后的结果如图4.17所示。

② 进行映射网格划分。在ANSYS主菜单中，单击Main Menu，Preprocessor，Meshing，MeshTool，在弹出的"MeshTool"分网对话框中，选择六面体映射网格划分"Mapped"，然后单击"Mesh"按钮弹出"Mesh Volumes"对话框，并点击"Pick All"按钮，完成网格划分。相关对话框操作如图4.18所示，分网后的结果如图4.19所示。

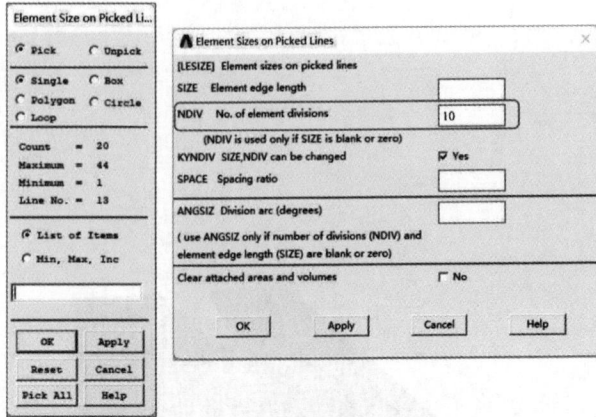

图4.16　设置线的划分相关操作

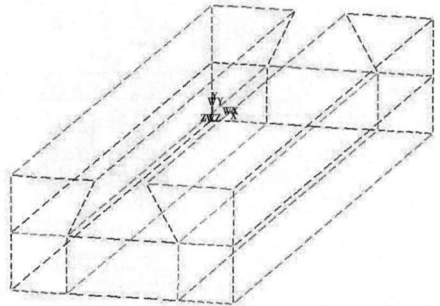

图4.17　线划分结果

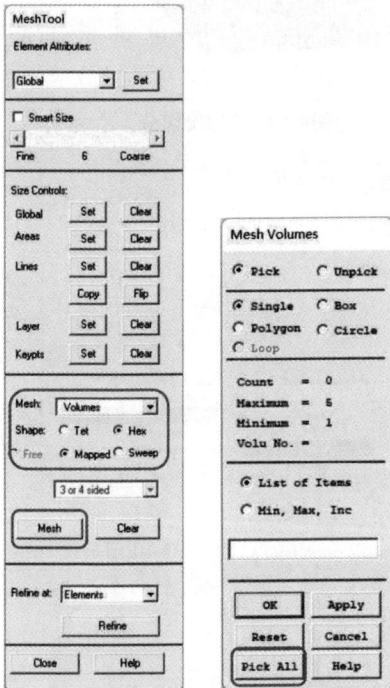

图4.18　映射网格划分设置操作

图4.19　映射分网后的结果

4.2.2　基于APDL命令流的操作过程

上述进行映射网格划分的APDL命令流如下。

!!映射网格划分

!(1)对体结构进行规整切分

!对工作平面进行第1次调整

WPOFF,0,0.015,0　!平移工作平面

WPROT,0,90,0　!旋转工作平面

!对体结构进行第1次切分

VSBW,1　!切分体

!对工作平面进行第2次调整

WPOFF,0.015,0,0　!平移工作平面

WPROT,0,0,90　!旋转工作平面

!对体结构进行第2次切分

VSBW,4 !切分体

!对工作平面进行第3次调整

WPOFF,0,0,0.03 !平移工作平面

!对体结构进行第3次切分

VSBW,5 !平移工作平面

!将工作平面恢复初始位置

WPCSYS,−1,0

!(2)定义单元属性

ET,1,SOLID185 !定义单元类型

MP,EX,1,2.01E11 !定义弹性模量

MP,PRXY,1,,0.3 !定义泊松比

!(3)网格划分

!首先对线进行划分

LPLOT !显示线

LSEL,S,LOC,Z,0.1 !通过坐标选择中间的线

LESIZE,ALL,,,20,,,,,1

!通过等分法将中间线分成20段

LSEL,S,LOC,Z,0.2

!通过坐标批量选择端面的线

LSEL,A,LOC,Z,0

!通过坐标批量选择端面的线

LESIZE,ALL,,,6,,,,,1

!通过等分法将端面线分成6段

ALLSEL,ALL !选择所有线

LPLOT !显示线

!然后进行映射网格划分并执行映射网格划分

MSHAPE,0,3D !对三维体结构进行网格划分

MSHKEY,1 !采用映射网格划分

VMESH,ALL !执行映射网格划分

4.3 扫掠分网

ANSYS扫掠分网是指从一个面（源面）将网格扫掠贯穿整个体形成体单元。如果源面网格为四边形网格，体将生成六面体网格；如果源面为三角形网格，体将生成五面体网格；如果源面由三角形和四边形单元共同组成，则体将由五面体或六面体网格组成，源面和目标面不必是平面或平行面，只要保证源面和目标面的拓扑结构相同即可。

扫掠分网的操作条件和步骤可描述为：模型满足扫掠网格划分条件；定义合适的2D和3D单元类型；设置扫掠方向的单元数目或单元尺寸；定义源面和目标面；对源面、目标面或侧面进行网格划分；执行扫掠分网。下面以一个滑轨结构（图4.20，在ANSYS中创建的几何模型及截面尺寸）为例说明扫掠分网的过程。

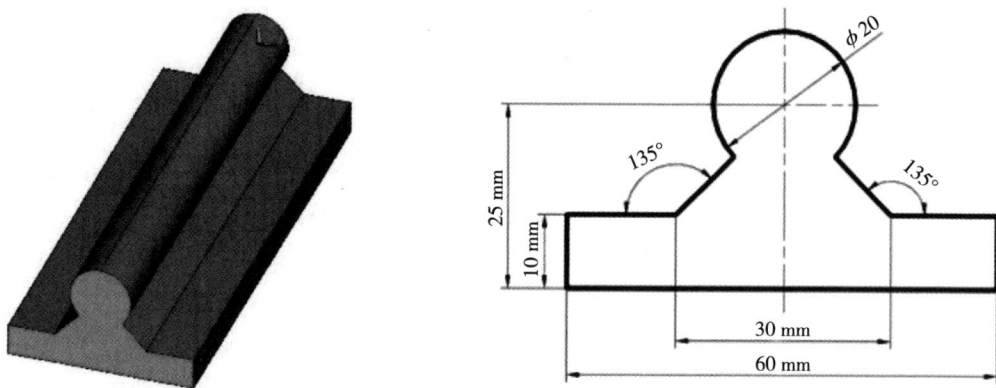

图4.20 滑轨结构

建立滑轨实体的APDL命令流如下。

!!建立滑轨实体	LSTR,5,6
/CLEAR,START	LSTR,6,7
/PREP7	LSTR,7,8
!创建圆面	LSTR,8,9
PCIRC,0,0.01,0,360,	LSTR,9,10
!创建底座面	LSTR,10,11
K,5,0,0,0,	LSTR,11,5
K,6,-0.015,-0.015,0,	AL,5,6,7,8,9,10,11
K,7,-0.03,-0.015,0,	!通过布尔运算将圆面和底座面相加创建滑轨截面
K,8,-0.03,-0.025,0,	AADD,1,2
K,9,0.03,-0.025,0,	!通过面拉伸创建滑轨体
K,10,0.03,-0.015,0,	VEXT,3,,,0,0,0.15,,,,
K,11,0.015,-0.015,0,	!基于截面沿着Z轴拉伸150 mm

4.3.1　基于GUI的操作过程

（1）对滑轨体结构进行切分。这里采用工作面对滑轨体结构进行切分。

① 对工作平面进行第1次调整。在实用菜单中，单击WorkPlane，Offset WP by Increments…，在弹出的"Offset WP"对话框中的"XY，YZ，ZX Angles"一栏填入"0，90，0"后单击"OK"按钮，完成工作面的转动。再单击WorkPlane，Offset WP to，Keypoints，利用弹出的"Offset WP to Keypoints"对话框选择图4.21箭头所指的关键点，在对话框中点击"OK"按钮，完成工作平面的移动。

② 对滑轨体结构进行第1次切分。单击主菜单中的Main Menu，Preprocessor，Modeling，Operate，Booleans，Divide，Volu by WrkPlane，弹出选择对话框并选择滑轨，在对话框中点击"OK"按钮完成切分，操作对话框及划分后的结果如图4.22所示。

③ 对工作平面进行第2次调整。单击实用菜单中的WorkPlane，Offset WP to，Keypoints，利用弹出的"Offset WP to Keypoints"对话框选择图4.23箭头所指的关键点，在对话框中点击"OK"按钮，完成工作平面的移动。

④ 对滑轨体结构进行第2次切分。单击主菜单中的Main Menu，Preprocessor，Modeling，Operate，Booleans，Divide，Volu by WrkPlane，弹出选择对话框并选择滑轨上部，在对话框中点击"OK"按钮完成切分，操作对话框及划分后的结果如图4.24所示。

⑤ 对工作平面进行第3次调整。单击实用菜单中的WorkPlane，Offset WP to，Keypoints，利用弹出的"Offset WP to Keypoints"对话框选择图4.25箭头所指的关键点，在对话框中点击"OK"按钮，完成工作平面的移动。

⑥ 对滑轨体结构进行第3次切分。单击主菜单中的Main Menu，Preprocessor，Modeling，Operate，Booleans，Divide，Volu by WrkPlane，在弹出选择对话框后选择滑轨圆柱部分，在对话框中点击"OK"按钮完成切分，操作对话框及划分后的结果如图4.26所示。

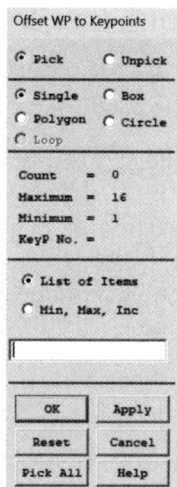

图4.21　第1次调整工作面

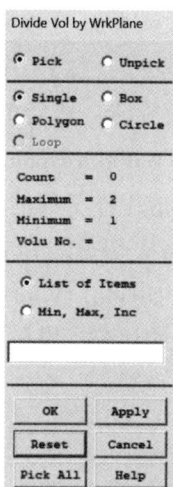

图4.22　滑轨第1次切分的结果

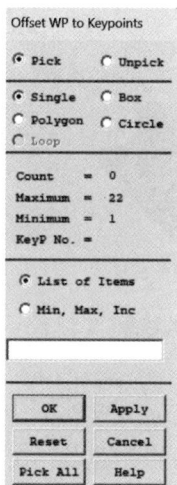

图4.23　第2次调整工作面

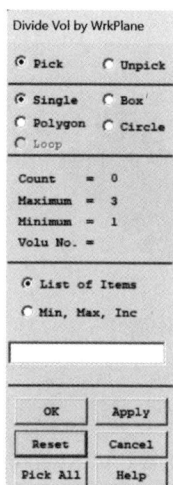

图4.24　滑轨第2次切分的结果

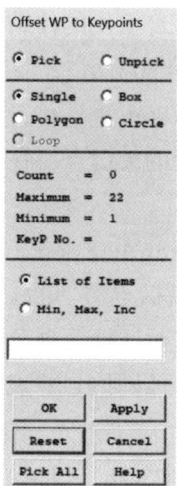

图4.25　第3次调整工作面

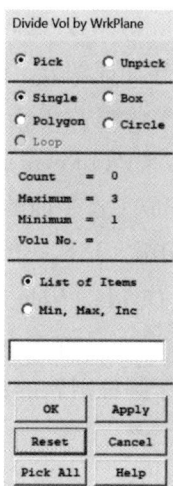

图4.26　滑轨第3次切分的结果

⑦ 对工作平面进行第4次调整。在实用菜单中，单击WorkPlane，Offset WP by Increments…，在弹出的对话框中的"XY，YZ，ZX Angles"一栏填入"0，0，90"并单击"OK"按钮，完成工作平面旋转；然后单击实用菜单中的WorkPlane，Offset WP to，Keypoints，利用弹出的"Offset WP to Keypoints"对话框选择图4.27箭头所指的关键点，在对话框中点击"OK"按钮，完成工作平面的移动。

⑧ 对滑轨体结构进行第4次切分。单击主菜单中的Main Menu，Preprocessor，Modeling，Operate，Booleans，Divide，Volu by WrkPlane，弹出选择对话框并选择滑轨底部，在对话框中点击"OK"完成切分，操作对话框及划分后的结果如图4.28所示。

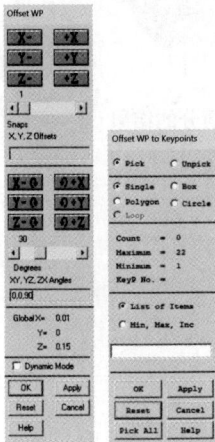

图4.27　第4次调整工作面

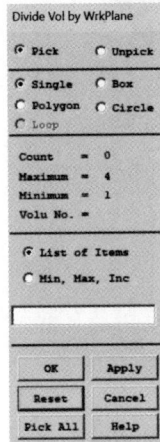

图4.28　滑轨第4次切分的结果

⑨ 对工作平面进行第5次调整。单击实用菜单中的WorkPlane，Offset WP to，Keypoints，利用弹出的"Offset WP to Keypoints"对话框选择图4.29箭头所指的关键点，在对话框中点击"OK"按钮，完成工作平面的移动。

⑩ 对滑轨体结构进行第5次切分。单击主菜单中的Main Menu，Preprocessor，Modeling，Operate，Booleans，Divide，Volu by WrkPlane，弹出选择对话框并选择滑轨底部右侧的体结构，在对话框中点击"OK"按钮完成切分，操作对话框及划分后的结果如图4.30所示。

⑪ 对工作平面进行第6次调整。单击实用菜单中的WorkPlane，Offset WP to，Keypoints，利用弹出的"Offset WP to Keypoints"对话框选择图4.31箭头所指的关键点，在对话框中点击"OK"按钮，完成工作平面的移动。

⑫ 对滑轨体结构进行第6次切分。单击主菜单中的Main Menu，Preprocessor，Modeling，Operate，Booleans，Divide，Volu by WrkPlane，在弹出选择对话框后点击"Pick All"按钮完成体的选择，然后在对话框中点击"OK"按钮完成切分，操作对话框及划分后的结果如图4.32所示。（由于圆柱滑轨的正上方有一条线，为了保证扫略体网格划分规则性，需要进行第6次切分）

⑬ 将工作平面与全局坐标重合。单击实用菜单中的WorkPlane，Align WP with，Global Cartesian。

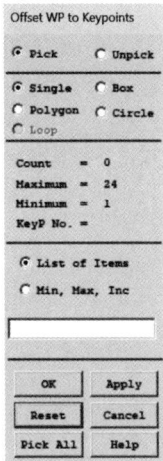

图4.29　第5次调整工作面

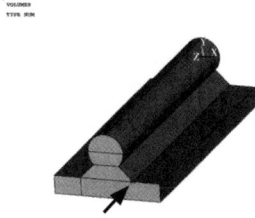

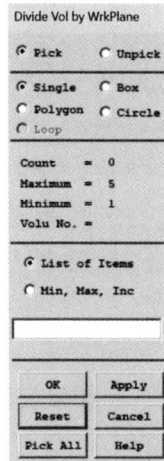

图4.30　滑轨第5次切分的结果

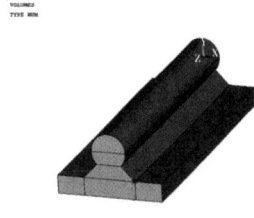

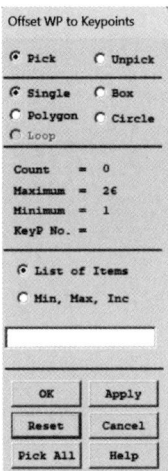

图4.31　第6次调整工作面

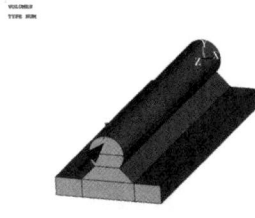

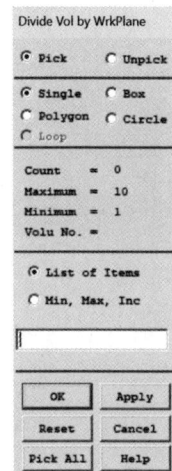

图4.32　滑轨第6次切分的结果

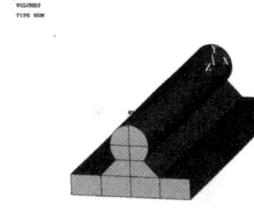

（2）定义单元类型。在ANSYS主菜单中，单击Main Menu，Preprocessor，Element Type，Add/Edit/Delete，Add，选择Solid单元中的Brick 8 node 185单元，然后选择"OK"，单击"Close"。

（3）扫掠分网设置。

① 设置扫掠分段数量。在ANSYS主菜单中，单击Main Menu，Preprocessor，Meshing，Mesh，Volume Sweep，Sweep Opts，弹出如图4.33所示的选择对话框，设置扫掠方向上划分数为20，单击"OK"按钮。

② 对源面进行预网格划分设置。点击实用菜单中的Plot，Lines，显示所有的线。在主菜单中，单击Main Menu，Preprocessor，Meshing，Size Cntrls，ManualSize，Lines，Picked Lines，弹出如图4.34所示的对话框，在图形视窗中选择源面上的各条线（源面指的是体的扫掠截面，如图4.34箭头所指的截面），单击"OK"按钮后弹出线划分设置窗口（图4.35），在设置线的划分段数后单击"OK"按钮。在上述操作后，源面上的各条线的划分结果如图4.35所示。

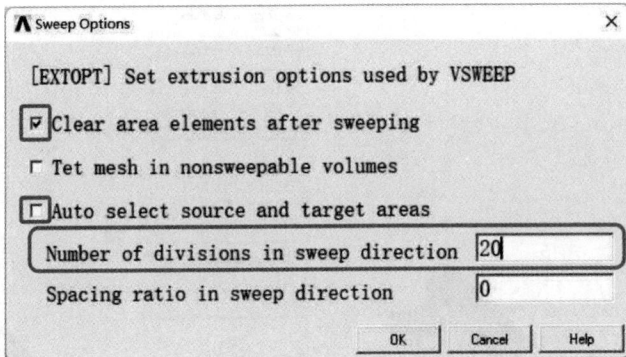

图4.33　扫掠设置

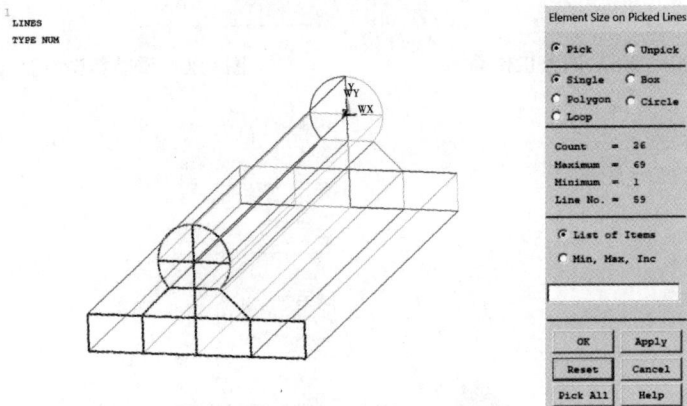

图4.34　选择源面上的各条线

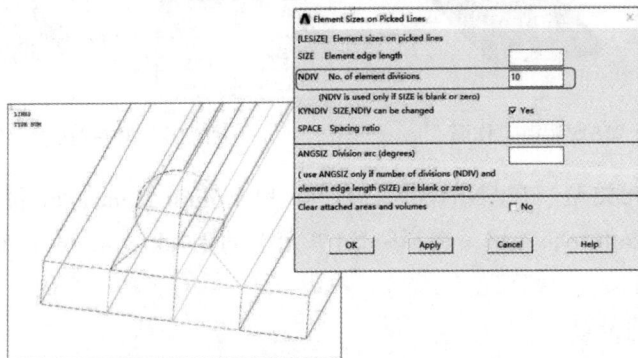

图4.35　源面预网格划分设置及划分结果

（4）执行扫掠分网。在ANSYS主菜单中，单击Main Menu，Preprocessor，Meshing，Mesh，Volume Sweep，Sweep，弹出如图4.36所示的选取对话框，选取图形视窗中的实体进行扫掠划分。本案例共有10个体，每次只能选择一个体进行扫掠划分，操作过程是：首先，通过选取对话框选取一个体，单击对话框中的"OK"按钮，然后选取该体的源面，单击对话框中的"OK"按钮，再选取该体的目标面，单击对话框中的"OK"按钮，就完成了这个体的扫掠划分，划分后的结果如图4.36所示。接下来对其他9个体分别进行上述操作，完成全部体的扫掠划分，最终得到的扫掠分网后的结果见图4.37。

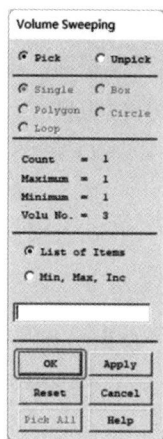

图4.36　单个体扫掠划分选择过程

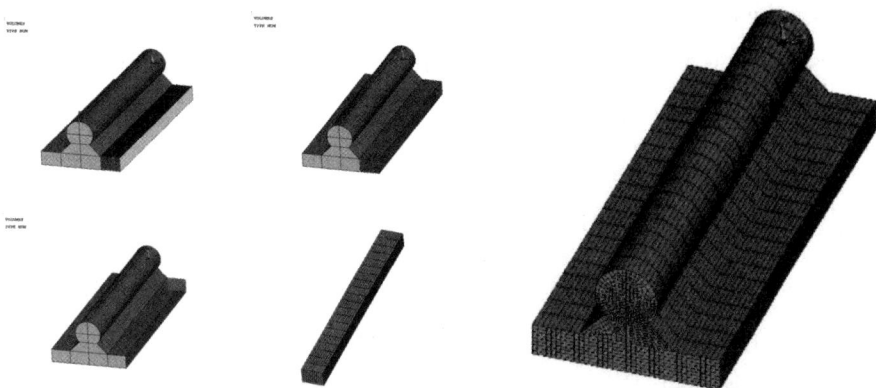

图4.37　扫掠分网后的结果

4.3.2　基于APDL命令流的操作过程

进行上述扫掠网格划分的APDL命令流如下。

!!扫掠网格划分

!(1)对体结构进行规整切分

WPSTYLE,,,,,,,,,1　!显示工作平面

!工作平面第1次调整并对体进行第1次切分

WPROT,0,90,0　!旋转工作平面

KWPAVE,4　!通过关键点平移工作平面

VSBW,1　!切分体

!工作平面第2次调整并对体进行第2次切分

KWPAVE,5　!通过关键点平移工作平面

VSBW,3　!切分体

!工作平面第3次调整并对体进行第3次切分

KWPAVE,20　!通过关键点平移工作平面

VSBW,4　!切分体

!工作平面第4次调整并对体进行第4次切分

WPROT,0,0,90　!旋转工作平面

KWPAVE,4　!通过关键点平移工作平面

VSBW,2　!切分体

!工作平面第5次调整并对体进行第5次切分

KWPAVE,18　!通过关键点平移工作平面

VSBW,6　!切分体

!工作平面第6次调整并对体进行第6次切分

KWPAVE,21　!通过关键点平移工作平面

VSEL,S,LOC,X,0　!通过坐标选择中间的3个体

VPLOTm　!显示体

VSBW,ALL　!切分选中的3个体

ALLSEL,ALL　!选取所有点线面体

VPLOT　!显示体

WPCSYS,-1,0　!工作平面复位

!(2)定义单元属性

ET,1,SOLID185

!(3)扫掠分网设置

!设置扫掠分段数量为20

EXTOPT,ACLEAR,1

EXTOPT,VSWE,AUTO,0

EXTOPT,ESIZE,20,0

!源面进行预网格划分设置

LSEL,S,LOC,Z,0.15

!通过坐标选择一个源面的所有线

LPLOT　!显示线

LESIZE,ALL,,,10,,,,1　!将源面的线分为10段

ALLSEL,ALL　!选取所有点线面体

!(4)执行扫掠分网

VSWEEP,2,15,6　!对2号体执行扫掠分网

VSWEEP,4,20,21　!对3号体执行扫掠分网

VSWEEP,6,28,27　!对5号体执行扫掠分网　　　　VSWEEP,12,51,50　!对11号体执行扫掠分网

VSWEEP,8,36,35　!对7号体执行扫掠分网　　　　VSWEEP,13,52,53　!对11号体执行扫掠分网

VSWEEP,9,38,39　!对8号体执行扫掠分网　　　　VSWEEP,14,57,56　!对11号体执行扫掠分网

VSWEEP,10,44,43　!对9号体执行扫掠分网　　　　EPLOT　!显示单元

VSWEEP,11,48,47　!对10号体执行扫掠分网

4.4　本章小结

　　本章简要介绍了ANSYS软件的网格划分方法，并通过不同的实例介绍了自由分网、映射分网和扫掠分网三种划分方式的操作过程，分别给出了GUI的操作流程和APDL命令流。对于三种分网方式，读者应着重关注以下问题。

　　（1）自由分网适用于一些不太规则的模型，ANSYS软件内部可实现智能划分，但是这种划分方式可能会使得网格质量不足，很容易出现较大的误差。

　　（2）映射分网要求面或体的形状满足一定的规则。因此，对于不规则的模型，首先对模型进行规则化的切分。映射分网建立的网格都比较规则，可以避免产生一些特别畸形的单元，计算出来的结果精度较高。

　　（3）对于扫掠分网，体在扫掠方向上的结构必须是一致的，并且源面和目标面必须是单个面，不能是连接面。

第5章 ANSYS约束、加载和求解技术

本章主要描述了在ANSYS中模型建立之后应该进行的约束、加载和求解等一系列操作，分别采用GUI及命令流的方法举例说明了每一步的概念及方法。在约束的相关概念介绍当中，解释了约束与边界条件的关系，以及如何施加约束等；在加载的阐述当中，解释了何为载荷，如何施加载荷，并且描述了在ANSYS中如何进行加载计算；对ANSYS中求解方法及相关的参数设置进行了描述，并举例说明如何进行相关设置。

5.1 施加约束方法

5.1.1 边界条件的概念

在ANSYS仿真中，边界条件是指对模拟对象设定的限制条件，用于控制其运动、形状、温度、流量等特征。这些条件包括约束、力、热、电磁、流体等，在模拟过程中至关重要。用户可以根据仿真需求自由设置这些条件以模拟真实工程环境。在结构分析中，自由度约束也可视为边界条件，主要指位移约束。正确设置边界条件是确保仿真结果准确性的关键之一。对于结构分析用户，可以通过下列方法施加自由度的约束，依次点击主菜单Main Menu，Solution，Define Loads，Apply，Structural，Displacement。

操作后弹出如图5.1所示的下拉菜单，菜单中列出了施加结构位移约束的对象分别是线、面、关键点、节点和节点组件。

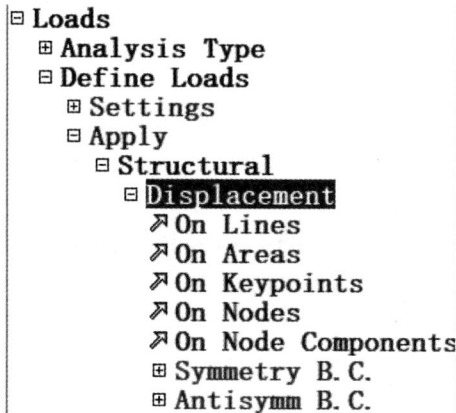

```
⊟ Loads
  ⊞ Analysis Type
  ⊟ Define Loads
    ⊞ Settings
    ⊟ Apply
      ⊟ Structural
        ⊟ Displacement
          ↗ On Lines
          ↗ On Areas
          ↗ On Keypoints
          ↗ On Nodes
          ↗ On Node Components
          ⊞ Symmetry B.C.
          ⊞ Antisymm B.C.
```

图5.1 结构位移约束主菜单

5.1.2 施加约束的方法

（1）自由度约束。在ANSYS中，结构的自由度包括平动位移（沿X轴的位移为UX，沿Y轴的位移为UY，沿Z轴的位移为UZ）和转动位移（绕X轴的旋转为ROTX，绕Y轴的旋

转为ROTY，绕Z轴的旋转为ROTZ）。

① 在线上施加约束。

命令：DL。

GUI：Main Menu→Solution→Define Loads→Apply→Structural→Displacement→On Lines。

② 在面上施加约束。

命令：DA。

GUI：Main Menu→Solution→Define Loads→Apply→Structural→Displacement→On Areas。

③ 在关键点上施加约束。

命令：DK。

GUI：Main Menu→Solution→Define Loads→Apply→Structural→Displacement→On Keypoints。

④ 在节点上施加约束。

命令：D。

GUI：Main Menu→Solution→Define Loads→Apply→Structural→Displacement→On Nodes。

（2）施加对称或反对称边界条件。在结构分析中，对称边界条件指把平面外移动和平面内旋转设置为0，而反对称边界条件指把平面内移动和平面外旋转设置为0，见图5.2。对称和反对称边界条件的使用如图5.3所示。

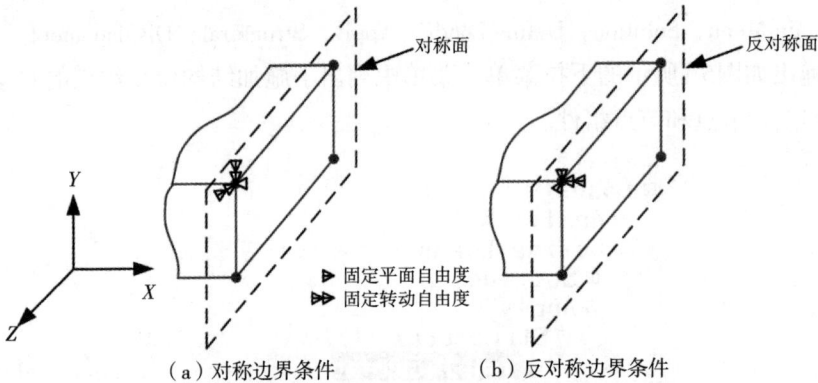

（a）对称边界条件　　　　（b）反对称边界条件

图5.2　在结构分析中的对称和反对称边界条件

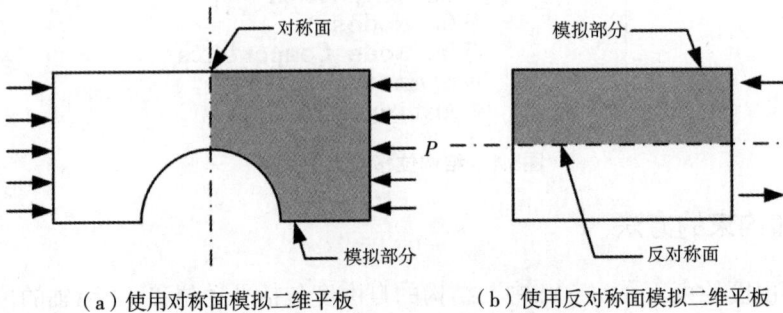

（a）使用对称面模拟二维平板　　　　（b）使用反对称面模拟二维平板

图5.3　使用对称和反对称边界条件的实例

施加对称边界条件的操作如下。

① 在节点处施加对称边界条件。

命令：DSYM，SYMM。

GUI：Main Menu→Solution→Define Loads→Apply→Structural→Displacement→Symmetry B.C.→On Nodes。

② 在线上施加对称边界条件。

命令：DL，LINE，SYMM。

GUI：Main Menu→Solution→Define Loads→Apply→Structural→Displacement→Symmetry B.C.→On Lines。

③ 在与线相邻的面上施加对称边界条件。

命令：DL，AREA，SYMM。

GUI：Main Menu→Solution→Define Loads→Apply→Structural→Displacement→Symmetry B.C.→…with Area。

④ 在面上施加对称边界条件。

命令：DA，AREA，SYMM。

GUI：Main Menu→Solution→Define Loads→Apply→Structural→Displacement→Symmetry B.C.→On Areas。

施加反对称边界条件的操作如下。

① 在节点处施加反对称边界条件。

命令：DSYM，ASYM。

GUI：Main Menu→Solution→Define Loads→Apply→Structural→Displacement→Antisymm B.C.→On Nodes。

② 在线上施加反对称边界条件。

命令：DL，LINE，ASYM。

GUI：Main Menu→Solution→Define Loads→Apply→Structural→Displacement→Antisymm B.C.→On Lines。

③ 在与线相邻的面上施加反对称边界条件。

命令：DL，AREA，ASYM。

GUI：Main Menu→Solution→Define Loads→Apply→Structural→Displacement→Antisymm B.C.→...with Area。

④ 在面上施加反对称边界条件。

命令：DA，AREA，ASYM。

GUI：Main Menu→Solution→Define Loads→Apply→Structural→Displacement→Antisymm B.C.→On Areas。

5.1.3　施加约束操作实例

这里对一个矩形板的两个长边施加UY位移约束，在短边一侧施加对称边界，这里仅给出施加边界条件的GUI操作，其他操作以命令流形式给出。

（1）生成几何模型并划分网格，如图5.4所示。

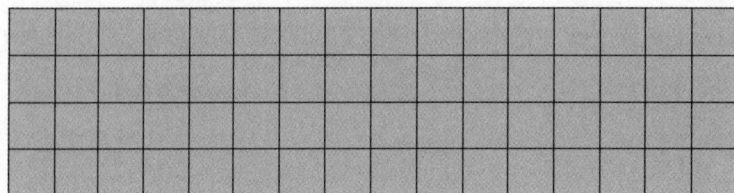

图5.4　划分网格后的模型

涉及的创建有限元命令流如下。

FINISH	K,2,8,0
/CLEAR	K,3,4,1
/TITLE,STRESSES IN ALONG CYLINDER	K,4,8,1
/UNITS,BIN	A,3,1,2,4
/PREP7	ESIZE,.25
ET,1,PLANE42,,,1	MSHK,1
MP,EX,1,30E6	MSHA,0,2D
MP,DENS,1,.00073	AMESH,1
MP,NUXY,1,0.3	FINISH
K,1,4,0	

（2）依次点击主菜单中的Main Menu，Solution，Define Loads，Apply，Structural，Displacement，On Nodes，在两个长边处所有节点施加UY位移约束，如图5.5所示。

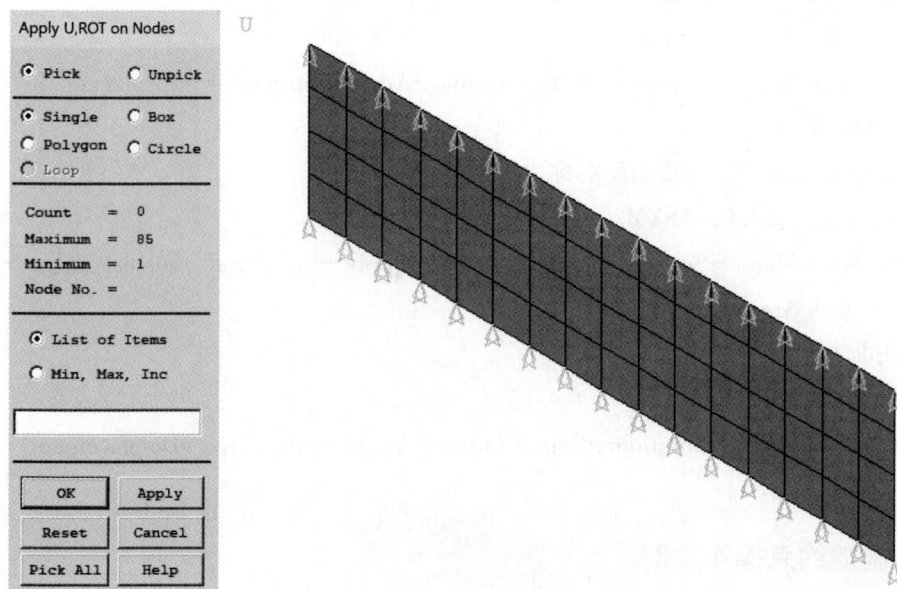

图5.5　施加位移约束对话框

（3）依次点击Main Menu，Solution，Define Loads，Apply，Structural，Displacement，Symmetry B.C.，On Lines，在矩形左侧短边线上施加对称约束，如图5.6所示。

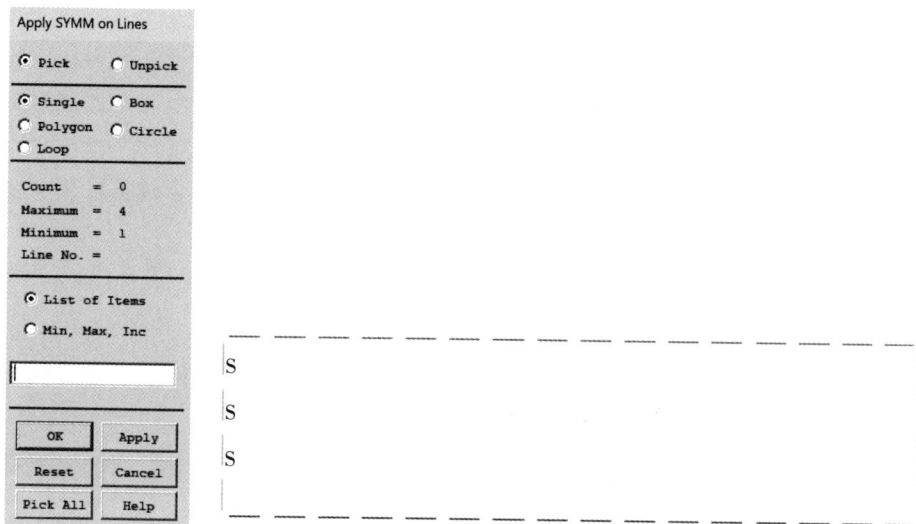

图5.6 施加对称约束对话框

5.2 加载

载荷是指施加在有限单元模型（或实体模型，但必须将载荷最终转换为有限元模型）上的位移、力、温度、热、电磁。在开始求解时，程序会自动将这些载荷转换到模型的节点和单元上。

5.2.1 载荷的概念

在ANSYS术语中，载荷包括边界条件和外部或内部作用力函数。在结构分析中，载荷包括位移、速度、加速度、力、压力、温度（热应变）和重力等因素。有限元分析的主要目的是检查结构或构件对一定载荷条件的响应。因此，在分析中施加合适的载荷条件是分析正确的关键。用户可以通过各种方式对模型加载，并且通过载荷步选项，控制在求解中载荷的使用方式。在ANSYS中，载荷分为六类。

（1）自由度约束。自由度约束是施加于模型的位移边界条件，例如，在结构分析中的位移、对称边界条件或反对称边界条件，在热力分析中的温度和对流换热边界条件。

（2）力。力是施加于模型节点的集中载荷，例如，在结构分析中的力和力矩，在热力分析中的热流速率。

（3）表面载荷。表面载荷是施加于某个表面上的分布载荷，例如，在结构分析中的压力，在热力分析中的对流和热通量。

（4）体积载荷。体积载荷指体积的或场的载荷，例如，在结构分析中的温度，在热力分析中的热生成速率。

（5）惯性载荷。惯性载荷是由物体惯性引起的载荷，如重力加速度、角速度和角加速度，主要在结构分析中使用。

（6）耦合场载荷。耦合场载荷是以上载荷的一种特殊情况，指将一种分析得到的结果作为另一种分析的载荷，例如，将热分析中的温度场应用于结构分析。

5.2.2　载荷步

载荷步是确保成功求解模型的一种必要设置。在线性静态分析中，可以通过使用不同的载荷步施加不同的载荷组合，例如，在第一个载荷步中施加风载荷，在第二个载荷步中施加重力载荷，在第三个载荷步中施加风和重力载荷以及改变支承条件等。而在瞬态分析中，多个载荷步被应用到载荷–时间曲线的不同区段。

5.2.3　阶跃载荷和斜坡载荷

当在一个载荷步中指定一个以上的子步时，就出现了载荷是阶跃载荷还是斜坡载荷的问题。

（1）如果载荷是阶跃的，那么，全部载荷施加于第一个载荷子步，并且在载荷步的其余部分，载荷保持不变，如图5.7（a）所示。

（2）如果载荷是斜坡逐渐递增的（也称渐进载荷），那么，在每个载荷子步，载荷值逐渐增加，且全部载荷出现在载荷步结束时，如图5.7（b）所示。

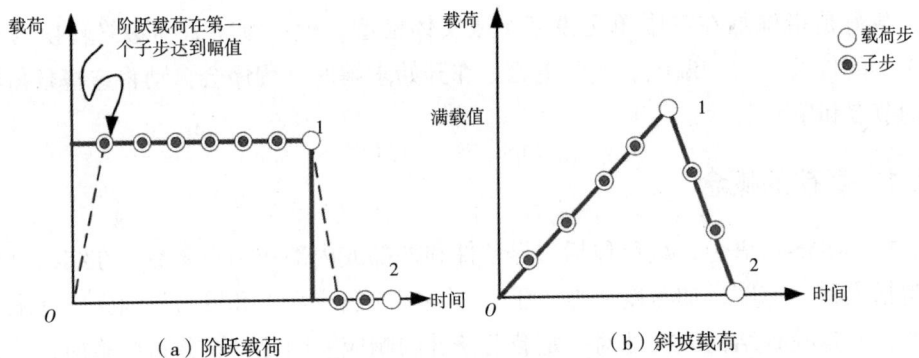

图5.7　阶跃载荷与斜坡载荷

命令：KBC。

KBC用于表示载荷为斜坡载荷还是阶跃载荷：KBC,0表示载荷为斜坡载荷；KBC,1表示载荷为阶跃载荷。

5.2.4　施加载荷的操作

大多数载荷可以施加在实体模型或有限元模型上。例如，可以在关键点或节点处施加集中力。同样，可以在线上、面上或节点和单元面上施加对流等载荷。在开始求解时，程序会自动将这些载荷转换到模型的节点和单元上。

（1）实体模型载荷。

实体模型载荷的优点：①有限元网格的变化不影响在实体模型上施加的载荷；②通

过图形操作拾取实体进行载荷施加方便快捷。

实体模型载荷的缺点：①实体模型和有限元模型可能具有不同的坐标系和加载方向；②在简化分析中，实体模型不是很方便；③施加关键点约束很棘手，尤其是在约束扩展选项被使用时。

（2）有限单元载荷。

有限单元载荷的优点：①在简化分析中不会产生问题，因为可将载荷直接施加在主节点；②不必担心约束扩展，可简单地选择所有所需节点，并指定适当的约束。

有限单元载荷的缺点：①任何有限元网格的修改都使载荷无效；②不便使用图形拾取施加载荷。

（3）施加集中力/力矩载荷。

命令：F。

GUI：Main Menu→Preprocessor→Loads→Define Loads→Apply→Structural→Force/Moment。

操作后弹出如图5.8所示的下拉菜单，用户选择使用关键点、节点或节点组都会弹出如图5.9所示的施加力/力矩对话框，其中，力/力矩方向（Direction of force/mom）：用户可以设置此选项来控制力或力矩的方向；施加载荷的方法（Apply as）：用户可以选择施加常数值、使用已有表格施加或使用新表格施加的方法。如果选择施加常数值，则需要输入用户需要定义的载荷数值，记为VALUE等。

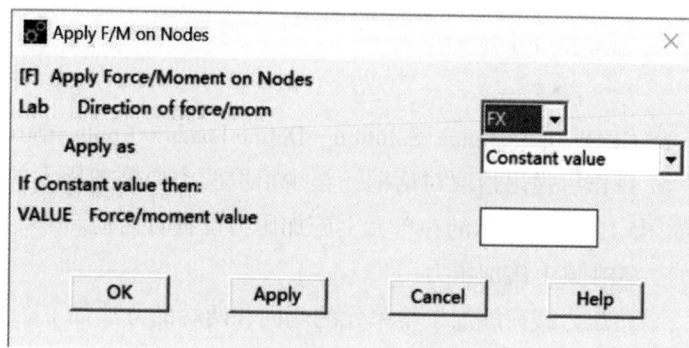

图5.8　集中力施加对象　　　　图5.9　施加力/力矩对话框

（4）施加压力载荷。

① 在线上施加压力。

命令：SFL。

GUI：Main Menu→Solution→Define Loads→Apply→Structural→Pressure→On Lines。

操作后弹出拾取对话框，用鼠标拾取要施加压力的线，单击"OK"按钮，弹出如图5.10所示的在线上施加压力设置对话框。

② 在面上施加压力。

命令：SFA。

GUI：Main Menu→Solution→Define Loads→Apply→Structural→Pressure→On Areas。

操作后弹出拾取对话框，拾取要施加压力的面，单击"OK"按钮，弹出如图5.11所

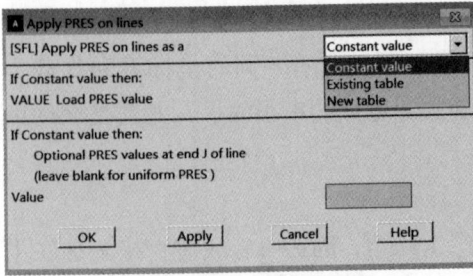

图5.10 在线上施加压力设置   图5.11 在面上施加压力设置

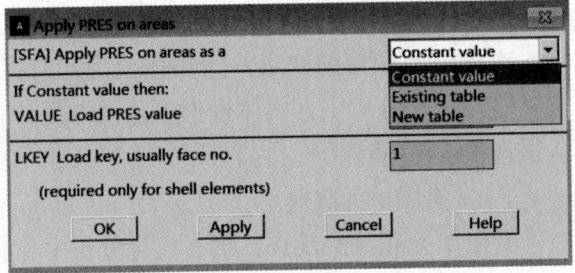

示的在面上施加压力设置对话框。

该控制选项包括三个子选项，即施加常数值（Constant value）、使用已有表格施加载荷（Existing table）和使用新表格施加载荷（New table）。如果用户选择施加常数值，则在"Load PRES value"中输入压力值。如果模型由壳单元组成，则在施加常数值时除了在"Load PRES value"中输入压力值，还需在"Load key"中输入施加压力的面号。

③ 在节点上施加压力。

命令：SF。

GUI：Main Menu→Solution→Define Loads→Apply→Structural→Pressure→On Nodes。

操作后弹出拾取对话框，至少拾取两个要施加压力的节点，单击"OK"按钮，弹出如图5.12（a）所示的在节点上施加压力设置对话框。

④ 在单元上施加压力。

命令：SF。

GUI：Main Menu→Solution→Define Loads→Apply→Structural→Pressure→On Nodes。

操作后弹出拾取对话框，至少拾取两个要施加压力的节点，单击"OK"按钮，弹出如图5.12（b）所示的在单元上施加压力设置对话框。

⑤在梁上施加压力。

将压力载荷施加于梁单元的侧面和两端的方法如下。

命令：SFBEAM。

GUI：Main Menu→Solution→Define Loads→Apply→Structural→Pressure→On Beams。

操作后弹出拾取对话框，拾取要施加压力的梁，单击"OK"按钮，弹出如图5.12（c）所示的在梁上施加压力的对话框。该对话框包括六个控制选项，即载荷号（LKEY）、在节点I处的载荷值（VALI）、在节点J处的载荷值（VALJ）、在节点I处的偏移距离（IOFFST）、在节点J处的偏移距离（JOFFST）和载荷偏移的依据（LENRAT）。

（5）施加惯性载荷。惯性载荷包括平动惯性载荷和转动惯性载荷，平动惯性载荷包括设置总体笛卡儿线性加速度和单元组件加速度，转动惯性载荷包括转动速度和转动加速度。

① 施加总体笛卡儿线性加速度。

命令：ACEL。

GUI：Main Menu→Solution→Define Loads→Apply→Structural→Inertia→Gravity→Global。

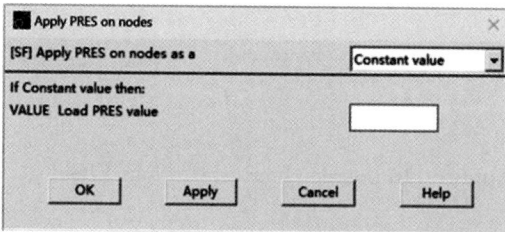

（a）在节点上施加压力

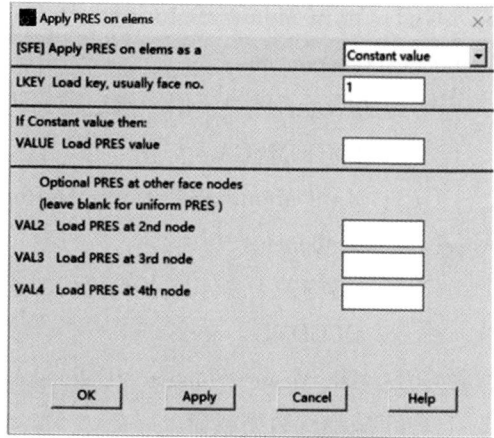

（b）在单元上施加压力

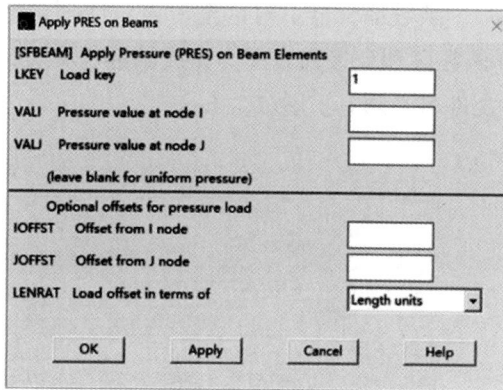

（c）在梁上施加压力

图5.12　在节点、单元、梁上施加压力

② 在单元组件上施加平动加速度。

命令：CMACEL。

GUI：Main Menu→Solution→Define Loads→Apply→Structural→Inertia→Gravity→On Components。

③ 施加结构的转动速度。

命令：OMEGA。

GUI：Main Menu→Solution→Define Loads→Apply→Structural→Inertia→Angular Veloc→Global。

④ 施加结构的转动加速度。

命令：OMEGA。

GUI：Main Menu→Solution→Define Loads→Apply→Structural→Inertia→Angular Accel→Global。

⑤ 施加单元组件关于用户指定轴的转动速度。

命令：CMOMEGA。

GUI：Main Menu→Solution→Define Loads→Apply→Structural→Inertia→Angular Veloc→On Components。

⑥ 施加单元组件关于用户指定轴的转动加速度。

命令：CMDOMEGA。

GUI：Main Menu→Solution→Define Loads→Apply→Structural→Inertia→Angular Accel→On Components→Eity。

⑦ 施加结构关于总体原点的转动加速度。

命令：DCGOMG。

GUI：Main Menu→Solution→Define Loads→Apply→Structural→Inertia→Coriolis Effects。

（6）施加函数型载荷。

① 定义函数。选择Main Menu，Solution，Apply，Functions，Define/Edit，弹出图5.13所示的"Function Editor"（函数编辑器）对话框。该对话框包括4个区域，即函数类型区、函数表达式区、数学函数区和变量列表区。完成函数定义后，保存函数。选择"File Save"并且定义文件名，文件名必须有扩展名".func"。

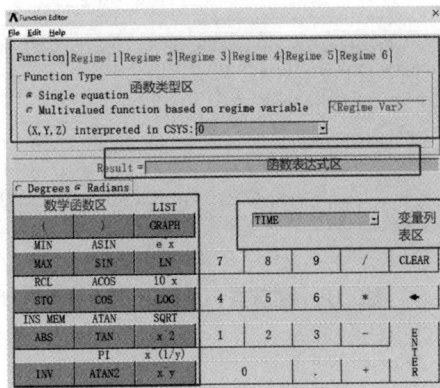

图5.13 函数编辑器

② 读入函数。选择Main Menu，Solution，Apply，Functions，Read File，打开函数载入器。找到用户保存函数的目录，选择相应文件并打开。在"函数载入器"对话框中输入表格型变量名，这是用户在指定这个函数为表格型边界条件时要用到的名字（%tabname%）。

5.2.5 施加载荷操作实例

这里以一个1/4圆柱体受局部圆面受压力为例描述针对具体结构施加载荷的操作，主要介绍边界条件以及载荷的GUI操作，其他操作以命令流形式给出。

（1）生成几何模型并划分网格，如图5.14所示。

（2）施加约束。选择1/4圆柱体的两侧矩形面，并施加对称边界，依次点击Main Menu，Solution，Define Loads，Apply，Structural，Displacement，Symmetry B.C.，On Areas，在1/4圆柱体的两侧矩形面上施加对称约束；再选择1/4圆柱体的底面，依次点击

Main Menu，Solution，Define loads，Apply，Structural，Displacement，On Areas，施加UZ位移约束，如图5.15所示。

（3）施加局部的载荷。选择1/4圆柱体的部分上底面，依次点击Main Menu，Solution，Define loads，Apply，Structural，Displacement，Pressure，On Areas，弹出"Apply PRES on areas"对话框，在选定面上施加压力，如图5.16所示。

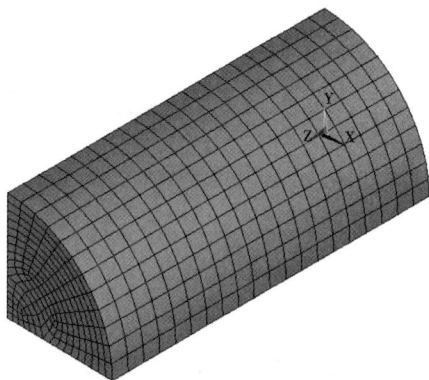

图5.14　圆柱体有限元模型

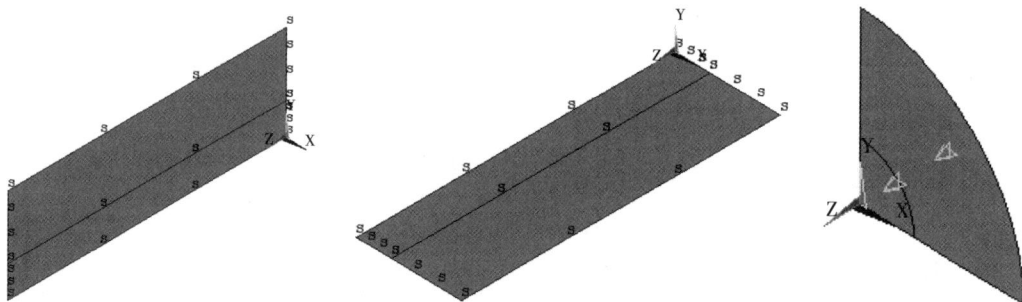

图5.15　施加约束边界

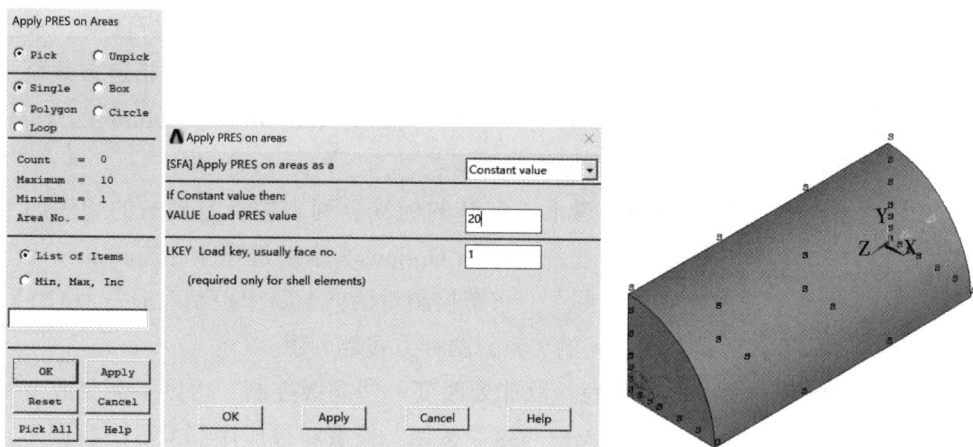

图5.16　施加面压力对话框

涉及的命令流如下：

```
!EX6.19A圆柱体受局部圆面荷载          MESHAPE,0,2D
FINISH                               MSHKEY,1
/CLEAR                               AMESH,ALL    !划分面网格
/PREP7                               ESIZE,,20  !指定将要划分单元的边长或线的分
R0=150                                           段数，划分为20段
R1=50                                VOFFST,1,H  !由给定面沿其法线偏移生成体
H=450                                VOFFST,3,H
ET,1,PLANE82                         NUMMRG,ALL  !对实体进行合并
ET,2,SOLID95                         ASEL,S,LOC,X,0
MP,EX,1,3E4                          DA,ALL,SYMM
MP,PRXY,1,0.2                        ASEL,S,LOC,Y,0
CYL4,,,R1,,,90                       DA,ALL,SYMM  !施加对称边界约束
CYL4,,,R0,,,90                       ASEL,S,LOC,Z,0
APTN,ALL    !分割相交的面            DA,ALL,UZ
LSEL,S,,,1,3,1                       CSYS,1
LESIZE,ALL,,,6                       ASEL,S,LOC,Z,H
LSEL,S,,,7,8                         ASEL,R,LOC,X,0,R1
LESIZE,ALL,,,10                      SFA,ALL,1,PRES,20  !施加面压力载荷
LSEL,S,,,4                           ALLSEL,ALL
LESIZE,ALL,,,12                      FINISH
LSEL,ALL
```

5.3　求解

5.3.1　参数设置

如果进行静态与瞬态分析，可以使用求解控制对话框设置许多分析选项。求解控制对话框由五个标签页组成，每个标签页都包含了相关的求解控制。在指定多载荷步分析中每个载荷步的设置时，对话框非常有效。GUI操作为Main Menu，Solution，Analysis Type，Sol'n Controls，弹出如图5.17所示的对话框。

进入对话框时，基本标签页被激活。完整的标签页列表按从左到右的顺序如下所列：Basic（基本）、Transient（瞬态）、Sol'n Options（求解选项）、Nonlinear（非线性）、Advanced NL（非线性高级控制）。求解控制对话框上每个控制对应一个ANSYS命令，表5.1给出了标签与功能命令之间的关系，两种方式都可用。

一旦对基本标签页上的设定满意，除非要改变一些高级控制，否则不需要改变其他标签页。只要在对话框任一标签上单击"OK"按钮，设置将被应用到ANSYS数据库，对话框也将关闭。注意，如果改变了一个或多个标签设置，仅当单击"OK"按钮，关闭对

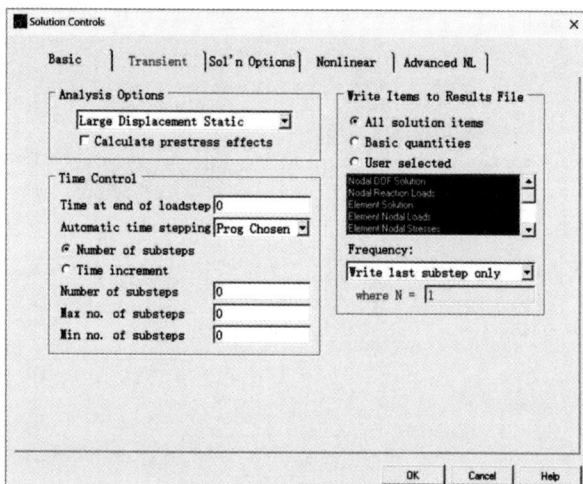

图5.17　求解控制对话框

表5.1　求解控制对话框标签页与命令之间的关系

求解控制对话框标签	标签的功能	与该标签对应的命令
Basic	指定想执行的分析类型	ANTYPE，NLGEOM，TIME，AUTOTS，NSUBST，DELTIM，OUTRES
	控制不同的时间设定	
	指定希望ANSYS写入数据库的求解数据	
Transient	制定瞬态选项，例如对阶跃载荷的瞬时效应与渐变	TIMINT，KBC，ALPHAD，BETAD，TRNOPT，TINTP
	指定阻尼选项	
	选择时间积分方法	
	指定积分参数	
Sol'n Options	指定想用的方程求解器类型	EQSLV，RESCONTROL
	指定多架构重启的参数	
Nonlinear	控制非线性选项，例如线搜索与求解预测	LNSRCH，PRED，NEQIT，CUTCONTROL，CNVTOL，RATE，
	指定每个子步允许的最大迭代数目	
	显示是否想在分析中包括蠕变计算	
	控制弧长法的平分	
	设定收敛标准	
Advanced NL	指定分析终止标准	NCNV，ARCLEN，ARCTRM
	控制弧长法的激活与终止	

话框时改变才会应用到ANSYS数据库。

5.3.2　求解参数设置举例

（1）设置预应力选项。有预应力的模态分析用于计算有预应力结构的固有频率和模态，如旋转的涡轮叶片的模态分析。除首先要通过进行静力分析把预应力加到结构上外，有预应力模态分析的过程和常规模态分析基本上一样。

① 如图5.18所示，建模并获取打开预应力效应（PSTRES，ON）的静力分析解。静力

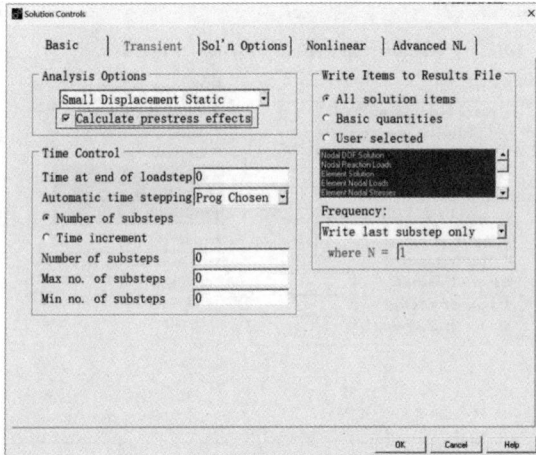

图5.18　打开预应力效应

分析中的集中质量矩阵的设置（LUMPM）必须与随后的有预应力模态分析中的集中质量矩阵设置一致。第2篇"静力学分析"中描述了如何对结构进行静力学分析。

命令：PSTRES，ON。

GUI：Main Menu→Preprocessor→Loads→Analysis Type→Sol'n Controls→Basic。

② 重新进入求解器并获取模态分析解，注意打开预应力效应选项（再用一次命令PRSTES, ON）。另外，在静力学分析中生成的文件Jobname.EMAT和Jobname.ESAV必须都存在。

（2）设置载荷步选项。载荷步选项（Load Step Options）是用于表示控制载荷应用的各选项，如时间、子步数、时间步以及载荷增长方式等。其他类型的载荷步选项包括收敛容差、结构分析中的阻尼设置以及输出控制。

通用选项包括瞬态或静态分析中载荷步结束的时间、子步数或时间步大小、载荷增长方式以及热应力计算的参考温度。以下是对每个选项的简要说明。

① 子步数和时间步大小。对非线性或瞬态分析，要指定一个载荷步中需用的子步数，指定子步的方法如下。

命令：DELTIM。

GUI：Main Menu→Solution→Load Step Opts→Time/Frequenc→Time-Time Step。

命令：NSUBS。

GUI：Main Menu→Solution→Load Step Opts→Time/Frequenc→Time and Substps。

DELTIM命令用于指定时间步的大小，NSUBST命令用于指定子步数。在默认情况下，ANSYS程序在每个载荷步中使用一个子步。

② 时间选项。TIME命令在瞬态或静态分析中用于确定载荷步结束的时间。在瞬态或其他与速率相关的分析中，该命令要求指定实际时间，并且需要提供一个时间值。在与速率无关的分析中，时间被用作跟踪参数。在ANSYS分析中，不允许将时间设置为0。如果执行了TIME，0命令，或者没有发出TIME命令，ANSYS会使用默认时间值：第一个载荷步为1.0，其他载荷步为前一个时间加1.0。为了从0时间开始分析，特别是在瞬态分析中，应该指定一个非常小的值，例如TIME，1E-6。

③ 自动时间分步。激活时间步自动分步。

命令：AUTOTS。

GUI：Main Menu→Solution→Load Step Opts→Time/Frequenc→Time and Substps。

在时间步自动分步时，根据结构或构件对施加的载荷的响应，程序计算每个子步结束时最优的时间步。在非线性静态分析中使用时，AUTOTS命令确定了子步之间载荷增量的大小。

5.3.3 求解操作实例

以下以"案例1：悬臂梁预应力模态""案例2：悬臂板大变形分析"来简要说明求解方法的设置，这里仅给出求解相关的GUI操作，其他操作以命令流形式给出。

（1）案例1：悬臂梁预应力模态。

① 生成几何模型并划分网格，在梁模型始端施加全约束，在末端分布施加沿X和Y方向的集中力，如图5.19所示。

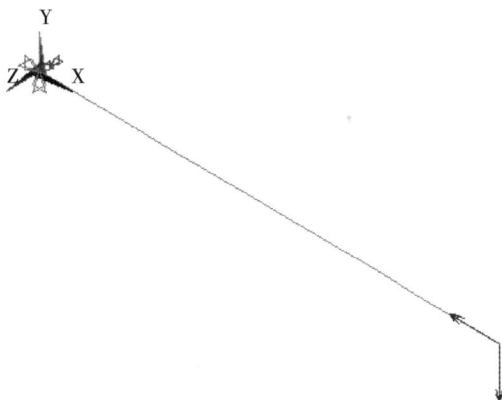

图5.19 施加约束和集中力的梁

② 静力学求解模块。依次点击Main Menu，Solution，Analysis Type，Sol'n Controls，Basic，在静态分析中打开大变形效应，打开预应力效应，指定载荷步的子步数为20，如图5.20所示，之后进行静力学求解。

③ 预应力模态求解。依次点击Main Menu，Solution，Analysis Type，New Analysis，Model，选择模态分析；打开预应力效应，模态提取方法为分块兰索斯法，提取3阶模态，如图5.21所示。

之后依次点击Main Menu，Solution，Solve，Partial Solu，指引系统完成部分求解，大变形的预应力模态必须这样求解；若只考虑转速的预应力模态，直接solve求解即可。使用分块兰索斯法计算特征值和特征向量，执行命令"MODOP，TLANB"，生成文件"File.MODE"。再次进行模态求解模块，并扩展特征向量结果，需要文件"File.MODE"，并生成文件"File.RST"

④ 结果显示。依次点击Main Menu，General Postproc，List Results，Detailed Summary，展示3阶模态结果如图5.22所示。

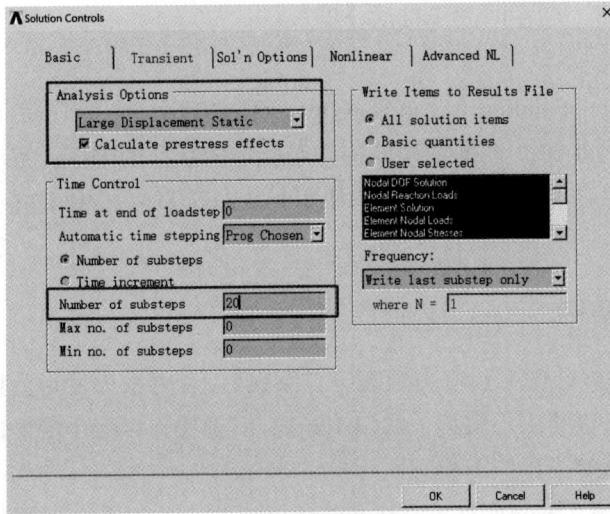

图5.20　求解控制

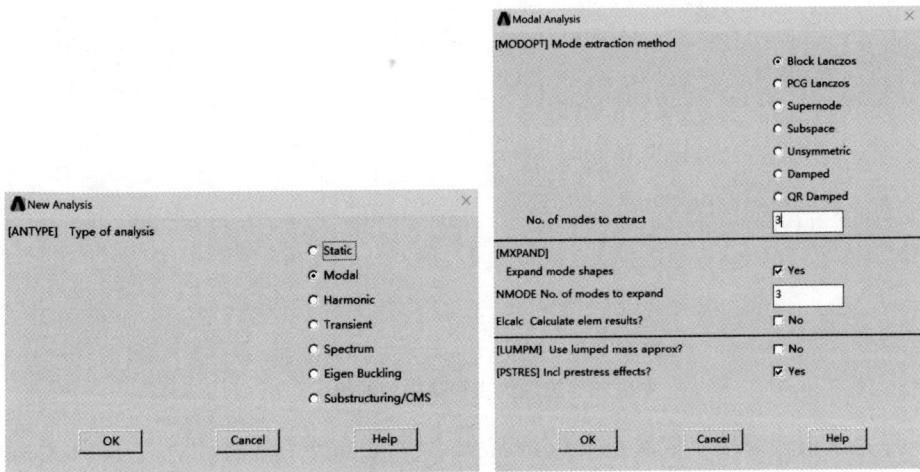

图5.21　模态分析选择

```
SET,LIST Command
File

***** INDEX OF DATA SETS ON RESULTS FILE *****

SET    TIME/FREQ    LOAD STEP    SUBSTEP    CUMULATIVE
  1    4.7743           1           1           1
  2    37.859           1           2           2
  3    110.28           1           3           3
```

图5.22　前3阶的预应力模态结果

涉及的命令流如下。

```
FINISH
/CLEAR
/PREP7
ET,1,BEAM3
MP,EX,1,2.1E11
MP,PRXY,1,0.3
MP,DENS,1,7800
R,1,0.06,0.00045,0.3
K,1
K,2,6
L,1,2
LESIZE,ALL,,,20
LMESH,ALL
DK,1,ALL
FK,2,FY,-1E6
FK,2,FX,-6E6
FINISH
/SOLU
ANTYPE,0    !静力学模块
NLGEOM,ON    !打开大变形效应
PSTRES,ON    !打开预应力效应
NSUBST,20    !载荷步中的子步数为20
OUTRES,ALL,ALL
EMATWRITE,YES
SOLVE
FINISH
```

```
/SOLU
ANTYPE,2    !模态分析模块
UPCOORD,1,ON    !根据当前的位移,修改当前激
活节点的坐标
PSTRES,ON    !打开预应力效应
MODOPT,LANB,3    !模态提取方法为分块兰索斯
法,提取3阶模态
MXPAND,3    !扩展3阶模态
LUMPM,0    !采用一致质量矩阵,对于细长的梁、
较薄的壳采用集中质量阵
PSOLVE,EIGLANB    !指引系统完成一个部分求
解,大变形的预应力模态必须这样求解;而只考虑
转速的预应力模态,直接SOLVE求解即可
!使用分块兰索斯法计算特征值和特征向量,执行
命令"MODOP,TLANB,生成文件"File.MODE"
FINISH
/SOLU
EXPASS,ON
PSOLVE,EIGEXP    !扩展特征向量结果,需要文件
"File.MODE",并生成文件"File.RST"
FINISH
/POST1
SET,LIST
```

（2）案例2：悬臂板大变形分析。

① 生成几何模型并划分网格，在悬臂板左端的节点全约束，在末端分布施加沿X和Y方向的集中力，依次点击Main Menu，Preprocessor，Coupling/Ceqn，Couple DOFs，耦合自由端节点绕Y轴的自由度，在2号节点处施加弯矩，如图5.23所示。

② 静力学求解模块。依次点击Main Menu，Solution，Analysis Type，Sol'n Controls，Basic，在静态分析中打开大变形效应，定义结束时间为1s，打开自动载荷步，并指定载荷步中所需要的子步数，如图5.24所示。定义力收敛准则和位移收敛准则，之后点击Main Menu，Solution，Analysis Type，Sol'n Controls，Nonlinear，激活一个线性搜索与Newton-Raphson一起使用，并进行求解，如图5.25所示。

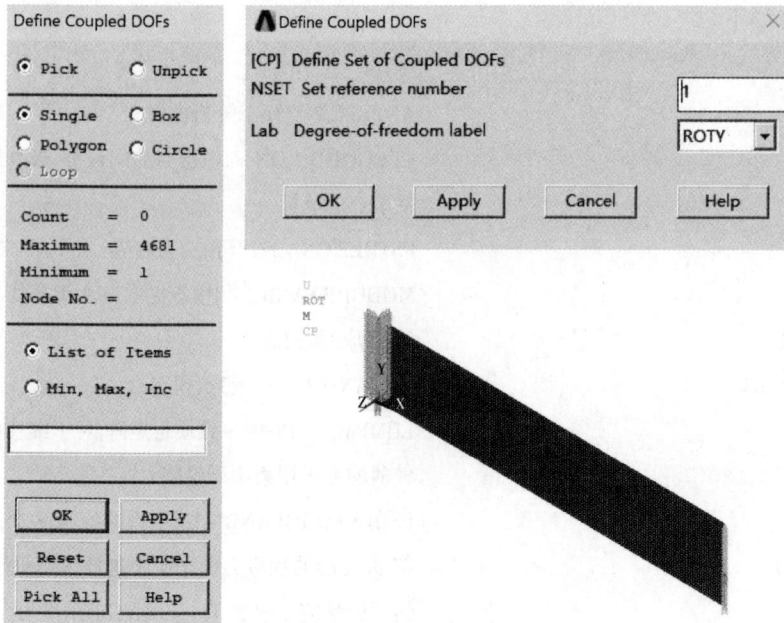

图5.23　施加约束和集中力的梁

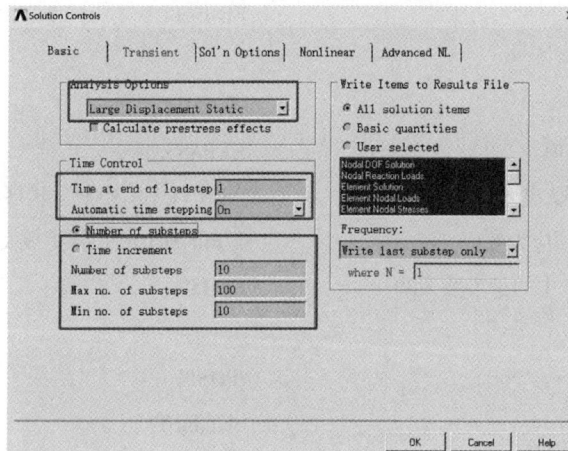

图5.24　求解控制面板

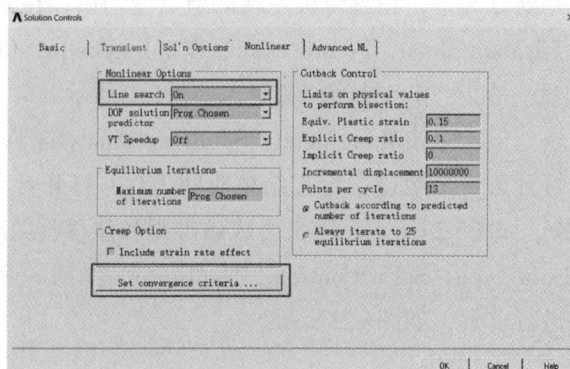

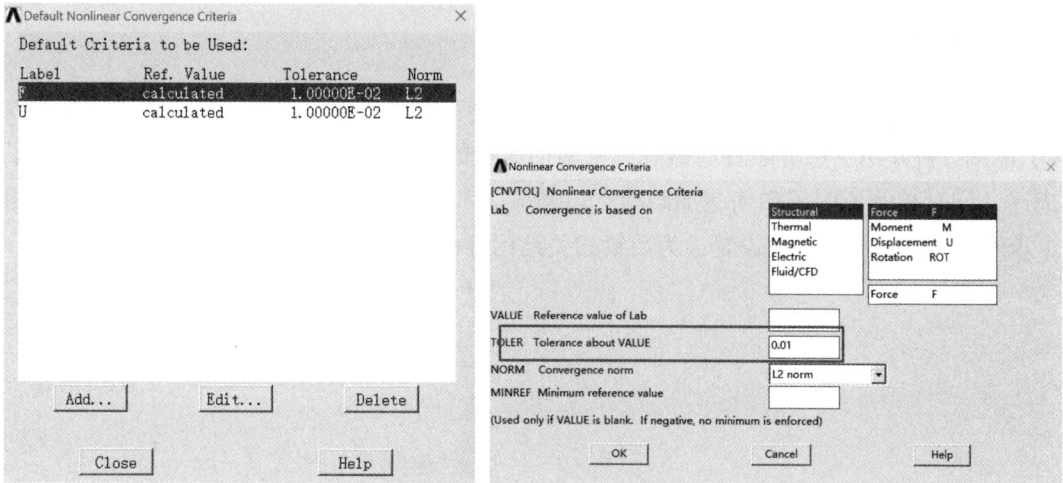

图5.25　非线性求解控制面板

涉及的命令流如下。

FINISH

/CLEAR

/PREP7

L=15

B=3

H=1

ET,1,SHELL181,,,2　!定义单元

!定义壳体单元截面

SECTYPE,1,SHELL

SECDATA,1,H,0,5　!板的厚度为1 mm

MP,EX,1,1800　!定义材料属性

MP,NUXY,1,0.1

!建立模型

K,1,0,0,0　!定义关键点

K,2,L,0,0

K,3,L,B,0

K,4,0,B,0

A,1,2,3,4　!定义面

ESIZE,0.1　!定义总体网格尺寸

AMESH,1　!对面划分网格

!定义边界条件

NSEL,S,LOC,X,0　!选择X坐标为0的节点,即末端节点

D,ALL,ALL　!固定末端节点

!定义载荷

NSEL,S,LOC,X,L　!选择X坐标为L的节点,即自由端节点

CP,1,ROTY,ALL　!耦合自由端节点绕Y轴的自由度

TORQ=20　!施加的弯矩值

F,2,MY,TORQ　!在2号节点处施加弯矩

/SOLU

ANTYPE,STATIC　!激活静力学求解

NLGEOM,ON　!激活大变形

NSEL,ALL　!选择所有的节点

TIME,1　!定义计算结束时间

AUTOTS,1　!使用自动载荷步

NSUBST,10,100,10,1　!为载荷步定义子步,子步数为10,最大值为100,最小值为10

KBC,0　!使用斜坡加载方式

CNVTOL,F,1,1.0E-2CNVTOL,U,1,1.0E-2LNSRCH,ON　激活线性搜索

!定义力收敛准则

!定义位移收敛准则!

OUTRES,ALL,ALL　!输出所有计算结果!

SOLVE　开始求解

FINISH

5.4　本章小结

　　本章结合GUI及命令流的方法，对ANSYS约束、加载及求解技术进行了阐述，并辅以4个案例分析介绍了边界条件的概念以及施加约束的方法；对载荷以及迭代的流程进行了描述，同时举例说明了如何施加载荷；以预应力和载荷步选项相关设置为例，介绍说明了求解方法的选择和参数设置，为后续相关结构分析实例的学习提供支持。

第6章　ANSYS后处理

本章简要介绍了在ANSYS软件中，对分析结果进行后处理的方法，包括通用后处理器（POST1）和时间历程后处理器（POST26）。对每种后处理的主要功能及具体操作进行了描述，同时给出了相关的操作实例。

6.1　后处理功能概述

后处理主要用于查看分析的结果。具体来说，后处理是指将有限元分析得到的数值结果表格化或可视化，从而帮助用户更方便、更有效地分析计算结果。比如，了解作用载荷如何影响设计、设计是否可行等。因此，后处理可能是分析中极为重要的环节，但ANSYS的后处理器仅是用于查看分析结果的工具，而对于分析结果的解释仍然依靠用户自身对工程的判断能力。

6.1.1　后处理器类型

检查分析结果可使用两个后处理器：通用后处理器（POST1）和时间历程后处理器（POST26）。POST1用于检查整个模型或模型的某一部分在某一特定时间点或频率针对某一载荷步或子步的结果。POST26用于检查模型中用户所指定点的分析结果与时间、频率或其他结果项的变化。

6.1.2　结果文件

在求解中，用户可使用OUTRES命令引导ANSYS求解器按指定时间间隔将分析结果写入结果文件中，结果文件的扩展名取决于分析类型。

（1）Jobname.RST：结构分析和耦合场分析。

（2）Jobname.RTH：热分析和diffusion分析。

（3）Jobname.RMG：电磁场分析。

（4）Jobname.RFL：FLOTRAN分析（流体分析的一种）。

对于非FLOTRAN分析的流体分析，文件扩展名为".RST"或".RTH"，这具体取决于是否给出结构的自由度。对不同的分析结果使用不同的文件标识有利于在耦合场分析中使用某个分析结果作为另一个分析的载荷。

6.1.3　后处理可用数据类型

后处理器处理的数据类型主要分为两种。

（1）基本数据。基本数据是指每个节点求解得到的自由度解。对于结构求解来说，基本数据通常是位移张量；其他类型的求解可能包括热求解的温度、磁场求解的磁势等。这些结果项称为节点解。

（2）派生数据。派生数据是指根据基本数据导出的结果数据，通常是计算每个单元的所有节点、所有积分点或质心上的派生数据。因此，它也称为单元解。不同的分析类型会有不同的单元解，例如结构求解的应力和应变、热求解的热梯度和热流量、磁场求解的磁通量等。

6.2 通用后处理

使用通用后处理器（POST1）可以检查整个模型或模型的某一部分在某一特定时间点或频率针对某一载荷步或子步的结果。

6.2.1 读取结果方式

用户使用通用后处理读取结果可以采用两种方式：其一，求解后当即读取结果；其二，用户已经完成求解并且已经保存，此时，用户可以在通用后处理中读入结果文件，然后进行其他后处理操作。

相关操作为：使用GUI，点击Main Menu，General Postproc，Data&File Opts，打开如图6.1所示的"Data and File Options"（数据和文件选项）对话框。此对话框主要包括两个选项：需读入的数据类型（Data to be read）和需读入的结果文件类型（Results file to be read）。

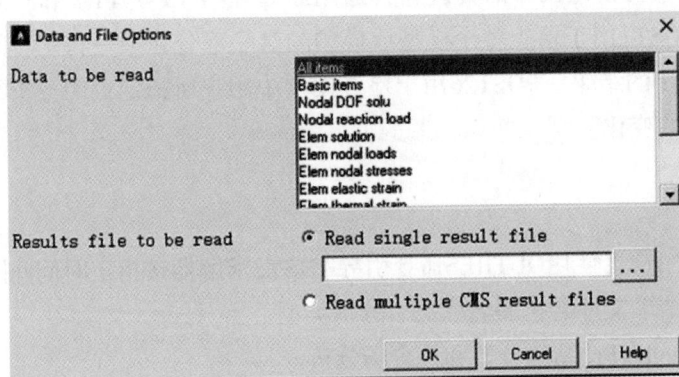

图6.1 数据和文件选项

6.2.2 查看结果汇总

用户可以通过以下路径查看结果汇总，包括模态分析中的固有频率和瞬态分析或非线性分析中的载荷步和子步。点击Main Menu，General Postproc，Results Summary，弹出图6.2所示的"SET.LISTCommand"（结果汇总）对话框。该对话框中包括数据列表号（SET）、时间/频率（TIME/FREO）列表、载荷步（LOAD STEP）列表、子步（SUBSTEP）列表和积累量（CUMULATIVE）列表。

6.2.3 读入结果的选择

图6.3为通用后处理中读入结果列表，用户使用读入结果列表可以进行以下操作。

```
 SET,LIST Command
 File
```

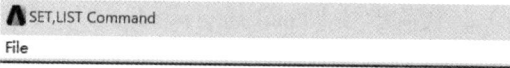

```
*****   INDEX OF DATA SETS ON RESULTS FILE  *****

 SET    TIME/FREQ    LOAD STEP    SUBSTEP    CUMULATI(
   1    3.1977           1           1           1
   2    3.7198           1           2           2
   3    6.3750           1           3           3
   4    12.844           1           4           4
   5    34.118           1           5           5
   6    40.242           1           6           6
   7    66.566           1           7           7
   8    86.357           1           8           8
   9    87.587           1           9           9
  10    127.82           1          10          10
```

图6.2　结果汇总

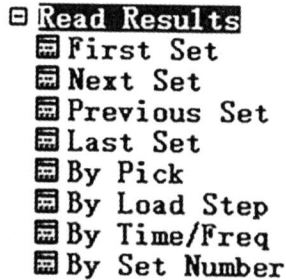

Read Results
First Set
Next Set
Previous Set
Last Set
By Pick
By Load Step
By Time/Freq
By Set Number

图6.3　读入结果列表

（1）读入结果汇总中的第一个结果。

GUI：Main Menu→General Postproc→Read Results→First Set。

（2）读入结果汇总中的下一个结果。

GUI：Main Menu→General Postproc→Read Results→Next Set。

（3）读入结果汇总中的前一个结果。

GUI：Main Menu→General Postproc→Read Results→Previous Set。

（4）读入结果汇总中的最后一个结果。

GUI：Main Menu→ General Postproc→Read Results→Last Set

（5）通过拾取选择结果汇总中的任意结果。

GUI：Main Menu→General Postproc→Read Results→By Pick。弹出如图6.4所示的"ResultsFile：file.rst"（结果文件显示）对话框，使用鼠标左键选择结果汇总中的任意子步结果，然后单击"Read"按钮。

（6）通过载荷步号读入结果。

GUI：Main Menu→General Postproc→Read Results→By load Step。弹出如图6.5所示的"Read Results by Load Number"（通过载荷步号读入结果）对话框。该对话框中包

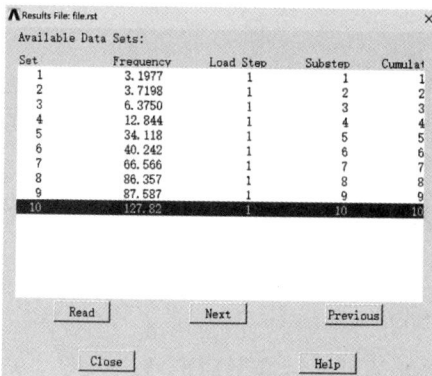

图6.4　结果文件显示

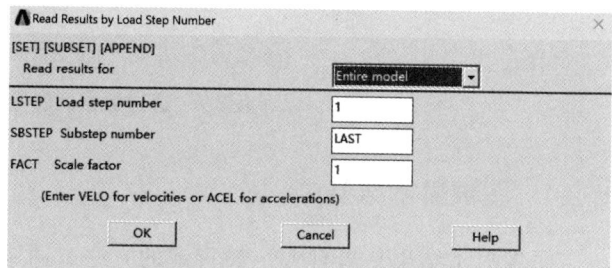

图6.5　通过载荷步号读入结果

括4个选项：读入结果来源（Read results for）、载荷步号（Load step number）、子步号（Substep number）和比例因子（Scale factor）。

（7）通过时间/频率读入结果。

GUI：Main Menu→General Postproc→Read Results→By Time/Freq。弹出如图6.6所示的"Read Results by Time or Frequency"（通过时间或频率读入结果）对话框，该对话框包括5个选项：读入结果来源（Read results for）、时间或频率点值（Value of time or freq）、读入时间点或靠近时间点的结果（Results at or near TIME）、比例因子（Scale factor）和圆周位置（Circumferential location）。

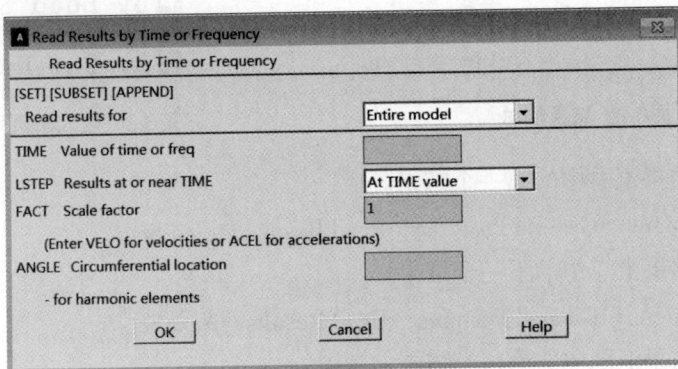

图6.6　通过时间或频率读入结果

（8）通过数据列表号读入结果。

GUI：Main Menu→General Postproc→Read Results→By Set Number。弹出如图6.7所示的"Read Results by Data Set Number"（通过数据列表号读入结果）对话框。该对话框包括4个选项：读入结果来源（Read results for）、数据列表号（Data set number）、比例因子（Scale factor）和圆周位置（Circumferential location）。

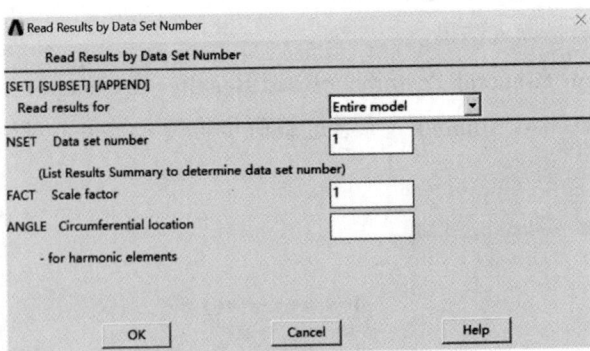

图6.7　通过数据列表号读入结果

6.2.4　图像显示结果

图像显示结果是最有效、最直观的方法。通用后处理可显示变形后形状、云图、矢量图及路径图等图像，如图6.8所示。

（1）图像显示模型变形形状。变形图绘制可通过Deformed Shape选项来完成，其主要用于可视化显示外载荷作用后结构的变形。弹出的对话框中有3个选项，如图6.9所示，可分别显示模型变形情况、同时显示模型变形和未变形前网格情况，并同时显示模型变形和未变形前边界情况。相关菜单路径为：Main Menu→General Postproc→Plot Results→Deformed Shape。

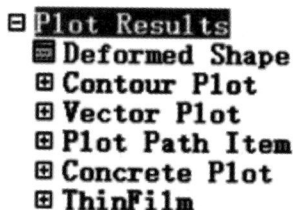

图6.8　图像显示选项

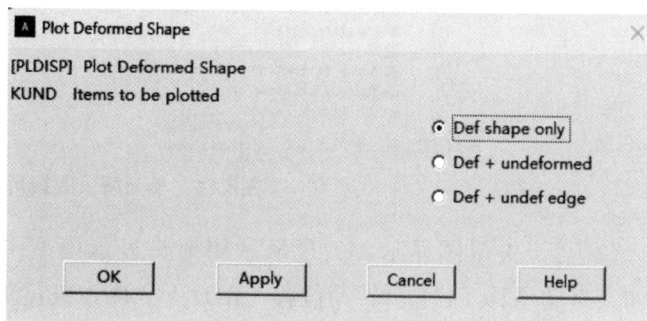

图6.9　变形图绘制

（2）云图显示。

① 节点解云图显示。GUI：Main Menu→General Postproc→Plot Results→Contour Plot→Nodal Solu。弹出图6.10所示的"Contour Nodal Solution Data"（节点解云图显示）对话框。用户通过该对话框可以选择云图显示的项目：节点自由度解（DOF Solution）、节点应力（Stress）、总机械应变（Total Mechanical Strain）、弹性应变（Elastic Strain）、塑性应变（Plastic Strain）等。此功能还可以通过PLNSOL命令实现，生成模型的云图。

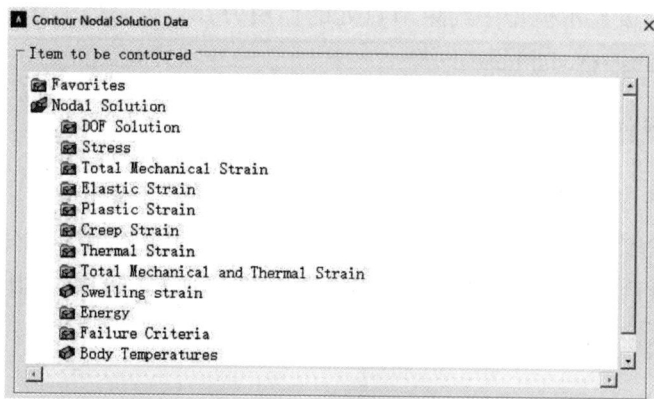

图6.10　节点解云图显示

② 单元解云图显示。GUI：Main Menu→General Postproc→Plot Results→Contour Plot→Element Solu。弹出如图6.11所示的"Contour Element Solution Data"（单元解云图显示）对话框。用户通过该对话框可以选择云图显示的项目：应力（Stress）、总机械应变（Total Mechanical Strain）、弹性应变（Elastic Strain）、塑性应变（Plastic Strain）等。此功能还可以通过PLESOL命令实现。

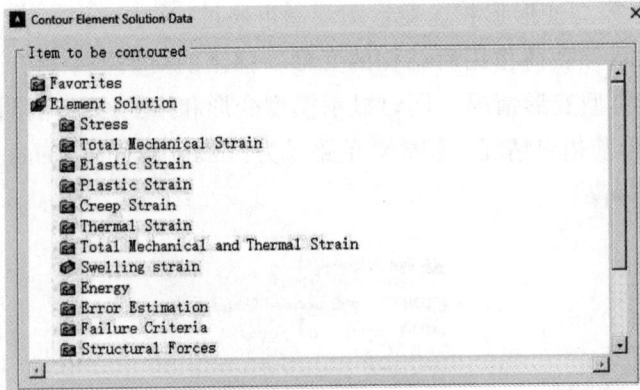

图6.11　单元解云图显示

（3）矢量图显示。矢量显示用箭头显示模型中某个矢量大小和方向的变化，例如，平动位移（U）、转动位移（ROT）、磁力矢量势（A）、磁通密度（B）、热通量（TF）、温度梯度（TG）、液流速度（V）、主应力（S）等。

6.2.5　列表显示结果

（1）列表显示节点求解数据。用户可用下列方法列出指定的节点求解数据原始解及派生解，菜单路径为Main Menu→General Postproc→List Results→Nodal Solution。

（2）列表显示单元求解数据。用户可用下列方法列出所选单元的指定结果，菜单路径为Main Menu→General Postproc→List Results→Element Solution。

（3）列表显示反作用载荷及作用载荷。用户可用下列方法列表显示模型中约束节点处的反作用力，菜单路径为Main Menu→General Postproc→List Results→Reaction Solu。用户可用下列方法列表显示模型中约束节点处的作用力，菜单路径为Main Menu→General Postproc→List Results→Nodal Loads。

6.2.6　后处理操作实例

这里以一个两边承受压力的中间带圆孔的矩形板为例，描述最常用的图形化显示结果的操作，着重介绍后处理中结果图形显示的GUI操作，其他操作以命令流形式给出。生成的有限元模型并施加约束和载荷后的模型如图6.12所示。求解后，利用POST1后处理图形化显示结果，具体描述如下。

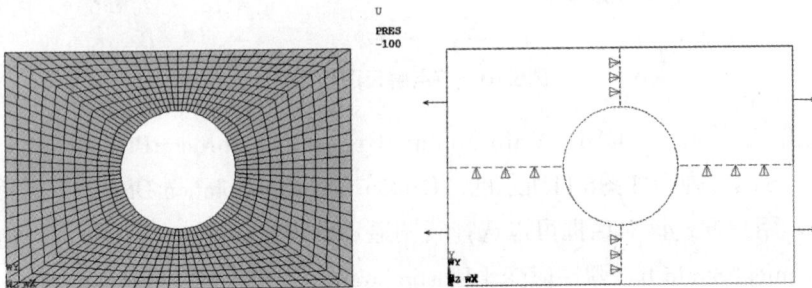

图6.12　带圆孔的矩形板有限元模型

（1）显示变形。点击实用菜单Utility Menu，PlotCtrls，Style，Floating Point Format，设置以浮点格式显示。再依次点击主菜单Main Menu，General Postproc，Plot Results，Deformed Shape，显示结构的变形形状，相关对话框及结果如图6.13所示。

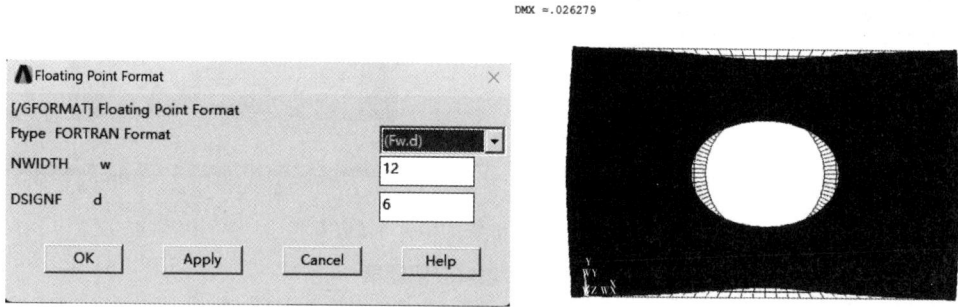

图6.13　变形结果

（2）云图方式显示节点解结果。点击主菜单Main Menu，General Pastproc，Plot Results，Contour Plot，Nodal Solu，依次选择Y方向的位移、X方向的应力、第一主应力、Von Mises等效应力，以等值线或云图的方式显示节点计算结果，如图6.14所示。

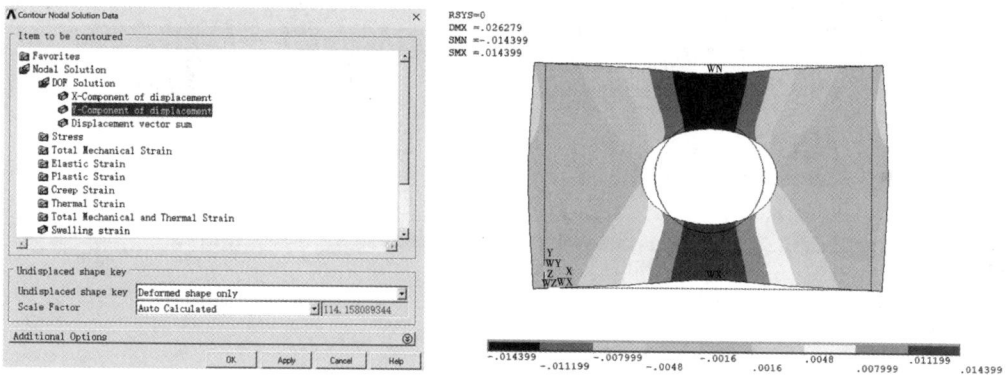

（a）Y方向的位移

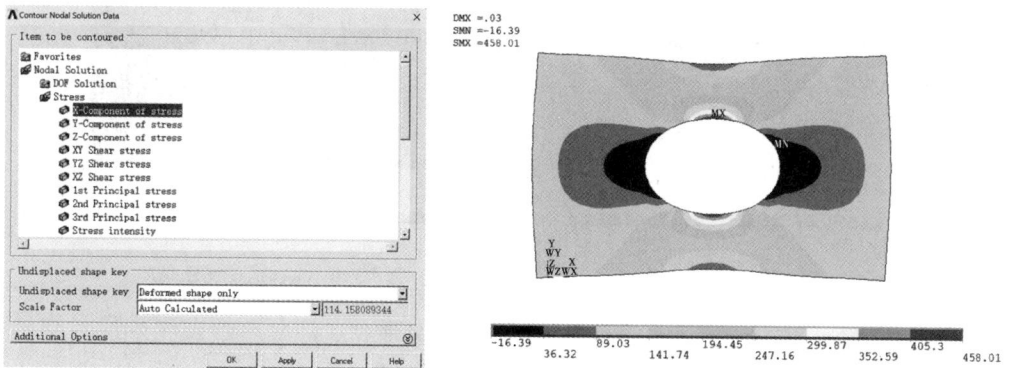

（b）X方向的应力

（c）第一主应力和 Von Mises 等效应力

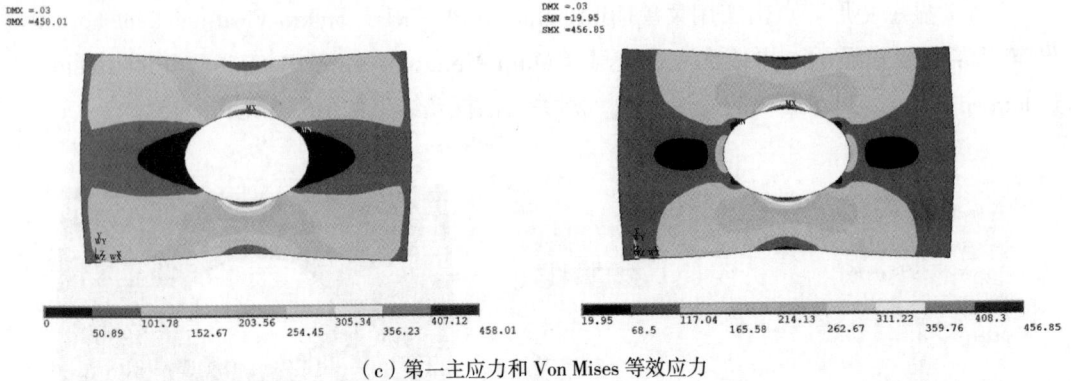

图6.14 节点解云图结果

（3）云图方式显示单元解结果。点击主菜单Main Menu，General Postproc，Plot Results，Contour Plot，ElementSolu，依次选择Y方向的位移、X方向的应力、第一主应力、Von Mises等效应力，以等值线或云图的方式显示单元的求解结果，如图6.15所示。

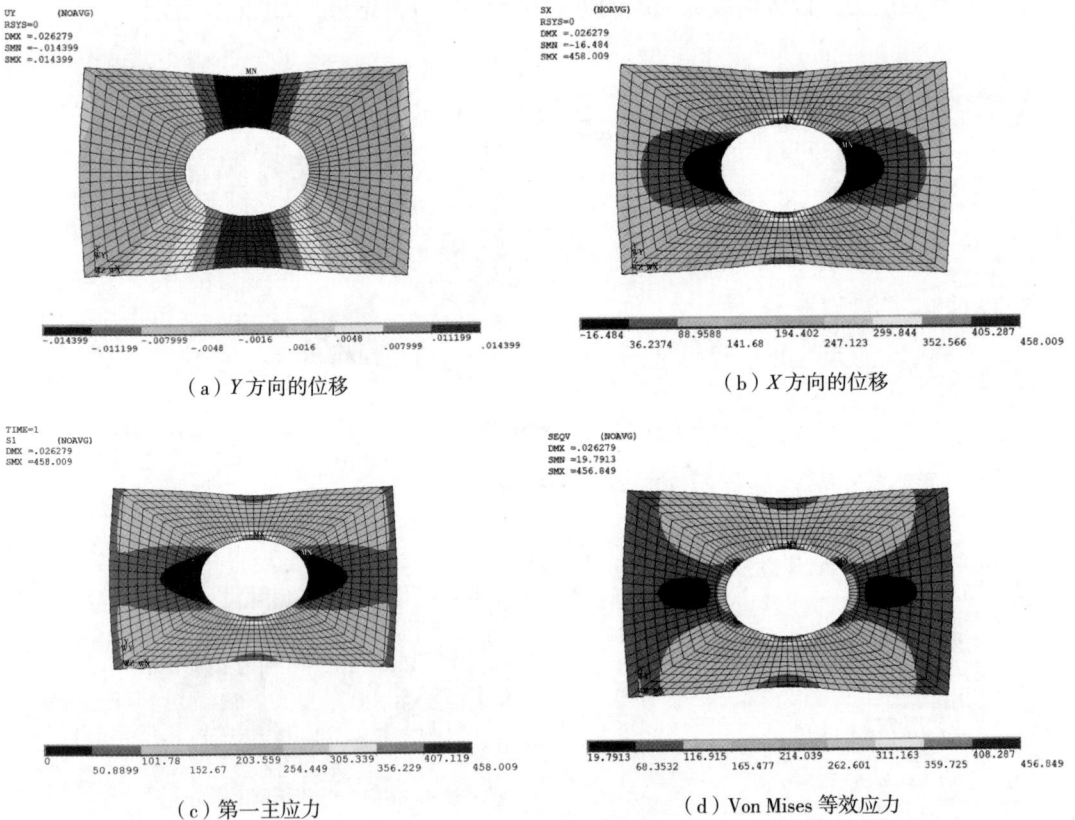

（a）Y方向的位移

（b）X方向的位移

（c）第一主应力

（d）Von Mises 等效应力

图6.15 单元解云图结果

（4）以矢量图方式显示结果。点击主菜单Main Menu，General Postproc，Plot Results，Vector Plot，Predefined，依次选择位移矢量和应力矢量，用矢量的方式显示位移和主应力结果，如图6.16所示。

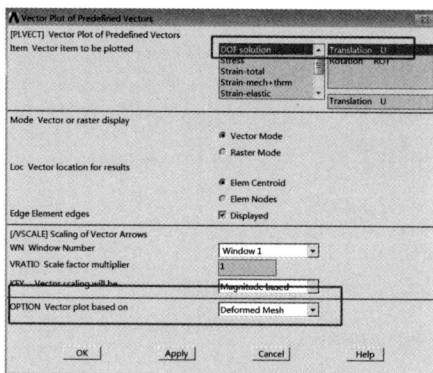

（a）定义位移的矢量图

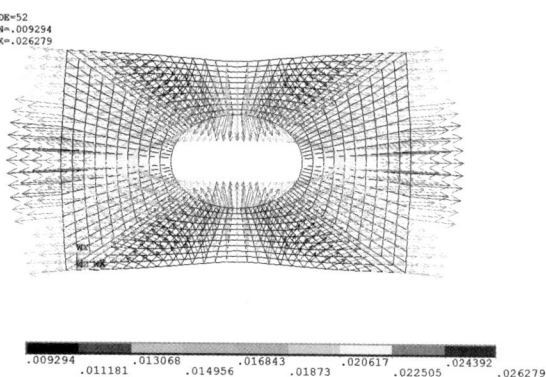

（b）平动位移

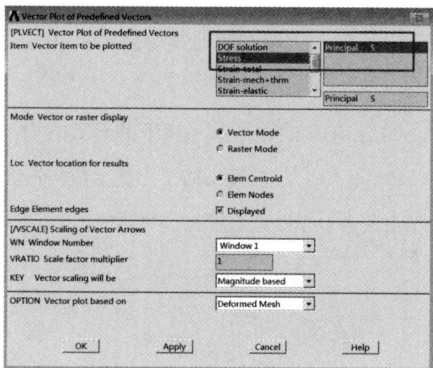

（c）定义应力的矢量图

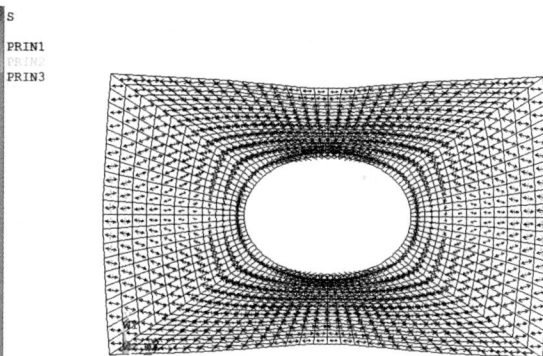

（d）主应力

图6.16　以矢量形式显示计算结果

涉及的命令流如下。

```
FINISH
/CLEAR
/PREP7
ET,1,PLANE82
MP,EX,1,2.1E5
MP,PRXY,1,0.3
BLC4,,,60,40
CYL4,30,20,10
ASBA,1,2
WPROTA,,90    !绕X轴将工作平面旋转90度
WPOFF,,,-20    !沿Z轴偏移工作平面
ASBW,ALL
WPOFF,30
WPROTA,,,90
ASBW,ALL
```

```
WPCSYS,-1
LCCAT,14,15  !由多条线连成一条连接线,以便
于面的映射网格划分
LCCAT,9,16
LCCAT,2,13
LCCAT,10,18
ESIZE,2
MSHAPE,0,2D  !指定划分单元的形状,对于面2D,0表
示划分为四边形单元,1表示划分为三角形单元
MSHKEY,1    !0为自由网格划分,1为映射网格划
分AMESH,ALL    !划分面网格
LSEL,S,LOC,X,0
LSEL,A,LOC,X,60
SFL,ALL,PRES,-100   !在一个面的线上施加面
载荷(压力)
```

113

```
LSEL,S,LOC,X,30                              PLNSOL,U,Y,2
DL,ALL,,UX   !在线上施加约束               /GFORMAT,F,15,2
LSEL,S,LOC,Y,20                              PLNSOL,S,X   !以节点解形式绘制X方向的应力
DL,ALL,,UY                                   PLNSOL,S,1
ALLSEL                                       PLNSOL,S,EQV
FINISH                                       /GFORMAT,E,12,6   !改成科学记数法,显示小数
/SOLU                                        点后6位
SOLVE                                        PLNSOL,EPEL,X
/POST1                                       /GFORMAT,DEFA
/EFACET,2   !对POWERGRAPHIC显示时,指定每     PLESOL,U,Y
个单元边界的面号,设置单元边界分段数,对曲线    PLESOL,S,X   !以单元解形式绘制X方向的应力
边界显示得更加精细                            PLESOL,S,1
/GFORMAT,F,15,6   !设置图形中数字的格式为      PLESOL,S,EQV   !显示单元解下的等效应力
F15.6,6表示小数点后取6位                      PLVECT,U,,,,VECT,ELEM,OFF,1   !显示位移矢量
PLDISP,1                                     PLVECT,S,,,,VECT,ELEM,OFF,1   !显示应力矢量图
```

6.3　时间历程后处理

时间历程后处理器（POST26）可用于检查模型中指定点的分析结果与时间、频率等的函数关系。其具备多种分析能力，可实现从简单的图形显示和列表到诸如微分和响应频谱生成。POST26的典型用途是在瞬态分析中以图像表示结果项与时间的关系或在非线性分析中以图像表示作用力与变形的关系。

6.3.1　时间历程变量观察器

时间历程变量观察器是该后处理的主要操作对话框，依次点击主菜单MainMenu，TimeHist PostPro可打开时间历程变量观察器，如图6.17所示。以下对对话框中的各部分做简要介绍。

（1）工具栏。图6.17中的编号1对应工具栏，利用工具栏可控制大多数时间历程后处理操作，工具栏各按钮的具体功能如下。

① Add Data：打开Add Time-History Variable对话框。

② Delete Data：从变量列表中删除选定的变量。

③ Graph Data：由预先定义的属性，拟合有10个变量的曲线。

④ List Data：生成数据列表，最多可包括6个变量。

⑤ Properties：定义选定的变量和全局的某些属性。

⑥ Import Data：打开对话框，将信息输入变量空间。

⑦ Export Data：打开对话框，将数据输出到文件和APDL数据数组。

⑧ OverlayData：在下拉菜单中选择用于图形覆盖的数据。

⑨ Results to View：在下拉菜单中选择复杂数据的输出格式。

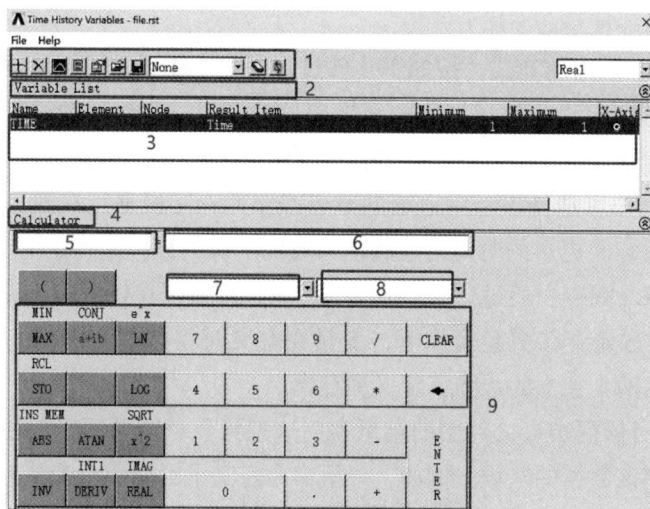

图6.17　时间历程变量观察器

（2）显示/隐藏变量列表。图6.17中的编号2为显示/隐藏变量列表，为了暂时缩减观察器的尺寸大小，可单击该工具栏的任何位置以隐藏变量列表。

（3）变量列表。图6.17中的编号3为变量列表，该区域显示预定义的时间历程变量，用户可以从该列表中选择数据来进行处理。

（4）显示/隐藏计算器。图6.17中的编号4为显示/隐藏计算器，为了暂时缩减观察器的尺寸大小，可单击该工具栏的任何位置以隐藏计算器。

（5）变量名输入区域。图6.17中的编号5为变量名输入区域，在该区域对用户想创建的派生变量命名。

（6）表达式输入区域。图6.17中的编号6为表达式输入区域，在该区域输入定义派生变量的表达式。

（7）APDL变量下拉菜单。图6.17中的编号7为APDL变量下拉菜单，在输入表达式时，使用该菜单选择预定义的APDL变量。

（8）时间历程变量下拉菜单。图6.17中的编号8为时间历程变量下拉菜单，在输入表达式时，使用该菜单选择已存储的变量。

（9）计算器区域。图6.17中的编号9为计算器区域，用户在输入表达式时，可以通过计算器加入标准的数学操作符及调用函数，只需单击按钮，就可把函数加入表达式中。单击"INV"按钮，可转换某些按钮的函数表示。许多函数调用在需要时，会自动加上括号。

6.3.2　定义变量

POST26的所有操作都是针对变量而言的，是结果项与时间（或频率）之间关系的表示。结果项可以是节点处的UX位移、单元的热流量、节点处产生的力、单元的应力等。用户对每个变量可以任意指定大于等于2的参考号，参考号1用于时间（或频率）。因此，POST26的第一步是定义所需的变量，第二步是存储变量。定义变量的方式有两种：

一种是交互式，另一种是命令流方式。

（1）交互式。采用交互式，按如下步骤进行操作：①单击"Add Data"按钮，利用其中的结果项目框所提供的树形结构的结果项目选择用户要添加的结果类型；②对选定的结果项指定一个名字，并附加有用的信息；③如果需要一个实体信息，则将出现一个拾取窗口，以便用户可选择模型中适当的节点或单元；④根据用户所选择的结果变量类型，用户可能需要定义更多的时间历程属性，时间历程信息包括特定的变量信息、X轴向数据定义和数据定义列表，通过"properties"按钮，用户可在任意时刻编辑以上信息。

（2）命令流方式。在交互模式下，变量在定义时将被自动存储。而在命令行模式下，完成该过程需两个独立的步骤：定义和存储。

① 定义变量时依据结果文件中的结果项，这意味着对结果项建立相应的指针，并创建标签来表示存储该数据的区域。例如，以下命令定义了时间历程变量2，3，4。

NSOL，2，357，U，X，UX_at_node_357

ESOL，3，219，47，EPEL，X，Elastic_Strain

ANSOL，4，101，S，X，Avtg_Stress_101

变量2为节点357的UX位移，变量3为单元219的47节点的弹性约束的X分力，变量4为101节点的X方向的平均应变。

② 存储数据（使用STORE命令）。存储数据意味着从结果文件中读取数据并将它写入数据库中。除STORE命令外，若使用显示命令（PLVAR，PRVAR）或者时间历程数据操作命令（ADD，OUOT等），程序将自动存储数据。

6.3.3　图形化显示变量结果

在定义变量后，用户可通过点击Main Menu，TimeHist Postpro，Graph Variables调出对话框，如图6.18所示，一个图框中可显示多达9个变量的图形。默认的横坐标（X轴）

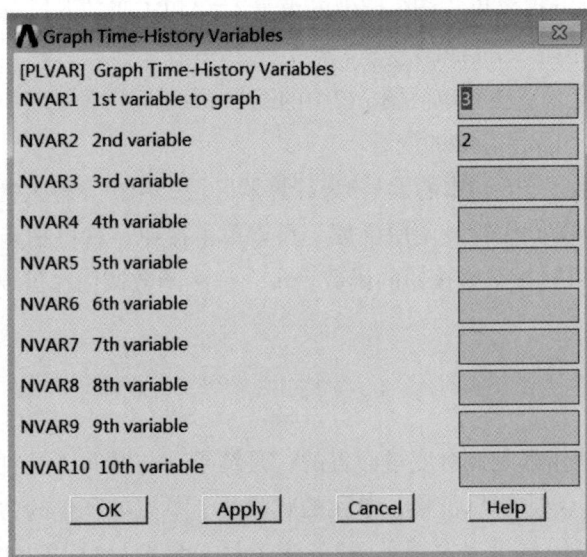

图6.18　绘制变量的选择

为变量1，静态或瞬态分析时表示时间，谐波分析时表示频率。在图6.18的文本框中输入所定义的变量编号，单击"OK"按钮，则图形窗口中将出现曲线图（图6.21就是变量的图形化显示）。

6.3.4 时间历程后处理操作实例

这里以一个大角度非线性单摆的运动分析为例，描述其时间历程后处理操作过程。生成有限元模型并施加约束，如图6.19所示。利用POST26对其进行时间历程后处理。

（1）定义变量。在主菜单上依次点击Main Menu，TimeHist Postpro，Define Variables，从结果文件中取出节点数据，并赋给定义的变量，提取节点2的X和Y方向的位移赋值给变量2和3，如图6.20所示。

（2）图形化显示结果。依次点击主菜单Main Menu，TimeHist Postpro，Graph Variables，用图形方式显示变量2和3，如图6.21所示。

图6.19 大角度非线性单摆有限元模型

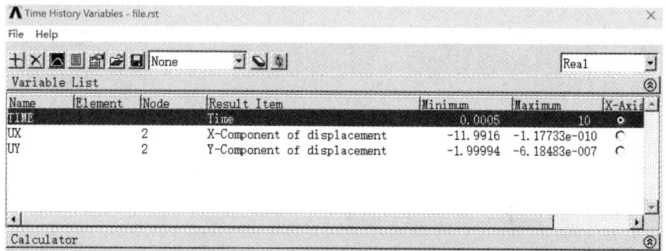

图6.20 时间历程后处理界面

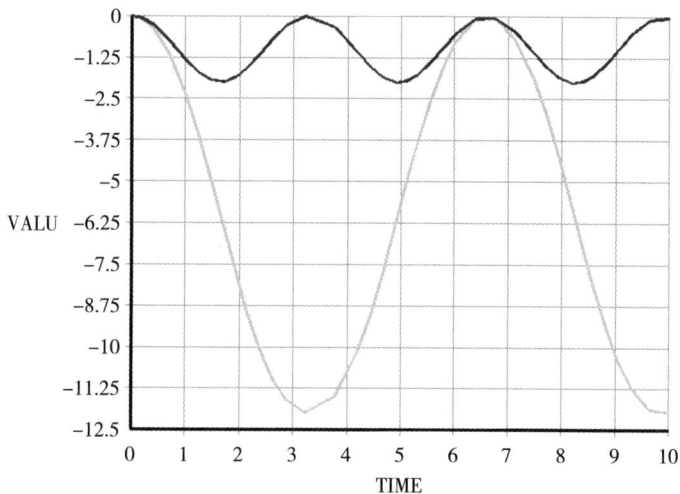

图6.21 变形结果

本实例的相关命令流如下。

```
FINISH
/CLEAR
/PREP7
PI=ACOS(−1)
G=9.8
ET,1,LINK8
ET,2,MASS21,,,4    !以集中质量点单元模拟摆球
R,1,PI*1E−6    !定义一个实常数
R,2,10
MP,EX,1,2E11
N,1
N,2,6,−8
E,1,2
TYPE,2
REAL,2    !选择实常数
E,2
D,1,ALL    !在单摆一端施加全约束
FINISH
/SOLU
ANTYPE,TRANS
NLGEOM,ON    !考虑大变形
```

```
OUTRES,ALL,ALL
ACEL,,G    !考虑重力的影响了
KBC,1
TIME,0.001
NSUBST,2
LSWRITE,1    !写载荷和载荷步信息数据到指定的
文件
TIME,10
NSUBST,50
AUTOTS,ON    !指定使用自动时间步长跟踪
LSWRITE,2
LSSOLVE,1,2,1    !读入并求解多个载荷步
FINISH

/POST26
NSOL,2,2,U,X    !将节点2的UX方向的位移赋值
给变量2
NSOL,3,2,U,Y    !将节点2的UY方向的位移赋值
给变量3
PLVAR,2,3    !用图形方式显示变量
```

6.4 本章小结

分析问题的最后一步工作是进行后处理，ANSYS有两个后处理器：通用后处理器和时间历程后处理器。其中通用后处器（POST1）只能观看在某一时刻的结果，时间历程后处理器（POST26）可以观看在不同时间的结果。ANSYS后处理部分为工程人员提供了丰富的工具和视觉化能力，以有效分析、解释和利用仿真数据，从而支持更好的设计、决策和创新。

第2篇
结构静力学分析

第7章　结构静力学分析的基本概念

在产品研发过程中对结构进行静力学分析有着明确的需求，例如，可以通过静力学分析评判结构的刚度及强度是否满足设计准则。本章主要介绍结构静力学分析的基本概念、利用有限元进行静力学分析的基本原理以及静力学分析在工程上的应用。需要说明，本章并不描述结构静力学分析具体操作方法，而是让读者清楚静力学分析的一般概念。

7.1　静力学分析简介

静力学分析是指计算结构在固定不变载荷作用下结构的响应，结果主要包括位移（变形）、应力、应变和支反力等。在结构设计过程中，变形及应力是最重要的静力学参数，变形对应刚度准则，应力对应强度准则。需要说明的是，这种固定不变的载荷是一种假定，即假定载荷随时间变化非常缓慢，而近似于恒定。在静力学分析中，可能施加的载荷包括固定的集中力、静压力（面力）和体积力（重力、离心力等）。

静力学分析可以是线性的也可以是非线性的。线性静力学分析包含两方面含义：一方面，材料是线性的，其应力与应变关系为线性，变形是可恢复的；另一方面，结构发生的是小位移、小应变、小转动，结构的刚性不因变形而变化（计算获得的应力与变形线性相关）。非线性静力学分析包括所有类型的非线性，例如大变形、塑性、蠕变、应力刚化、接触单元、超弹性单元等。

7.2　静力学分析的基本原理

本节主要描述利用有限元法进行静力学分析的基本原理，这些原理性描述对于后续理解利用ANSYS对结构进行静力学分析具有重要的参考价值，主要包含静力学分析的基本方程、基本方程的形成过程及求解方法、刚度准则、强度失效判定准则等。

（1）静力学分析的基本方程。在进行有限元求解时最终针对的是有限元方程，即通过有限元原理（例如单元分析、单元组集、约束及载荷的引入等）将工程问题完全转化为一个数学问题，形成线性方程：

$$\boldsymbol{K\delta=F}$$

（7.1）

式（7.1）中，$\boldsymbol{K}$——结构的总刚度矩阵；

　　　　　$\boldsymbol{\delta}$——节点位移向量；

　　　　　$\boldsymbol{F}$——节点载荷向量。

这个方程的维数完全由节点自由度数和节点数来决定，例如，系统中共有n个节点，每个节点的自由度数是d，则系统总的维数N的计算式为（这里假定的是系统中仅有一种单元）

$$N=dn \qquad\qquad (7.2)$$

可见单元的数量越多（节点的数量多）且单元阶次越高（自由度数多），则式（7.1）的维数越大。在上述有限元分析中待求的未知数是节点的位移向量δ，求得节点位移向量后，有限元计算就结束了，后续应变、应力、支反力等，完全是在后处理环节获得的。由式（7.1）也可知，静力学分析不涉及质量，因此不必输入材料的密度（若考虑惯性力，则仍需要输入材料的密度）。

（2）基本方程的形成过程及求解原理。ANSYS是一个强大的工程软件，用户通常不需要明确其后台是如何计算的，但能理解运算过程，对于参数设置及评价结果的合理性还是非常重要的。图7.1描述了基于ANSYS平台用户操作与基于有限元原理的计算两者的对应关系，可用此图解释式（7.1）有限元方程的形成过程。首先，用户通过ANSYS前处理模块最终完成了单元的定义、材料的选择、创建几何模型及分网等，这些实际上是为后台有限元计算程序提供基本的参数输入，例如单元有几个节点，每个节点有几个自由度，所有节点的编号，对应每个单元的节点编号等，这些都是后续形成式（7.1）中总刚度矩阵K的重要参数。其次，用户通过ANSYS求解模块对结构施加边界条件、外载荷及进行求解，上述操作对应ANSYS后台有限元计算程序复杂的运算过程，包括：通过单元分析获得单元的刚度矩阵，通过单元的节点编号形成总刚度矩阵，获得载荷列向量，引入边界条件修正原总刚度矩阵的奇异性，对消除奇异性的方程组进行求解，最终得到节点的位移列向量。最后，用户通过后处理模块显示静力学分析获得的位移（变形）、应变及应力等。后台的有限元程序也有与此相对应的计算过程：节点位移向量不需要计算，可直接输出，为了得到应变及应力值，分别需要利用几何方程及物理方程完成相关计算。

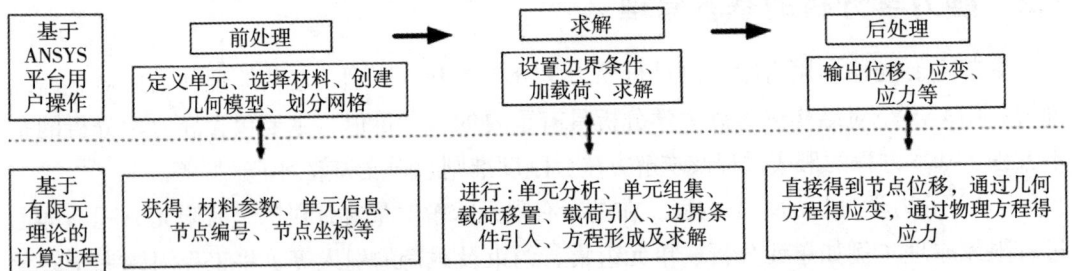

图7.1　基于ANSYS平台用户操作与基于有限元原理的计算两者的对应关系图

对于线弹性静力学问题，式（7.1）是一个线性方程组，可按线性代数相关知识进行求解，可选用的方法包括高斯消去法、三角分解法等。当然，这些复杂的求解过程都是在ANSYS后台进行的。

（3）刚度准则。利用ANSYS平台对结构进行静力学分析的结果最终还是要用于指导结构的设计。一些结构更加关注在外载荷作用下变形带来的负面影响，因而需要用计算获得的变形量按照刚度准则的原理考核当前结构设计是否合理。刚度准则可表达为

$$y_{\max} \leqslant [y] \tag{7.3}$$

式（7.3）中，$y_{\max}$——最大变形量；

$\quad\quad\quad$[y]——许用变形量。

表述为外载荷作用下的最大变形应该小于等于许用变形。

最典型的需要按照刚度准则进行设计的结构是机床及其相关零部件，需要通过控制机床结构的变形量以减少加工零件时产生的误差。此外，飞机的机翼及卫星的太阳翼等也需要按刚度准则来控制变形量以提升装备的性能。

（4）强度失效准则。相较于刚度准则，大多机械装备按强度准则进行设计，而且强度准则要优先应用于刚度准则以确保结构不发生损坏。常用的强度准则包含最大主应力准则、最大剪应力准则（也称Tresca准则）和最大变形能准则（也称von Mises准则），这些准则均与主应力相关。由于最大主应力准则、最大剪应力准则通常与材料是塑性还是脆性相关，因而最常使用的准则为最大变形能准则。最大变形能准则需要计算von Mises应力，可表达为

$$\sigma_{\text{vonMises}} = \sqrt{0.5[(\sigma_1-\sigma_2)^2+(\sigma_2-\sigma_3)^2+(\sigma_3-\sigma_1)^2]} \tag{7.4}$$

式（7.4）中，σ_1，σ_2，σ_3——第一、二、三主应力。

ANSYS在后处理模块中可提取所有主应力及von Mises应力。最大变形能准则可表示为

$$\sigma_{\text{vonMises}} \geqslant S_y \tag{7.5}$$

即von Mises应力大于材料极限时发生失效。当然，实际的工程应用还应该考虑安全系数。

7.3　静力学分析的工程应用

静力学分析在工程上应用广泛，一些机械产品在研发过程中已经把对结构进行静力学分析并判断刚度及强度是否满足要求作为一个关键步骤，并成立CAE事业部专门完成这项工作。以下列举一些基于ANSYS平台完成机械结构静力学分析的实例，以进一步使读者明确静力学分析的价值。

7.3.1　龙门式加工中心静力学分析

图7.2为某龙门式加工中心，可实现五轴联动，加工叶轮及叶盘等复杂零件，其在研发过程中，借助ANSYS平台进行了静力学分析，通过改进结构设计提高了机床结构系统的刚度。例如，表7.1给出了机床两种结构方案静力学分析对比结果。在静力学分析时，设定的同样的切削力，并考虑重力影响。

相比方案1，方案2主要对床身、立柱、横梁、滑板等主要大件的结构和筋板布置做了改进，最终方案2结构静刚度比方案1有所提高。具体对比如下：方案1结构最大静力变形为0.0889 mm，刀尖位移为0.0815 mm；方案2结构最大静力变形为0.0544 mm，刀尖位移为0.0459 mm。

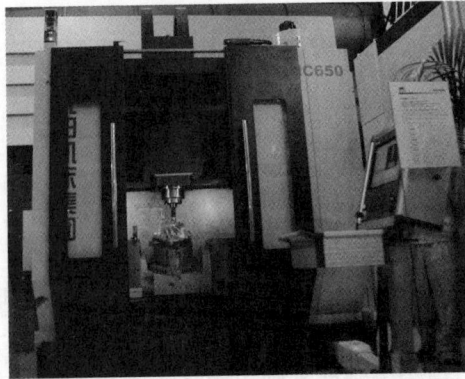

图7.2　某龙门式加工中心

表7.1　对应两种方案的机床结构静力学分析

项目	方案1	方案2
有限元模型		
静变形		

7.3.2　液压支架静力学分析

液压支架是煤矿开采过程中重要的安全支护设备之一，其安全性和可靠性对于煤矿安全开采至关重要，为保证其结构安全，在设计阶段均需进行结构强度校核。由于液压支架结构及载荷复杂，很难通过材料力学方法开展强度校核，而采用"数值近似"和

"离散化"思想的有限元方法，不仅精度高，而且能适应各种各样复杂形状，因而成为液压支架强度计算行之有效的分析方法。以下简要描述设计人员对某典型液压支架静强度的校核过程。

图7.3为某典型煤矿用液压支架，由液压缸（立柱、平衡液压缸）、承载结构件（顶梁、掩护梁和底座等）、推移装置、控制系统和其他辅助装置等组成。

基于ANSYS平台对其进行有限元建模（图7.4），分析其在顶梁偏心加载作用下的静变形（图7.5）及振动应力（图7.6）。通过分析可知最大变形为0.0017248 m（1.7248 mm），最大应力出现在柱窝旁边，具体值为566.29 MPa。获得的上述数据可供设计人员评判刚度及强度是否满足要求，如不满足要求则需结构改进，并进一步进行静力学分析。

图7.3　为某典型煤矿用液压支架

图7.4　液压支架有限元模型

图7.5　变形云图

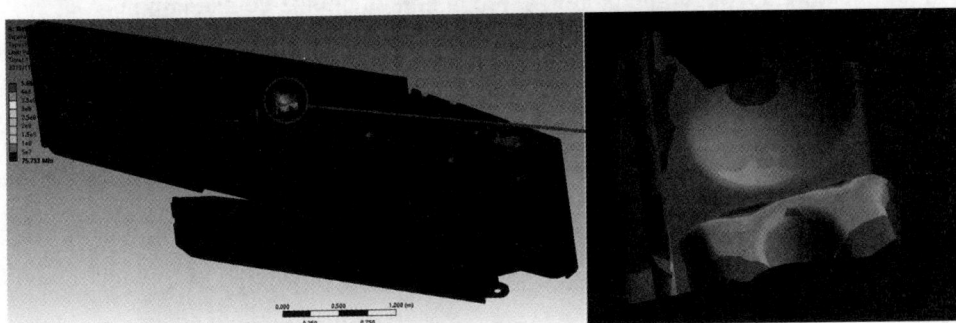

图7.6　应力云图

7.4　本章小结

本章简要描述了结构静力学分析的基本概念，进一步给出了静力学分析的原理，着重描述了基于ANSYS进行静力学分析的流程与按有限元求解两者的对应关系。最后，以龙门式加工中心和液压支架为例，描述了静力学分析在工程上的应用。

第8章 平面问题分析实例

本章主要介绍利用ANSYS软件进行平面问题分析的方法。所谓平面问题，是指特定的结构在一些受力状态下可将原来的空间结构简化为一个平面来进行简化分析的一类问题，包含平面应力和平面应变。这里将在介绍平面问题概念的基础上，以典型结构为例，分别采用GUI及命令流的方式对其进行静力学求解，同时将讨论分析过程参数（包括单元参数设置、载荷加载方式和有限元网格大小等）、结构自身的参数（材料、圆孔半径和位置等）变化对分析结果的影响。

8.1 平面应力状态下结构的静力学分析

通常，若一个结构是三维空间结构，则它具有三维应力状态，每个点需用6个应力分量来描述，即$\sigma=\{\sigma_x \ \sigma_y \ \sigma_z \ \tau_{xy} \ \tau_{yz} \ \tau_{zx}\}^T$。如图8.1，当结构外载荷（包括面力、体积力等）都与厚度方向垂直且沿厚度方向没有变化时，结构的受力状态可以用一个平面来描述，定义为平面应力问题，而此时每个点用3个应力分量来描述，即$\sigma=\{\sigma_x \ \sigma_y \ \tau_{xy}\}^T$。由于自由度的减少，按平面应力问题分析一个结构将比按空间结构分析具有更高的效率，同时能保证分析精度。本节将以一个带孔的矩形板结构为例，描述对平面应力问题进行静力学分析的方法。

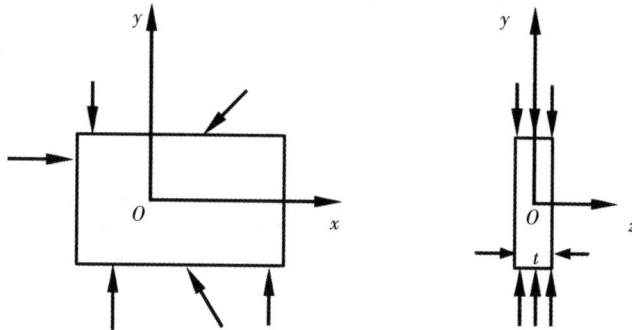

图8.1 平面应力问题模型

8.1.1 问题描述

图8.2为带有中心孔的处于平面应力状态下的平板结构，板长度（L）为200 mm，宽度（H）为80 mm，厚度（t）为500 mm，圆孔的半径（R）为20 mm，并且圆孔位于平板的中心部位。板在左端固定，右端承受的均布载荷（F）为8 N/m^2。材料的弹性模量（E）为189 GPa，泊松比（v）为0.28。试通过ANSYS软件求该矩形板结构处于平面应力状态时在外载荷作用下的变形及应力分布。

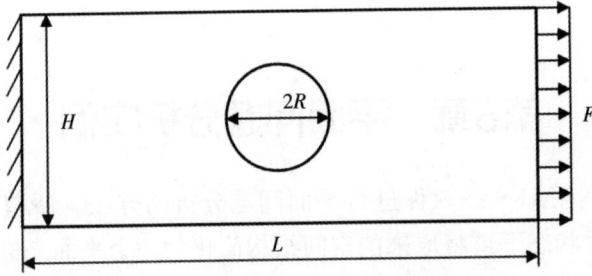

图8.2　处于平面应力状态下的平板结构

8.1.2　基于GUI的求解过程

以下按照第1篇介绍的ANSYS基本操作技巧，通过GUI方式完成上述处于平面应力状态下的平板结构的静力学分析。关于设定工作目录、项目名称以及指定分析范畴为"Structural"，这里不再赘述，重点介绍针对本实例的具体操作。

（1）选择单元及基本参数设定。在主菜单上分别点击Main Menu，Preprocessor，Element Type，Add/Edit/Delete，弹出单元选择框，选择所需单元类型。这里选择"Solid"单元中的"Quad 4 node 182"单元（PLANE182单元，该单元有4个节点，每个节点两个自由度），如图8.3所示，点击"OK"按钮后关闭界面。

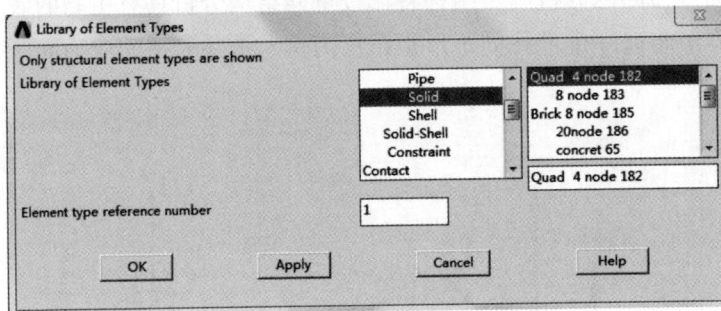

图8.3　单元选择

接下来定义单元的类型，选择"PLANE182"单元，并点击"Options"选项，弹出单元类型选择对话框，见图8.4，在"Element behavior"处选择"Plane strs w/thk"（可以输

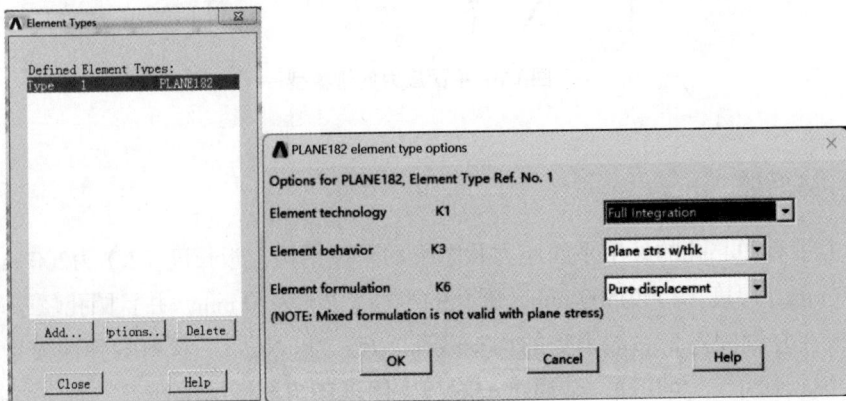

图8.4　单元参数设置

入厚度的平面应力单元）。

最后，通过实常数设置平板的厚度。点击Main Menu，Preprocessor，Real Constraints，Add/Edit/Delete，弹出定义实常数对话框，点击"Add"，选择刚定义的"Type 1 PLANE182"单元，点击"OK"按钮后弹出对话框，在厚度处输入0.5。相关操作见图8.5。

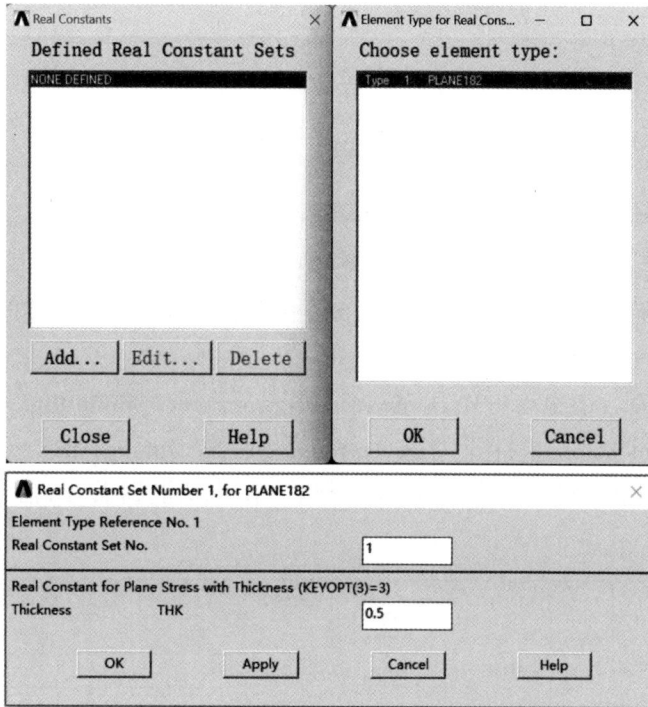

图8.5 通过实常数设置单元的厚度

（2）定义材料属性。参见第2篇第7章，在静力学分析时只需要输入材料的杨氏模量及泊松比。通过主菜单依次点击Main Menu，Preprocessor，Material Props，Material Models，弹出材料参数定义对话框，如图8.6所示。

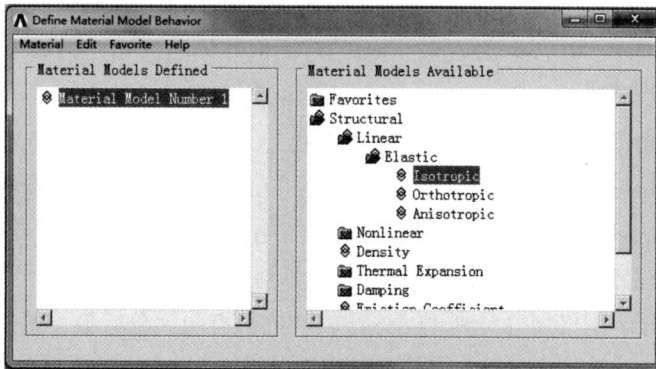

图8.6 材料参数定义1

依次点击Structural，Linear，Elastic，Isotropic，展开材料属性的树形结构，在弹出的属性对话框中填入8.1.1给定的材料杨氏模量和泊松比的数值，如图8.7所示，点击"OK"按钮，完成填写。

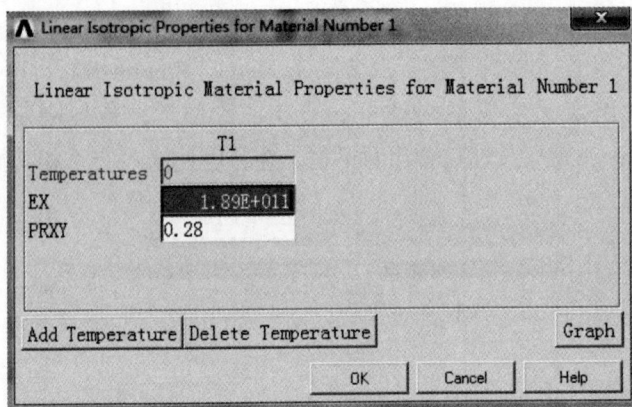

图8.7 材料参数定义2

（3）创建几何模型。接下来利用自顶向下的建模法完成8.1.1描述的带孔矩形板的几何建模，具体建模过程包含以下3个步骤。

① 创建矩形面。依次点击Main Menu，Preprocessor，Modeling，Create，Areas，Rectangle，By Dimensions，打开"Create Rectangle by Dimensions"（通过尺寸创建矩形）对话框并依照已知尺寸填入参数，见图8.8，图中从上到下为X轴起始坐标、Y轴起始坐标。

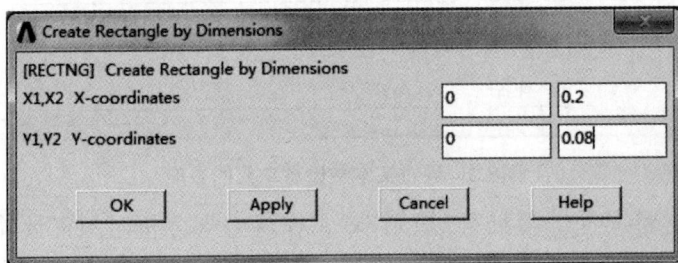

图8.8 矩形面尺寸参数输入

② 创建圆形面。依次点击Main Menu，Preprocessor，Modeling，Create，Areas，Circle，Annulus，打开"Create Circular Area"对话框并依照已知要求填入参数，见图8.9，图中"X""Y"表示圆心坐标，"Rad-1"表示圆的半径。

③ 进行布尔操作。从面1（矩形面）减去面2（圆面），得到带孔矩形面。依次点击Main Menu，Preprocessor，Operate，Booleans，Subtract，Areas，弹出布尔操作对话框，选择面1，点击"Apply"按钮，再选择面2，点击"Apply"按钮，最后点击"OK"按钮。相关操作对话框及最终生成带孔矩形面几何模型见图8.10。

（4）网格划分。网格划分是利用ANSYS软件进行有限元分析最关键的步骤，以下利用选择的"PLANE182"单元并采用自由分网技术对带孔矩形面进行网格划分。

① 启动网格划分工具MeshTool并进行单元尺寸设置：依次点击Main Menu，Preprocessor，Meshing，MeshTool，弹出网格划分工具对话框。进行网格尺寸控制，在"Size Controls"栏内点击"Global"附近的"Set"按钮，在弹出的对话框中的"SIZE"设置为0.005，点击"OK"按钮，完成单元尺寸设置。相关操作见图8.11。

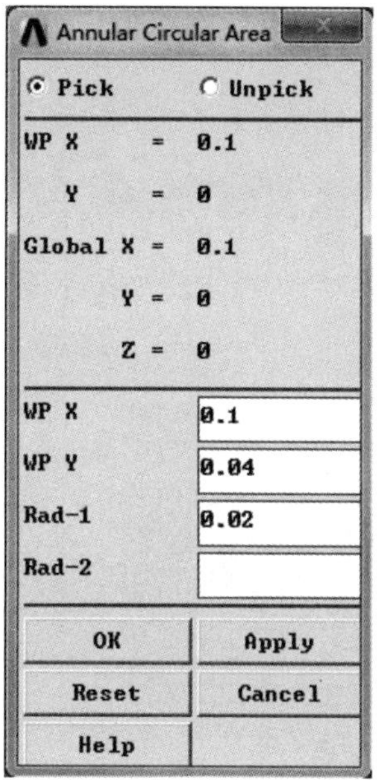

图8.9 圆形面尺寸参数输入

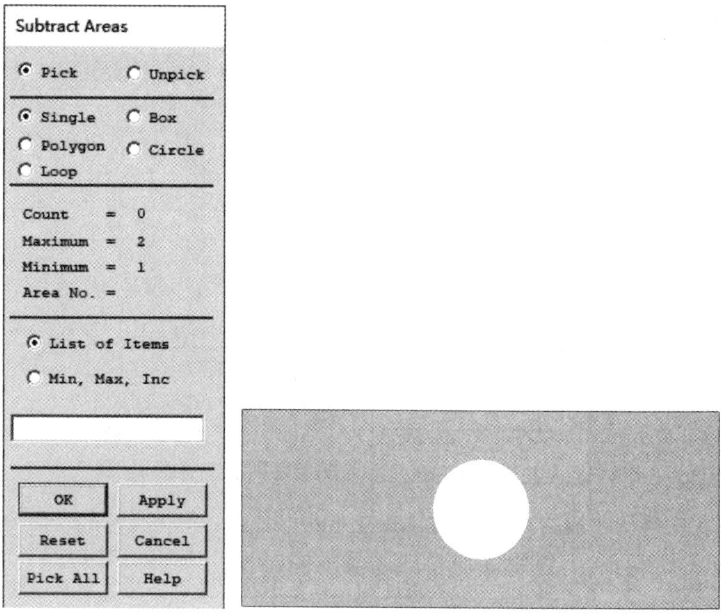

图8.10 布尔操作对话框及生成的几何模型

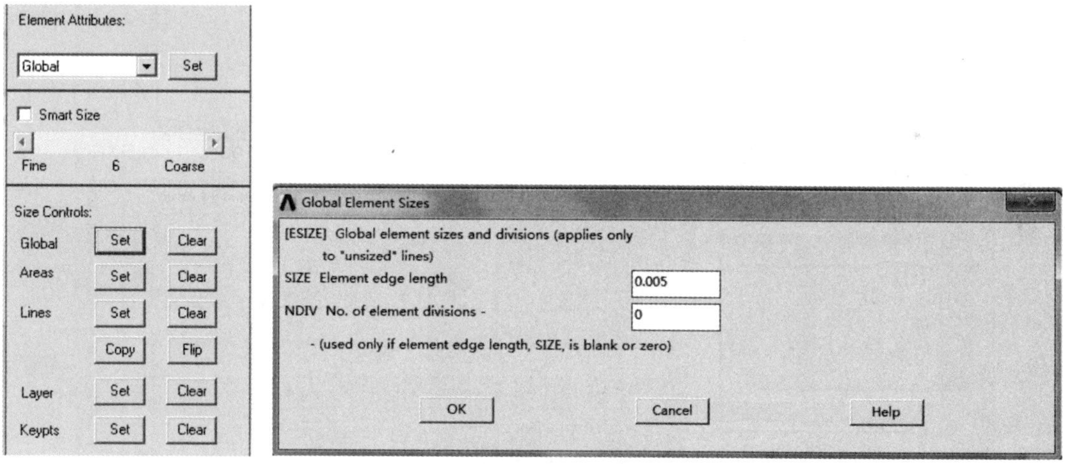

图8.11 分网工具MeshTool及单元尺寸设置

② 执行网格划分。在"MeshTool"工具中"Shape"选项中选择"Quad+Free",即用四边形单元采用自由分网的方式完成网格划分,点击"Mesh"按钮。相关操作及分网结果见图8.12。

(5)定义约束边界、施加载荷及求解。为了完成平面应力问题分析,还需针对带孔矩形板有限元模型,定义约束边界及施加载荷,最后执行静力学分析,以下描述具体操作过程。

① 约束边界条件的设定。依次点击Main Menu,Solution,Define Loads,Apply,Structural,Displacement,On Lines,将弹出"Apply U,ROT on Lines"(在线上施加约

束）拾取对话框，在窗口界面中选取最左边边线，对它们施加"All DOF"，点击"OK"按钮，相关操作及添加约束后的结果如图8.13所示。

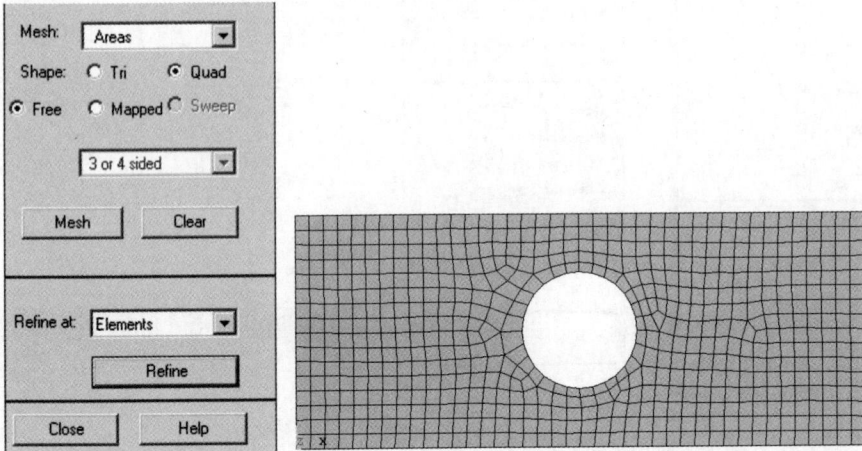

图8.12　单元形状、分网方法设置及最终分网结果

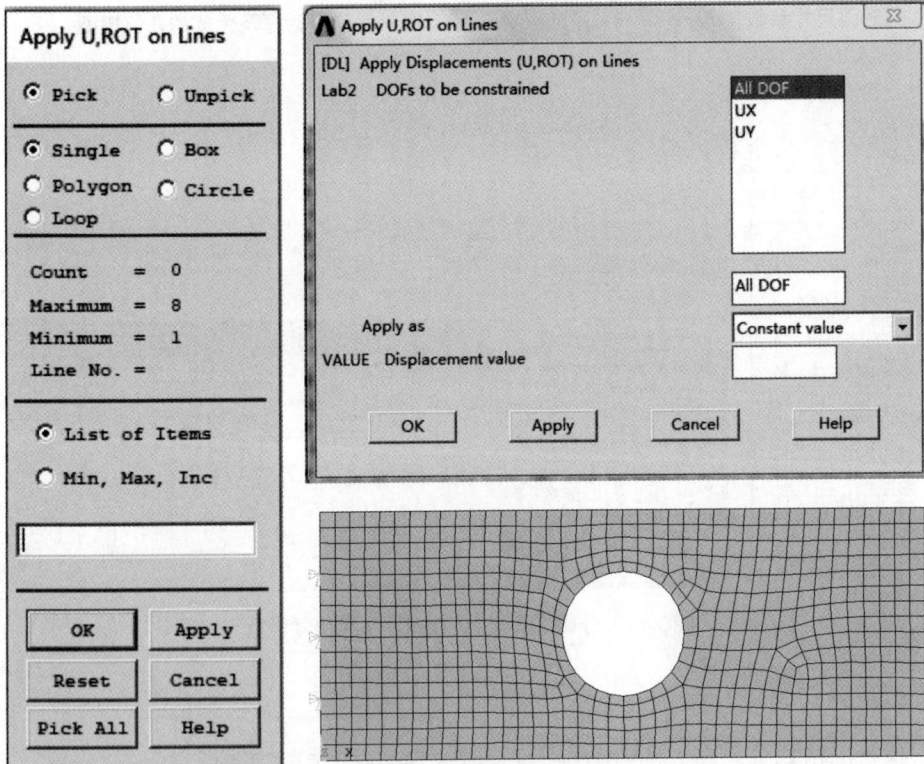

图8.13　添加边界条件相关操作及加约束后的模型

　　② 施加载荷。参见图8.2，带孔平板一边受均匀的压力（也就是面力），为了实现对此的模拟，依次点击Main Menu，Solution，Define Loads，Apply，Structural，Pressure，On Lines，在窗口界面中选取最右边边线，在弹出的"Apply PRES on lines"压力设置对话框中将"Load PRES value"参数值设置为–8E6，点击"OK"按钮。相关操作及施加载荷后的结果见图8.14。

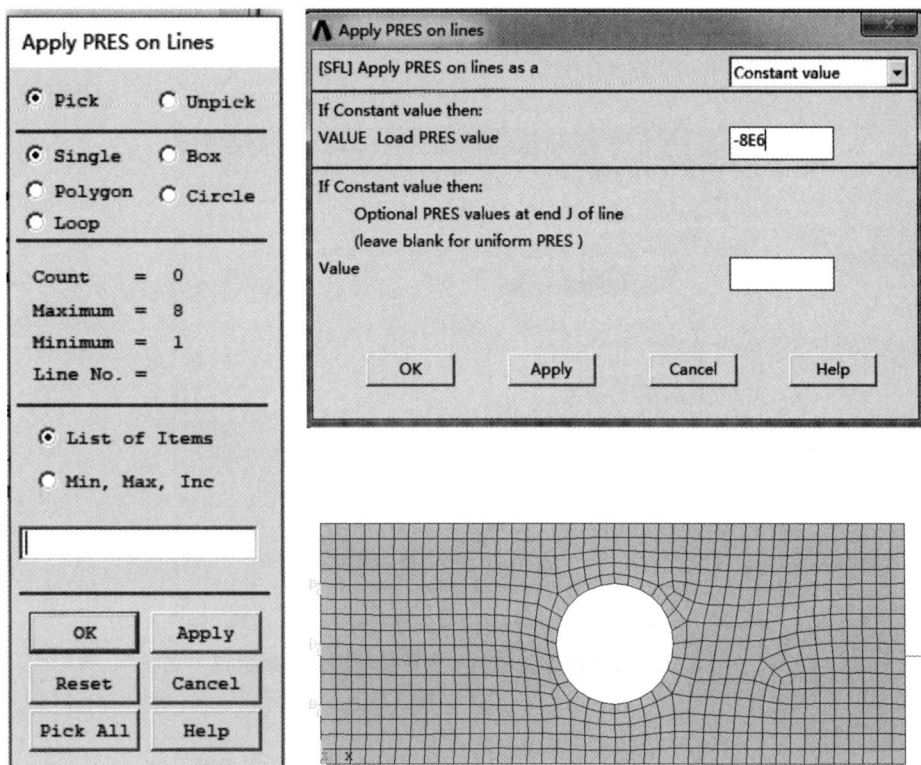

图8.14　施加压力载荷设置对话框及加载荷后的模型

值得注意的是，上述边界条件及加载也可在前处理模块进行设置，点击Main Menu，Preprocessor，Loads，…，后续菜单项与前面相同。

③ 求解。依次点击Main Menu，Solution，Solve，Current LS，弹出"Solve Current Load Step"菜单，见图8.15，点击"OK"按钮。

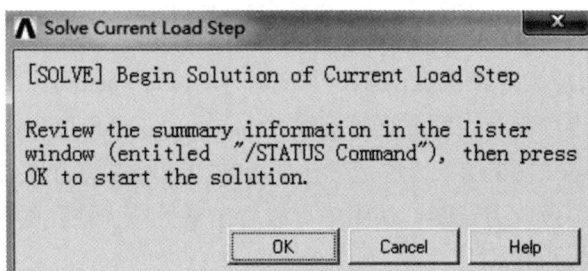

图8.15　求解

（6）后处理云图显示变形及应力。对于静力学求解主要关注的是结构的变形及在载荷作用下产生的应力。以下依次描述后处理显示结构变形及应力的过程。

① 云图显示变形。依次点击Main Menu，General Postproc，Plot Results，Contour Plot，Nodal Solu，将会弹出绘制节点解数据等值线"Contour Nodal Solution Data"对话框（图8.16），选择DOF Solution，Displacement vector sum，这是带孔平板结构的整体位移，点击

"OK"按钮。图8.17为获得的结构的变形云图，从图中可以看出变形最大位置在板的自由端，具体值为（0.111E-4）m（0.0111 mm）。

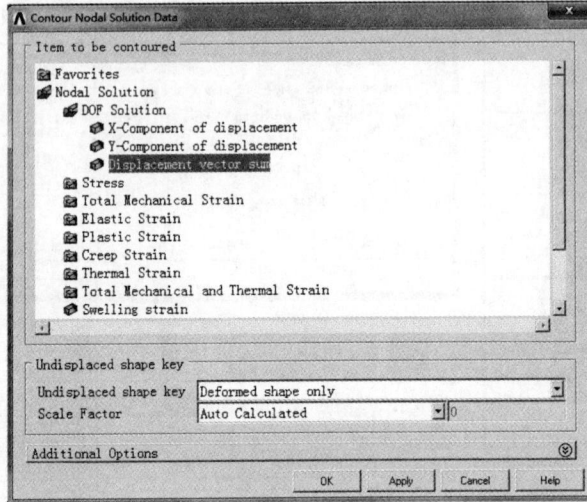

图8.16　选定整体位移的节点解数据等值线对话框

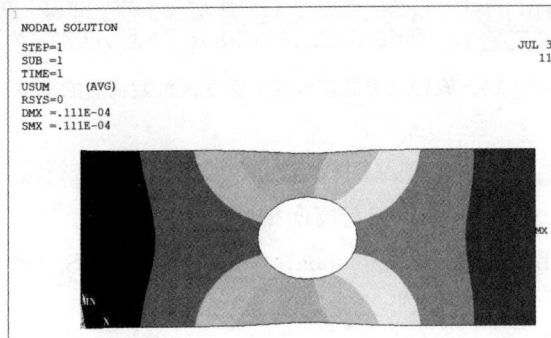

图8.17　带孔矩形板结构变形云图

② 云图显示等效应力。依次点击Main Menu，General Postproc，Plot Results，Contour Plot，Nodal Solu，弹出绘制节点解数据等值线"Contour Nodal Solution Data"对话框，选择Stress，von Mises stress（图8.18），这是带孔平板结构的等效应力，点击"OK"按钮。图8.19为获得的结构的等效应力云图，从图中可以看出最大应力在孔的上下位置，具体值为（0.327×10^8）Pa（32.7 MPa）。

③ 云图显示第一主应力。依次点击Main Menu，General Postproc，Plot Results，Contour Plot，Nodal Solu，将会弹出绘制节点解数据等值线"Contour Nodal Solution Data"对话框，选择Stress，1st Principal stress（图8.20），这是带孔平板结构的第一主应力，点击"OK"按钮。图8.21为获得的结构的第一主应力云图，从图中可以看出最大应力在孔的上下位置，具体值为（0.34×10^8）Pa（34 MPa）。

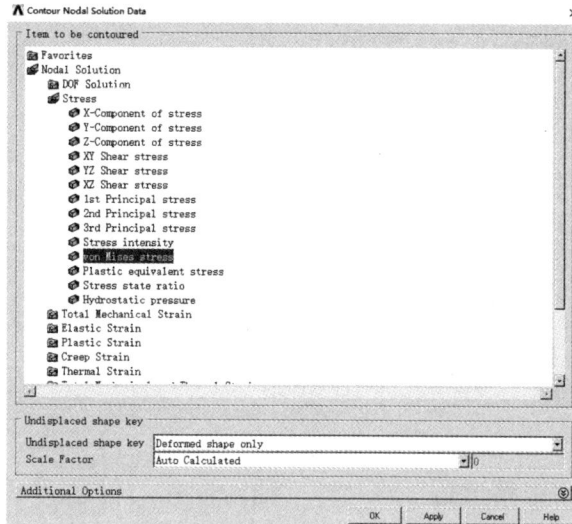

图8.18 选定等效应力的节点解数据等值线

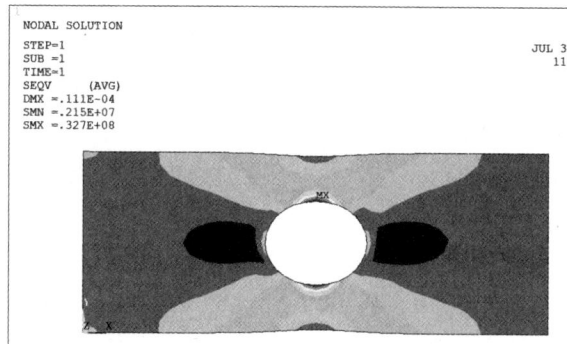

图8.19 带孔矩形板等效应力云图

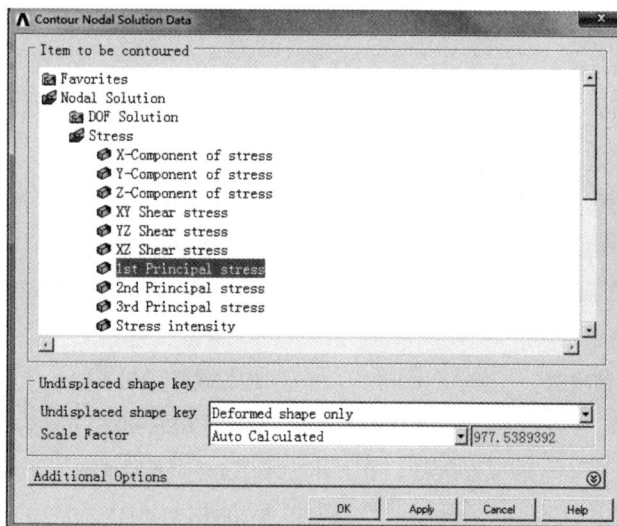

图8.20 选定第一主应力的节点解数据等值线

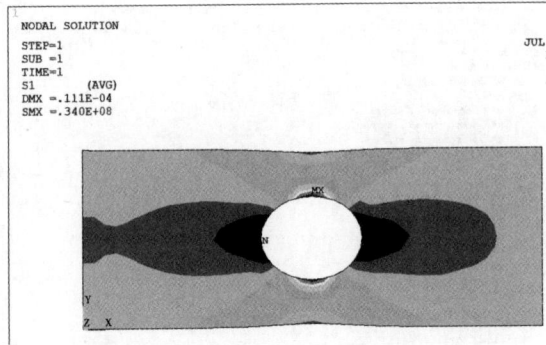

图8.21　带孔矩形板第一主应力云图

8.1.3　基于APDL的求解过程

本节按8.1.2GUI操作编制APDL命令流完成上述可简化为平面应力问题的带孔矩形板结构的静力学分析，具体命令流如下。

```
/CLEAR                                    CYL4,0.1,0.04,0.02
!定义分析文件名                             ASBA,1,2    !从面1中减去面2
/FILNAME,Plane Stress with thickness,0
/TITLE,Plane Stress with thickness        !进行网格划分[关键项D]
!筛选分析类型为结构分析                       TYPE,1
/NOPR                                      REAL,1
KEYW,PR_SET,1                             ESIZE,0.005,0    !设置总体网格尺寸
KEYW,PR_STRUC,1                           MSHAPE,0,2D    !进行二维四边形网格划分
!进入前处理器                               MSHKEY,0    !使用自由网格
/PREP7                                     AMESH,3
!定义单元
ET,1,PLANE182                             !进入求解器
                                          /SOL
!设置单元关键选项,使单元模拟平面应力[关键      ANTYPE,0    !进行静力分析
项A]                                       !施加边界条件
KEYOPT,1,3,3    !平面应力带厚度              DL,4,,ALL,    !设置左端位移约束边界条件
R,1,0.5,
!定义材料参数[关键项B]                       !施加载荷[关键项E]
MP,EX,1,1.89E11                           SFL,2,PRES,-8E6    !设置右端面力载荷
MP,PRXY,1,0.28                            SOLVE    !开始求解
                                          FINISH

!建立几何模型[关键项C]
RECTANG,0,0.2,0,0.08,                     !进入通用后处理
```

```
/POST1                                    /EFACET,1

                                          PLNSOL,S,EQV,0,1.0  !图形显示等效应力云图

/EFACET,1                                 /EFACET,1

PLNSOL,U,SUM,0,1.0 !图形显示位移云图        PLNSOL,S,1,0,1.0  !图形显示第1主应力云图
```

运行上述APDL命令流可以得到与8.1.2GUI操作一致的结果，相关结果这里不再描述。从两种方式求解的对比可知，利用命令流求解更加快捷且便于参数化处理，因而后续分析过程参数、结构参数对求解结果的影响将全基于命令流来完成。此外，需要说明的是，在上述代码中分别标记了[关键项A~E]，这是便于读者理解后续参数影响分析而设置的。

8.1.4 分析过程参数设定对结果的影响分析

对于同一个待求解的问题（例如这里描述的带孔矩形板结构），在基于ANSYS求解过程中设置了不同的参数或使用了不同的求解方法，可能对求解结果造成不同程度的影响，有些会使结果更加趋向于真实值，有些甚至导致结果错误。本小节以上面所列的带孔矩形板结构为对象，着重描述单元参数设置、载荷加载方式和网格大小对分析结果的影响。

（1）单元参数设置的影响。参见8.1.3所列的命令流[关键项A]处，针对"PLANE 182"在单元选项中选定的是"Plane strs w/thk"，即带厚度的平面应力分析（图8.4）。假如将"Element behavior"换成"Plane stress"（图8.22），此时将不再允许作为矩形板厚度的实常数输入（如输入会有对话框提示错误）。

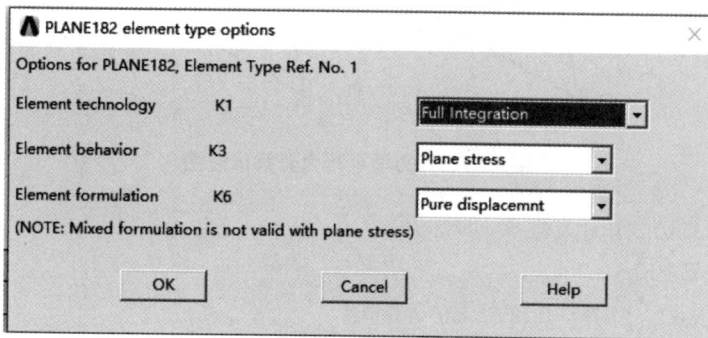

图8.22 仅平面应力的对话框设置

换成不考虑厚度的平面应力，相关命令流修正为：
!设置单元关键选项,使单元模拟平面应力[关键项A]

KEYOPT,1,3,0 !仅平面应力,不带厚度

!R,1,0.5,

其他不变，仅修正8.1.3[关键项A]处的命令流，运行命令流得到的结果见表8.1。

从表8.1的对比可知，两种方法得到的结果是一致的，对于本实例厚度设置对平面应力分析结果没有影响。这主要是因为随着厚度的增大，板自由端所受的压力总和增大，板的刚度也按比例增大，两者相互抵消，因而形成了板的厚度对分析结果没有影响的状

态。假如加载方式改变，例如由原来的分布载荷变为集中载荷，那么厚度变化对分析结果是否有影响呢？以下继续通过实例描述。

表8.1 带厚度及不带厚度状态下带孔矩形板平面应力分析结果比对

单元设置方法	最大变形/mm	最大等效应力/MPa	最大第一主应力/MPa
Planestrsw/thk（带厚度）	0.0111	32.7	34
Plane stress（不带厚度）	0.0111	32.7	34

（2）载荷加载方式的影响。在实际的有限元计算中，所有载荷必须作用于节点，如果结构受分布的面力（例如本实例描述的带孔矩形板结构均布载荷作用于自由端）和体积力（例如重力、磁场力等），则需要做载荷移置。在利用ANSYS做分析时，所有载荷移置的操作均在后台进行，用户并没有感受到这一操作。由于图8.2所示的结构所受的载荷为均布面力，较为简单，这里将载荷移置问题拿到前台来处理，即首先按静力学平行力分解原理将分布载荷移置到节点上，进一步在节点上施加各载荷完成后续的静力学分析，考核加载方式对分析结果的影响。所谓静力学平行力分解，可描述为：假如单元边界上作用有均布的面力，可以在求出总的作用力的基础上，再均分到与面力作用区域相关的各节点上（图8.23）。需要说明的是，这里的单元需为不含转角自由度的Lagrange型单元。

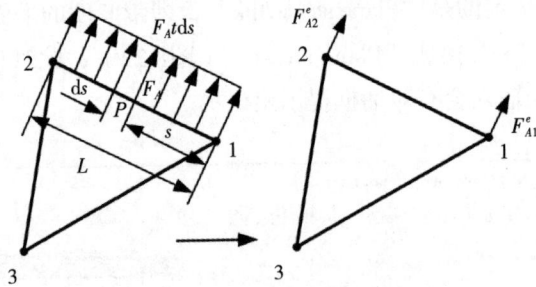

图8.23 静力学平行力分解示意图

以下修改8.1.3所列的[关键项 E]处的命令流。

!施加载荷[关键项E]

NSEL,S,LOC,X,0.2 !选择X=0.2的线上的所有节点

ESLN,S !选择附着这些节点的单元

*get,numb,element,,count !得到右边线单元数目

F,all,FX,0.08*8e6/numb !对所有节点施加载荷

Node1=node(0.2,0,0) !选出两个角点的节点编号

Node2=node(0.2,0.08,0) !选出两个角点的节点编号

FDELE,Node1,ALL !删除已有的赋值

FDELE,Node2,ALL !删除已有的赋值

F,Node1,FX,0.08*8e6/numb/2 !对矩形板角点施加一半的力

F,Node2,FX,0.08*8e6/numb/2 !对矩形板角点施加一半的力

ALLSEL,ALL

同样，其他不变，修正8.1.3[关键项E]处的命令流及[关键项A]处的实常数设置，运行命令流得到的结果见表8.2。图8.24为载荷移置后将分布载荷变为节点载荷进行加载的示意图，之所以两个角点的力为其他节点力的一半，是因为其他节点有力的叠加，而角点没有。从表8.2可以看出，随着厚度的增加，矩形板的变形及应力减小，且呈现的是完全线性的变化。

表8.2　通过载荷移置换成节点集中载荷后带孔矩形板结构静力学分析结果

板的厚度/m	最大变形/mm	最大等效应力/MPa	最大第一主应力/MPa
0.5	0.02220	65.4	68
1	0.01110	32.7	34
2	0.00555	16.4	17

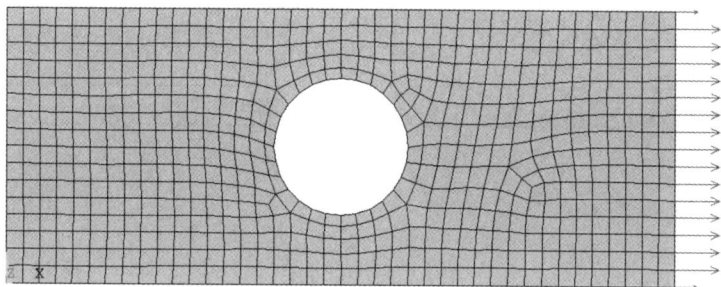

图8.24　载荷移置后加载示意图

（3）有限元网格大小的影响。在利用ANSYS对结构进行有限元分析时，网格大小对分析结果有明显的影响。在前面的实例中，网格大小设置为0.005 m，以下修正8.1.3[关键项D]处关于网格大小设置的命令流，即修正"ESIZE，0.005，0"，将网格大小分别设置为0.0025，0.01 m，其他命令流不变，分别执行静力学分析，划分的网格见图8.25，相关结果见表8.3。

从表8.3可以看出，在网格变小后，变形及应力均增大，所以网格大小对结果的准确性有一定影响。通常，网格越密，求解精度越高，但是网格变密会使有限元方程的维数大幅度增加，从而使求解效率降低，因而在实际分析中需要合理设置网格的大小。

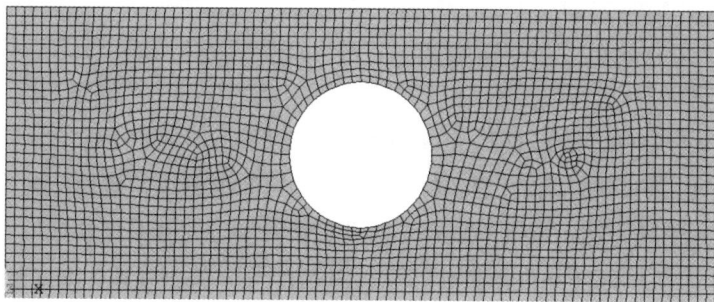

（a）对应于单元尺寸 0.0025 m

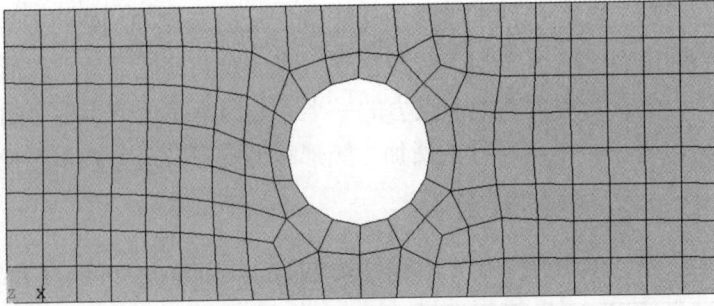

（b）对应于单元尺寸 0.01 m

图8.25　对应不同单元尺寸的带孔矩形板有限元模型

表8.3　不同网格大小对应的带孔矩形板静力学分析结果

网格大小/m	最大变形/mm	最大等效应力/MPa	最大第一主应力/MPa
0.0025（比原网格小）	0.0112	34.3	35.0
0.005（原网格）	0.0111	32.7	34.0
0.01（比原网格大）	0.0109	28.9	30.5

8.1.5　结构参数对结果的影响分析

对结构进行有限元分析是为了指导就结构的设计，使结构具有优良的力学性能。以下基于创建的模型，分析带孔矩形板材的材料参数、中心圆孔尺寸和中心圆孔的位置变化对静力学性能的影响。

（1）材料参数的影响。将带孔矩形板的材料参数分别设置为钢（杨氏模量2.1E11，泊松比0.3）、铝（杨氏模量0.7E11，泊松比0.33）和钛（杨氏模量1.1E11，泊松比0.3）的材料参数，主要修改8.1.3[关键项B]处的命令流"MP，EX，1，1.89E11"和"MP，PRXY，1，0.28"。其他命令流不变，执行静力学分析得到的结果见表8.4。

表8.4　不同材料参数对应的带孔矩形板静力学分析结果

材料参数/Pa	最大变形/mm	最大等效应力/MPa	最大第一主应力/MPa
铝合金（0.7E11，0.33）	0.02990	32.8	34.3
钛合金（1.1E11，0.3）	0.01910	32.8	34.1
原材料（1.89E11，0.28）	0.01110	32.7	34.0
钢（2.1E11，0.3）	0.00998	32.8	34.1

从以上分析结果可以看出材料参数的改变对变形影响明显，而应力随材料参数的改变变化不大，这可能主要是因为结构外形及外载荷均没有变化，进而应力不变。

（2）圆孔半径的影响。以下改变矩形板孔的半径，原来半径$R=20$ mm，这里分别调小使$R=10$ mm及调大使$R=30$ mm，分析孔的半径对结构变形及应力的影响。修改8.1.3[关键项C]处的命令流"CYL4，0.1，0.04，0.02"，将半径值分别设定为0.01和0.03。其他命令流不变，执行静力学分析，两种孔半径对应的有限元模型见图8.26，最终得到的结果见表8.5。

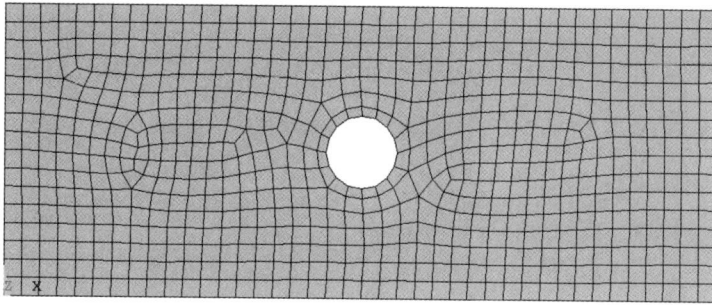

（a）半径调小（R=10 mm）

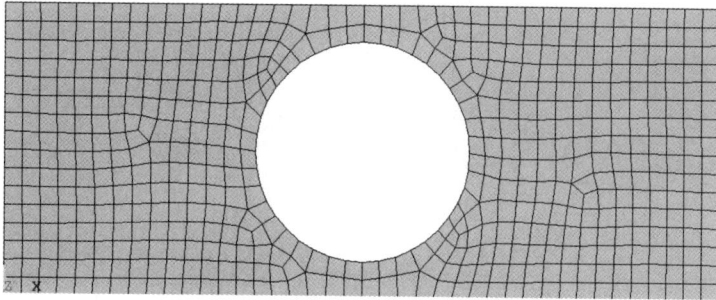

（b）半径调大（R=30 mm）

图8.26　将孔半径调小及调大后孔矩形板有限元模型

表8.5　不同圆孔半径对应的带孔矩形板静力学分析结果

网格大小/m	最大变形/mm	最大等效应力/MPa	最大第一主应力/MPa
0.01（半径调小）	0.00893	23.8	25.0
0.02（原半径）	0.01110	32.7	34.0
0.03（半径调大）	0.01820	60.3	62.8

从以上分析结果可以看出：减小孔的半径，变形及应力均减少；增大孔的半径，变形及应力均增大。这完全符合常识性认知。

（3）圆孔位置的影响。以下改变矩形板中孔的位置，原来的孔在板的中心，其圆心坐标为（0.10 m，0.04 m），这里分别将孔向左移动，新的圆心坐标为（0.05 m，0.04 m）；向右移动，新的圆心坐标为（0.15 m，0.06 m）。分析孔的位置对矩形板结构变形及应力的影响。修改8.1.3[关键项C]处的命令流"CYL4，0.1，0.04，0.02"，将孔的圆心x坐标分别设定为0.05和0.15。其他命令流不变，执行静力学分析，两种孔位置对应的有限元模型见图8.27，最终得到的结果见表8.6。

表8.6　不同孔的位置对应的矩形板静力学分析结果

圆孔x坐标/m	最大变形/mm	最大等效应力/MPa	最大第一主应力/MPa
0.05（向左移动）	0.0110	32.3	33.6
0.10（原位置）	0.0111	32.7	34.0
0.15（向右移动）	0.0124	35.3	36.7

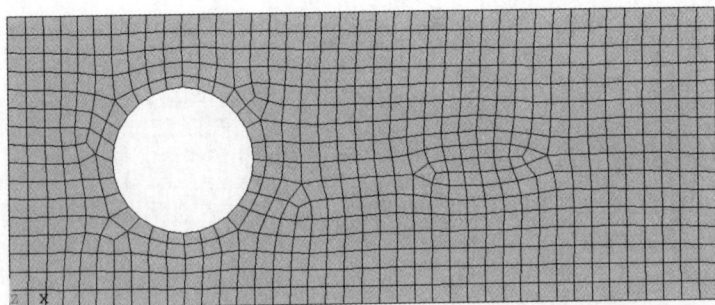

（a）孔向左移动［圆心坐标为（0.05 m，0.04 m）］

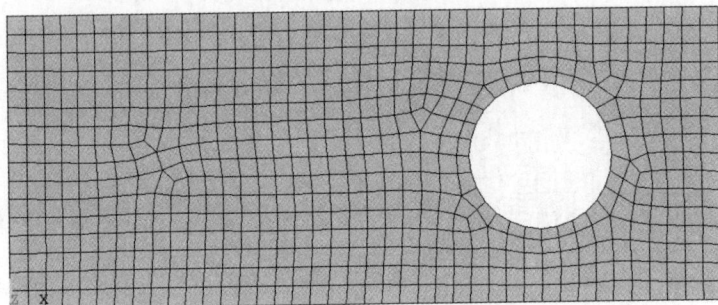

（b）孔向右移动［圆心坐标为（0.15 m，0.04 m）］

图8.27　将孔位置向左及向右调整后矩形板有限元模型

从以上分析结果可以看出：孔的位置向左移动，变形及应力均减少；孔的位置向右移动，变形及应力均增大。这完全符合常识性认知。

8.2　平面应变状态下结构的静力学分析

若结构在某个方向（例如z轴方向）上的尺寸很长，物体所受的载荷（包括面力、体积力等）平行于其横截面，即垂直于z轴且不沿长度方向（x及y方向）变化，即物体的内在因素和外来作用都不沿长度方向变化，因而可取一个平面作为对象进行分析，那么这时可以定义结构处于平面应变状态。对于平面应变状态，有$\varepsilon_z=y_{zx}=y_{zy}=0$。同样，自由度的减少可使分析求解效率相比较于空间问题有所提升。本节以图8.2的结构为对象，简要介绍对处于平面应变状态下结构进行静力学分析的基本操作方法。

8.2.1　基于GUI的求解过程

平面应力及平面应变状态在力学方面最本质的区别在于物理方程（本构方程）不同，这就导致平面应力及平面应变的弹性矩阵会有明显差异，例如，

$$D_1=\frac{E}{1+\mu^2}\begin{bmatrix}1 & \mu & 0\\ \mu & 1 & 0\\ 0 & 0 & (1-\mu)/2\end{bmatrix},\quad D_2=\frac{E}{(1+\mu)(1-2\mu)}\begin{bmatrix}1-\mu & \mu & 0\\ \mu & 1-\mu & 0\\ 0 & 0 & 1/(2-\mu)\end{bmatrix} \tag{8.1}$$

式（8.1）中，D_1，D_2——对应平面应力及平面应变问题的弹性矩阵；

E，μ——材料的杨氏模量及泊松比。

在针对图8.2带孔矩形板结构按平面应变问题进行分析时，只需将"PLANE182"的单元选项改为"Plane strain"（但这里并不存在带厚度的平面应变选项，因而也没有相关实常数设置），相关设置对话框见图8.28。其他操作与8.1.2描述的按平面应力进行分析完全一样，获得的变形、等效应力及第一主应力分别见图8.29至图8.31。

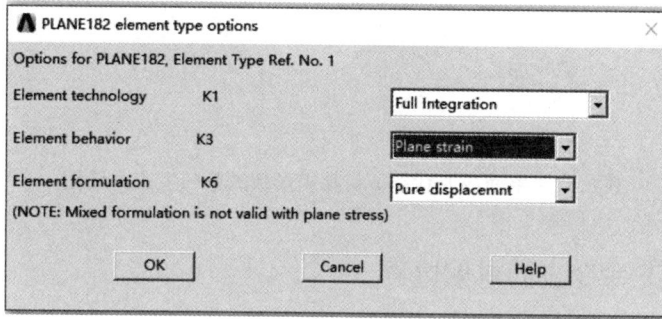

图8.28 将"PLANE182"单元设置为平面应变问题

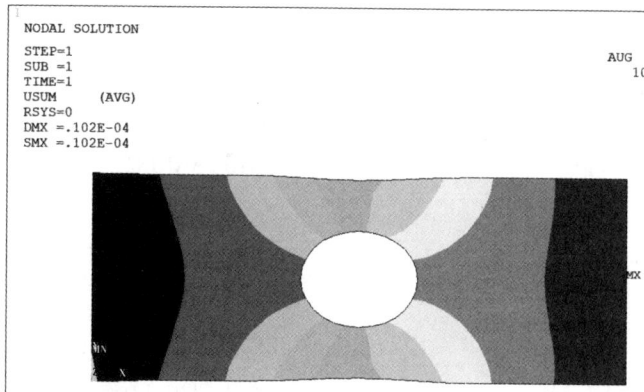

图8.29 平面应变状态下带孔矩形板的变形云图

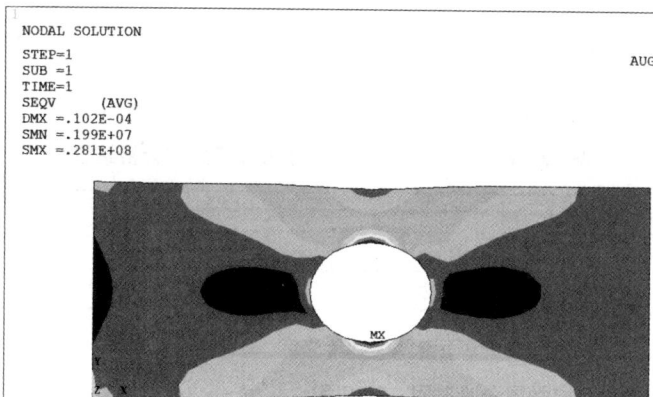

图8.30 平面应变状态下带孔矩形板的等效应力云图

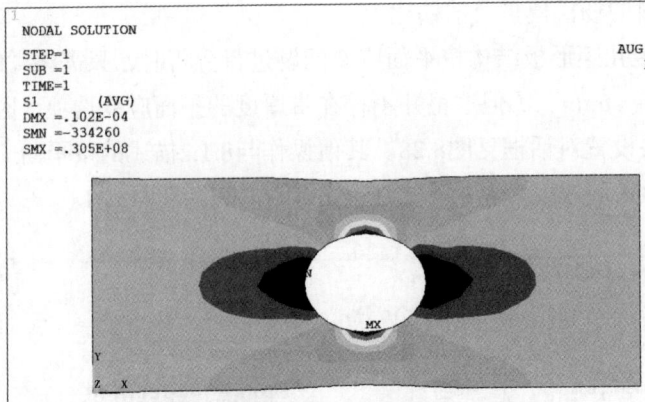

图8.31　平面应变状态下带孔矩形板的第一主应力云图

8.2.2　基于APDL命令流的求解过程

本节利用命令流对图8.32所示的处于平面应变状态带孔矩形板进行分析，同样地，只需修改单元的属性，并去掉实常数，其他命令流同8.1.3节所列的一致。以下为部分命令流。

/CLEAR	/PREP7
!定义分析文件名	!定义单元
/FILNAME,Plane Strain,0	ET,1,PLANE182
/TITLE,Plane Strain	
!筛选分析类型为结构分析	!设置单元关键选项,使单元模拟平面应力
/NOPR	[关键项A]
KEYW,PR_SET,1	KEYOPT,1,3,2　!平面应变
KEYW,PR_STRUC,1	!d以下同2.1.3节命令流
!进入前处理器	

对于图8.32结构，按平面应力及本节的平面应变分析的结果对比见表8.7。从中可以看出两者存在差异，这主要是因为结构所受的力学状态不一样，进而单元的刚度矩阵不一样［式(8.1)］。

表8.7　不同孔的位置对应的矩形板静力学分析结果

所处的力学状态	最大变形/mm	最大等效应力/MPa	最大第一主应力/MPa
平面应力	0.0111	32.7	34.0
平面应变	0.0102	28.1	30.5

8.3　本章小结

本章在简要介绍平面问题概念的基础上，以一个带孔矩形板为例，分别给出利用GUI及APDL对该结构进行静力学分析的方法，同时给出了分析过程中不同参数设定、结构参数的改变对矩形板静力学性能的影响。读者应着重关注以下问题。

（1）对结构按平面问题进行分析的前提是结构所受外载荷满足平面问题假定，为了满足假定结构，可以用一个平面来代替原结构进行分析。此外，应选择可适用于平面问题的单元，例如本章的PLANE182，进行合理的单元属性设置，例如Plane strain、Plane strs w/thk和Plane stress等。

（2）加载的方式等都会对分析结果造成影响。例如对于本节分析的带孔矩形板结构受均匀分布面力载荷，在做平面应力分析时，如按照压力加载，板厚不会对结果造成任何影响，如果变换为节点载荷，则板厚对分析结果有影响。

（3）网格的大小直接影响分析结果，对于本实例，网格变小后，变形及应力均增大。通常，网格越密，求解精度越高，但是网格变密会使有限元方程的维数大幅度增加，从而使求解效率降低，因而在实际分析中需要合理设置网格的大小。

（4）有限元分析最终的目的还是用于指导设计，创建完有限元模型并经过校验后，可用于分析结构尺寸及材料参数等对静力学性能的影响。例如对于本实例可以得出：材料参数的改变对变形影响明显而对应力影响不大，减小孔的半径，变形及应力均减少，孔的位置向左移动，变形及应力均减少。

习题

（1）针对图8.2实例，假如孔的圆心坐标位置从距离左端25 mm到175 mm每隔10 mm变化（仅x坐标改变），试利用ANSYS的APDL命令流分析孔的位置变化对结构变形及应力的影响。

提示：可考虑利用循环语句来求解该问题。相关参考命令流如下。

```
CLEAR                              /POST1
*DO,j,0,15                         !*********获取最大等效应力值*********
/NOPR                              NSORT,S,EQV,0,0,ALL   !对节点数据进行排序
!进入前处理器                       *GET,MAX_SEQV,SORT,0,IMAX
HOLE_LX=(25+10*j)/1000             !最大等效应力对应的节点
/PREP7                             *GET,MAXSEQV,NODE,MAX_SEQV,S,EQV
!可直接从定义单元开始,注意绘制圆孔时引入变   !最大等效应力
量……
```

（2）习题图结构处于平面应变状态，材料参数为：杨氏模量为 2.01E11，泊松比为0.3。试利用ANSYS软件求该结构的变形及应力，写出完整的求解流程。

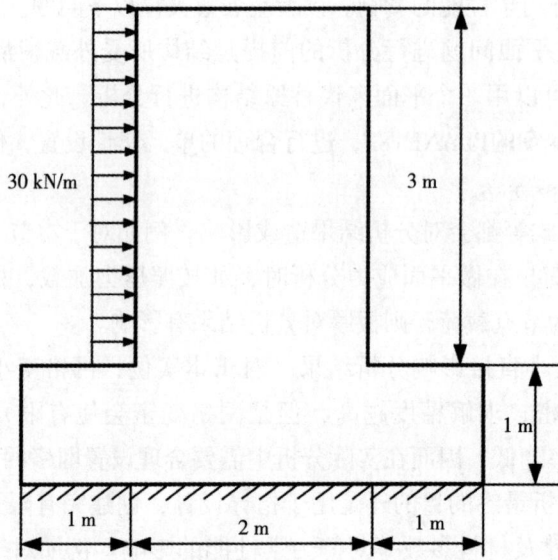

习题图

第9章　梁类结构分析案例

本章主要描述了利用ANSYS软件进行梁类结构问题分析的方法，分别采用GUI和命令流两种方法对梁类结构进行了静力学求解，包括结构位移、结构应力、结构弯矩以及轴力等部分。然后改变了梁类结构各部分框架的摆放方向以及梁截面，分析其对结构位移及应力的影响。

9.1　问题描述

图9.1为梁结构范例分析模型，该结构的高度（H）为1.2 m，宽度（L）为1 m，梁为I形梁，其几何参数为$W1=0.08$ m，$W2=0.08$ m，$W3=0.1$ m，$t1=0.005$ m，$t2=0.005$ m，$t3=0.003$ m。本实例采用BEAM189单元模拟梁框架结构。梁框架材料的参数：弹性模量为2.01E11 Pa，泊松比为0.3。载荷及边界条件为：梁框架结构顶端承受的压力σ为1E5 Pa；假设梁结构为二维结构，则约束模型的z方向的平位移，绕x轴和绕y轴的转动位移；约束模型左边底端x和y方向位移，约束模型右边底端y方向位移。试用静力学分析求解该结构的变形、轴力及弯矩。

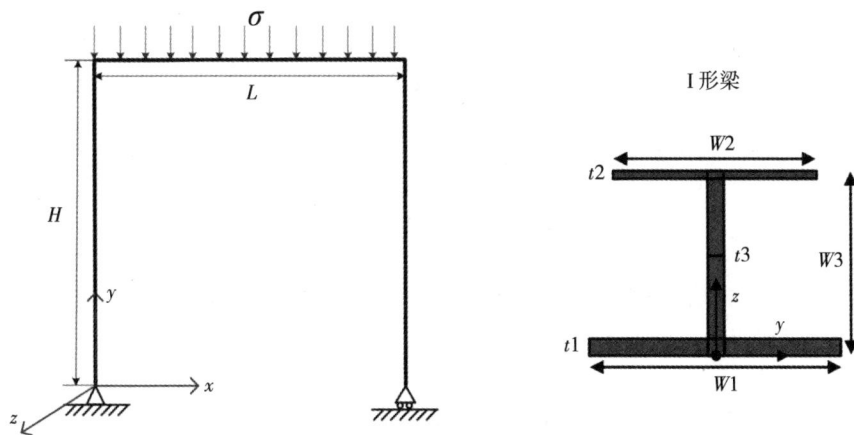

图9.1　梁结构范例分析模型

9.2　基于GUI的求解过程

以下描述利用GUI对梁框架结构进行静力学分析的过程，同样，对于设定工作目录、项目名称以及指定分析范畴为"Structural"，这里不再描述，而重点介绍针对本实例的具体操作。

（1）定义单元类型。依次点击Main Menu，Preprocessor，Element Type，Add/Edit/Delete，弹出单元选择框，选择所需单元类型，选择"Beam"单元中的"3 node 189"单元，设置单元类型为1，点击"OK"按钮后关闭界面，如图9.2所示。

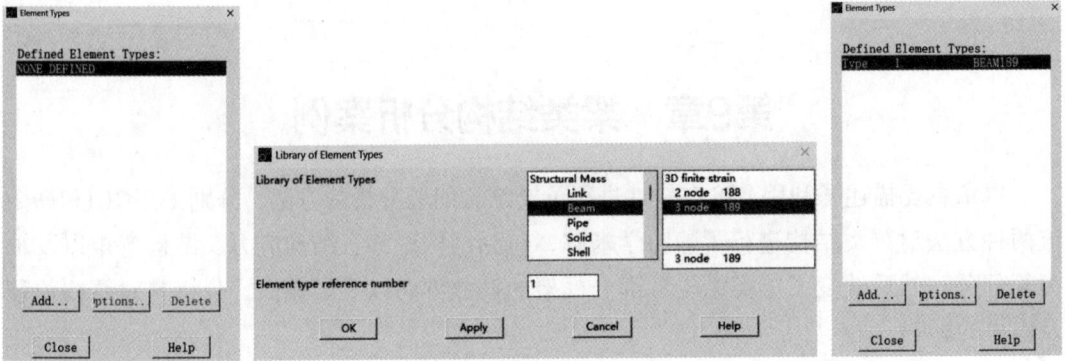

图9.2　定义单元类型

（2）定义材料属性。依次点击Main Menu，Preprocessor，Material Props，Material Models，弹出材料属性对话框，如图9.3所示。依次点击Structural，Linear，Elastic，Isotropic，展开材料属性的树形结构。

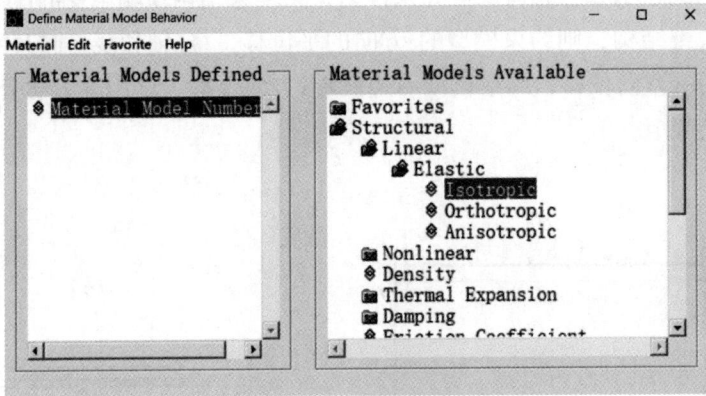

图9.3　定义材料属性

在弹出的属性对话框中填入弹性模量（EX）和泊松比（PRXY）的数值，点击"OK"按钮完成填写，如图9.4所示。

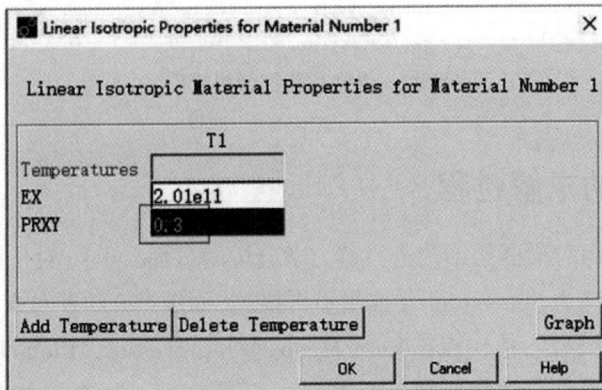

图9.4　材料特性参数

（3）定义梁截面参数。依次点击Preprocessor，Sections，Beam，Common Sections，在弹出的属性对话框"Beam Tool"中，ID填"1"，Sub-Type选择"I"，依次输入W1，W2，W3，t1，t2和t3的值，点击"OK"按钮完成填写，如图图9.5所示。

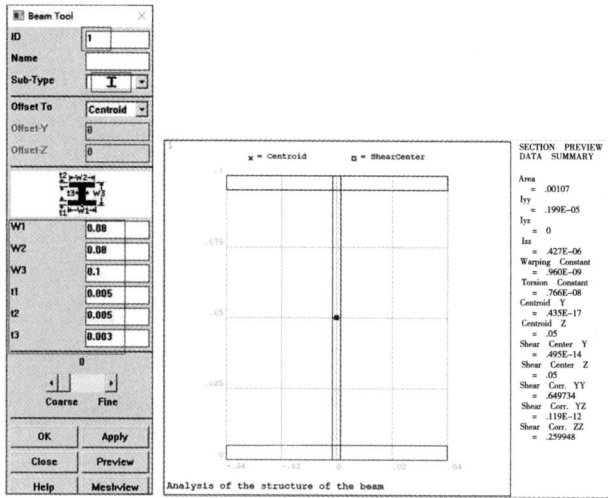

图9.5 梁截面参数

（4）建立几何模型。依次点击Main Menu，Preprocessor，Modeling，Create，Keypoints，In Active CS，弹出创建关键点对话框，如图9.6所示，依次创建模型的4个关键点。

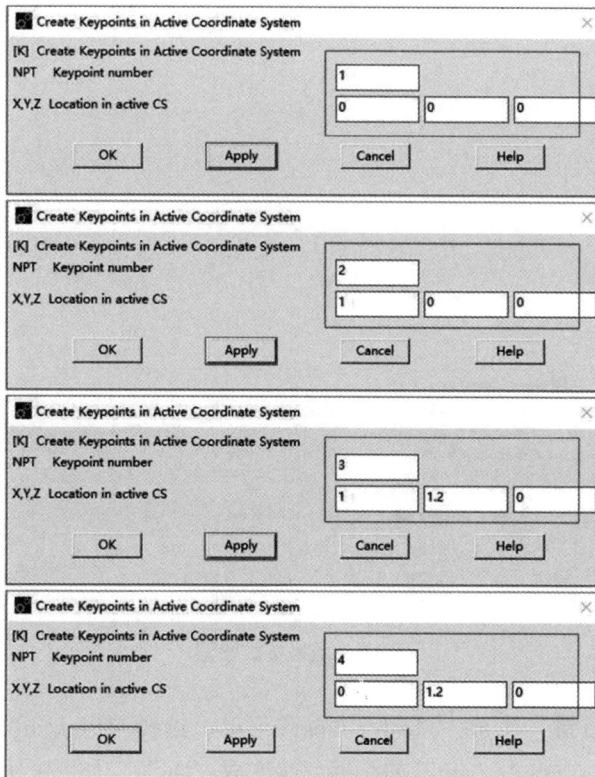

图9.6 关键点创建

接下来由关键点生成线，依次点击Main Menu，Preprocessor，Modeling，Create，Lines，Lines，Straight Line，将弹出创建直线对话框，如图9.7所示，点击两个关键点即可自动生成直线。

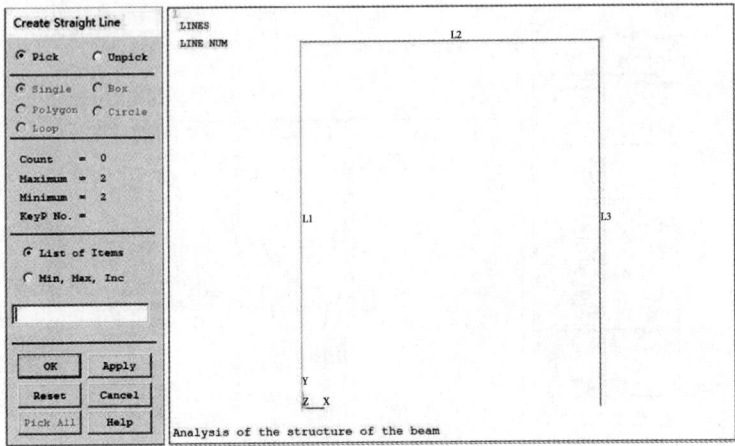

图9.7 直线创建

（5）划分网格。依次点击Main Menu，Preprocessor，Meshing，MeshTool，弹出网格划分工具对话框，如图9.8所示。选择"Global"中的"Set"，设置"SIZE Element edge length"为0.05，点击"OK"按钮。

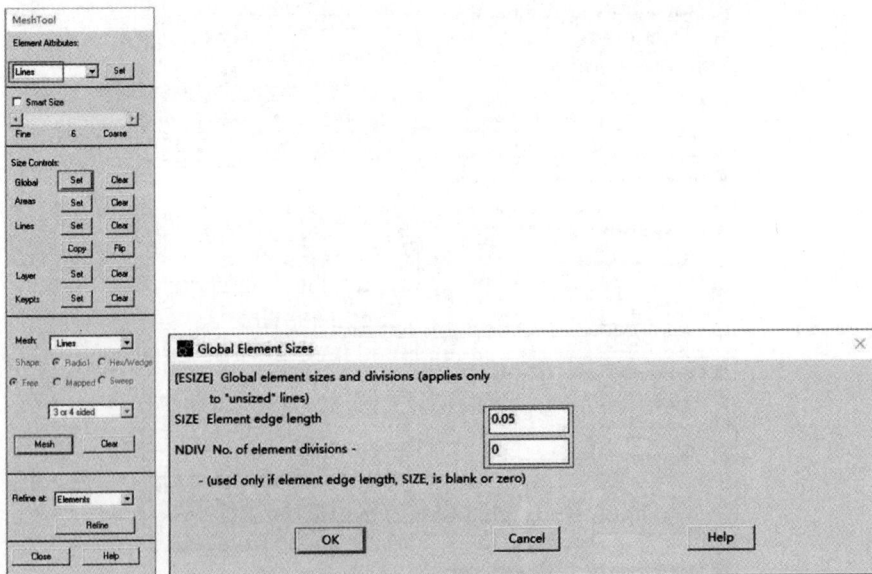

图9.8 网格参数设置

点击"Mesh"按键，生成"Mesh Lines"菜单，选择"Pick all"。点击PlotCtrls，Style，Size and Shapes，点击"Off"前小框，改变成"On"，如图9.9所示。得到的有限元模型如图9.10所示。

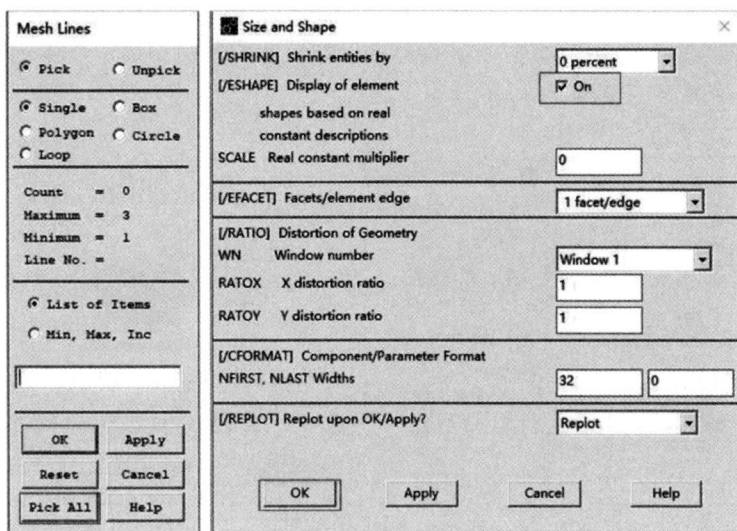

图9.9　实体化显示网格

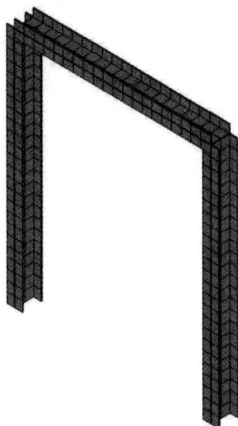

图9.10　梁结构范例分析有限元模型

（6）施加约束及载荷。

① 施加约束。依次点击Main Menu，Solution，Define loads，Apply，Structural，Displacement，On Nodes。弹出"Apply U，ROT on Nodes"菜单，选择"Pick All"，弹出"Apply U，ROT on Nodes"对话框，选择"UZ""ROTX""ROTY"自由度，点击"OK"按钮生成约束。再一次选择节点1（做支承点）约束"UX""UY"自由度，并继续选择节点90（右支承点）约束"UY"自由度，施加约束对话框如图9.11所示；显示的约束模型如图9.12所示。

② 施加载荷。首先对需要施加载荷的上框架进行选择，依次点击Utility Menu，Select，Entities。选择"Lines""Pick"和"Single"选项，在模型中选择上框架线，单击"OK"按钮，然后依次点击Utility Menu，Select，Entities，选择"Elements""Attached to""line"选项，单击"OK"按钮，即可选择附着在上框架线上的所有单元，如图9.13所示，图9.14为选中的单元。

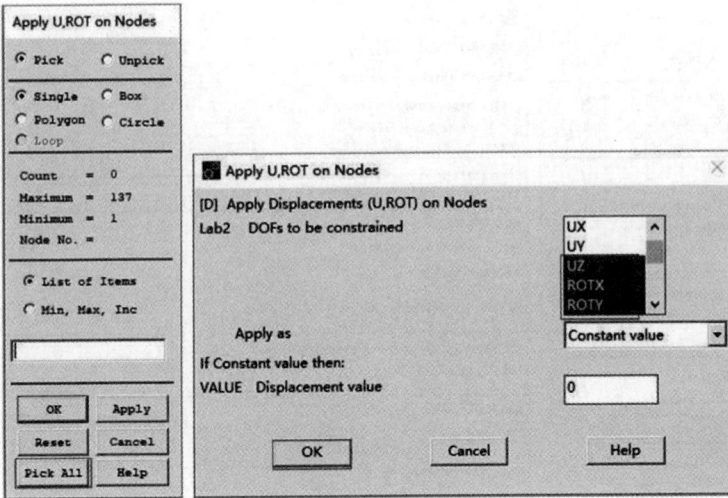

图9.11 施加约束对话框

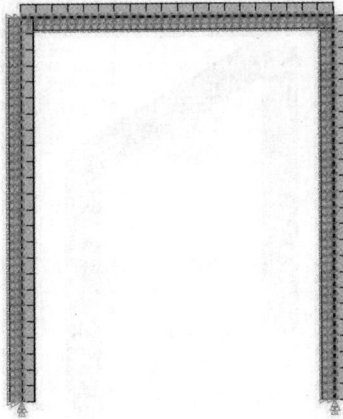

图9.12 梁结构范例分析约束模型

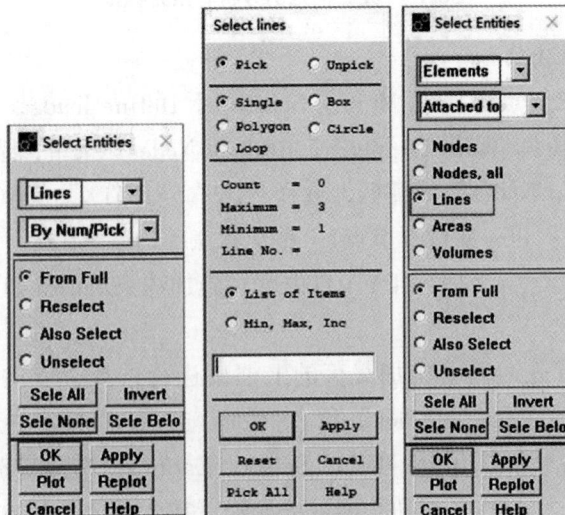

图9.13 线及单元选择对话框

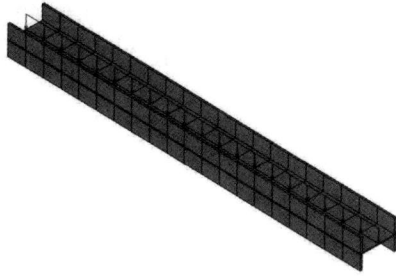

图9.14　上框架有限元模型

接下来进行载荷施加，依次点击Main Menu，Solution，Define loads，Apply，Structural，Pressure，On Beams. 在"Apply PRES on Beams"对话框中选择"Pick All"，弹出"Apply PRES on Beams"对话框，在"LKEY, load key"一栏填入"2"，"VALI, Pressure value at node I"一栏填入"1e5"，单击"OK"按钮，对上框架进行载荷施加，如图9.15所示。施加力后的模型如图9.16所示。

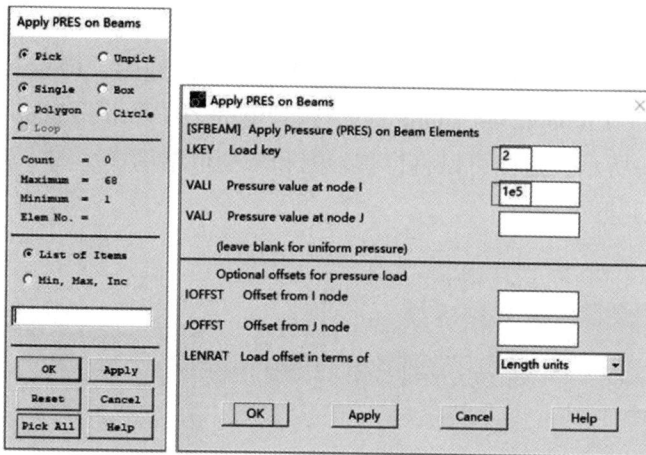

图9.15　载荷施加对话框

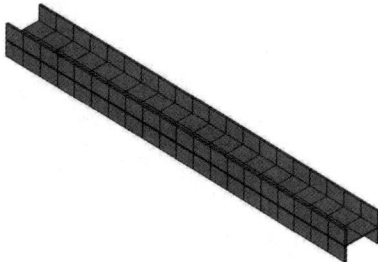

图9.16　上框架载荷施加模型

（7）求解。选取菜单路径Main Menu，Solution，Solve，Current LS。

（8）后处理。① 查看结构位移云图。依次点击Main Menu，General Postproc，Plot Results，Contour Plot，Nodal Solu。弹出"Contour Nodal Solution Data"对话框，如图9.17

所示，选择Nodal Solution，DOF Solution，Displacement vector sum，点击"OK"按钮，结构位移云图如图9.18所示，其中结构最大位移为0.116565 m（ANSYS默认单位为国际单位制）。

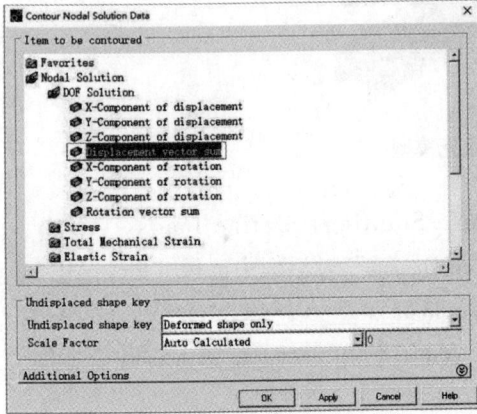

图9.17　节点解数据1

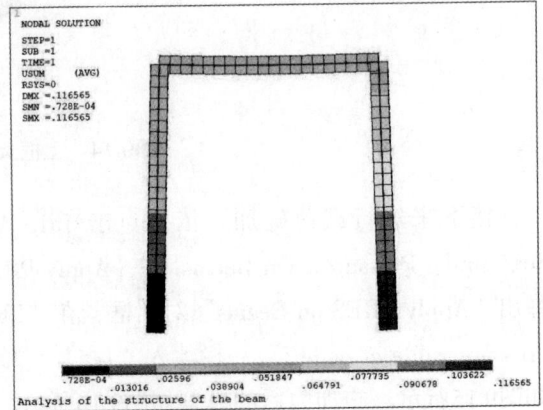

图9.18　梁结构范例分析模型结构位移云图

为了更直观地观察结构的位移变化，可以在上述提到的"Contour Nodal Solution Data"对话框中将"Undisplaced shape key"选项变为"Deformed shape with undeformed model"，如图9.19所示，这样可以将位移云图和未变形结构模型图一起显示，方便观察结构变形（图9.20）。

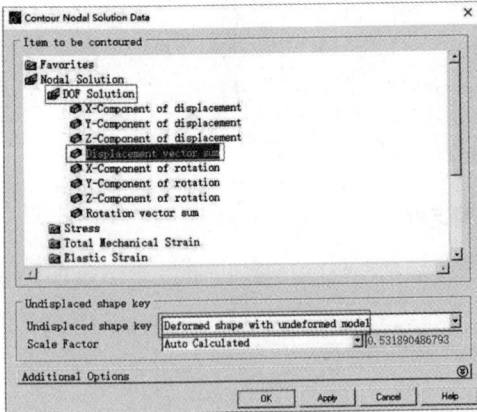

图9.19　节点解数据2

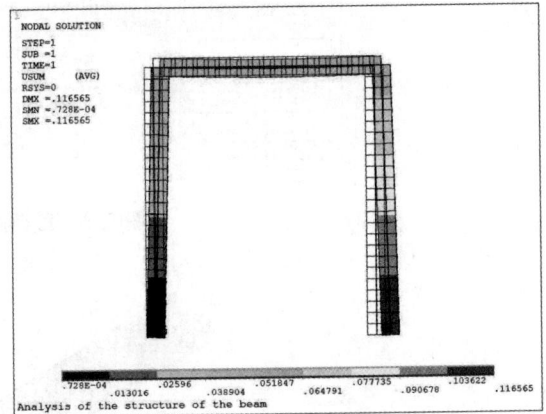

图9.20　梁结构范例分析模型结构位移云图

还可以进行动态位移查看，依次点击Utility Menu，PlotCtrls，Animate，Mode Shape，进入"Animate Mode Shape"对话框，选择DOF solution，USUM，点击"OK"按钮（图9.21），即可查看位移动态云图。

② 查看等效应力云图。依次点击Main Menu，General Postproc，Plot Results，Contour Plot，Nodal Solu，在"Contour Nodal Solution Data"对话框中选择Nodal Solution，Stress，von Mises stress，如图9.22所示，点击"OK"按钮即可查看结构应力云图，如图9.23所

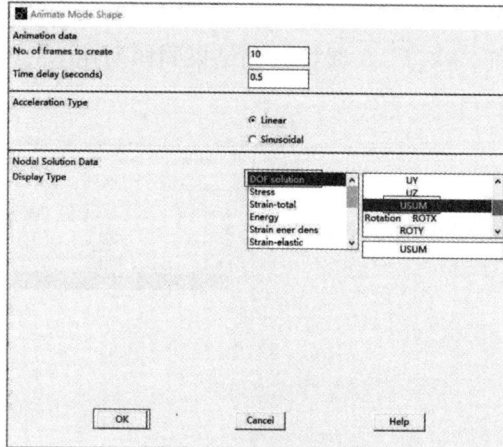

图9.21　动态位移查看

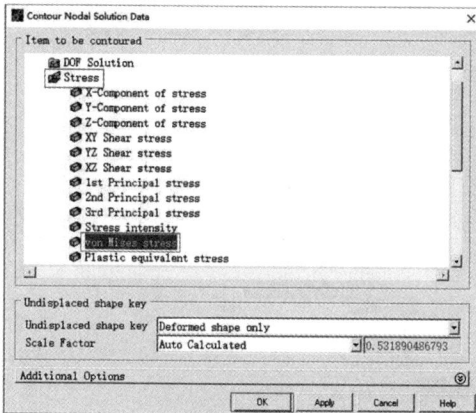

图9.22　节点解

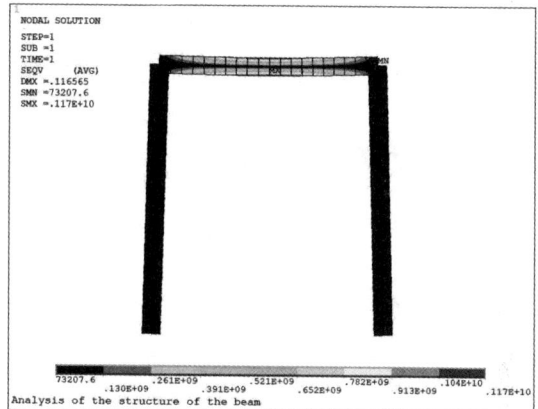

图9.23　梁结构的等效应力云图

示，最大应力为1.17×10^9 Pa。

③输出轴力及弯矩云图。

A. 定义单元表。依次点击Main Menu，General Postproc，Element Table，Define Table，出现"Element Table Data"对话框（图9.24），点击"Add"按钮进入"Define Additional Element Table Items"对话框，在"Lab"输入框内依次输入输出量名称MZ_I和MZ_J，在下面的选项框内选择"By sequence num"和"SMISC"，在输入框内对应填写序号"SMISC，3"和"SMISC，16"，如图9.25所示，单击"OK"按钮。上述定义了输出弯矩相关量值，同理，分别添加输出量名称"FX_I"和"FX_J"，并在序号处分别填写"SMISC，1"和"SMISC，14"，这样就定义了输出轴力相关量值。

B. 显示弯矩及轴力云图。首先显示弯矩，依次点击Main Menu，General Postproc，Plot Results，Contour Plot，Line Elem Res，弹出单元结果设置对话框（图9.26），在"LabI"和"LabJ"选项框中分别选择"MZ_I"和"MZ_J"，点击"OK"按钮即可查看

梁结构绕Z轴的弯矩云图，如图9.27所示。对于显示轴力，可在"LabI"和"LabJ"选项框中分别选择"FX_I"和"FX_J"，具体云图结果同样列在图3.27中。

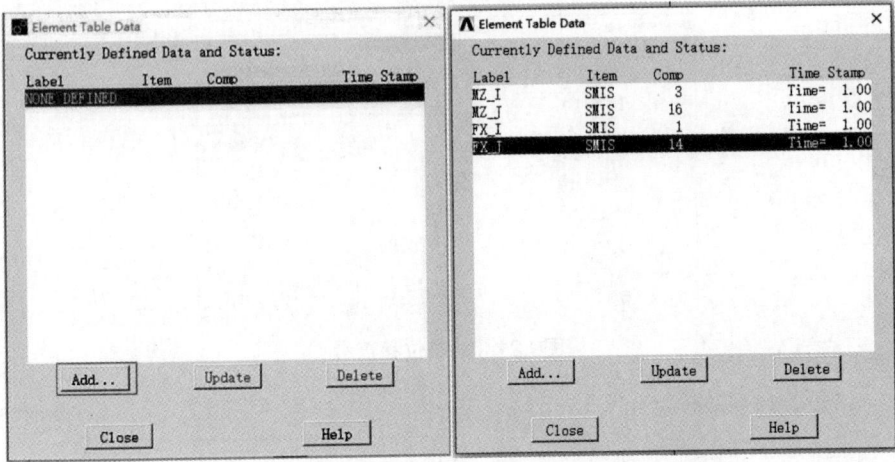

图9.24 单元表数据定义及定义完成后的单元表数据

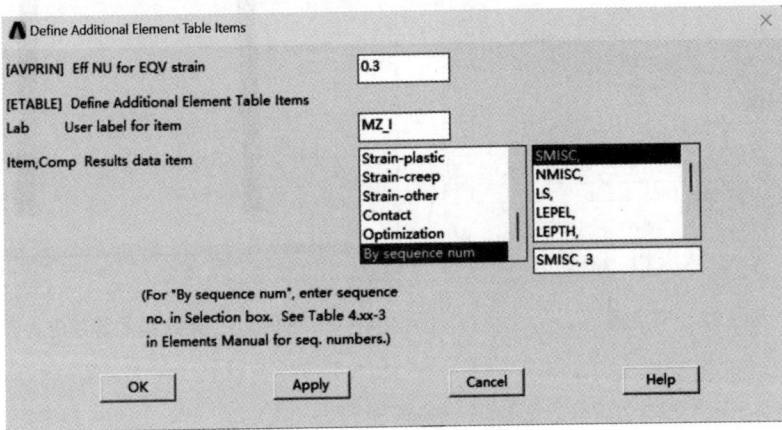

图9.25 具体量值定义对话框

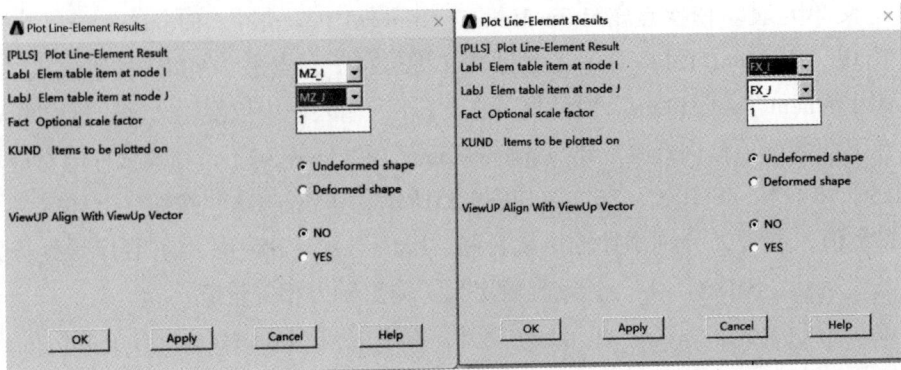

图9.26 单元结果设置

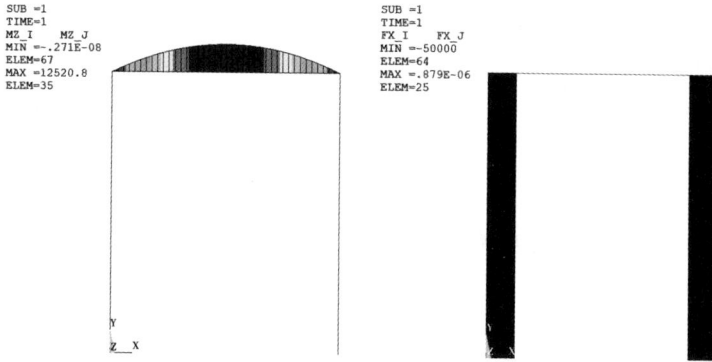

```
SUB =1                              SUB =1
TIME=1                             TIME=1
MZ_I    MZ_J                        FX_I    FX_J
MIN =-.271E-08                     MIN =-50000
ELEM=67                            ELEM=64
MAX =12520.8                       MAX =.879E-06
ELEM=35                            ELEM=25
```

图9.27　弯矩云图和轴力云图

9.3　基于APDL命令流的求解过程

　　以下为利用命令流对梁结构进行受力分析，具体操作包含分析文件建立、几何及有限元模型建立、求解和后处理等过程，运行该命令流会得到与9.2一致的结果。具体命令流如下。

```
!!!定义分析文件名称
/CLEAR
/filename,I-ShapeBeam,1   !更改分析的文件名
/TITLE,Example of Type I beam
!上面是定义主标题(最多72字符)
/UNITS,SI   !设置单位为国际单位制
/PREP7   !进入前处理模块
KEYW,PR_STRUC,1   !指定分析范围为Structural


!!!建立有限元模型
!定义单元类型
ET,1,BEAM189   !beam189高阶梁单元
!定义材料参数
MP,EX,1,2.01e11   !弹性模量
MP,PRXY,1,0.3   !泊松比
!定义梁截面参数
SECTYPE,1,BEAM,I,,3
!选择梁单元截面为I形,3表示网格细化水平
SECOFFSET,CENT   !定义横截面的截面偏移量
SECDATA,0.08,0.08,0.1,0.005,0.005,0.003,0,0,0,0,0,0
!I形梁结构参数
```

```
!!创建几何模型
!建立关键点
K,1,,,,
K,2,1,,,
K,3,1,1.2,,
K,4,0,1.2,,
!由关键点生成线
LSTR,1,4
LSTR,4,3
LSTR,3,2


!!创建有限元模型
!网格划分
ESIZE,0.05   !指定网格大小
LMESH,ALL   !对所有线进行划分
!实体化显示网格
/ESHAPE,1.0
EPLOT


!!一些非求解操作
!背景变为白色
/RGB,INDEX,100,100,100,0
```

```
/RGB,INDEX,80,80,80,13                          ALLSEL,ALL    !选择所有

/RGB,INDEX,60,60,60,14

/RGB,INDEX,0,0,0,15                             !!!求解

/REPLOT                                         SOLVE    !求解

/VIEW,1,1,1,1

!设置观察模型的视点(切换到等轴测视点)            !!!后处理(进行结果查看与输出)

/GFILE,800,  !设置分辨率                        /POST1    !进入后处理模块

!截图                                           /VIEW,1,0,0,1   !调整视角为正视图

/SHOW,JPEG    !图存储在工作目录                  EPLOT

EPLOT                                           SET,,,,,,1   !读取结果

/SHOW,CLOSE                                     !输出总体的位移云图

                                               PLNSOL,U,SUM,0,1.0

/SOL    !进入求解模块                           !显示总体的位移云图

!施加约束                                       !输出等效应力云图

D,ALL,,,,,,UZ,ROTX,ROTY,,,  !对所有节点抑制Z     PLNSOL,S,EQV,0,1.0    !显示等效应力云图
方向的平动、X和Y方向的转动

D,1,,,,,,UX,UY,,,,                             !定义单元表数据

!进一步对1号节点抑制X和Y方向的平动               AVPRIN,0,0.3,

D,90,,,,,,UY,,,,,                             ETABLE,MZ_I,SMISC,3

!对90号节点抑制Y方向的平动                       ETABLE,MZ_J,SMISC,16

!施加载荷                                       ETABLE,FX_I,SMISC,1

NSEL,ALL    !选择所有节点                        !ETABLE,FX_J,SMISC,14

LSEL,S,,,2    !选择2号线                         !输出梁结构绕Z轴的弯矩云图

ESLL,S    !选择2号线上的所有单元                  PLLS,MZ_I,MZ_J,1,0

SFBEAM,ALL,2,PRES,1E5,,,,,0   !对已选择的所       !输出梁结构的轴力云图
有梁单元施加横向的线载荷,大小为1E5Pa             PLLS,FX_I,FX_J,1,0,0
```

9.4 梁截面摆放方向对静力学分析结果的影响

分别调整上框架和右侧框架梁的摆放方向,查看结果,观察梁截面的摆放方向是否对结构位移与等效应力产生影响。

9.4.1 调整上梁摆放方向

这里的命令流与9.3大体相同,只是在线划分的时候加了一个调整方向的关键点以及修正命令"Latt"和约束节点的编号,同时需改变力施加的方向。修正的部分命令流如下(加黑部分为与9.3相比修正的命令流)。

!!创建几何模型

!建立关键点

K,1,,,

K,2,1,,

K,3,1,1.2,,

K,4,0,1.2,,

K,5,0,2.2,0　!调整方向用关键点

!由关键点生成线

LSTR,1,4

LSTR,4,3

LSTR,3,2

!!创建有限元模型

!网格划分

ESIZE,0.05　!指定网格大小

LMESH,1

LMESH,3

Latt,1,1,1,,5,,1

!设置网格划分属性,5为方向指定节点

LMESH,2　!针对上梁带指向节点,进行划分

!实体化显示网格

/ESHAPE,1.0

EPLOT

/SOL　!进入求解模块

!施加约束

D,ALL,,,,,,UZ,ROTX,ROTY,,,　!对所有节点施加Z方向的平动、X和Y方向的转动

D,1,,,,,,UX,UY,,,,　!对1号节点施加X和Y方向的平动

D,51,,,,,,UY,,,,,　!对51号节点约束Y方向的平动(分网方法变动导致节点编号改变,多了一些指向节点)

!施加载荷

NSEL,ALL　!选择所有节点

LSEL,S,,,2　!选择2号线

ESLL,S　!选择2号线上的所有单元

SFBEAM,ALL,1,PRES,1E5,,,,,0　!对已选择的所有梁单元施加横向的线载荷,大小为1E5Pa,力施加方向改变

ALLSEL,ALL　!选择所有

以下对相关修正进一步解释。图9.28为创建的包含调整方向相关关键点，图9.29为对应的设置网格划分属性对话框（对应Latt命令），勾选"Pick Orientation Keypoints（s）"意味着参照方向节点创建梁单元。

图9.28　包含方向关键点

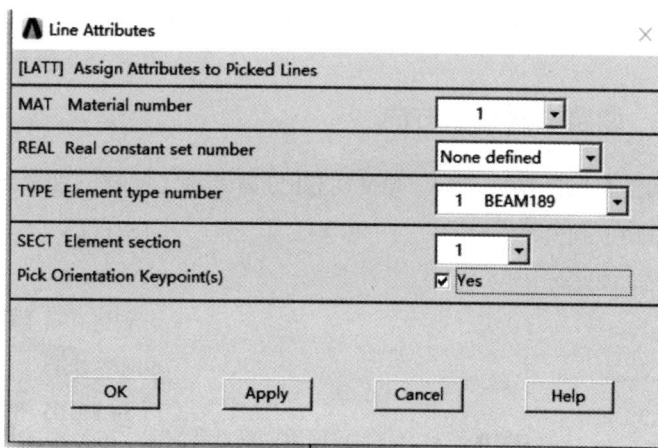

图9.29　网格划分属性对话框

图9.30为运行分网及施加载荷命令流后，原有限元模型与当前有限元模型的比对。可以发现上梁的摆放方向与原来的相比旋转了90°。

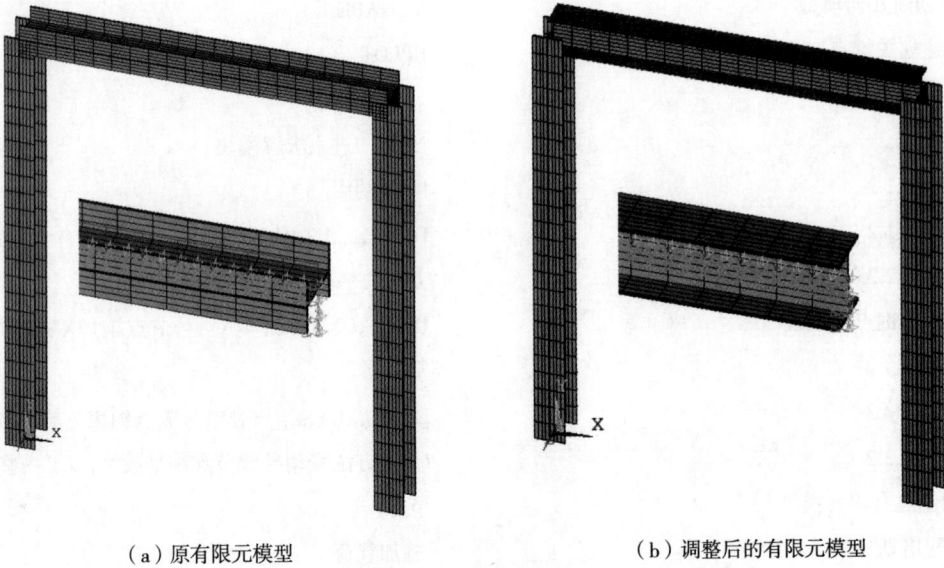

（a）原有限元模型　　　　　　　　　　　　（b）调整后的有限元模型

图9.30　原有限元模型与上梁调整方向后的有限元模型

最后，表9.1给出调整上梁摆放方向后求得的最大位移及最大等效应力，并与原结果进行比对。从表中可以看出上梁改变方向对其静力学性能影响明显，所设定的方向相较于以前明显降低了变形及应力。可见，在做类似的框架结构设计时，梁的摆放方向不是任意的，应该考虑载荷方向，使梁在载荷方向具有最大的刚度。

表9.1　调整上梁摆放方向前后静力学分析结果的比较

调整摆放方向情况	最大位移/m	最大应力/Pa
未调整	0.116565	1.170×10^9
调整上梁摆放方向	0.0250180	0.315×10^9

9.4.2　调整右梁摆放方向

调整右梁的摆放方向，修正9.3部分命令流（同样，加黑部分为实际修正的地方）。

!!创建几何模型

!建立关键点

K,1,,,,

K,2,1,,,

K,3,1,1.2,,

K,4,0,1.2,,

K,5,2,0,0　!调整方向用关键点

!由关键点生成线

LSTR,1,4

LSTR,4,3

LSTR,3,2

!!创建有限元模型

!网格划分

ESIZE,0.05　!指定网格大小

LMESH,1

LMESH,2

Latt,1,1,1,,5,,1

!设置网格划分属性,5为方向指定节点

LMESH,3 !针对右梁带指向节点,进行划分

!实体化显示网格

/ESHAPE,1.0

EPLOT

/SOL !进入求解模块

!施加约束

D,ALL,,,,,,UZ,ROTX,ROTY,,, !对所有节点约束Z方向的平动、X和Y方向的转动

D,1,,,,,,UX,UY,,,,

!对1号节点约束X和Y方向的平动

D,90,,,,,,,UY,,,,,

!对90号节点约束Y方向的平动(与原来一样)

!施加载荷

NSEL,ALL !选择所有节点

LSEL,S,,,2 !选择2号线

ESLL,S !选择2号线上的所有单元

SFBEAM,ALL,2,PRES,1E5,,,,,0 !对已选择的所有梁单元施加横向的线载荷,大小为1E5Pa,与原来一样

ALLSEL,ALL !选择所有

从以上命令可以看出,在改变右梁方向时,加约束节点编号并未改变,也就是增加的方向节点并没有影响受约束节点的编号。另外,由于载荷施加在上梁上,这与9.3的设置也是一样的。图9.31给出了创建的方向关键点,图9.32给出了右梁调整摆放方向前后的有限元模型。图9.33给出了分网后产生的方向指向节点以及施加约束及载荷后的有限元模型。

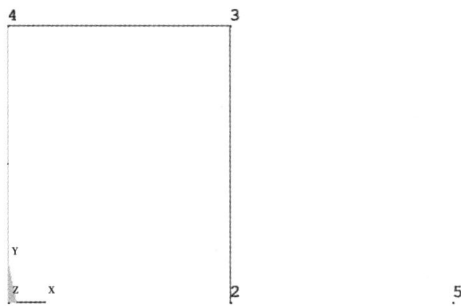

图9.31 增加的决定右梁摆放方向的关键节点

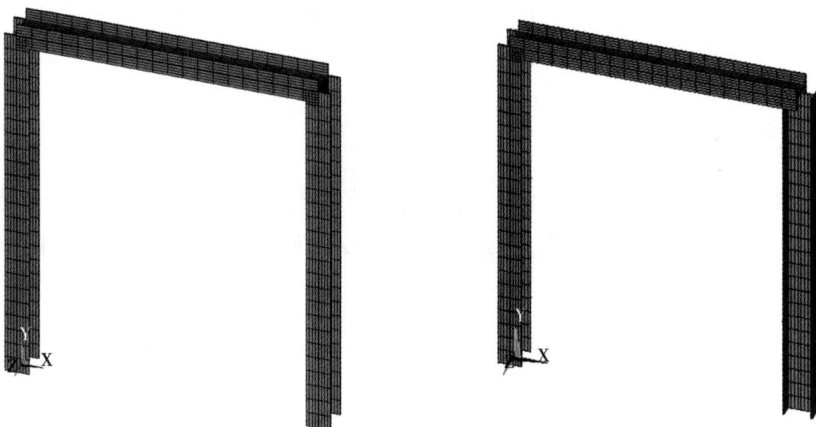

（a）原有限元模型　　　　　　　　　　　（b）调整后的有限元模型

图9.32 原有限元模型与右梁调整方向后的有限元模型

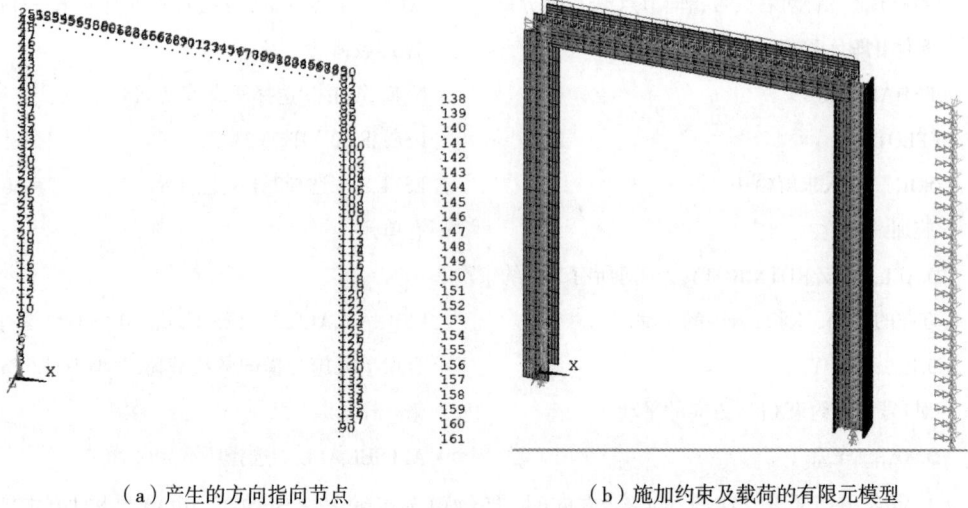

（a）产生的方向指向节点　　　　　　　（b）施加约束及载荷的有限元模型

图9.33　分网后产生的方向指向节点以及施加约束及载荷后的有限元模型

最后，表9.2给出调整右梁摆放方向后求得的最大位移及最大等效应力，并与原结果进行比对。从表9.2可以看出，右梁改变方向对其静力学性能几乎无影响，其值与原来基本一致。

表9.2　调整右梁摆放方向前后静力学分析结果的比较

调整摆放方向情况	最大位移/m	最大应力/Pa
未调整	0.116565	1.170×10^9
调整右梁摆放方向	0.116574	$1.170E \times 10^9$

9.5　调整梁截面参数对静力学分析结果的影响

本节将梁结构截面由I形变为Z形、U形，给出模型求解命令流，对比结果，看看会产生哪些影响。

9.5.1　将梁单元截面改为Z形

针对9.3给出的基础APDL命令流，仅改变梁截面的定义，即将梁的截面由I形梁改为Z形，其他不变，执行静力学分析。Z形截面如图9.34所示，其几何参数为$W1=0.04$ m，$W2=0.04$ m，$W3=0.1$ m，$t1=0.005$ m，$t2=0.005$ m，$t3=0.003$ m。

改动梁截面参数相关命令流为：

```
!定义梁截面参数
SECTYPE,1,BEAM,Z,,3    !选择梁单元截面为Z型,3表示网格细化水平,数值越高,网格细化级别越高
SECOFFSET,CENT         !定义横截面的截面偏移量,梁节点将偏移到质心。
SECDATA,0.04,0.04,0.1,0.005,0.005,0.003,0,0,0,0,0,0    !Z形梁结构参数
```

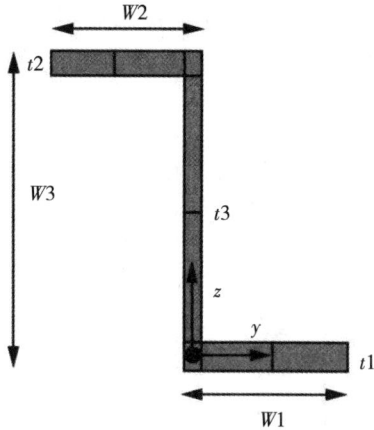

图9.34 Z形梁的几何参数图

运行命令流可以得到框架结构新的有限元模型、加约束及载荷后的有限元模型以及最终的静力学计算结果。图9.35给出了梁截面为Z形梁框架结构的有限元模型，表9.3给出了截面参数改动前后静力学分析的结果比对。从对比结果可以看出，梁截面参数的改变对静力学分析结果影响明显，在实际工程设计中应该合理选择梁的截面并合理设置梁的摆放方向。

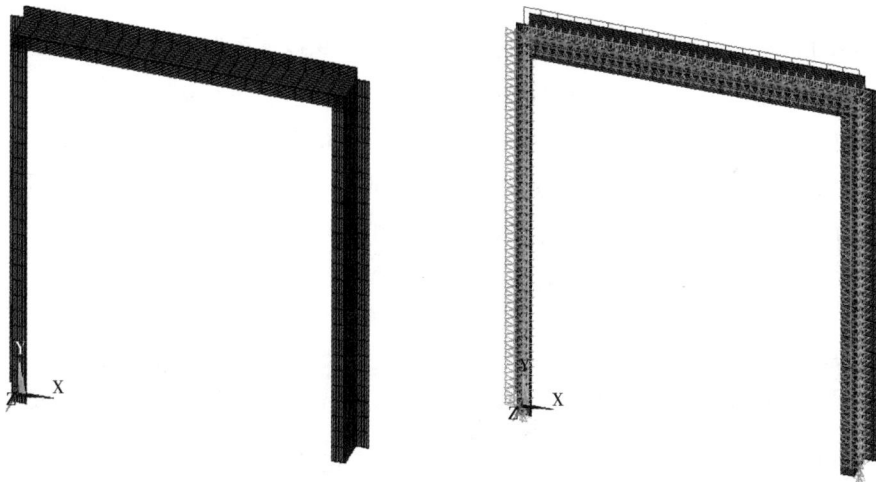

（a）加约束及载荷前　　　　　　　　　　　（b）加约束及载荷后

图9.35 梁截面为Z形框架结构的有限元模型

表9.3 梁截面改为Z形前后静力学分析结果的比较

调整摆放方向情况	最大位移/m	最大应力/Pa
I形	0.116565	1.170×10^{9}
Z形	0.261283	2.530×10^{9}

9.5.2 将梁单元截面改为U形

同样，针对9.3给出的基础APDL命令流，仅改变梁截面的定义，即将梁的截面由I形梁改为U形，其他不变，执行静力学分析。U形截面见图9.36，其几何参数为$W1=0.08$ m，$W2=0.08$ m，$W3=0.1$ m，$t1=0.005$ m，$t2=0.005$ m，$t3=0.003$ m。

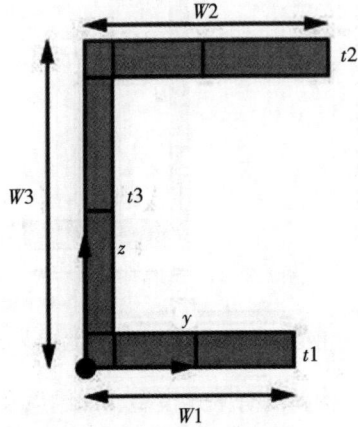

图9.36　U形梁的几何参数图

改动梁截面参数相关命令流为：

!定义梁截面参数

SECTYPE,1,BEAM,CHAN,,3　!选择梁单元截面为U形,3表示网格细化水平,数值越高,网格细化级别越高

SECOFFSET,CENT　　　　　　!定义横截面的截面偏移量,梁节点将偏移到质心。

SECDATA,0.08,0.08,0.1,0.005,0.005,0.003,0,0,0,0,0,0　!U形梁结构参数

运行命令流可以得到框架结构新的有限元模型、加约束及载荷后的有限元模型以及最终的静力学计算结果。图9.37给出了梁截面为倒U形框架结构的有限元模型，表9.4给出了截面参数改动前后静力学分析的对比结果。

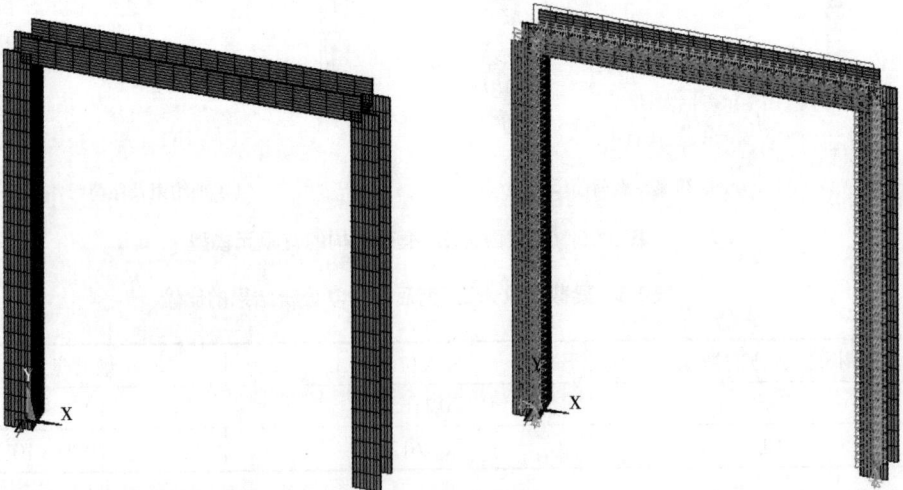

（a）加约束及载荷前　　　　　　　　　　　　（b）加约束及载荷后

图9.37　梁截面为U形框架结构的有限元模型

表9.4 梁截面改为U形前后静力学分析结果的对比

调整摆放方向情况	最大位移/m	最大应力/Pa
I形	0.116565	1.170×10^9
U形	0.068534	0.875×10^9

9.6 本章小结

本章以由梁组成的平面框架结构为例,分别基于GUI和APDL命令流的方式对该结构进行了静力学分析,并修改了梁截面摆放方向以及梁截面参数,观测了这些参数改变对梁结构最大位移及最大等效应力的影响。读者应着重关注及学习以下问题。

(1)要学习梁截面参数定义的方法,注意Preprocessor,Sections,Beam,Common Sections(对应命令为SECTYPE,SECDATA等)的使用。同时,要了解梁单元是一种简化单元,其在几何模型创建上仅仅对应一条线,但划分网格后可以实体化显示梁单元,这样可清晰地观测梁截面的具体形状,相关操作为点击PlotCtrls,Style,Size and Shapes(对应命令为/ESHAPE,1.0)。

(2)要学习对梁结构在后处理过程中求解弯矩及剪力的方法。基本操作:首先,定义单元表,依次点击Main Menu,General Postproc,Element Table,Define Table,对于弯矩设定"SMISC,3"和"SMISC,16",对于轴力设定"SMISC,1"和"SMISC,14";其次,显示弯矩,依次点击Main Menu,General Postproc,Plot Results,Contour Plot,Line Elem Res,依次选择和显示弯矩及轴力。

(3)要学习梁截面摆放方向的设定方法,可以描述为通过增加调整方向用关键点来控制分网,进而调整了梁的摆放方向。分析结果显示,对于所研究的框架,上梁改变方向对其静力学性能影响明显,所设定的方向相较于以前明显降低了变形及应力。可见,在做类似的框架结构设计时,梁的摆放方向不是任意的,应该考虑载荷方向,使梁在载荷方向上具有最大的刚度。

(4)梁截面形状种类及参数也会对结构静力学性能产生影响,ANSYS为用户提供了多种梁截面,包括I形梁、U形梁、Z形梁、帽子形梁等。因此,读者在设计承力的梁结构时,应该合理选择、设定梁截面参数。

习题

(1)对于本章的框架结构,假如同时调整左右I形梁的方向,以及同时调整所有I形梁的方向,试分析变形及等效应力,并与原始结果进行比较。(要求:基于命令流完成此操作,同时给出各关键步骤,例如几何模型、网格、变形及应力可视化结果。)

(2)对于本章的框架结构,假如分别采用帽子形以及空心方形梁截面,梁截面参数见习题图1,试求解结构的变形及应力。(要求:基于命令流完成此操作,同时给出各关键步骤,例如几何模型、网格、变形及应力可视化结果。)

对于帽子形截面，其几何参数为 $W1=0.02$ m， $W2=0.02$ m， $W3=0.04$ m， $W4=0.1$ m， $t1=0.005$ m， $t2=0.005$ m， $t3=0.005$ m， $t4=0.003$ m， $t5=0.003$ m；对于空心方形截面，其几何参数为 $W1=0.08$ m， $W2=0.1$ m， $t1=0.003$ m， $t2=0.003$ m， $t3=0.005$ m， $t4=0.005$ m。具体结构见习题图1。

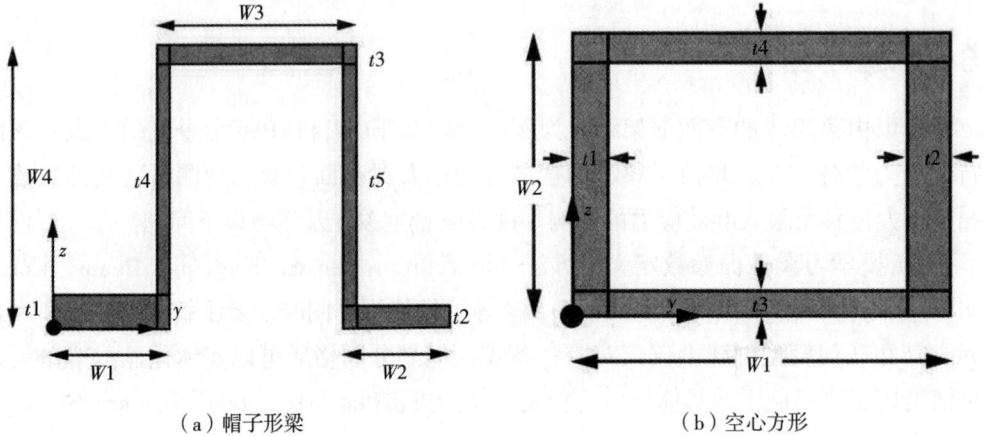

（a）帽子形梁 （b）空心方形

习题图1

（3）习题图2为一个矩形截面的悬臂梁结构，有200 N的集中力作用于自由端，梁的材料参数：杨氏模量为 2.1×10^{11} Pa，泊松比为0.3。存在有支撑及无支撑两情况，试对梁进行静力学分析，求解梁的最大变形及应力。进一步思考，假如考虑重力，分析结构变形及应力的变化；针对习题图2（b），分析支撑位置变化对变形及应力的影响（可考虑用循环语句）。

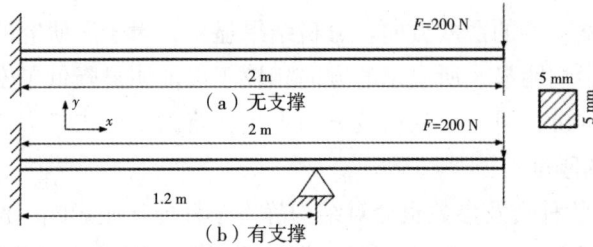

习题图2

提示：施加重力加速度的命令流及GUI操作为"ACEL，0，9.8，0，"（习题图3）。

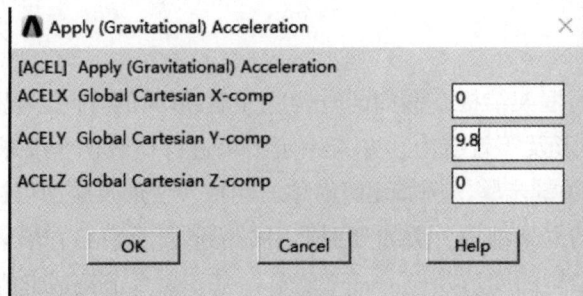

习题图3

第10章 壳类结构分析实例

本章针对变厚度壳，分别采用壳单元、实体单元、1/4周期对称、平面轴对称四种方式对该结构进行静力学分析，求解的方法包含GUI及APDL命令流。读者须着重学习变截面壳如何定义及利用循环对称法分析半圆变厚度壳的方法。

10.1 问题描述

如图10.1所示，该壳体模型为一个圆盘，圆盘的半径为R，厚度为变截面，其变化规律为$z=-Hx^2/R^2+H$，其中H为壳体圆盘的最大厚度，$R=0.2$ m，$H=0.07$ m。材料为线弹性材料，其弹性模量为2.1×10^{11} Pa，泊松比为0.3。载荷及边界条件：模型在凸面承受压力$\sigma=1\times10^6$ Pa，模型的周边为固定约束。试采用ANSYS软件对该结构进行静力学分析。

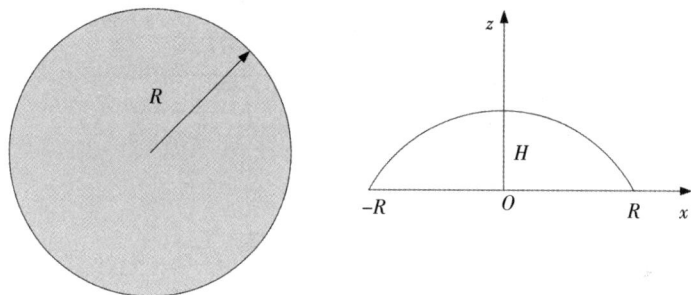

图10.1 壳体结构模型

10.2 基于壳单元的变厚度壳结构静力学分析

在工程设计中，经常会遇到变截面壳体，ANSYS提供了强大的壳体变截面的建模功能。本节将基于壳单元完成变厚度壳结构的静力学分析。

10.2.1 基于GUI方式的求解

基于壳单元，采用GUI方式对变厚度壳进行静力学分析，主要步骤如下。

（1）定义单元类型。依次点击主菜单Main Menu，Preprocessor，Element Type，Add/Edit/Delete，在弹出的对话框中选择"3D 4node 181"。所选的单元为"SHELL181"，该单元有4个节点，每个节点有6个自由度。点击"Options"选项，打开"SHELL181 element type options"对话框，在"Integration option K3"处选择"Full w/incompatible"（采用非协调方式的完全积分）。如图10.2所示。

（2）定义材料属性。依次点击主菜单Main Menu，Preprocessor，Material Props，material Models命令，弹出材料属性对话框，如图10.3所示。依次点击Structural，Linear，Elastic，Isotropic，展开材料属性的树形结构，按10.1的已知条件输入相关材料参数。

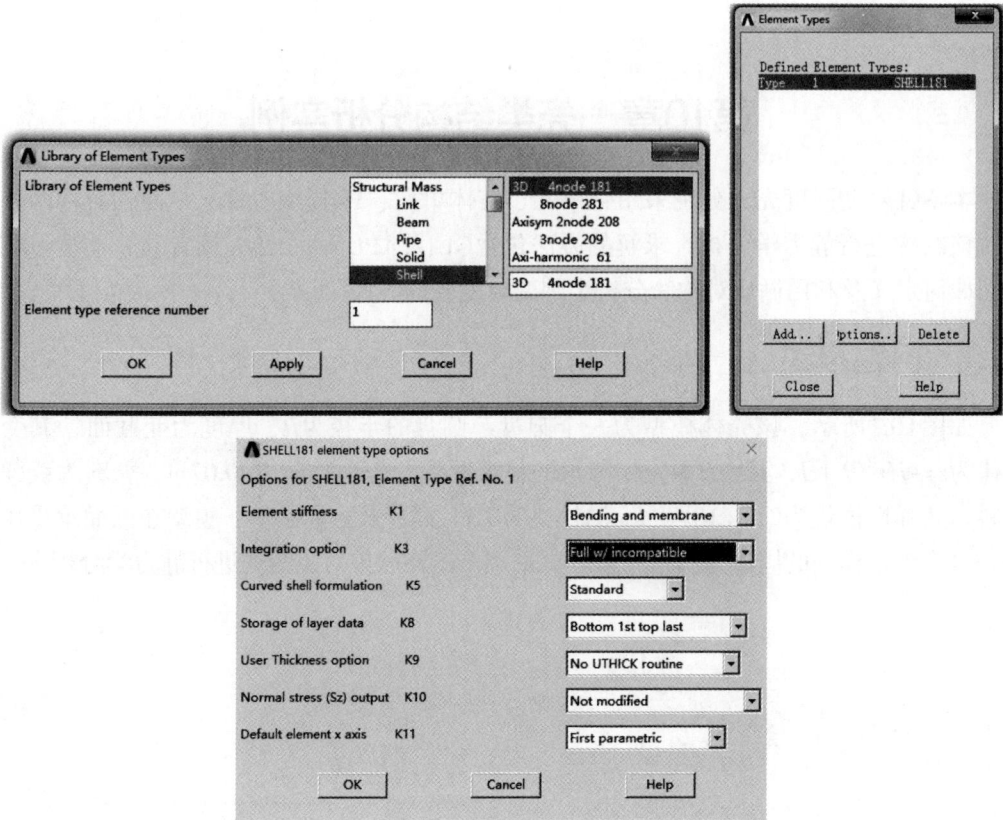

图10.2 定义单元类型

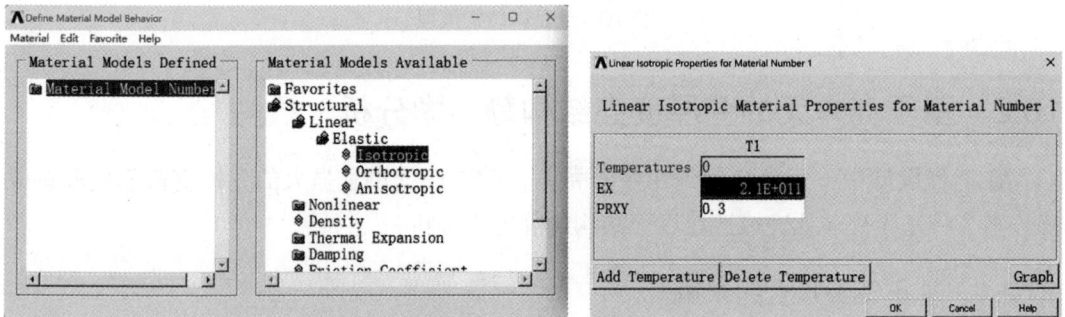

图10.3 定义材料属性

（3）定义变截面厚度函数。

① 依次点击实用菜单Parmeters，Functions，Define/Edit，弹出"Function Editor"对话框，如图10.4所示。柱坐标系"（X，Y，Z）interpreted in CSYS"填入"1"，在"Result"一栏输入"−0.07/0.04*{X}^2+0.07"，在"File"菜单点击"Save"，存储函数名为T1。

② 调用函数并生成参数表。依次点击实用菜单Parameters，Functions，Read From File，在弹出的路径对话框中点击"T1.func"函数，定义"Table parameter name"为BJ，点击"OK"按钮，如图10.5所示。

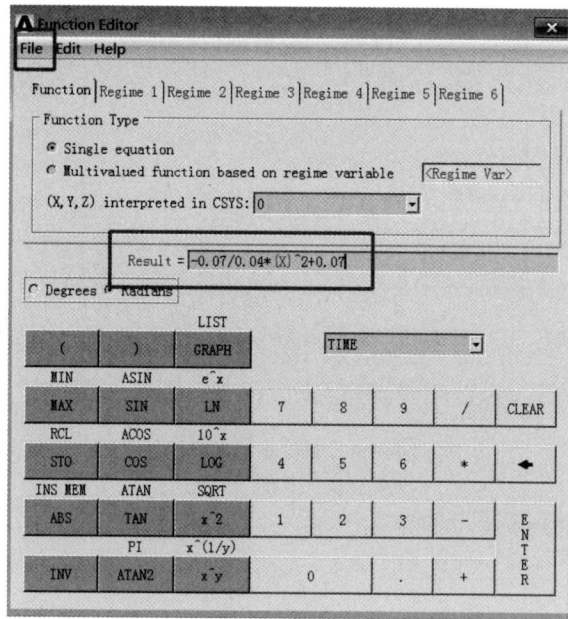

图10.4 函数编辑

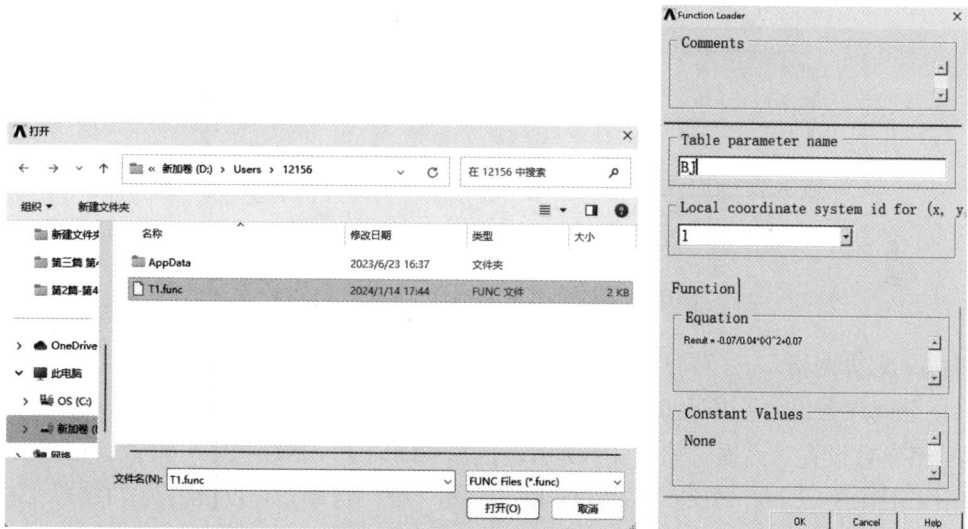

图10.5 调用函数并生成参数表

（4）定义壳截面参数。依次点击主菜单Main Menu，Preprocessor，Sections，Shell，Lay-up，Add/Edit，弹出"Create and Modify Shell Sections"对话框，如图10.6所示。在"Integration Pts"一栏填入"5"，在"Section Offset"处选择"Bottom-Plane"（基准），在"Section Function"一栏选择"BJ"。

（5）几何建模。依次点击主菜单Main Menu，Preprocessor，Modeling，Create，Areas，Circle，Solid Circle，弹出"Solid Circular Area"对话框，如图10.7所示。在"WP X"一栏填入"0"，在"WP Y"一栏填入"0"，在"Radius"一栏填入"0.2"，点击"OK"按钮。

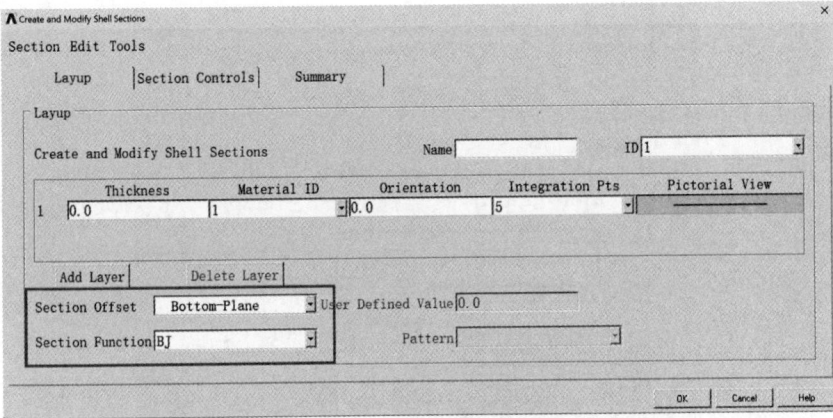

图10.6 定义壳截面参数

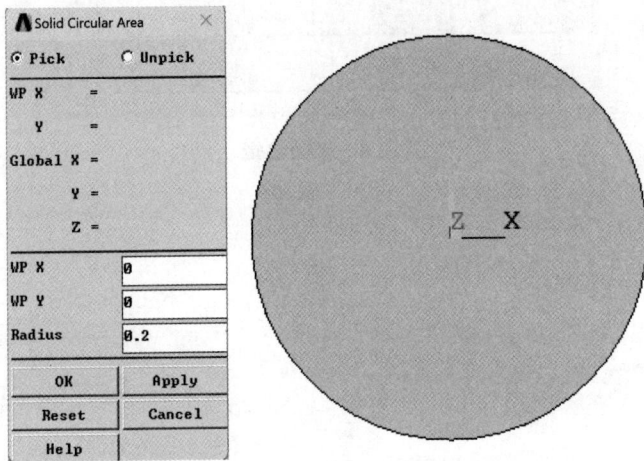

图10.7 圆面创建对话框及生成的几何模型

（6）划分网格。

① 分网参数设置。依次点击主菜单Main Menu，Preprocessor，Meshing，MeshTool，弹出网格参数设置对话框，如图10.8所示。选择"Global"中的"Set"设置。在弹出的对话框中（图10.8），在"SIZE Element edge length"处，将单元长度设置为"0.01"，点击"OK"按钮。

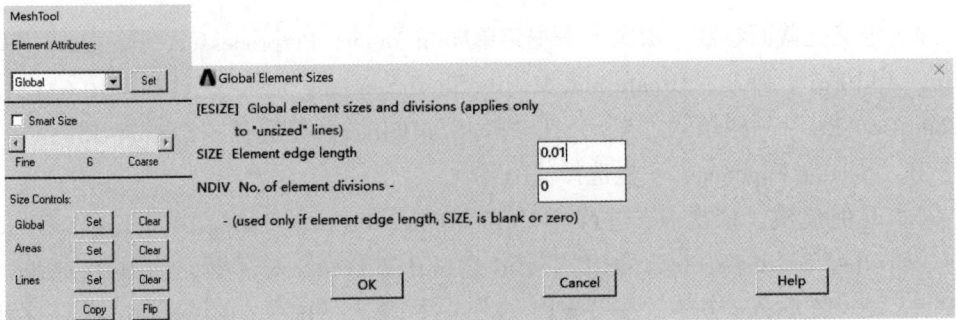

图10.8 网格参数设置

② 分网。在"MeshTool"对话框中设置网格形状为"Quad"四边形网格，采用"Free"自由划分的形式，再点击"Mesh"按钮，对圆面划分网格。为便于读者观察，依次点击实用菜单Plot Cntrls，Style，Size and Shape，在"/ESHAPE"选项框内打对号，显示单元形状，这样即可进行实体化显示（图10.9）。

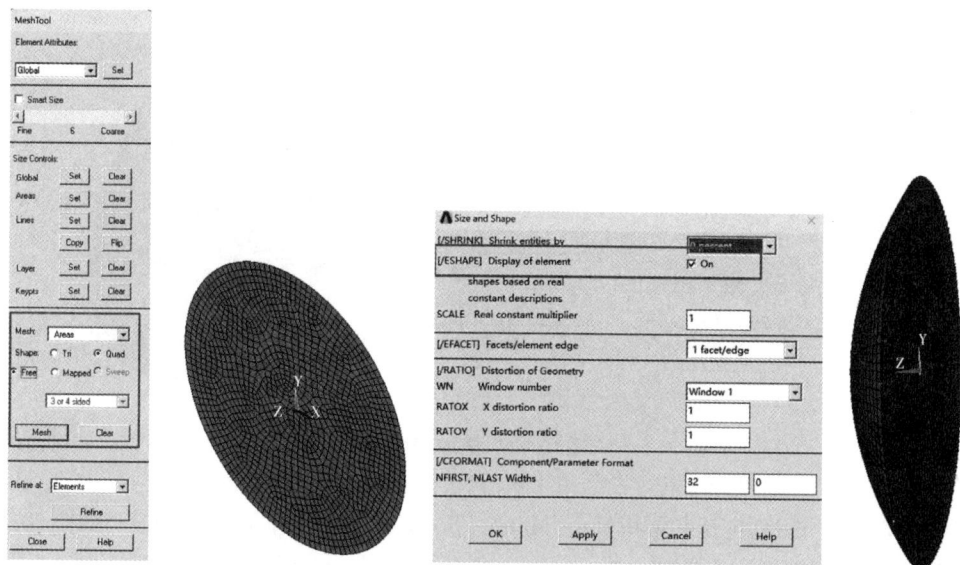

图10.9　网格划分及最终生成的有限元模型

（7）施加约束及载荷。

① 施加约束（位移边界条件）。依次点击主菜单Main Menu，Solution，Define loads，Apply，Structural，Displacement，On Lines，弹出"Apply U，ROT on Lines"对话框，选择"Pick All"，然后弹出约束定义对话框，选择约束全部自由度（ALL DOF），生成约束后的有限元模型如图10.10所示。

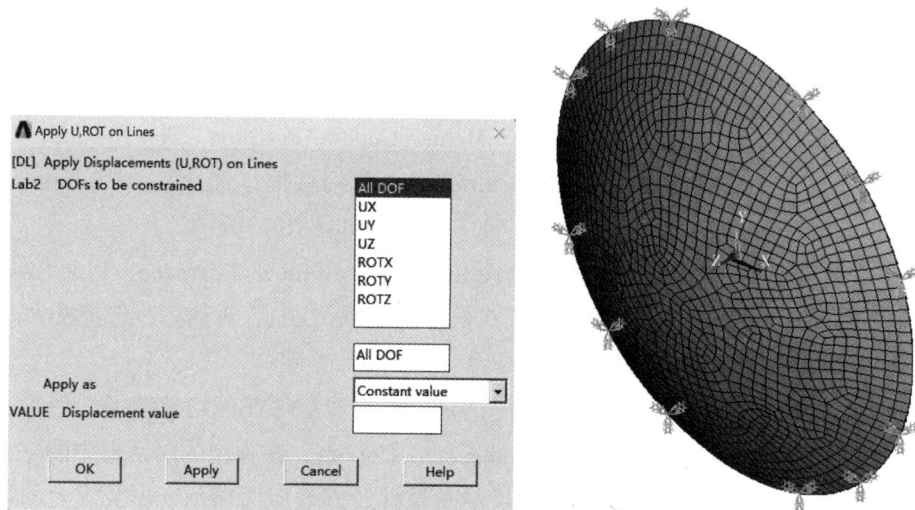

图10.10　施加约束及施加约束后生成的有限元模型

② 施加载荷。依次点击主菜单Main Menu，Solution，Define loads，Apply，Structural，Displacement，Pressure，On Areas，弹出"Apply PRES on areas"对话框，按已知条件施加压力载荷，如图10.11所示。

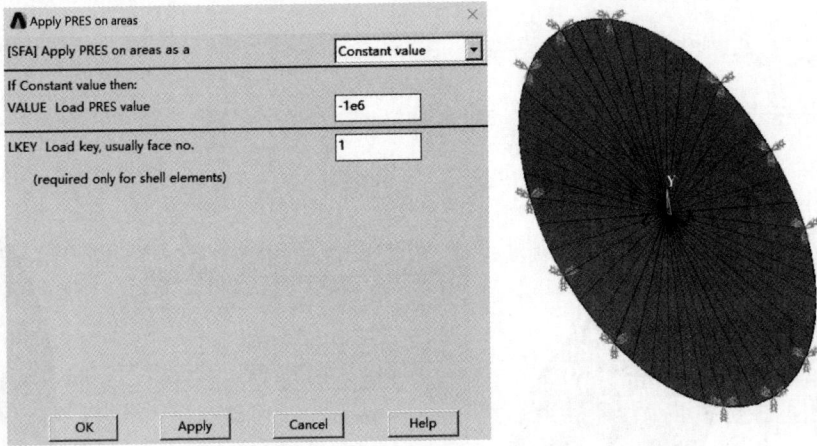

图10.11 施加载荷

（8）求解。依次点击主菜单Main Menu，Solution，Solve，Current LS，如图10.12所示，点击"OK"按钮完成求解。

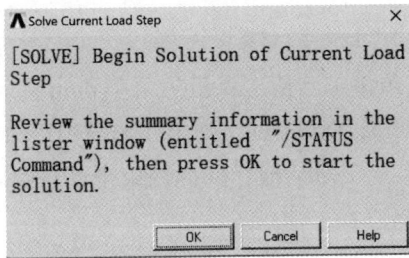

图10.12 求解

（9）后处理。

① 显示总位移。依次点击主菜单Main Menu，General Postproc，Plot Results，Contour Plot，Nodal Solu，弹出"Contour Nodal Solution Data"对话框，选择Nodal Solution，DOF Solution，Displacement vector sum，点击"OK"按钮，如图10.13所示。

② 显示等效应力。依次点击主菜单Main Menu，General Postproc，Plot Results，Contour Plot，Nodal Solu，弹出"Contour Nodal Solution Data"对话框，选择Stress，Von Mises，点击"OK"按钮，如图10.14所示。

③ 显示切片结果。为获得某一截面的结果，需查看ANSYS的切片结果，依次点击实用菜单Utility Menu，Plot Ctrls，Style，Hidden Line Options，在弹出的对话框中的"Type of Plot"处选择"Section"，可针对前面生成的总位移及等效应力显示变形及应力的切片云图，相关对话框及生成的结果如图10.15所示。

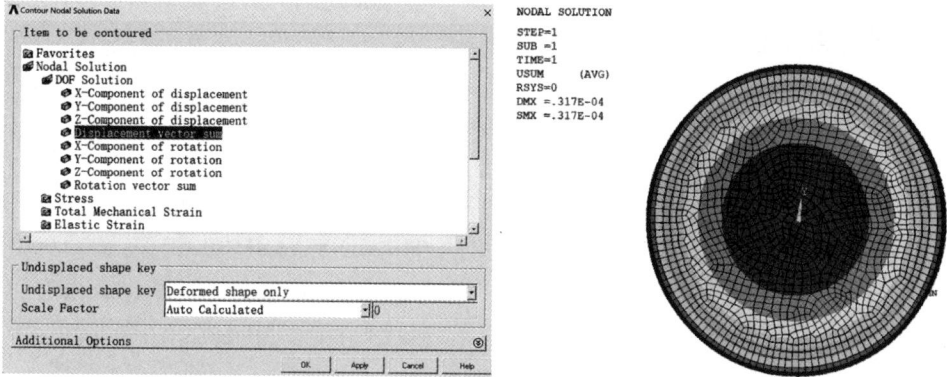

图10.13　求解总位移及云图结果

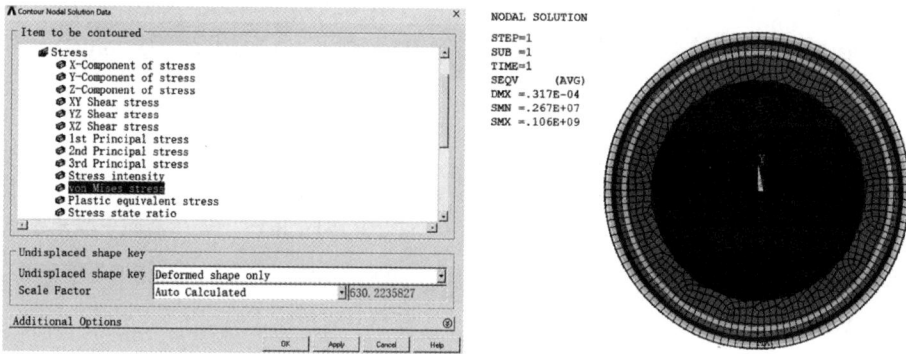

图10.14　显示等效应力及应力云图

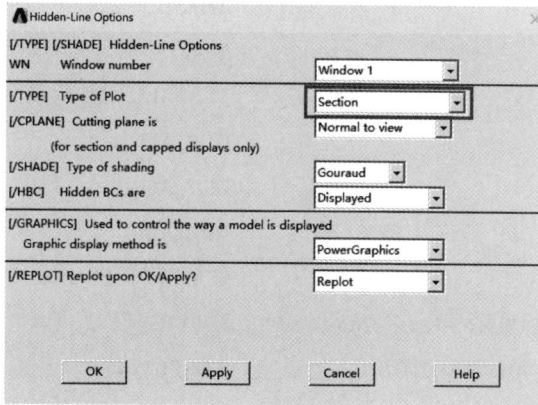

图10.15　切片设置和变形及应力的切片云图

10.2.2　基于APDL命令流的求解

上述GUI操作可通过命令流的形式实现，GUI和命令流得到的结果是一致的，具体命令流如下。

```
/CLEAR                                          *SET,%_FNCNAME%(0,3,1),0,-3,0,1,-1,4,-2
FINISH                                          *SET,%_FNCNAME%(0,4,1),0.0,-1,0,2,0,0,2
!定义分析文件名                                    *SET,%_FNCNAME%(0,5,1),0.0,-2,0,1,2,17,-1
/FILNAME,Disc-Shell,0                           *SET,%_FNCNAME%(0,6,1),0.0,-1,0,1,-3,3,-2
/TITLE,varibale thickness of shell              *SET,%_FNCNAME%(0,7,1),0.0,-2,0,0.07,0,0,-1
/PREP7                                          *SET,%_FNCNAME%(0,8,1),0.0,-3,0,1,-1,1,-2
/NOPR                                           *SET,%_FNCNAME%(0,9,1),0.0,99,0,1,-3,0,0
KEYW,PR_SET,1                                   !End ofequation:-0.07/0.04*{X}^2+0.07
KEYW,PR_STRUC,1                                 !******************************!
ET,1,SHELL181                                   SECT,1,SHELL,,
KEYOPT,1,3,2                                    SECDATA,0.0,1,0.0,5
!采用不调和方式的完全积分(Full integration)          SECOFFSET,BOT  !壳体截面坐标系建立在底面
MP,EX,1,2.1e11                                   SECF,%BJ%,0   !设置厚度为变厚度函数
MP,PRXY,1,0.3                                    SECCONTROL,,,,,,,
/REPLOT,RESIZE                                  PCIRC,0.2,0,0,360,   !生成半径为0.2的实心圆面
!*************设置单元厚度函数,从.log文件             ESIZE,0.01,0,
直接截取*********!                                 AMESH,1
*DEL,_FNCNAME                                   /SOL
*DEL,_FNCMTID                                   DL,1,,ALL,   !加约束
*DEL,_FNCCSYS                                   DL,2,,ALL,
*SET,_FNCNAME,'BJ'                              DL,3,,ALL,
*SET,_FNCCSYS,1                                 DL,4,,ALL,
!/INPUT,qq.func,,,1                             SFA,1,1,PRES,-1E6   !加压力
*DIM,%_FNCNAME%,TABLE,6,9,1,,,,%_FNCCSYS%       SOLVE
!Begin of equation:-0.07/0.04*{X}^2+0.07        /POST1
*SET,%_FNCNAME%(0,0,1),0.0,-999                 /ESHAPE,1.0
*SET,%_FNCNAME%(2,0,1),0.0                      PLNSOL,U,SUM,0,1.0   !显示变形
*SET,%_FNCNAME%(3,0,1),0.0                      /EFACET,1
*SET,%_FNCNAME%(4,0,1),0.0                      PLNSOL,S,EQV,0,1.0   !显示应力
*SET,%_FNCNAME%(5,0,1),0.0                      !!!!!!!!!!!!!切片显示**************
*SET,%_FNCNAME%(6,0,1),0.0                      /TYPE,1,1   !第1个"1"窗口号,第2个"1"剖面
*SET,%_FNCNAME%(0,1,1),1.0,-1,0,-0.07,0,0,0     显示平面视图
*SET,%_FNCNAME%(0,2,1),0.0,-2,0,0.04,0,0,-1     /CPLANE,0   !切平面垂直于视图向量
```

/SHADE,1,1!第1个"1"窗口号,第2个"1" Gouraud光滑阴影法,即以定点的颜色进行插值,对颜色的变化进行光滑处理

/HBC,1,0!确定边界条件符号在窗口的显示方式,第1个"1"窗口号,"0"不显示BC符号

10.3 基于实体单元的变厚度壳结构静力学分析

一般认为ANSYS中基于实体建模得到的仿真结果更为准确,因此针对10.1描述的变厚度壳结构,本节将采用实体单元对其进行有限元建模,并完成该结构的静力学分析。

10.3.1 基于GUI方式的求解

以下描述基于实体单元进行变厚度壳结构静力学分析的主要步骤。

(1)定义符号变量用于建模。定义参数,依次点击实用菜单Utility Menu,Parameters,Scalar Parameters,分布变厚度壳的高度H,半径R,变厚度水平方向划分的数量RV等,在对话框中输入等式并点击"Accept"按钮,完成参数的定义;定义数组,依次点击实用菜单Utility Menu,Parameters,Array Parameters,Define/Edit,定义XX和YY两个51×1的向量数组,用于存在变厚度壳坐标,如图10.16所示。

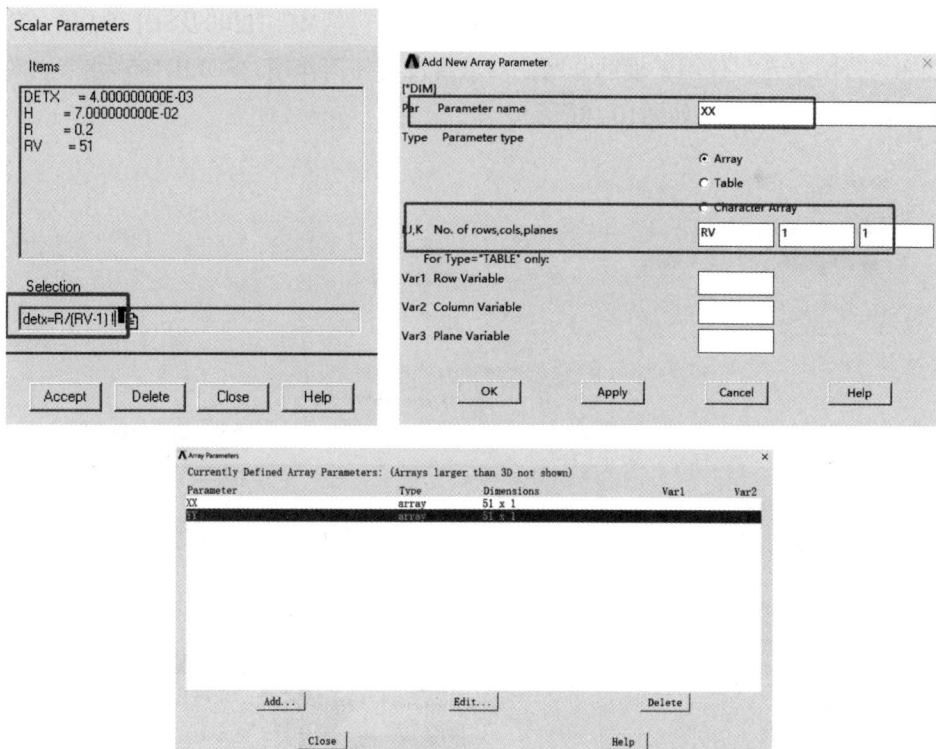

图10.16 定义参数和数组面板

定义厚度曲线坐标点,执行下列循环语句:

```
*do,i,1,RV          !定义循环,实现厚度曲线的坐标点构建
XX(i)=0+(i−1)*detx
```

YY(i)=−H/R**2*XX(i)**2+H

*enddo

运行后数组值如图10.17所示。

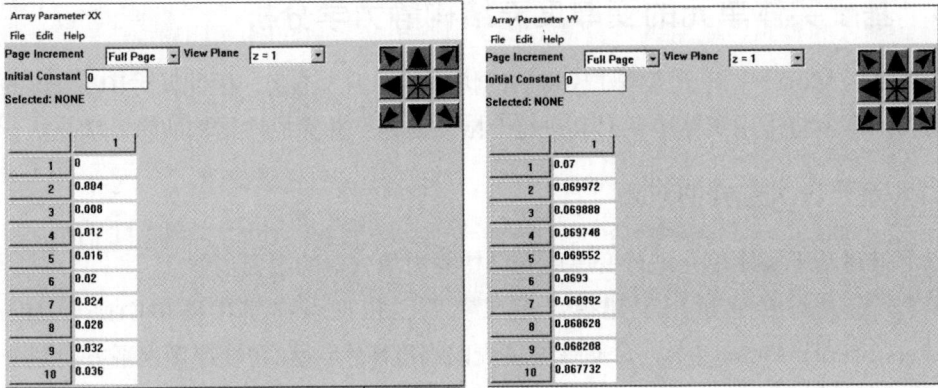

图10.17　数组值显示

（2）定义单元类型。依次点击主菜单Main Menu，Preprocessor，Element Type，Add/Edit/Delete，定义用实体单元进行分析所需的单元，包括MESH200及SOLID185。其中，MESH200为分网单元，仅用于辅助分网，对求解没有任何作用；SOLID185为8节点实体单元，每个节点3个自由度。如图10.18所示。

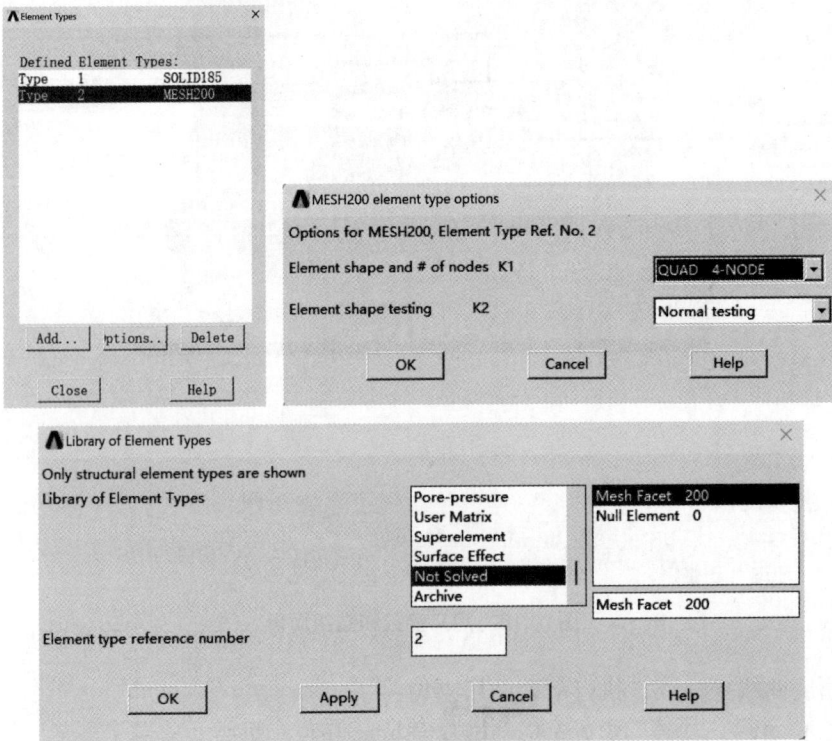

图10.18　定义单元类型

（3）定义材料属性，与10.2.1相同。

（4）绘制变厚度壳上表面截面关键点及生成样条曲线。由于涉及多个关键点，这里用命令流绘制，执行以下命令，生成厚度方向的命令流。

*do，i，1，RV !定义厚度函数所需要的关键点

K,i,XX(i),YY(i),0,

*enddo

接下来，依次点击主菜单Main Menu，Preprocessor，Modeling，Create，Lines，Splines，Spline thru Kps，生成样条曲线，完成变厚度壳轮廓线的绘制。如图10.19所示。

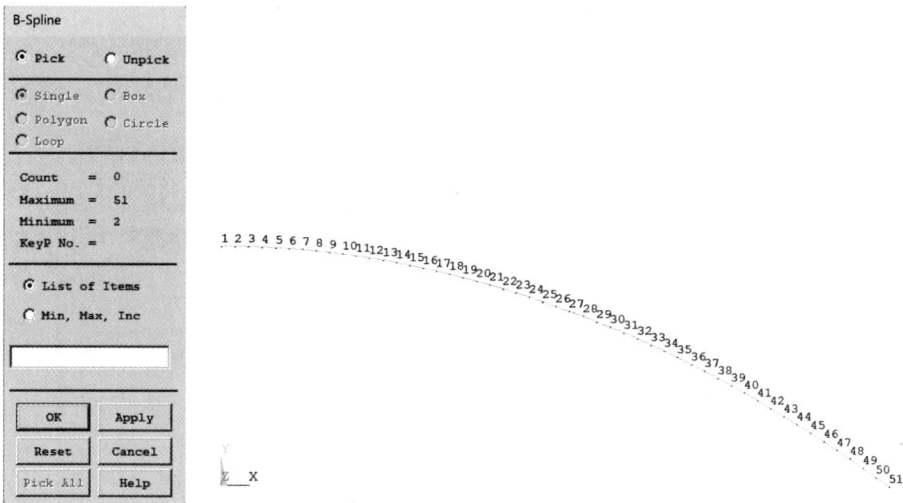

图10.19　生成样条曲线

（5）生成对称截面。在坐标原点位置定义一个关键点，连接关键点52和关键点1，生成线L2；连接关键点52和关键点51，生成线L3；再由3条线生成对称截面，如图10.20所示。

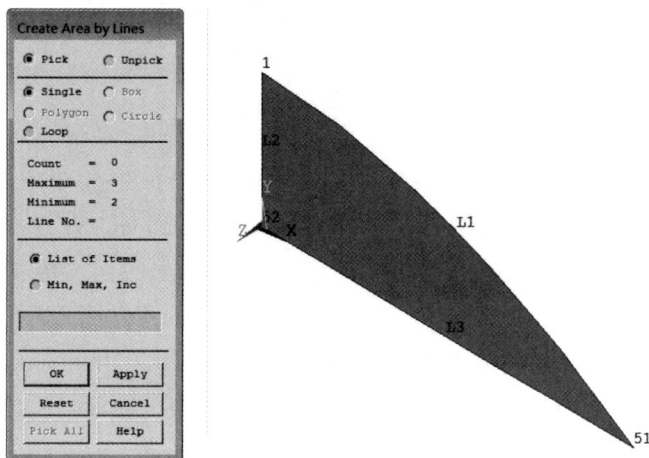

图10.20　生成的对称截面

（6）用分网单元（MESH200）对对称截面进行划分网格。依次点击主菜单Main Menu，Preprocessor，Meshing，MeshTool，弹出网格划分工具对话框，如图10.21所示。选择"Lines"中的"Set"，设置"NDIV No. of element divisions"为30，每条线均划分为30份，点击"OK"按钮，再点击"MeshTool"中的"Mesh"，对面进行网格划分。

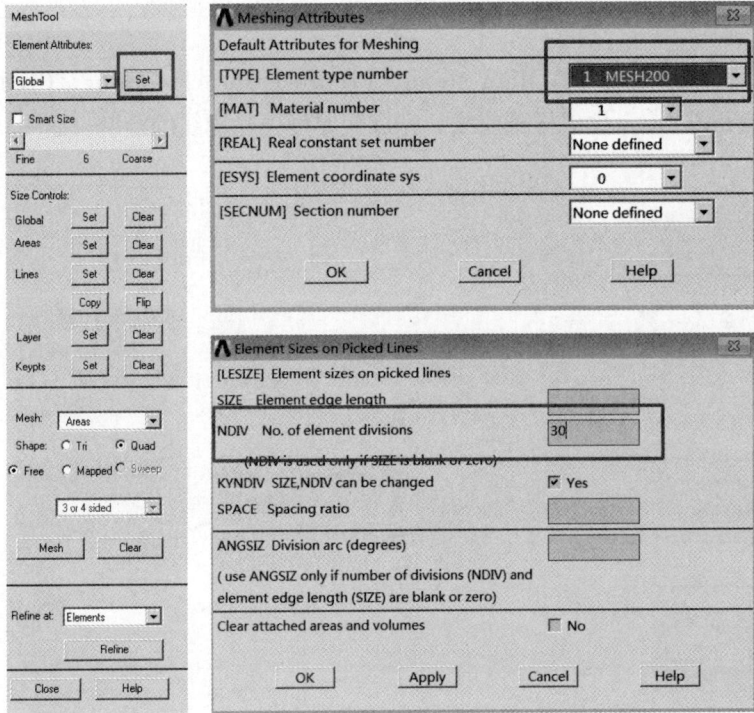

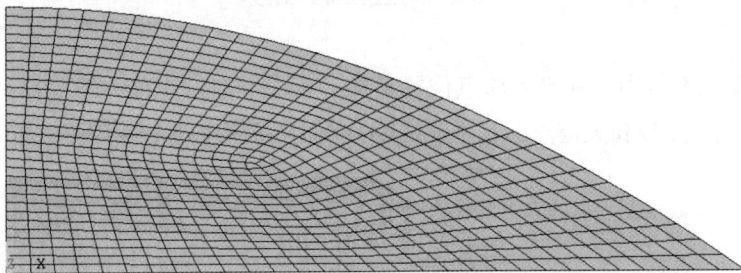

图10.21　网格划分及分网结果

（7）扫掠生成完整变厚度壳有限元模型。由面扫掠生成体，依次点击主菜单Main Menu，Preprocessor，Modeling，Operate，Extrude，Elem Ext Opts，选择实体单元SOLID185，扫掠份数设置为36个，扫掠生成面时清除原先的面。接着依次点击主菜单MainMenu，Modeling，Operate，Extrude，Areas，About Axis，先选面，再选两个关键点形成轴，绕轴线生成360°的完整模型，完成扫掠分网。如图10.22所示。

（8）加约束、加载荷，并进行求解。在线上施加约束，在面上施加压力。依次点击主菜单Main Menu，Solution，Define loads，Apply，Structural，Displacement，On Lines，弹出"Apply U，ROT on Lines"对话框，选择L6和L7线，选择约束全部自由度，点击

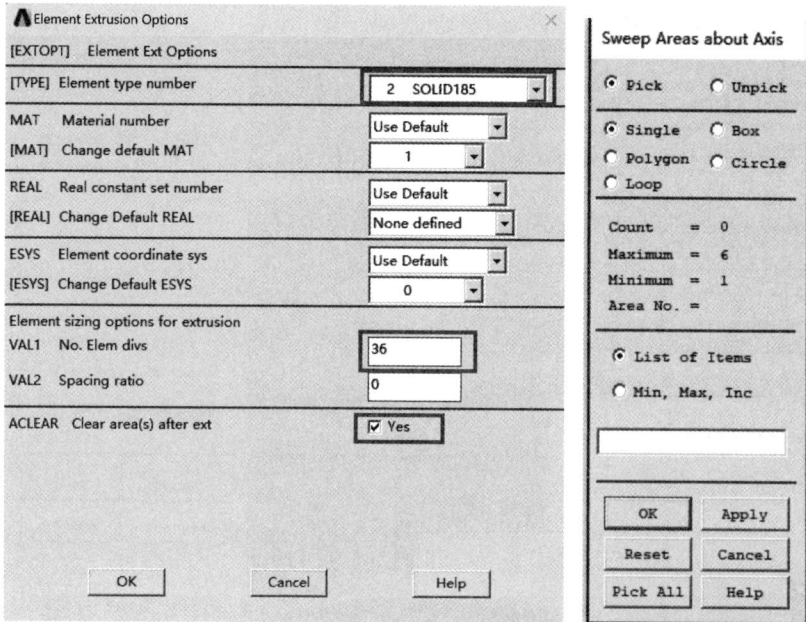

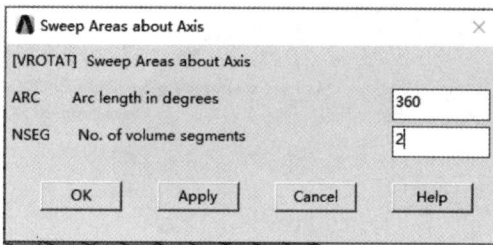

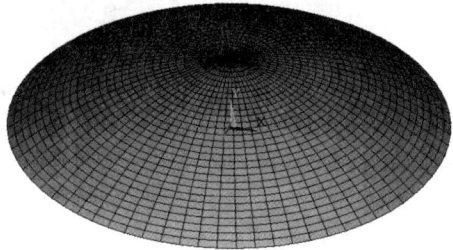

图10.22　生成完整有限元模型及生成的网格

"OK"按钮生成约束；依次点击主菜单 Main Menu，Solution，Define loads，Apply，Structural，Displacement，Pressure，On Areas，弹出"Apply PRES on areas"对话框，选择A2和A5面，点击"OK"按钮完成压力施加。如图10.23所示。

（9）后处理。

①显示总位移，依次点击主菜单Main Menu，General Postproc，Plot Results，Contour Plot，Nodal Solu，弹出"Contour Nodal Solution Data"对话框，选择Nodal Solution，DOF Solution，Displacement vector sum，点击"OK"按钮，显示位移云图。

②显示等效应力，依次点击主菜单Main Menu，General Postproc，Plot Results，Contour Plot，Nodal Solu，弹出"Contour Nodal Solution Data"对话框，选择Stress，Von Mises，点击"OK"按钮，显示等效应力。获得的结果如图10.24所示。

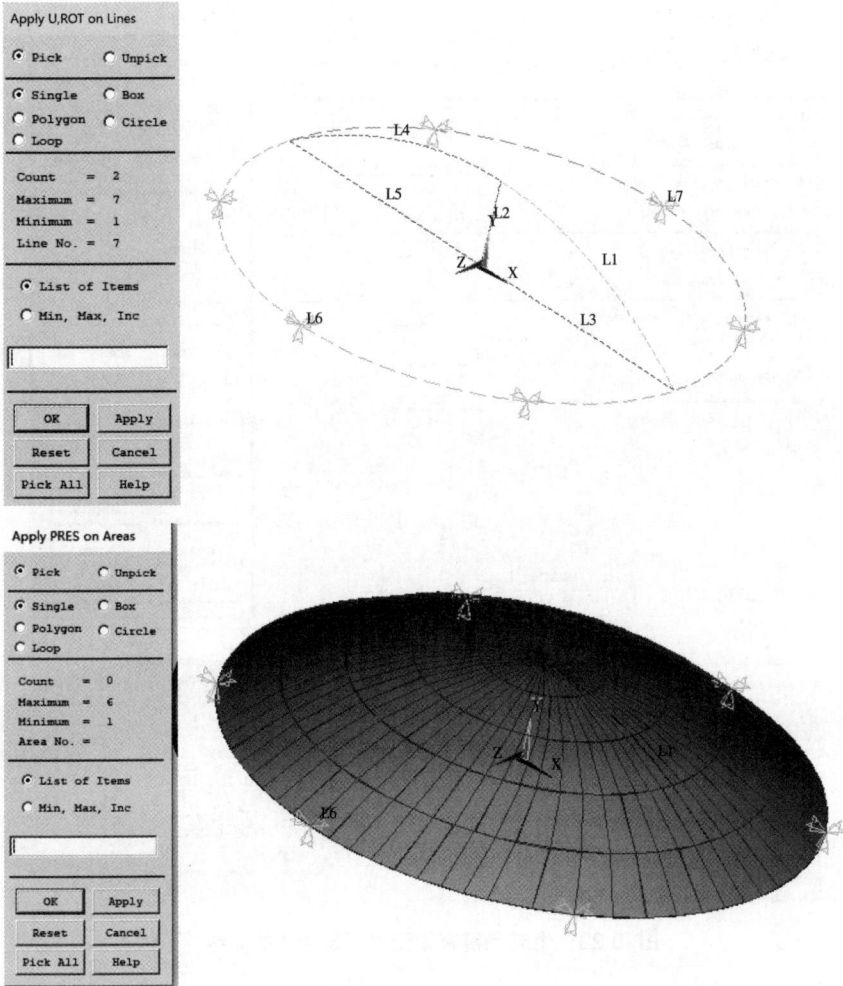

图10.23　施加载荷和约束对话框及有限元模型

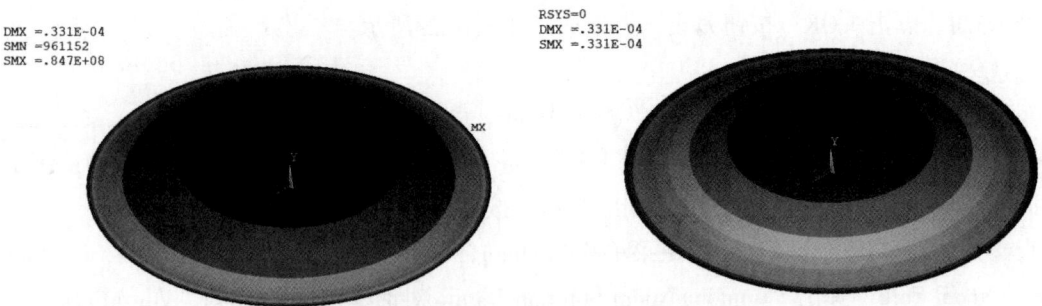

图10.24　总位移和等效应力云图

10.3.2　基于APDL命令流的求解

上述GUI操作可通过命令流的形式实现，GUI和命令流得到的结果是一致的，具体命令流如下。

```
/CLEAR                                          k,RV+1,0,0,0   !在坐标原点位置定义关键点RV+1
FINISH                                          LSTR,52,1   !生成轴对称截面两条边缘线
!定义分析文件名                                    LSTR,52,51
/FILNAME,Disc-Solid,0                           AL,all   !生成轴对称截面
/TITLE,Analysis of varibale thickness shell using solid   TYPE,1   !用Mesh200单元对截面进行分网
/PREP7                                          MAT,1
/NOPR                                           REAL,
KEYW,PR_SET,1                                   ESYS,   0
KEYW,PR_STRUC,1                                 SECNUM,
!定义参数                                         !通过控制单元个数分网
H=0.07   !高度                                   LESIZE,all,,,30,,,,1   !把所有的线分成30份
R=0.2   !半径                                    MSHAPE,0,2D
RV=51!变厚度壳厚度及水平方向划分的数量              Amesh,1
detx=R/(RV-1)!                                   TYPE,2   !用实体单元扫掠分网
*DIM,XX,ARRAY,RV,1,1,,,   !定义数组               MAT,1
*DIM,YY,ARRAY,RV,1,1,,,                          EXTOPT,ESIZE,36,0,
*do,i,1,RV                                       !体积扫掠设定,体生成方向单元数量
XX(i)=0+(i-1)*detx   !水平坐标                    EXTOPT,ACLEAR,1   !体生成时清除面单元网格
YY(i)=-H/R**2*XX(i)**2+H   !水平坐标对应壳的厚度   VROTAT,all,,,,,,52,1,360,2,
*enddo                                           !绕轴线52-1生成360度的完整模型,圆周两个体
/PREP7                                           /solu
ET,1,MESH200                                     DL,6,,all   !加约束
!仅仅用于网格划分,对求解没有任何作用                DL,7,,all
KEYOPT,1,1,6   !4节点                            SFA,2,1,PRES,1E6   !加载荷
ET,2,Solid185                                    SFA,5,1,PRES,1E6
MP,EX,1,2.1e11   !材料参数                        Solve
MP,PRXY,1,0.3                                    /POST1
*do,i,1,RV   !定义厚度函数所需要的关键点            /ESHAPE,1.0
K,i,XX(i),YY(i),0,                               PLNSOL,U,SUM,0,1.0   !生成变形
*enddo                                           /EFACET,1
bsplin,all   !生成样条曲线                        PLNSOL,S,EQV,0,1.0   !生成应力
```

10.4 基于1/4周期对称的变厚度壳结构静力学分析

事实上，采用周期对称结构时ANSYS求解效率更高。因此，本节采用1/4周期对称的方法并基于实体单元分析10.3所描述的变厚度壳的静力学特性。其中，定义符号变量用于建模、定义单元类型、定义材料属性、绘制变厚度壳上表面截面关键点、生成对称截面、用分网单元对对称截面进行划分网格与10.3.1中的过程相同，这里不再赘述，本节仅

列出创建完对称截面以后并用MESH200分网后的操作。

10.4.1　基于GUI方式的求解

相关主要操作步骤如下。

（1）扫掠生成1/4变厚度壳有限元模型。由面扫掠生成体，依次点击主菜单Main Menu，Preprocessor，Modeling，Operate，Extrude，Elem Ext Opts，选择实体单元SOLID185，扫掠份数设置为36个，扫掠生成面时清除原先的面。接着，依次点击主菜单Main Menu，Modeling，Operate，Extrude，Areas，About Axis，先选面，再选两个关键点形成轴，绕轴线生成90°的1/4模型，进行扫掠分网。如图10.25所示。

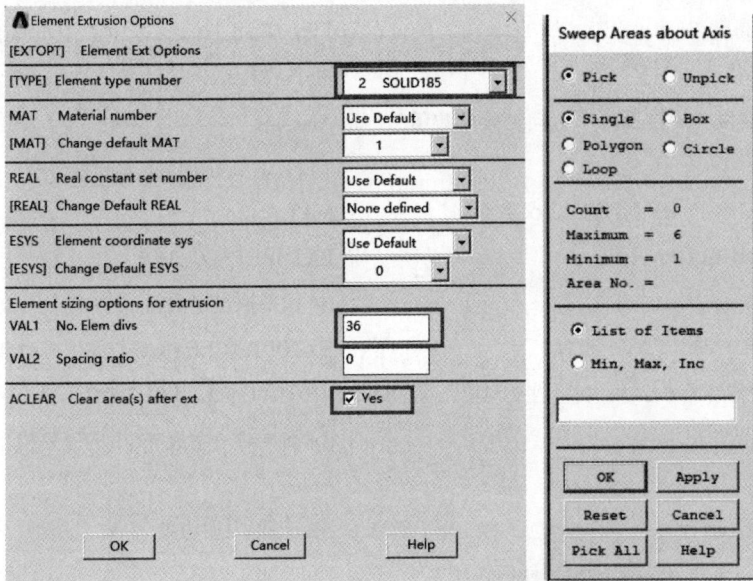

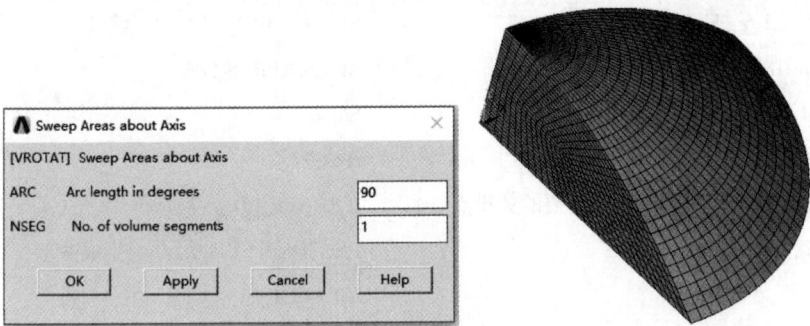

图10.25　生成1/4变厚度壳有限元模型

（2）施加对称约束。对相关面及线施加对称约束，首先针对面，依次点击主菜单Main Menu，Solution，Define loads，Apply，Structural，Displacement，Symmetry B.C.，On Areas，选择对称面并施加。接着，针对线施加对称约束，依次点击主菜单Main menu，Solution，Define loads，Apply，Structural，Displacement，Symmetry B.C.，On Lines，选择对称线并施加，施加对称约束。如图10.26所示。

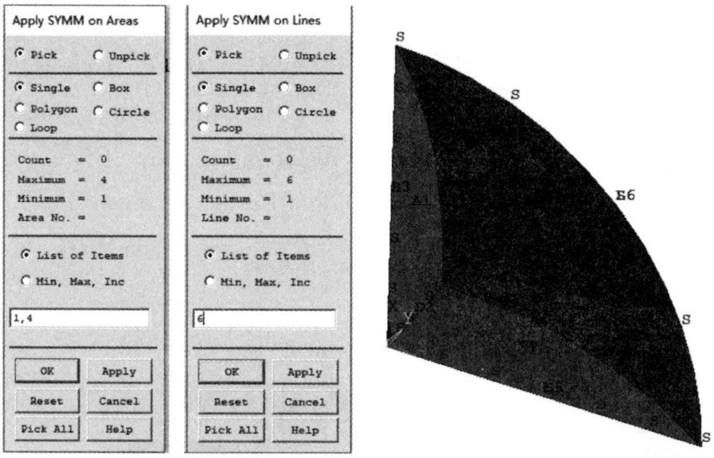

图10.26　设置对称约束边界及相关模型

（3）加位移约束及载荷，并求解。在线上施加约束，在面上施加压力。依次点击主菜单Main Menu，Solution，Defineloads，Apply，Structural，Displacement，On Lines，弹出"ApplyU，ROT on Lines"菜单，选择L6线，选择约束全部自由度，点击"OK"按钮生成约束；依次点击主菜单Main menu，Solution，Define loads，Apply，Structural，Displacement，Pressure，On Areas，弹出"Apply PRES on areas"对话框，选择A2面，点击"OK"按钮生成压力。如图10.27所示。

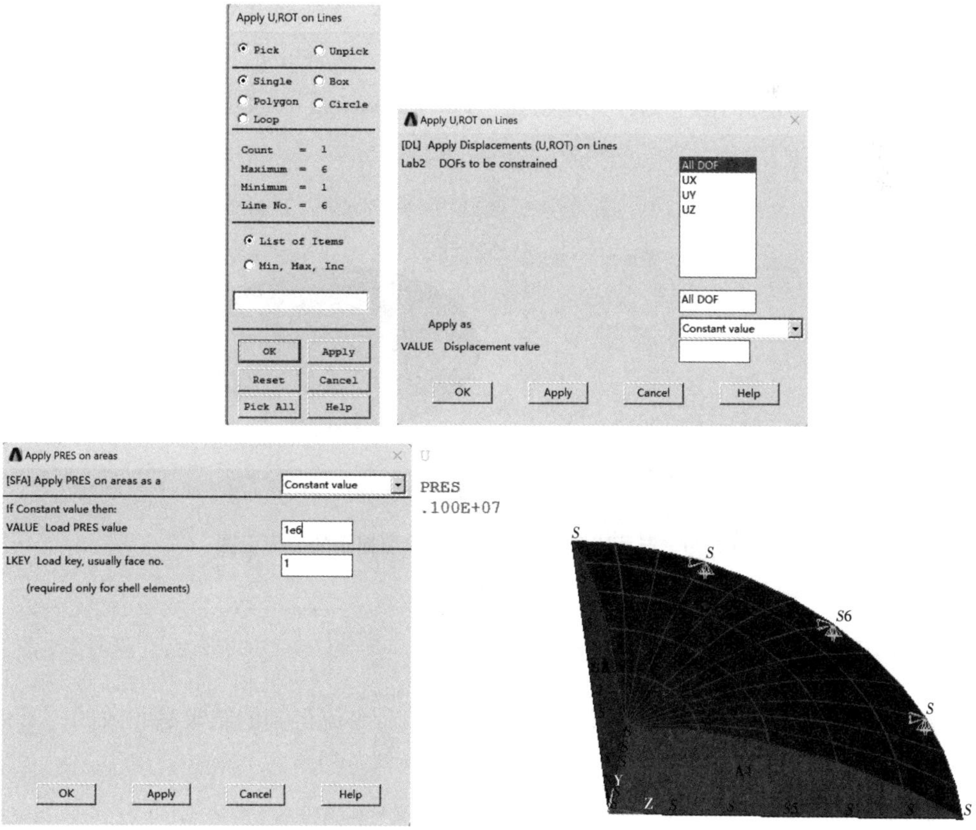

图10.27　施加约束及载荷和生成的模型

（4）显示结果。

① 显示总位移及等效应力。依次点击主菜单Main Menu，General Postproc，Plot Results，Contour Plot，Nodal Solu，在弹出的"Contour Nodal Solution Data"对话框中，选择Nodal Solution，DOF Solution，Displacement vector sum，点击"OK"，显示位移云图；依次点击主菜单Main Menu，General Postproc，Plot Results，Contour Plot，Nodal Solu，在弹出的"Contour Nodal Solution Data"对话框中，选择Stress，Von Mises，点击"OK"，显示等效应力。相关结果见图10.28。

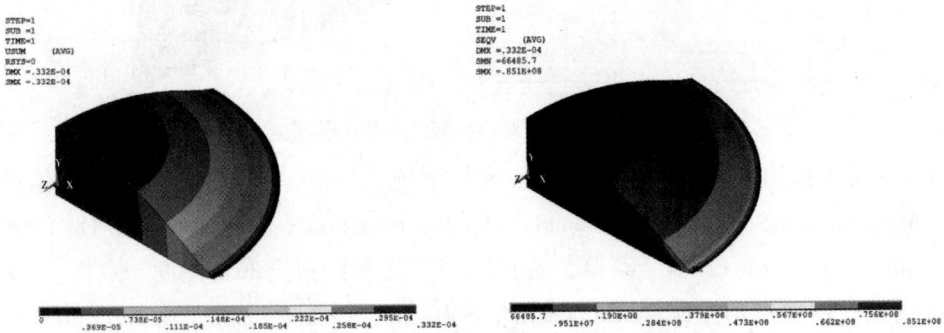

图10.28　总位移及总应力（1/4模型）

② 后处理显示整个结构。上述显示的1/4模型结果，实际上ANSYS也可显示完整模型结果，依次点击实用菜单Plot Ctrols，Style，Symmetry Expansion，2DAxi-symmetric，Full Expansion，在弹出的对话框中选择完整模型"Full expansion"，如图10.29所示。

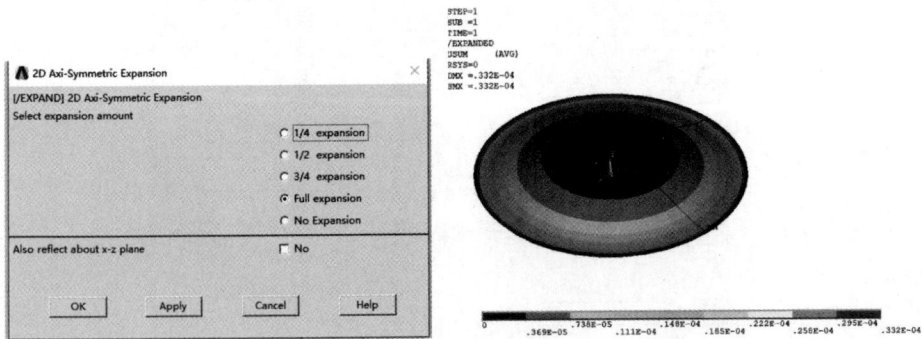

图10.29　显示完整模型及用完整模型显示的变形云图

10.4.2　基于APDL命令流的求解

上述GUI操作可通过命令流的形式实现，GUI和命令流得到的结果是一致的，具体命令流如下。

/CLEAR	!定义分析文件名
FINISH	/FILNAME,Disc–Solid–1–4,0

```
/TITLE,Analysis of varibale thickness shell using
solid and 1-4
/PREP7
/NOPR
KEYW,PR_SET,1
KEYW,PR_STRUC,1
!定义参数
H=0.07  !高度
R=0.2   !半径
RV=51  !变厚度壳厚度及水平方向划分的数量
detx=R/(RV-1)!
*DIM,XX,ARRAY,RV,1,1,,,  !定义数组
*DIM,YY,ARRAY,RV,1,1,,,
*do,i,1,RV
XX(i)=0+(i-1)*detx   !水平坐标
YY(i)=-H/R**2*XX(i)**2+H  !水平坐标对应壳
的厚度
*enddo
/PREP7
ET,1,MESH200   !仅仅用于网格划分,对求解没
有任何作用
KEYOPT,1,1,6  !4节点
ET,2,Solid185
MP,EX,1,2.1e11  !材料参数
MP,PRXY,1,0.3
*do,i,1,RV  !定义厚度函数所需要的关键点
K,i,XX(i),YY(i),0,
*enddo
bsplin,all   !生成样条曲线
k,RV+1,0,0,0  !在坐标原点位置定义关键点RV+1
LSTR,52,1  !生成轴对称截面两条边缘线
LSTR,52,51
```

```
AL,all  !生成轴对称截面
TYPE,1   !用Mesh200单元对截面进行分网
MAT,1
REAL,
ESYS,0
SECNUM,
!通过控制单元个数分网
LESIZE,all,,,30,,,,1   !对所有的线分成30份
MSHAPE,0,2D
Amesh,1
TYPE,2   !用实体单元扫掠分网
MAT,1
EXTOPT,ESIZE,36,0,  !体积扫掠设定,体生成方
向单元数量
EXTOPT,ACLEAR,1  !体生成时清楚面单元网格
VROTAT,all,,,,,,52,1,90,1,  !绕轴线52-1生成90度
的网格模型,1个体

!以下加对称约束
DA,4,SYMM
DA,1,SYMMDL,6,,SYMM
/solu
DL,6,,all  !加约束
SFA,2,1,PRES,1E6  !在面2上加载荷
solve
/POST1
/ESHAPE,1.0
PLNSOL,U,SUM,0,1.0  !生成变形
/EFACET,1
PLNSOL,S,EQV,0,1.0  !生成应力
/EXPAND,36,AXIS,,,10  !对模型进行拓展
```

10.5　基于轴对称的变厚度壳结构静力学分析

由于研究的问题满足轴对称条件，即不仅几何形状轴对称，而且外载荷轴对称，因此可用一个截面研究整个结构的力学行为，以下采用轴对称分析法对变厚度壳进行力学分析。

10.5.1 基于GUI方式的求解

（1）选择可用于模拟轴对称问题的平面单元。依次点击主菜单Main Menu，Preprocessor，Element Type，Add/Edit/Delete，添加平面单元PLANE182单元，选择轴对称选项，如图10.30所示。

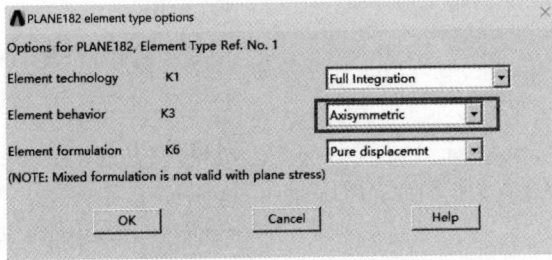

图10.30 定义单元类型

（2）定义材料属性，与10.2.1相同。

（3）绘制变厚度壳上表面截面关键点，并生成样条曲线。相关操作与10.3.1相同，生成的样条曲线见图10.31。

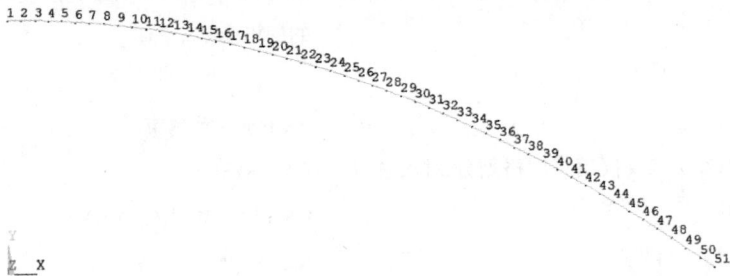

图10.31 生成样条曲线

（4）创建变厚度轴对称截面。在坐标原点位置定义一个关键点，连接关键点52和关键点1，生成线L2；连接关键点52和关键点1，生成线L3；再由3条线生成对称截面，如图10.32所示。

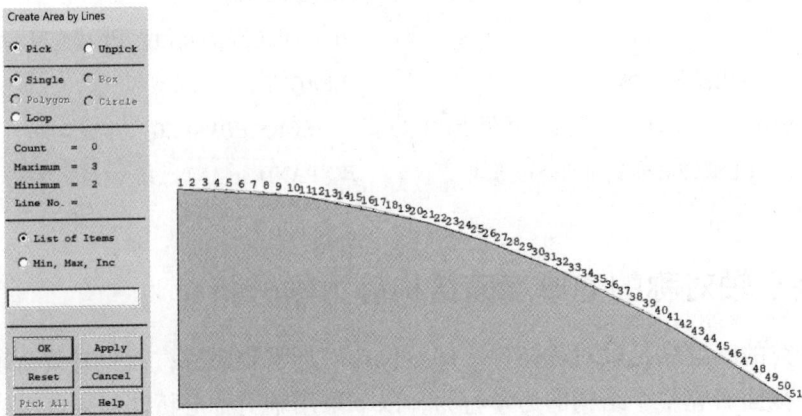

图10.32 创建变厚度轴对称截面及生成的模型

（5）划分网格。依次点击主菜单Main Menu，Preprocessor，Meshing，MeshTool，弹出网格划分工具对话框，选择"Lines"中的"Set"设置"NDIV No.of element divisions"为30，每条线均划分为30份，点击"OK"按钮，再点击"MeshTool"中的"Mesh"，对面进行网格划分。如图10.33所示。

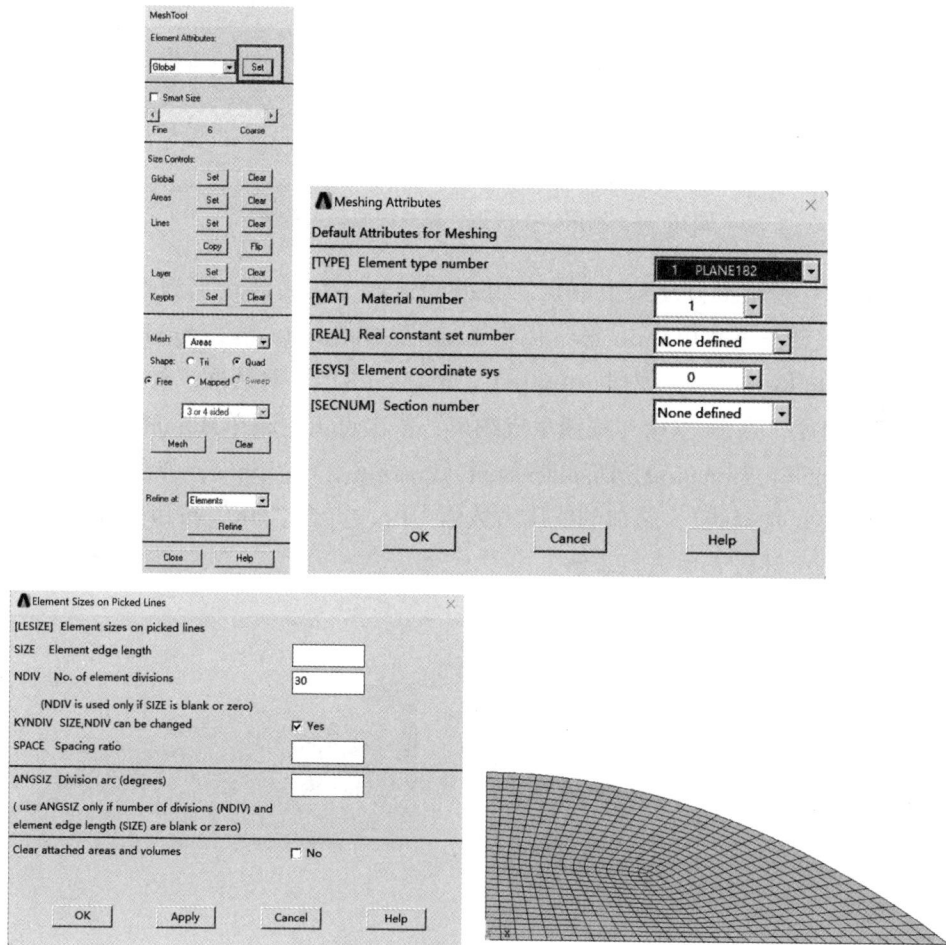

图10.33　网格划分及生成的有限元模型

（6）计算在线上施加的压力。由于本节是以轴对称截面模拟整个变厚度壳，因而需要计算得到线压力值。具体计算方法为面上承受的力除以弧线长度得到线压力值，可用如下命令流完成计算。

Aera1=0.14　!曲面面积

F1=1e6*Aera1

L1=0.2153　!弧线长度

P1=F1/L1

命令流中输入的已知参数（例如曲面面积及弧线长度）可通过三维CAD软件计算，见图10.34。

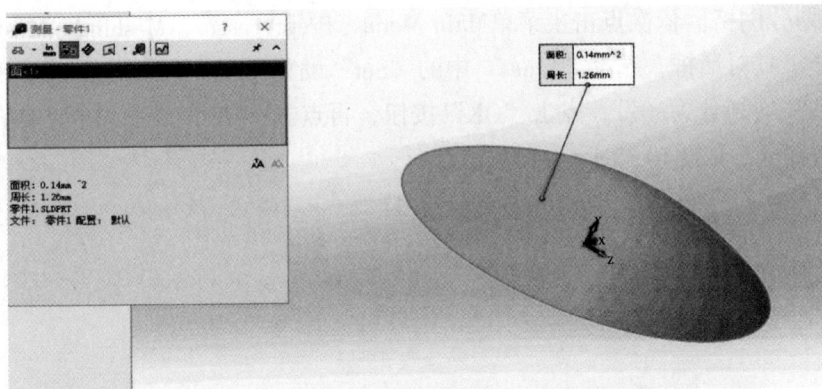

图10.34 利用CAD模型计算曲面面积示意图

（7）在线上施加压力及约束节点，并进行求解。在关键点上施加约束，在线上施加压力。依次点击主菜单Main Menu，Solution，Define loads，Apply，Structural，Displacement，On Keypoints，弹出"Apply U，ROT on KPs"对话框，选择关键点51，选择约束全部自由度，点击"OK"按钮生成约束；依次点击主菜单Mainmenu，Solution，Define loads，Apply，Structural，Displacement，Pressure，On Lines，弹出"Apply PRES on lines"对话框，选择线1，施加的线压力数值为P1，点击"OK"按钮生成压力，如图10.35所示，完成上述设置后进行求解。

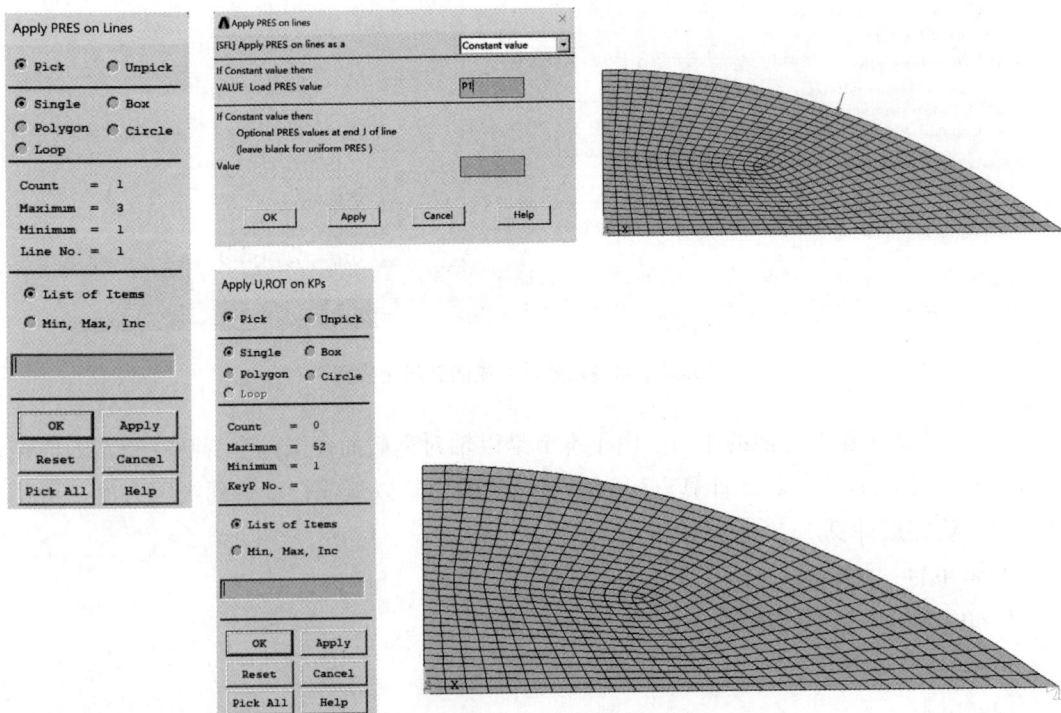

图10.35 施加压力及约束和生成的模型

（8）显示结果。

显示总位移及等效应力。依次点击主菜单Main Menu，General Postproc，Plot Results，Contour Plot，Nodal Solu，在弹出的"Contour Nodal Solution Data"对话框中，选择Nodal Solution，DOF Solution，Displacement vector sum，点击"OK"，显示位移云图；依次点击主菜单Main Menu，General Postproc，Plot Results，Contour Plot，Nodal Solu，在弹出的"Contour Nodal Solution Data"对话框中，选择Stress，Von Mises，点击"OK"，显示等效应力。相关结果如图10.36所示。

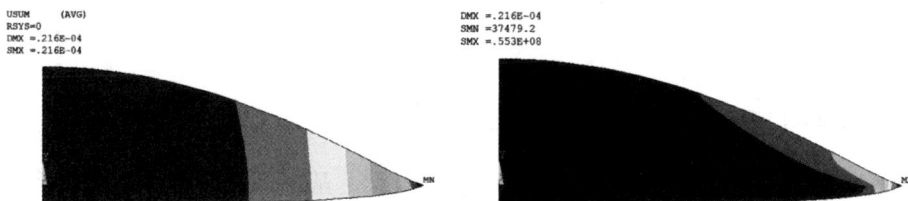

图10.36　总位移云图和应力云图

10.5.2　基于APDL命令流的求解

上述GUI操作可通过命令流的形式实现，GUI和命令流得到的结果是一致的，具体命令流如下。

```
/CLEAR                                       XX(i)=0+(i-1)*detx    !水平坐标
FINISH                                       YY(i)=-H/R**2*XX(i)**2+H  !水平坐标对应壳
!定义分析文件名　用一个截面分析整个系统的      的厚度
受力                                         *enddo
/FILNAME,Disc-PLane,0                        /PREP7
/TITLE,Analysis of varibale thickness shell using   ET,1,PLANE182
plane element                               KEYOPT,1,3,1    !选择轴对称
/PREP7                                       MP,EX,1,2.1e11    !材料参数
/NOPR                                        MP,PRXY,1,0.3
KEYW,PR_SET,1                                *do,i,1,RV    !创建关键点
KEYW,PR_STRUC,1                              K,i,XX(i),YY(i),0
!定义参数                                     *enddo
H=0.07  !高度                                bsplin,all  !对多个关键点拟合成曲线,!生成变厚
R=0.2  !半径                                  度截面壳截面所需的线,之后进一步生成面
RV=51  !变厚度壳厚度及水平方向划分的数量        k,RV+1,0,0,0
detx=R/(RV-1)!                              LSTR,52,1
*DIM,XX,ARRAY,RV,1,1,,,  !定义数组            LSTR,52,51
*DIM,YY,ARRAY,RV,1,1,,,                      AL,all  !生成面
*do,i,1,RV                                   TYPE,1  !选择网格单元
```

MAT,1

ESYS,0

SECNUM,

LESIZE,all,,,30,,,,1　!每个线分30份

MSHAPE,0,2D

Amesh,1　!分网

!以下数值用于计算单位线上的压力

Aera1=0.14　!曲面面积

F1=1e6*Aera1

L1=0.2153　!弧线长度

P1=F1/L1

/solu

SFL,1,PRES,P1,　!在弧线上施加压力

DK,51,,0,,1,ALL,,,,,,

Solve

/POST1　!进入后处理器

PLNSOL,U,SUM,0,1.0　!显示变形云图

PLNSOL,S,EQV,0,1.0　!显示应力云图

10.6　结果对比

本章分别采用基于壳单元的变厚度壳结构分析、基于实体单元的变厚度壳结构分析、基于1/4周期对称的变厚度壳结构分析、基于轴对称的变厚度壳结构分析4种方法进行静力学求解,获得变厚度壳的位移和应力云图。把利用4种方法求解的结果进行比对,如表10.1所示。

表10.1　采用不同方法得到的变厚度壳的最大位移和应力对比结果

分析方法	最大位移/m	最大应力/MPa
基于壳单元的变厚度壳结构分析	0.317×10^{-4}	106.0
基于实体单元的变厚度壳结构分析	0.331×10^{-4}	84.7
基于1/4周期对称的变厚度壳结构分析	0.332×10^{-4}	85.1
基于轴对称的变厚度壳结构分析	0.216×10^{-4}	55.3

从表10.1可以看出,采用壳单元和实体单元获得的结构最大位移结果较为接近,但是两者得到的最大应力相差较大,相差21.3 MPa(以实体单元为准,壳与实体的应力误差为25.1%)。一般认为,基于实体单元获得的应力结果更为准确,而采用壳单元模拟厚度较大的变截面圆盘时,应力结果可能失真。壳单元具有计算效率高的优势,但应力结果准确度可能不够,而实体单元计算效率稍低,但应力结果准确。基于1/4周期对称的变厚度壳结构分析的位移和应力结果均与基于实体单元的全模型结果非常接近,得到的圆盘位移云图一致性良好,因此推荐采用基于1/4周期对称的变厚度壳结构分析计算变厚度圆盘的静力学结果,以提升效率。轴对称建模的方式与整体结构建模相比,虽然采用轴对称平面单元求解效率高,但是位移和应力结果均与全实体模型相比存在较大差异,因而对于这种结构,这里不推荐采用轴对称方式对圆盘进行建模分析。

10.7　本章小结

本章重点给出了一个变截面壳单元案例分析,分别采用GUI和APDL命令流两种操作方式,绘制了圆盘受载后的位移和应力云图,并给出了基于壳单元的变厚度壳结构分析、基于实体单元的变厚度壳结构分析、基于1/4周期对称的变厚度壳结构分析、基于轴

对称的变厚度壳结构分析等方式的建模过程。本章关于壳单元建模需要重点学的是如何定义变截面厚度函数和定义壳截面参数，从而生成变截面圆盘结构。

对比4种建模方法的结果可以发现，采用壳单元模拟厚度较大的变截面圆盘时，应力结果可能失真；1/4周期对称和整个结构的建模，得到的圆盘位移云图一致性良好，推荐采用基于1/4周期对称的变厚度壳结构分析计算变厚度圆盘的静力学结果；轴对称建模的方式与整体结构建模相比，位移和应力与整体结果的均存在较大差异，因此不推荐采用轴对称方式对圆盘进行建模分析。

习题

（1）针对本章结构，采用30°扇区周期对称分析，结果与1/4对称及完整模型比对。假如把实体单元由SOLID185换成SOLID186单元（高阶实体单元20个节点，每个节点3个自由度）进行静力学分析，将相关结果与SOLID185单元求得的结果进行比对。

（2）如习题图所示薄壁圆柱壳结构，名义半径（中曲面半径）为225 mm，壁厚为4 mm，长为210 mm，材料为45钢，弹性模量为210 GPa，泊松比为0.269。底部完全固定约束。壳的内部受1×10^6 Pa的压力，试分别采用壳单元及实体单元分析壳结构的变形及等效应力。要求给出详细的分析求解过程。

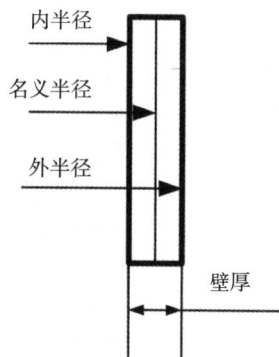

习题图

第11章　实体结构分析实例

本章主要以轴承座结构为例，介绍利用ANSYS软件对实体结构进行静力学分析的方法，分别介绍GUI界面操作和APDL命令流操作。同时，对不同单位制下的分析方式进行了阐述，对比了不同网格状态对分析结果的影响。最后，还介绍了对于对称结构可以采用对称分析的方法。

11.1　问题描述

如图11.1所示，轴承座由底座、轴承沟槽支撑、轴承支架和支撑孔组成。具体几何尺寸如下：底座长度为0.08 m，底座宽度为0.04 m，底座高度为0.01 m，轴承沟槽支撑长度为0.04 m，轴承沟槽支撑宽度为0.03 m，轴承座高度为0.02 m，轴承沟槽直径为0.035 m，轴承支架宽度为0.02 m，轴承支架厚度为0.005 m，支撑孔半径为0.005 m。轴承座的材料参数如下：弹性模量为2.12×10^{11} Pa，泊松比为0.3。载荷及边界条件如下：在轴承沟槽表面上施加一个压力载荷，大小为5×10^6 Pa，固定约束4个支撑孔。试对该结构进行静力学分析。

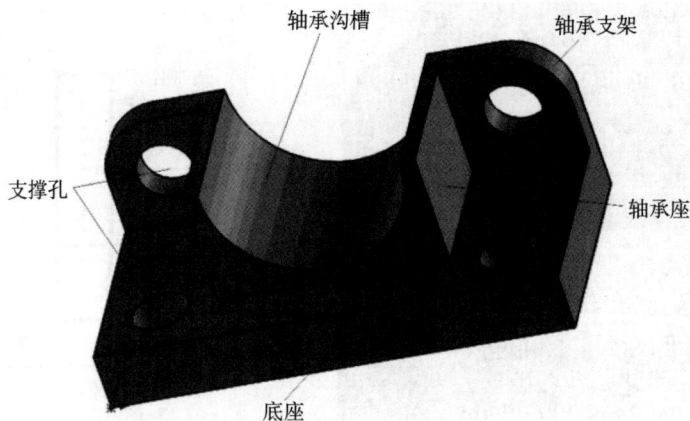

图11.1　轴承座模型

11.2　基于GUI的求解过程

本节描述基于GUI方式对轴承座进行静力学分析的过程，同样，关于设定工作目录、项目名称以及指定分析范畴为"Structural"，这里不再描述，重点介绍针对本实例的具体操作。

（1）选择单元。这里采用10节点、每个节点有3个自由度的SOLID187单元模拟轴承座。依次点击Main Menu，Preprocessor，Element Type，Add/Edit/Delete，弹出单元选择框（图11.2），选择所需单元类型，选择Solid单元中的10node 187单元，点击"OK"按钮后关闭界面。所选单元为SOLID187单元，该单元有10个节点，每个节点有3个自由度。

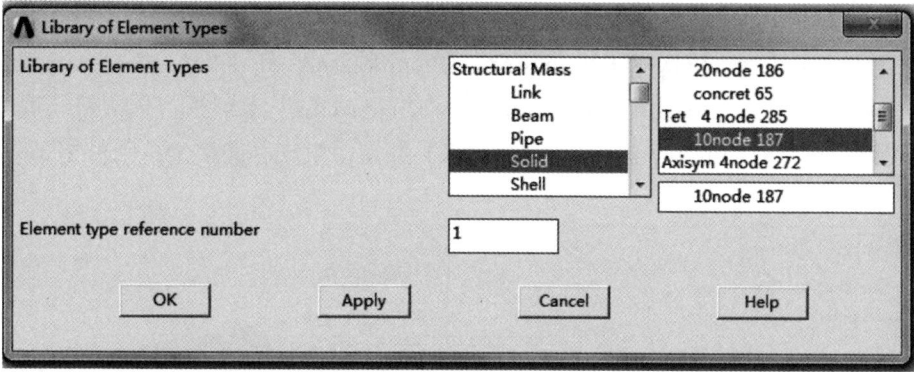

图11.2　选择单元

（2）定义材料属性。依次点击Main Menu，Preprocessor，Material Props，Material Models，弹出材料属性对话框，见图11.3。

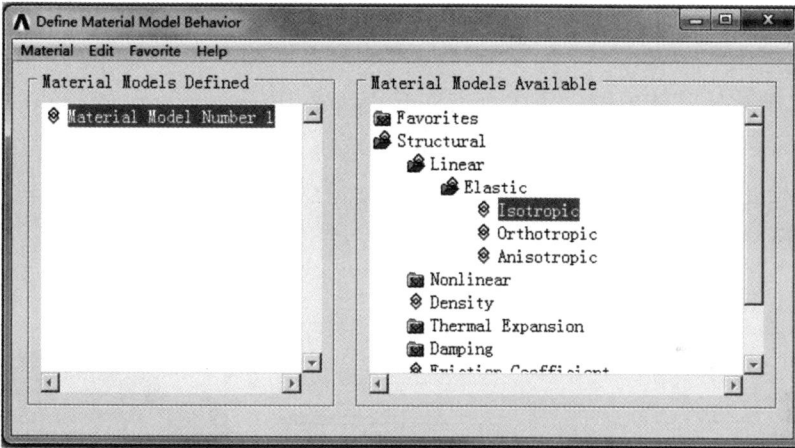

图11.3　定义材料属性

依次点击Structural，Linear，Elastic，Isotropic，展开材料属性的树形结构，在弹出的属性对话框中填入弹性模量（EX）和泊松比（PRXY）的数值，点击"OK"按钮完成填写，见图11.4。

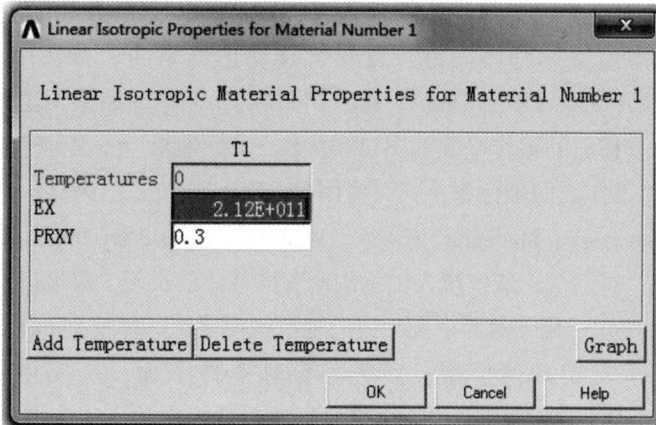

图11.4　输入弹性模量和泊松比

（3）建立3D几何模型。

① 建立底座模型。依次点击Main Menu，Preprocessor，Modeling，Create，Volumes，Block，By Dimensions，弹出"Create Block by Dimensions"对话框。依次填入底座的长度、厚度以及宽度对应的节点坐标，点击"OK"按钮，生成底座模型，图11.5所示。

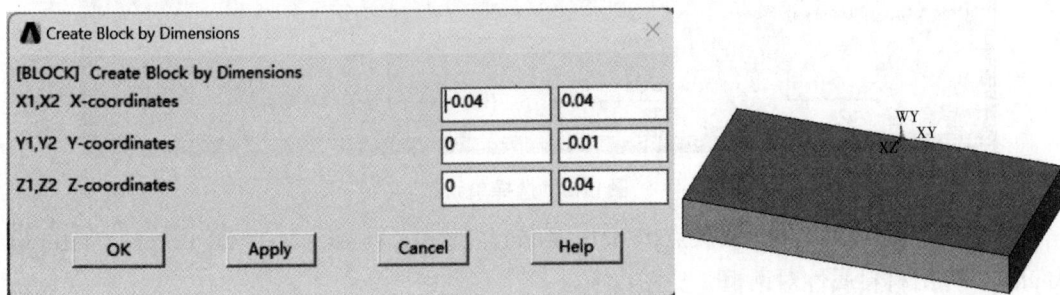

图11.5 底座长度、厚度和宽度输入以及生成的几何模型

② 建立轴承座基体模型。依次点击Main Menu，Preprocessor，Modeling，Create，Volumes，Block，By Dimensions，弹出"Create Block by Dimensions"对话框。依次填入轴承座基体的长度、厚度以及宽度对应的节点坐标，点击"OK"按钮。参数输入及生成的轴承座基体模型如图11.6所示。

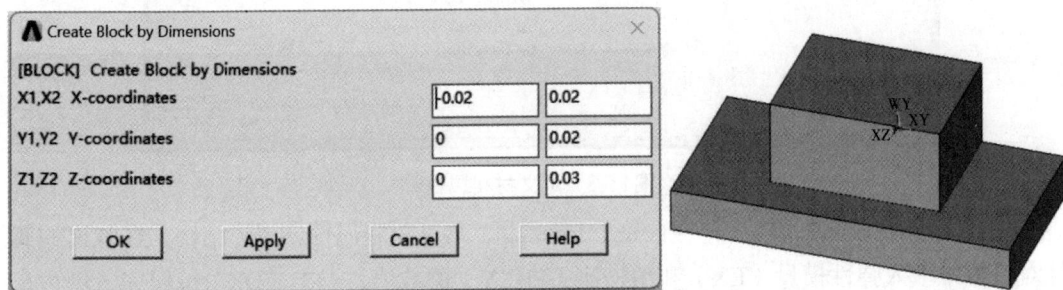

图11.6 输入轴承沟槽支撑基体的参数及生成的几何模型

③ 建立轴承沟槽支撑基体模型。首先，移动工作平面，在实用菜单上依次点击WorkPlane，Offset WP to，XYZ Locations，弹出如图11.7所示的对话框，输入工作平面要平移到的位置的坐标，平移后的工作平面如图11.8所示。坐标轴X，Y，Z（整体坐标系），坐标轴WX，WY，WZ（工作平面坐标系），可使用命令WPSTYLE,,,,,,1来显示。其次，选取主菜单Main Menu，Preprocessor，Modeling，Create，Volumes，Block，By Dimensions，弹出"Create Block by Dimensions"对话框。依次填入轴承沟槽支撑基体的长度、厚度以及宽度对应的节点坐标，点击"OK"按钮。相关对话框及生成的轴承沟槽支撑基体模型如图11.9所示。

④ 建立左轴承支架基体模型。首先，移动工作平面，在实用菜单上依次点击WorkPlane，Offset WP to，XYZ Location，在弹出的对话框中输入工作平面要平移到的位置的坐标。相关对话框及平移后的工作平面如图11.10所示。

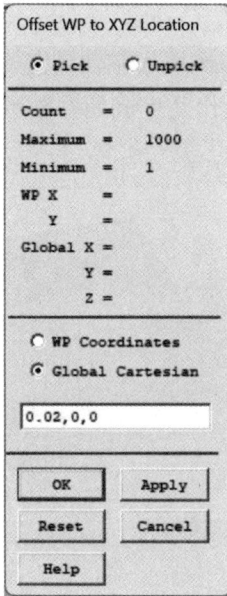

图11.7 建立右轴承支架基体时工作平面平移

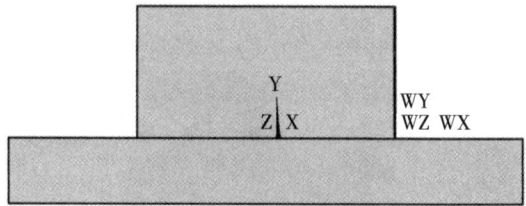

图11.8 建立右轴承支架基体时平移后工作平面

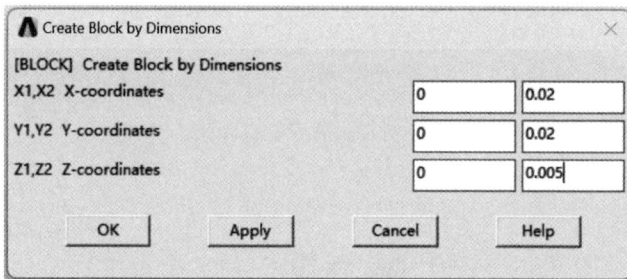

图11.9 输入右轴承支架基体的参数及生成的模型

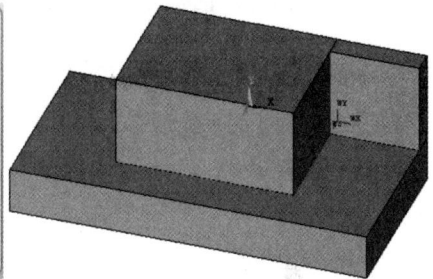

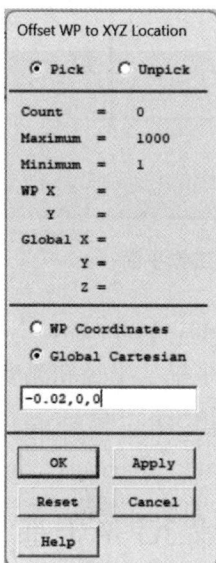

图11.10 建立左轴承支架基体模型时工作平面平移及平移后的工作平面

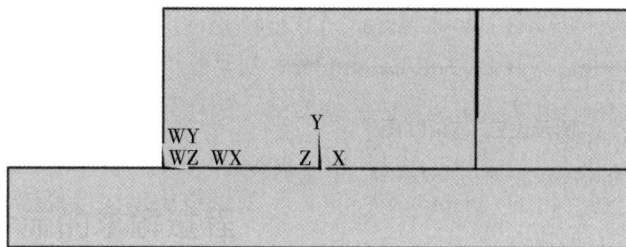

其次，选取主菜单Main Menu，Preprocessor，Modeling，Create，Volumes，Block，By Dimensions，弹出"Create Block by Dimensions"对话框，依次填入左轴承支架基体长度、厚度以及宽度对应的节点坐标，点击"OK"按钮。相关操作及生成的右轴承支架基体模型如图11.11所示。

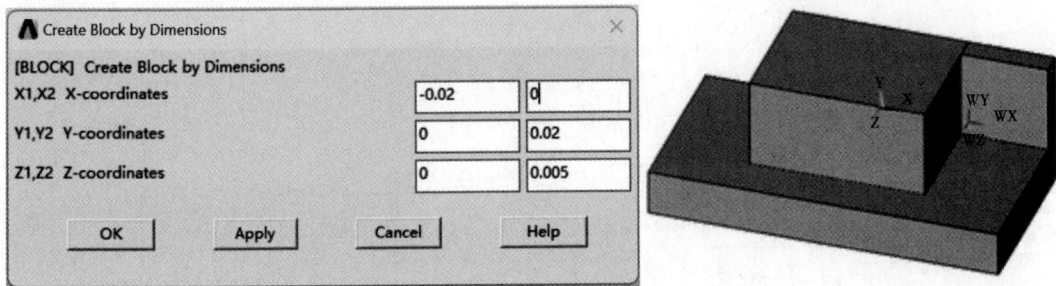

图11.11　输入左轴承支架基体的参数及生成的模型

⑤ 布尔切割轴承沟槽支撑基体。首先，移动工作平面，在实用菜单上点击WorkPlane，Offset WP to，XYZ Locations，在弹出的对话框中输入工作平面要平移到的位置的坐标。相关对话框及平移后的工作平面如图11.12所示。

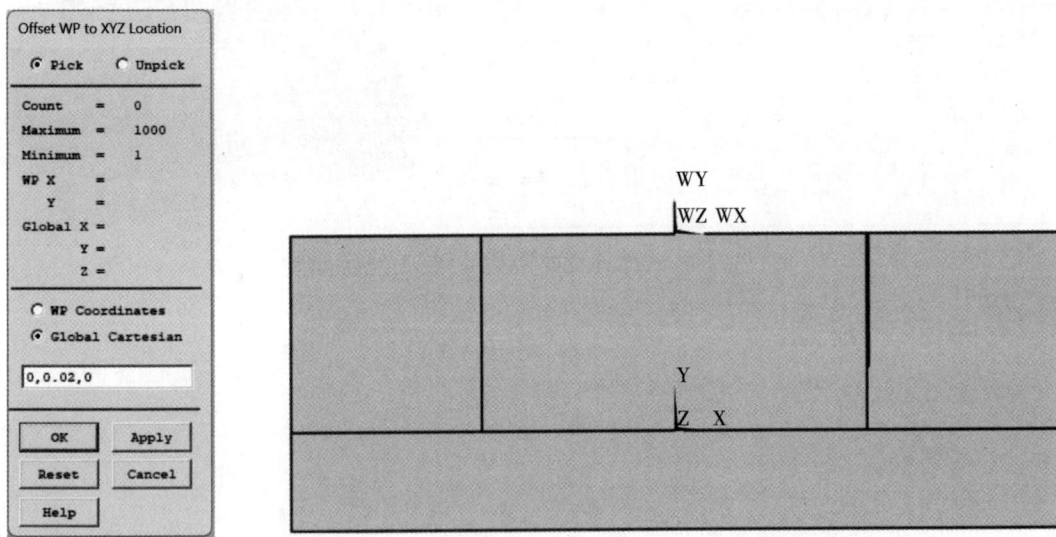

图11.12　布尔切割轴承座时工作平面平移及平移后的工作平面

其次，依次点击Main Menu，Preprocessor，Modeling，Create，Volumes，Cylinder，Solid Cylinder，弹出"Solid Cylinder"对话框，依次填入圆心坐标、半径和深度，点击"OK"按钮。相关操作及生成的切割体（圆柱体）模型如图11.13所示。

最后，依次点击Main Menu，Preprocessor，Modeling，Operate，Booleans，Subtract，Volumes，在弹出的"Subtract Volumes"对话框中依次选择体2（轴承沟槽支撑基体），点击"Apply"按钮，再选择体5（切割圆柱体），点击"Apply"按钮。相关操作及切割后生成的轴承沟槽支撑模型如图11.14所示。

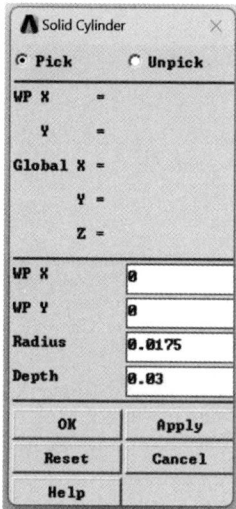

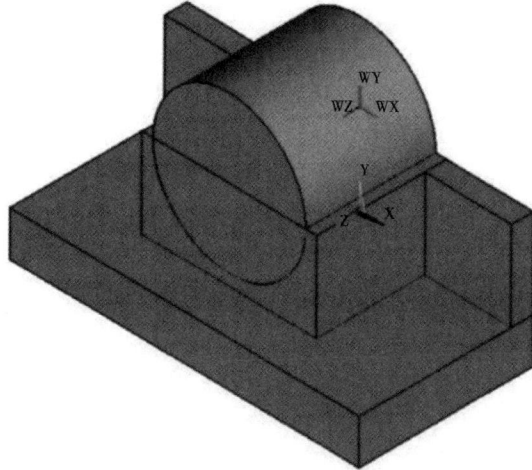

图11.13 轴承沟槽支撑基体切割体参数输入及生成的模型

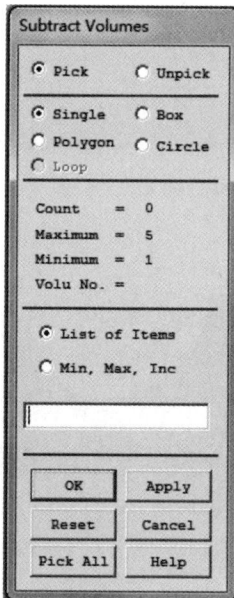

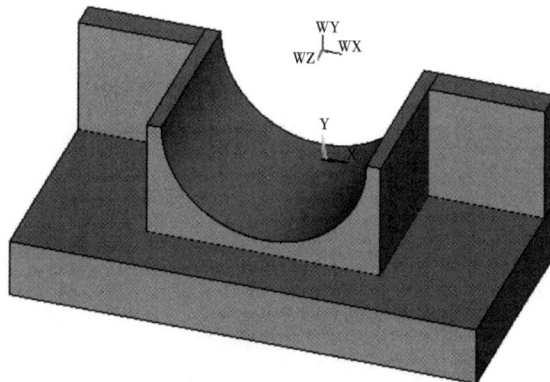

图11.14 轴承沟槽支撑基体切割操作及生成的模型

⑥ 布尔切割右轴承支架孔。首先，建立局部柱坐标系，在实用菜单上依次点击 Workplane，Local Coordinate Systems，Create Local CS，At Specific Loc，弹出局部坐标系创建窗口，如图11.15所示，填入局部坐标系的原点坐标（0.03，0.01，0），点击"OK"按钮后，在出现的"Create Local CS at Specified Location"对话框中将坐标系编号设定为"11"，坐标系的类型选择"Cylindrical 1"（圆柱坐标），点击"OK"按钮。生成的局部坐标系见图11.16（a），再在实用菜单上依次点击WorkPlane，Offset WP to，Origin of Active CS，将工作平面移动到局部坐标系，操作后的结果见图11.16（b）。

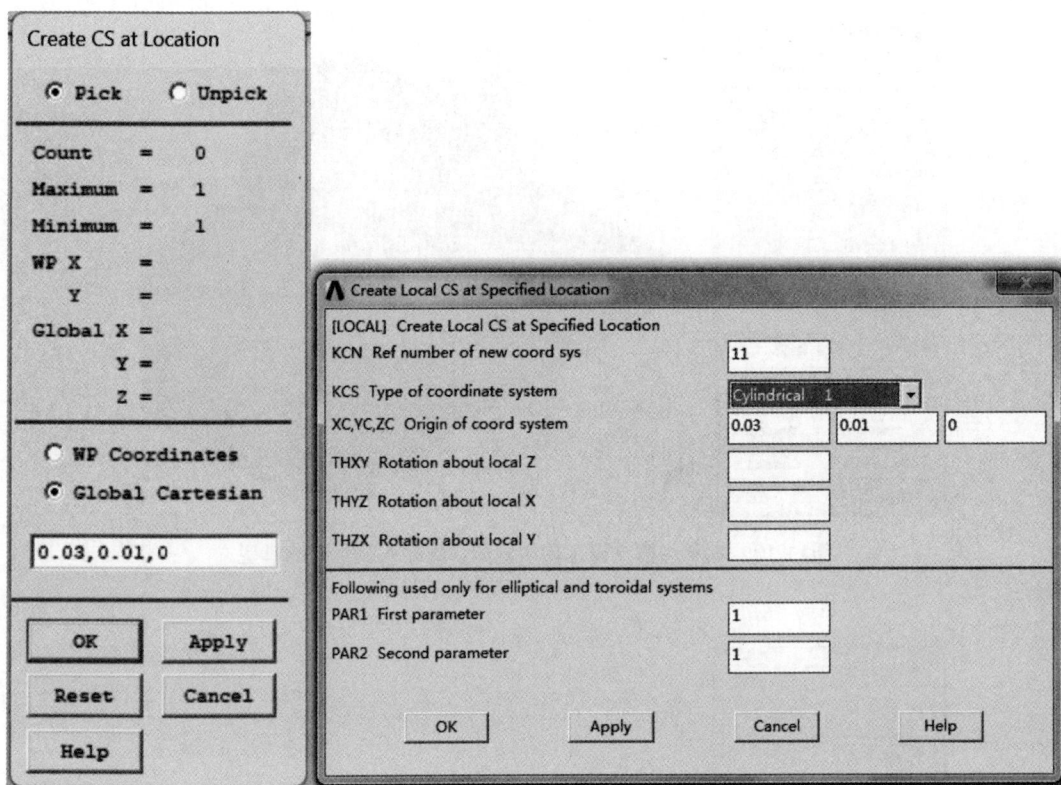

图11.15 位于右支架的局部坐标系创建

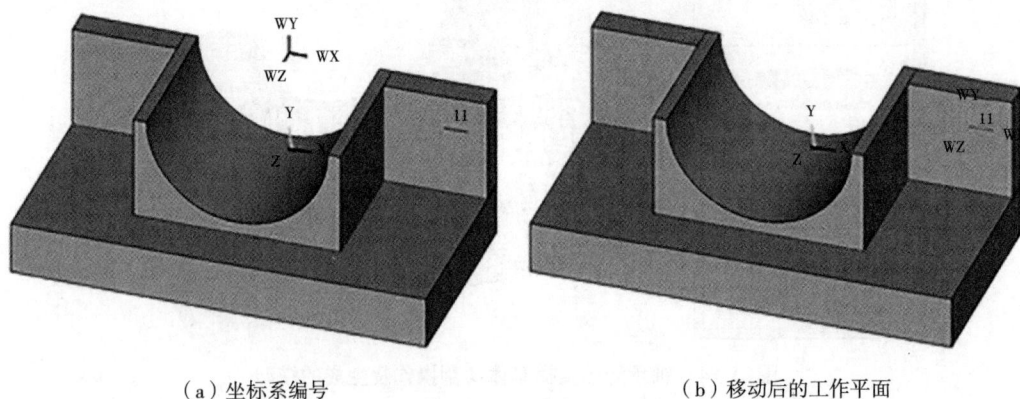

（a）坐标系编号   （b）移动后的工作平面

图11.16 创建的局部坐标系及将工作面平移到局部坐标系后的模型

其次，建立圆柱切割体。依次点击Main Menu，Preprocessor，Modeling，Create，Volumes，Cylinder，Solid Cylinder，弹出"Solid Cylinder"对话框，依次填入圆心坐标、半径和深度，点击"OK"按钮。相关操作及生成的圆柱切割体如图11.17所示。

最后，依次点击Main Menu，Preprocessor，Modeling，Operate，Booleans，Subtract，Volumes，弹出"Subtract Volumes"对话框，依次选择右轴承支架基体，点击"Apply"按钮，再选切割圆柱体，点击"OK"按钮。相关操作及切割后的轴承座模型如图11.18所示。

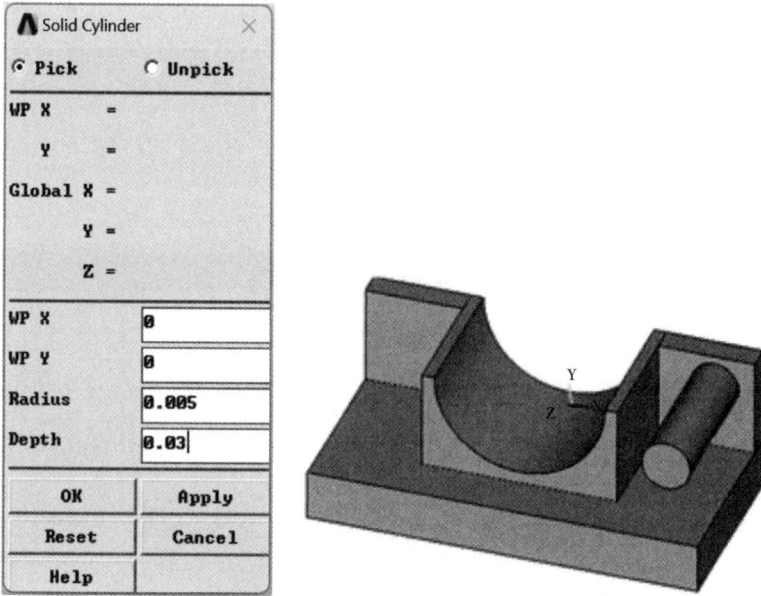

图11.17 右轴承支架孔切割体参数输入及生成的模型

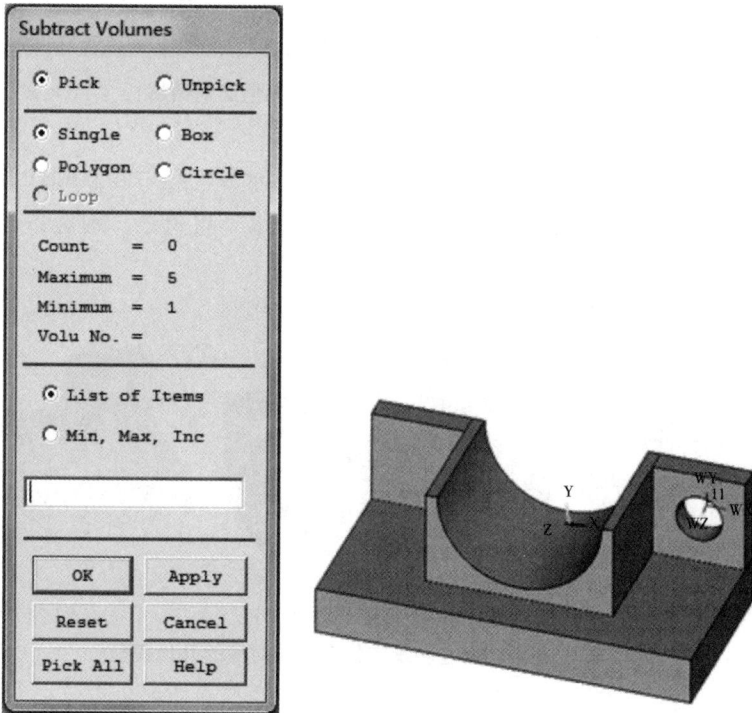

图11.18 右轴承支架孔切割操作及切割后的轴承座模型

⑦ 布尔切割左轴承支架孔。首先，再次建立局部柱坐标系，从主菜单点击 Workplane，Local Coordinate Systems，Create Local CS，At Specific Loc，弹出局部坐标系创建窗口，并填入局部坐标系的原点坐标，其坐标原点为（-0.03，0.01，0）。点击"OK"按钮后，在弹出的"Create Local CS at Specified Location"对话框中将坐标系编号设定为

"12"，坐标系的类型选择"Cylindrical 1"（圆柱坐标），点击"OK"按钮。相关操作见图11.19。

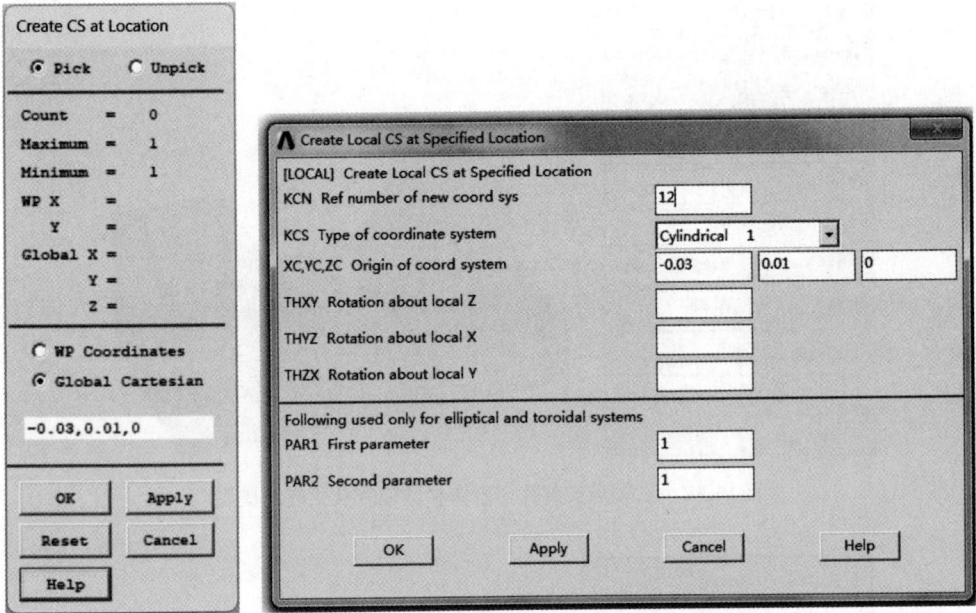

图11.19　位于左支架的局部坐标系创建对话框

其次，将工作平面移动到刚创建的"12"局部坐标系，然后建立圆柱切割体并通过布尔操作切割生成左轴承支架孔，相关操作同上，这里不再赘述。对应各操作的几何模型见图11.20。

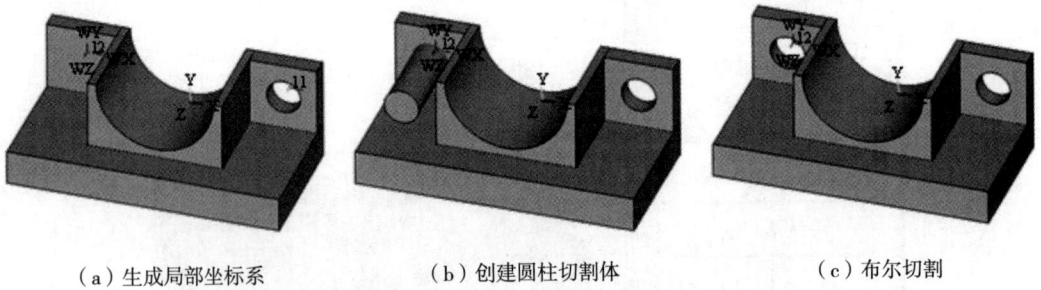

（a）生成局部坐标系　　　　（b）创建圆柱切割体　　　　（c）布尔切割

图11.20　布尔切割左轴承支架孔操作对应的几何模型

⑧ 布尔切割右底座孔。首先，依次点击WorkPlane，Change Active CS to，Global Cartesian，激活总体坐标（CSYS，0）。点击主菜单WorkPlane，Offset WP to，XYZ Locations，平移工作平面到坐标点（0.03，0，0.03）。工作平面平移窗口和平移后的工作平面如图11.21所示。再依次点击WorkPlane，Offset WP by Increments…旋转工作平面，绕X轴逆时针旋转90°，工作平面旋转窗口和旋转后的工作平面如图11.22所示。之所以要进行此工作面的旋转，是为了后续能生成所需的圆柱切割体。

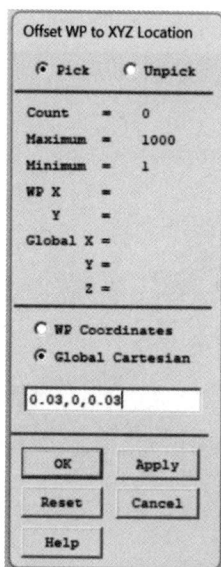

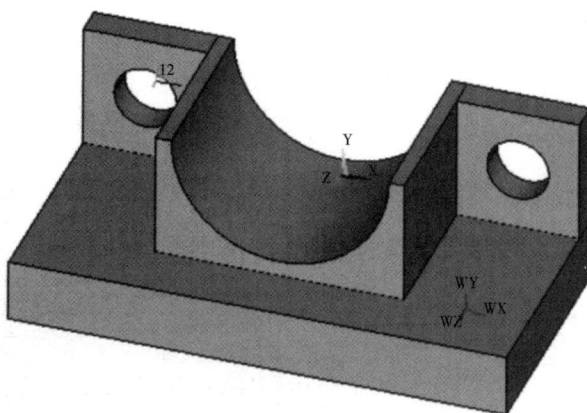

图11.21 工作平面平移和平移后的工作平面

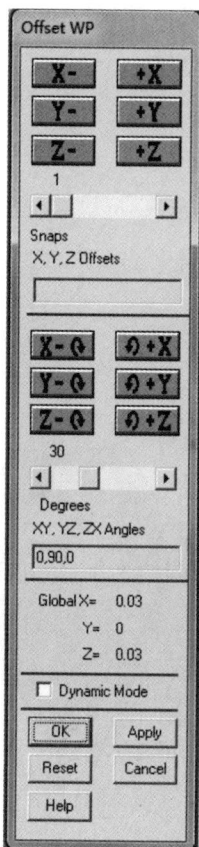

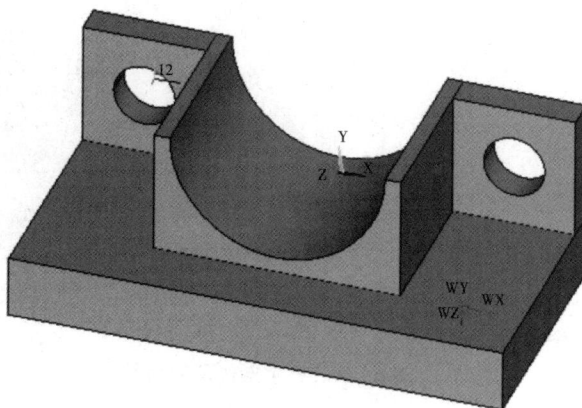

图11.22 工作平面旋转和旋转后的工作平面

其次，生成右底座孔切割圆柱体，参数输入对画框及生成的圆柱切割体见图11.23。
最后，执行布尔切割，相关对话框及切割后形成的右底座孔见图11.24。

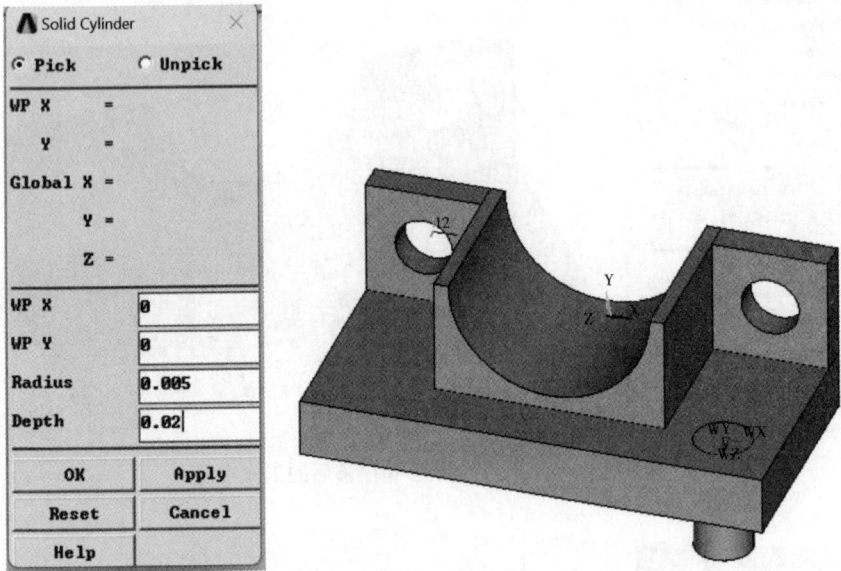

图11.23　形成切割圆柱体参数输入和生成的圆柱体

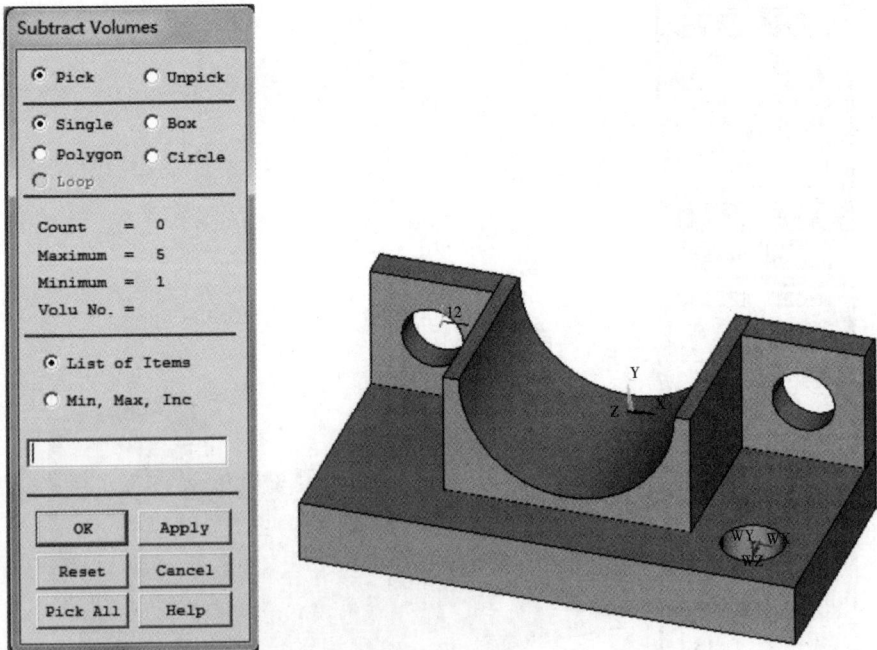

图11.24　布尔操作及切割后形成的右底座孔

⑨ 布尔切割左底座孔。首先在实用菜单上依次点击WorkPlane，Offset WP by
Increments，弹出工作平面平移设置对话框，对工作平面进行平移，偏移X轴方向位移
为-0.06。相关对话框及平移后的工作平面如图11.25所示。

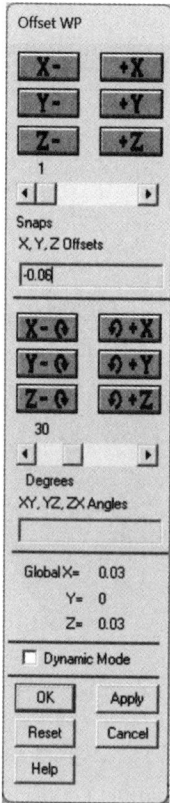

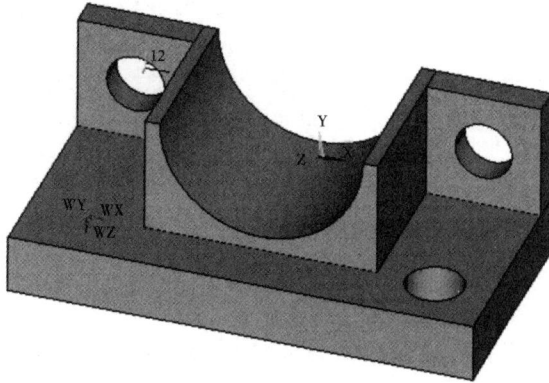

图11.25 工作平面平移设置和平移后的工作平面

其次，通过生成左侧的圆柱切割体和布尔操作，生成左底座孔。圆柱切割体参数输入对话框和生成的圆柱切割体如图11.26所示。进行布尔操作及生成的左底座孔如图11.27所示。

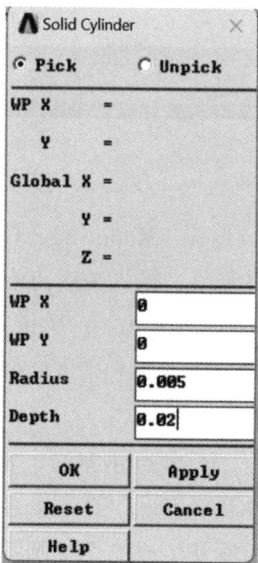

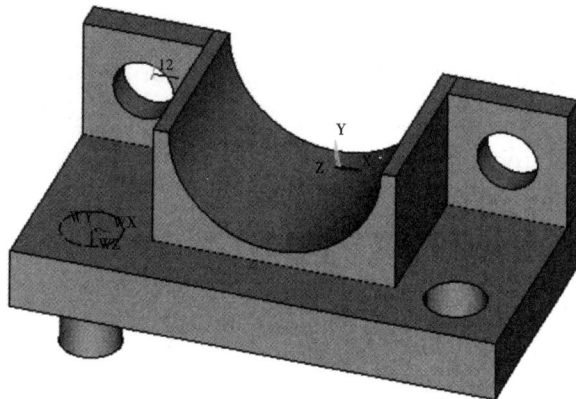

图11.26 切割圆柱体参数和生成的左底座孔

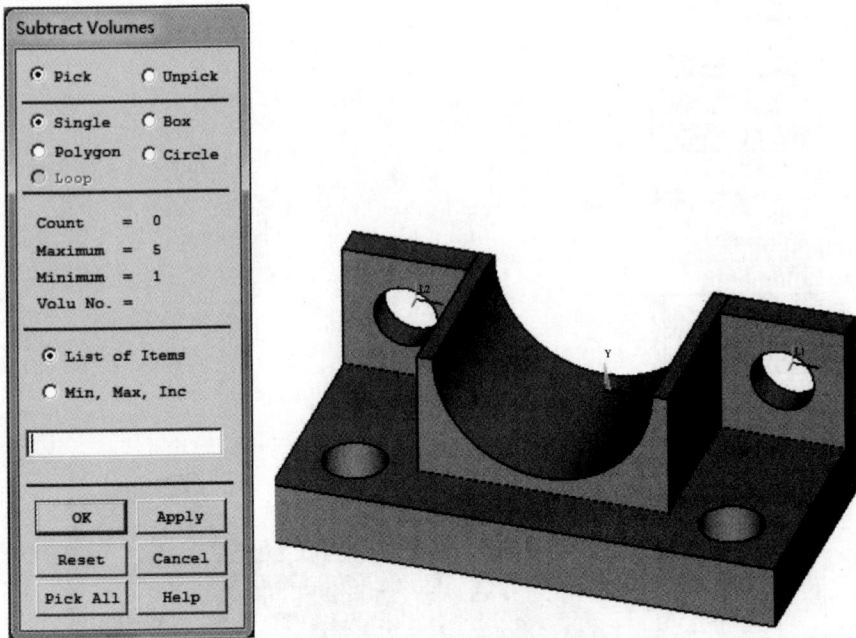

图11.27　布尔操作及切割后形成的右底座孔

⑩ 布尔切割右支架圆角。首先，切换到局部柱坐标系"11"，依次点击实用菜单WorkPLane，Change Active CS to，Specified Coord SYS…，弹出如图11.28所示的菜单，选择局部坐标"11"。

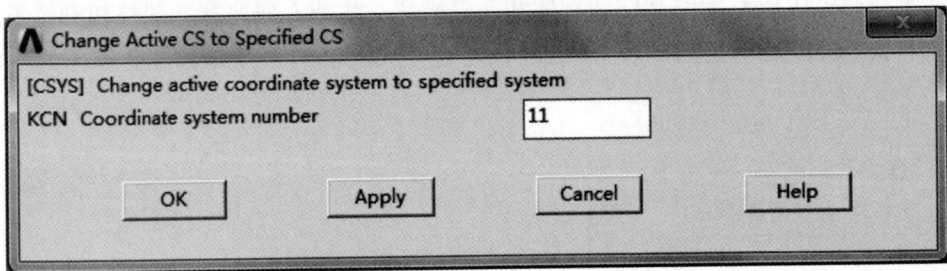

图11.28　局部坐标系切换

其次，生成4个关键点，依次点击Main Menu，Preprocessor，Modeling，Create，Keypoints，In Active CS，弹出如图11.29所示的建立关键点的窗口，输入关键点点号和坐标，关键点100坐标为（0.01，0，0），关键点101坐标为（0.01，90，0）；关键点102坐标为（0.01，90，0.08），关键点103坐标为（0.01，0，0.08）。注意，上述坐标值对应的是圆柱坐标。

再次，通过这4个点生成右支架圆角的切割圆弧面。依次点击Main Menu，Preprocessor，Modeling，Create，Areas，Arbitrary，Through KPs，弹出"Create Area thru KPs"对话框，并选取关键点100，101，102和103。相关对话框及生成的切割圆弧面见图11.30。

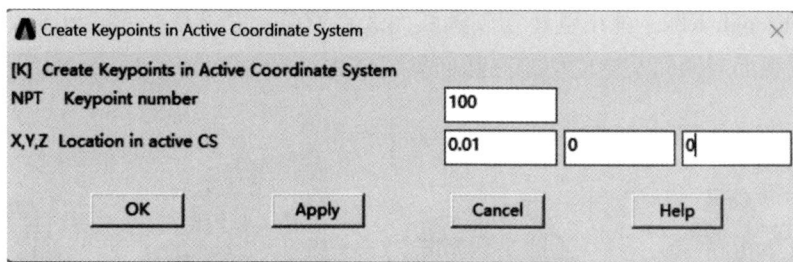

图11.29　建立关键点

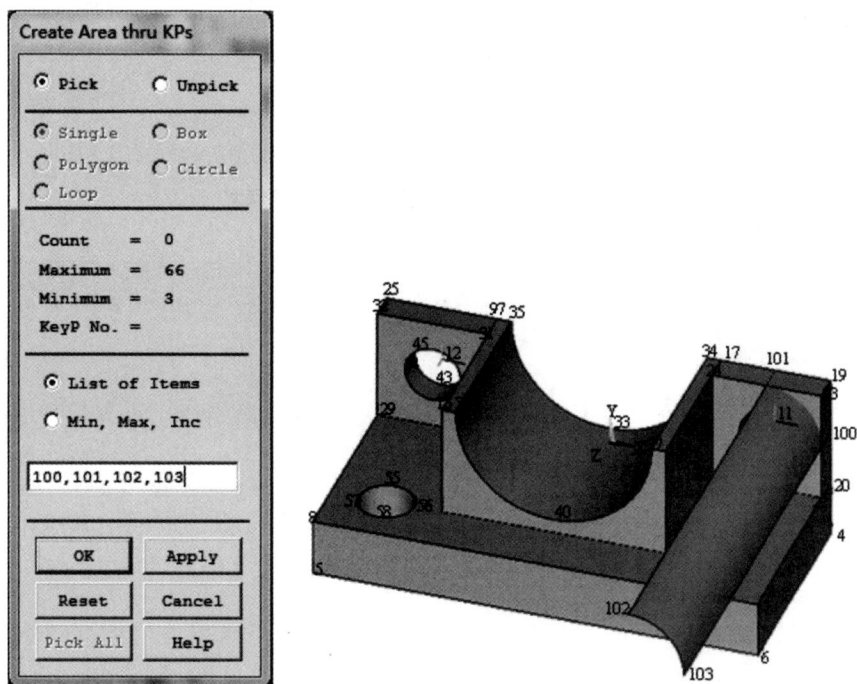

图11.30　创建切割圆弧面选点和生成的切割圆弧面

最后，再通过切割圆弧面分割体。依次点击Main Menu，Preprocessor，Modeling，Operate，Booleans，Divide，Volume by Area进行体分割操作。再进一步删除分割后的直角体，依次点击Main Menu，Preprocessor，Modeling，Delete，Volumes and Below，选择直角体，生成右支架圆角。对应上述操作的几何模型如图11.31所示。

⑪ 布尔切割左支架圆角。首先，切换到局部柱坐标系12，依次点击实用菜单WorkPLane，Change Active CS to，Specified Coord SYS…，弹出如图11.32所示的菜单，选择局部坐标12。

其次，生成4个关键点，依次点击Main Menu，Preprocessor，Modeling，Create，Keypoints，In Active CS，弹出建立关键点的窗口并输入关键点点号和坐标，关键点105的坐标为（0.01，180，0），关键点106的坐标为（0.01，90，0），关键点107的坐标为（0.01，90，0.08），关键点108的坐标为（0.01，180，0.08）。通过这4个点生成左支架圆角的切割圆弧面，依次点击Main Menu，Preprocessor，Modeling，Create，Areas，

Arbitrary，Through KPs，弹出创建切割圆弧面选点窗口，并选取关键点105，106，107和108。创建圆弧面对话框及生成切割圆弧面见图11.33。

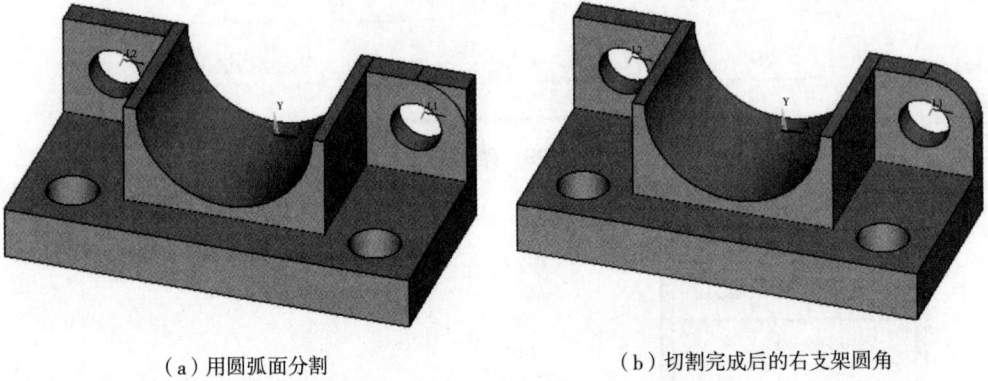

（a）用圆弧面分割　　　　　　　　　　（b）切割完成后的右支架圆角

图11.31　对应分割及删除操作的几何模型

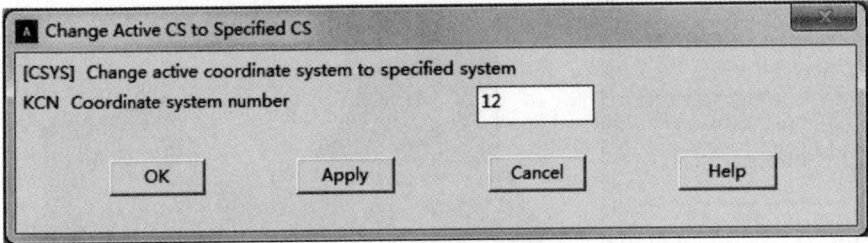

图11.32　局部坐标系切换

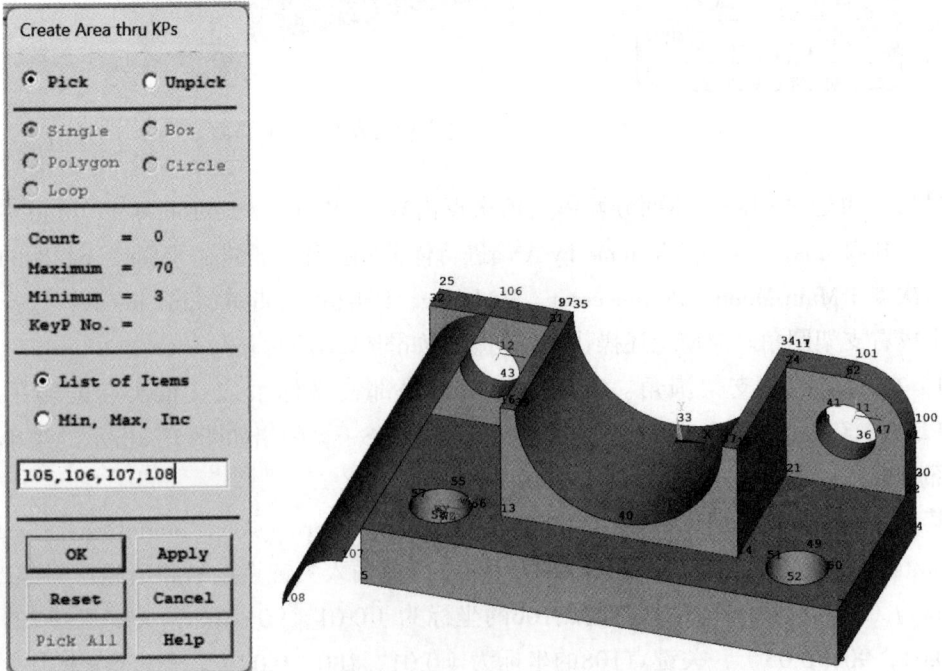

图11.33　创建切割圆弧面选点及生成的切割圆弧面

最后，再通过切割圆弧面分割体。点击Main Menu，Preprocessor，Modeling，Operate，Booleans，Divide，Volume by Area进行体分割操作。删除分割后的直角体，依次点击Main Menu，Preprocessor，Modeling，Delete，Volumes and Below，选择直角体，生成左支架圆角。上述操作对应的几何模型变化见图11.34。

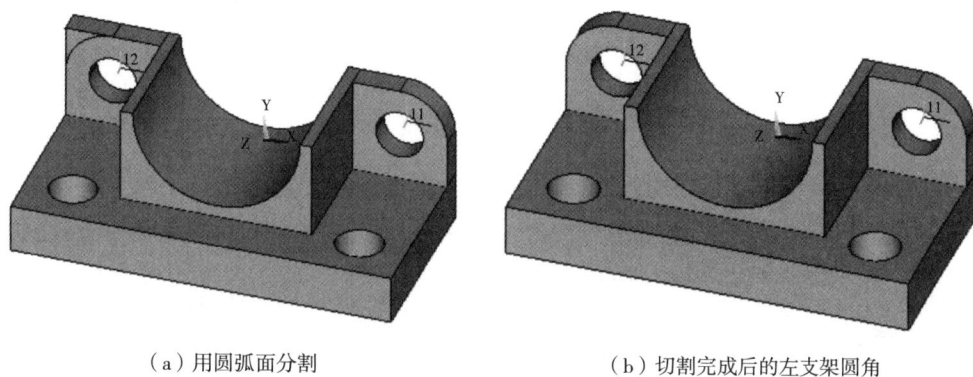

（a）用圆弧面分割　　　　　　　　　　　（b）切割完成后的左支架圆角

图11.34　对应分割及删除操作的几何模型

⑫ 将多个体合并。通过Glue命令粘贴体，点击Main Menu，Preprocessor，Modeling，Operate，Booleans，Glue，Volumes，弹出如图11.35所示的Glue Volumes菜单，选择"Pick All"。相关对话框及最终的几何模型见图11.35。

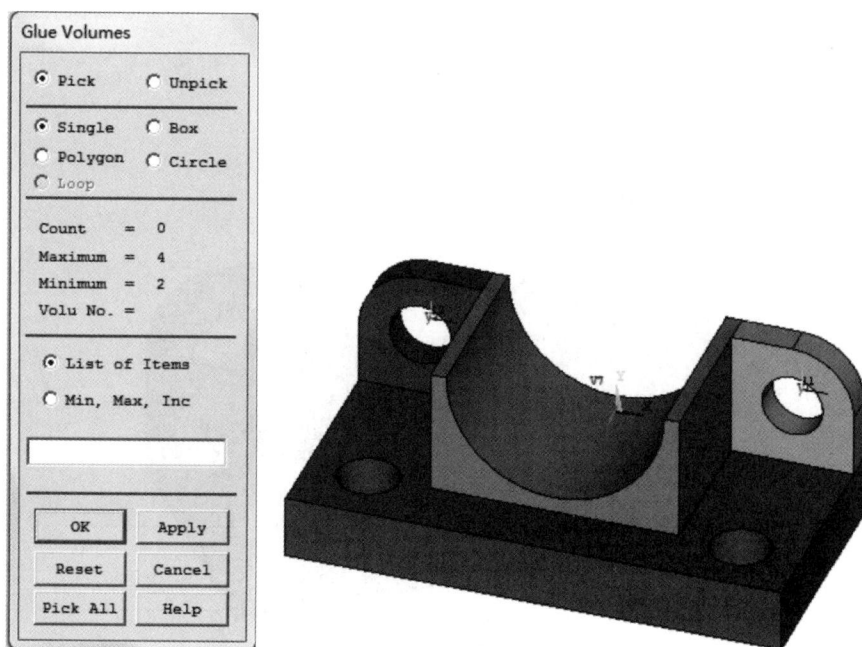

图11.35　粘贴体对话框及最终生成的几何模型

（4）网格划分。这里采用SOLID187单元对所创建的轴承模型进行网格划分，依次点击Main Menu，Preprocessor，Meshing，MeshTool，弹出分网操作对话框。在对话框中的"Size Controls"下点击"Global"的"Set"按键，弹出单元尺寸设置对话框（图11.36），设置单元尺寸为0.002。然后，再选择自由网格划分"Free"，最终形成的有限元模型见图11.37。

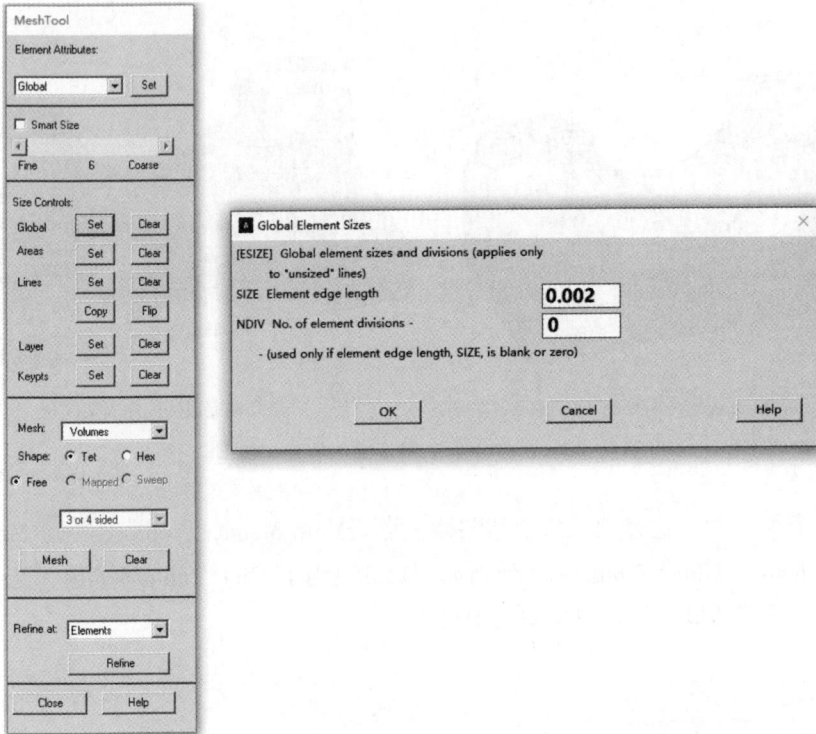

图11.36　自由分网设置

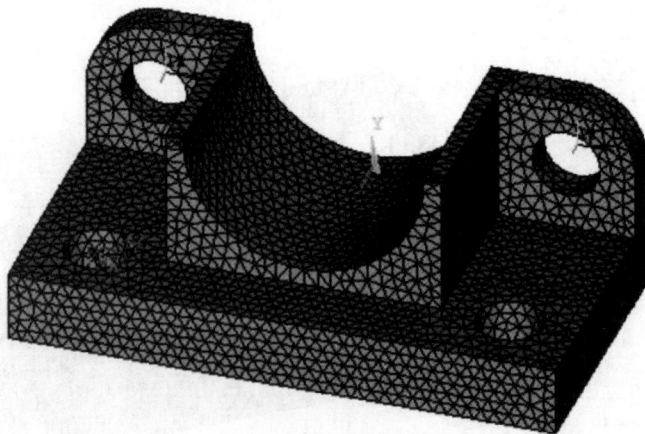

图11.37　自由分网结果

（5）施加约束及压力载荷。为了完成求解，还需要对所创建的有限元模型施加约束及压力载荷，具体描述如下。

① 施加约束。依次点击Main Menu，Solution，Define Loads，Apply，Structural，Displacement，On Areas，弹出如图11.38所示的面选择对话框，依次选择4个孔面，并点击"OK"按钮，弹出如图11.39所示的约束设置窗口，对选择的4个孔施加完全固定约束，设置后点击"OK"按钮，约束施加后的结果如图11.40所示。

② 施加载荷。依次点击Main Menu，Solution，Define Loads，Apply，Structural，Pressure，On Areas，弹出面选择窗口，选择大圆弧面，并点击"OK"按钮，弹出如图载荷设置窗口，设置（施加压力5×10^6 Pa）后点击"OK"按钮。上述操作及施加载荷后的结果见图11.41。

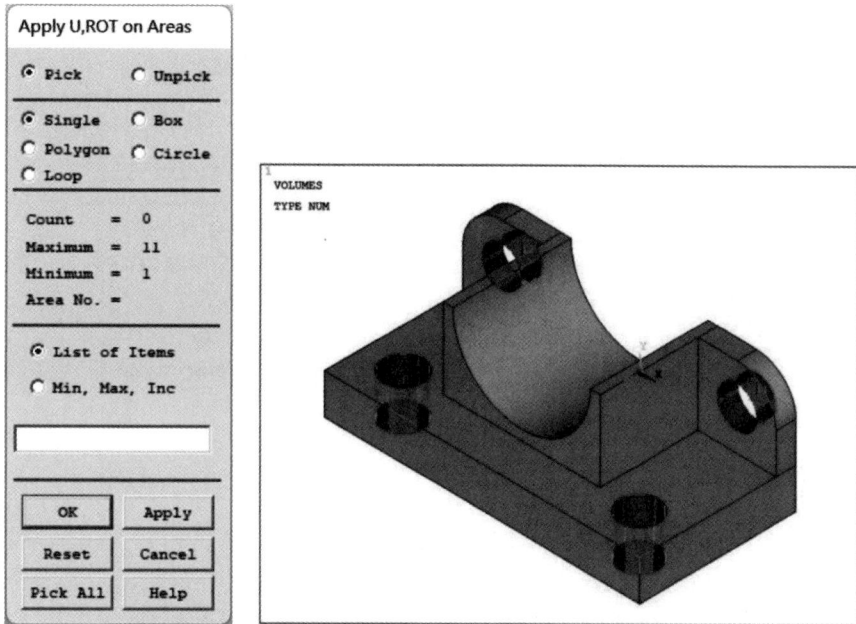

图11.38　约束面选择和选择的四个孔面

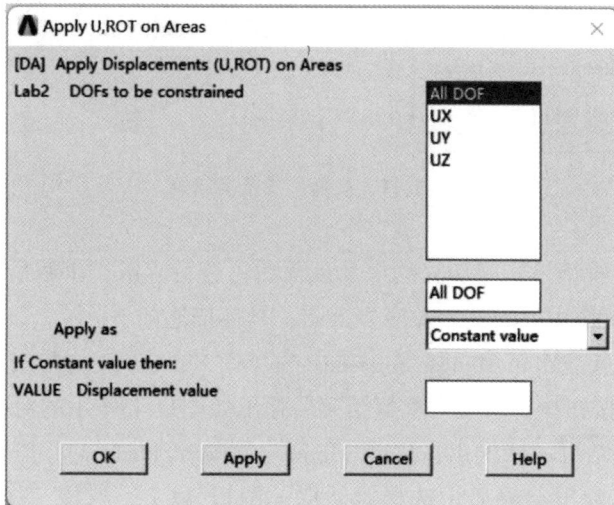

图11.39　约束设置

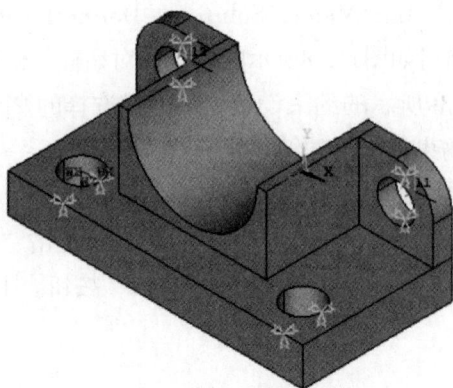

图11.40　约束施加结果

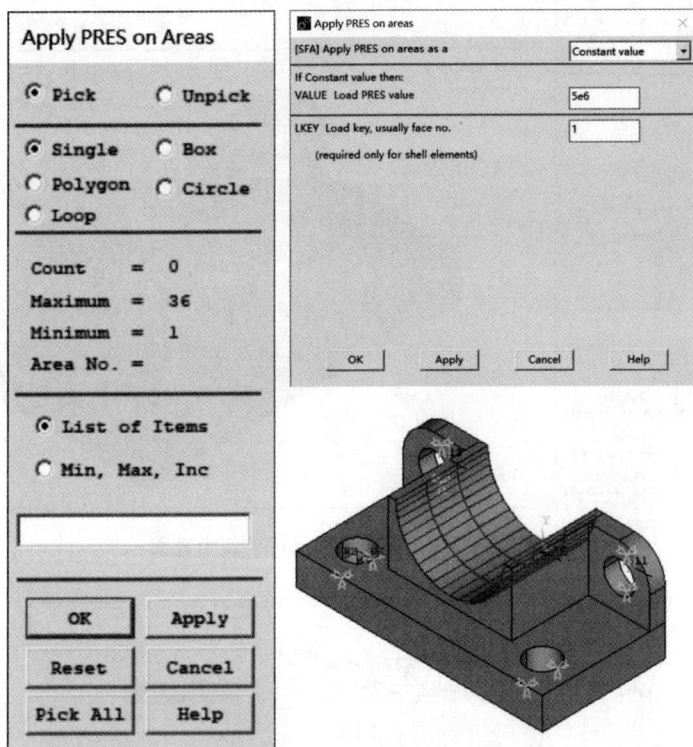

图11.41　载荷施加及其结果

（6）求解并查看结果。施加完约束及载荷后可进行求解，求解后，后处理模块展示轴承座结构在外载荷作用下的变形及应力云图，具体描述如下。

①求解。依次点击Main Menu，Solution，Solve，Current LS，弹出如图11.42所示的对话框，点击"OK"按钮执行求解。求解结束后弹出如图11.43所示的对话框。

②查看后处理结果。依次点击Main Menu，General Postproc，Plot Results，Contour Plot，Nodal Solu，弹出结果显示选择对话框（图11.44），选择"Displacement vector sum"，显示节点位移，如图11.45所示。

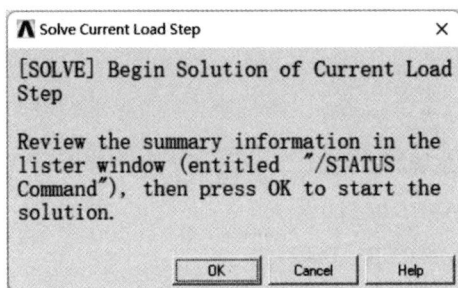

图11.42 执行求解

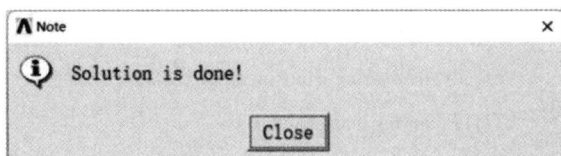

图11.43 求解结束

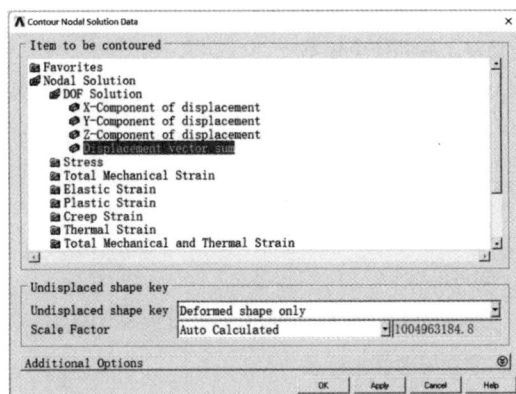

图11.44 节点位移结果显示选择

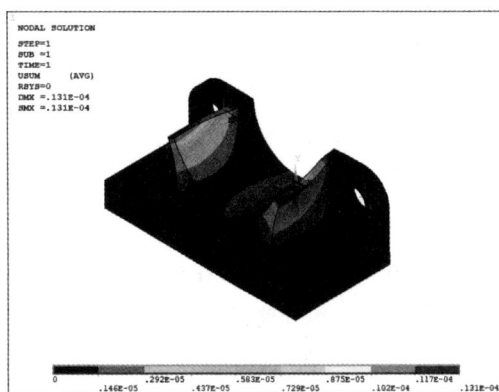

图11.45 变形云图

再次点击Main Menu，General Postproc，Plot Results，Contour Plot，Nodal Solu，再次弹出如图11.46所示的结果显示选择对话框，选择显示等效应力"von Mises stress"，最终形成的等效应力云图见图11.47。

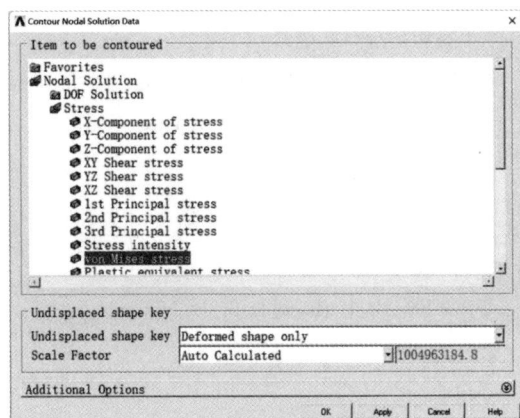

图11.46 应力结果显示选择

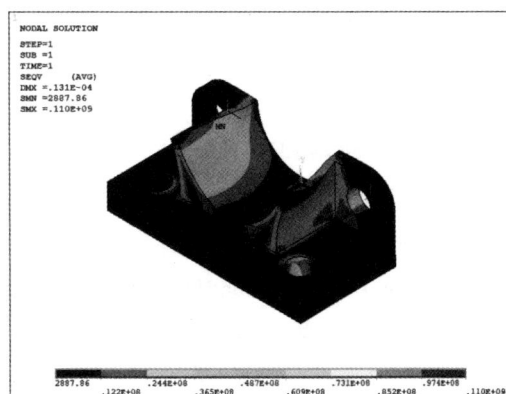

图11.47 应力云图

11.3 基于APDL命令流的求解过程

通过编制APDL命令流来对11.1描述的轴承座进行静力学分析。为了便于后续参数

化设计，这里将轴承座的相关尺寸设计为变量，这样非常有利于模型的更新，这也正是
APDL命令流分析的优势。相关命令流如下。

```
/CLEAR                                          !建立左支架模型
!定义分析文件名                                    !!布尔切割轴承座
/FILNAME,Bearing-Housing,0                      WPAVE,0,Br_H,0
/TITLE,bearing housing analysis                 CYL4,0,0,GRV_Dia/2,,,,Br_W
/PREP7                                          VSBV,2,5   !布尔减
/NOPR                                           !!布尔切割左右轴承支架孔
KEYW,PR_SET,1                                   LOCAL,11,1,Br_L/2+(BASE_L-Br_L)/4,SPRTH_H
KEYW,PR_STRUC,1                                 !建立局部柱坐标系
!!定义轴承座几何参数以便参数化                       WPCSYS,-1
Base_L=0.08   !底座长度                           !将工作平面移动到局部坐标系WPCSYS,1,11
Base_W=0.04   !底座宽度                           CYL4,0,0,SPRTH_R,,,,Br_w
Base_H=0.01   !底座高度                           !先建立一个小圆柱体,再通过布尔操作得到孔
Br_L=0.04   !轴承沟槽支撑长度                       VSBV,3,2
Br_W=0.03   !轴承沟槽支撑宽度                       LOCAL,12,1,-Br_L/2-(BASE_L-Br_L)/4,SPRTH_H
Br_H=0.02   !轴承沟槽支撑高度                       !建立局部柱坐标系
GRV_Dia=0.035   !沟槽直径                         WPCSYS,-1
Brck_L=0.02   !支架长度                           !将工作平面移动到局部坐标系WPCSYS,1,12
Brck_W=0.005   !支架宽度                          CYL4,0,0,SPRTH_R,,,,Br_w
SPRTH_H=Br_H/2   !支架孔高度                       !为了生成孔先建立一个小圆柱体,再通过布尔操
SPRTH_R=0.005   !支架孔半径                        作得到孔
!!选单元及定义材料参数                              VSBV,4,2
ET,1,Solid187                                   !!布尔切割左右底座孔
MP,EX,1,2.12E11                                 CSYS,0   !切换到整体笛卡尔坐标系
MP,PRXY,1,0.3                                   WPAVE,Br_L/2+(Base_L-Br_L)/4,0,Base_W*0.75
!!建立底座及轴承座基体模型                           WPROTA,0,90,0
Block,Base_L/2,Base_L/2,0,Base_H,0,Base_W       CYL4,0,0,SPRTH_R,,,,Base_H*2
!建立底座模型                                      VSBV,1,2
Block,Br_L/2,Br_L/2,0,Br_H,0,Br_W               WPOFFS,-Br_L-(Base_L-Br_L)/2,0,0
!建立轴承座模型                                    CYL4,0,0,SPRTH_R,,,,Base_H*2
!!建立左右轴承支架基体模型                           VSBV,4,1
WPAVE,Br_L/2,0,0                                !!布尔切割右支架圆角
Block,0,Brck_L,0,Br_H,0,Brck_W                  CSYS,11
!建立右支架模型                                    K,100,(Base_L-Br_L)/4,0,0,
WPAVE,-Br_L/2,0,0                               K,101,(Base_L-Br_L)/4,90,0,
Block,0,-Brck_L,0,Br_H,0,Brck_W                 K,102,(Base_L-Br_L)/4,90,0.08,
```

K,103,(Base_L–Br_L)/4,0,0.08,	/Sol
A,100,101,102,103	Allsel,all
VSBA,5,3	CSYS,0
VDELE,1,,,1	!!约束圆孔面
CSYS,12	DA,10,all
K,105,(Base_L–Br_L)/4,180,0,	DA,13,all
K,106,(Base_L–Br_L)/4,90,0,	DA,14,all
K,107,(Base_L–Br_L)/4,90,0.08,	DA,25,all
K,108,(Base_L–Br_L)/4,180,0.08,	DA,26,all
A,105,106,107,108	DA,27,all
VSBA,3,3	DA,19,all
!!各体粘在一起	DA,20,all
VDELE,1,,,1	SFA,28,1,PRES,5000000
VGLUE,ALL	Solve　!求解
!!分网	/POST1　!进入后处理器
Esize,0.002	PLNSOL,U,SUM,0,1.0　!显示变形云图
Vmesh,all	PLNSOL,S,EQV,0,1.0　!显示应力云图

11.4　基于毫米（mm）单位制的APDL命令流求解过程

ANSYS中没有特意规定的单位，用户可根据自己的需求进行单位制的定义，但是必须保证单位的统一，利用/Units命令可设定单位。通常，为了避免出错，在利用ANSYS进行分析时选用国际单位制，建模的长度单位默认采用米（m）。在实际的工程应用中，经常需要参照CAD的二维工程图进行建模，甚至直接将CAD软件的三维模型直接导入ANSYS进行分析。然而，CAD的二维工程图或三维模型往往以毫米（mm）为长度单位，这就给ANSYS中的建模带来了不便。我们可以以毫米（mm）为长度单位，对ANSYS中的单位进行统一来解决这一问题。但是由于单位由米（m）变为毫米（mm），一些参数也会随之改变，例如压力/杨氏模量变为MPa。本节基于毫米（mm）单位制重新分析轴承座静力学问题，并将结果与米（m）单位制进行比较。

11.4.1　毫米（mm）单位制下的APDL命令流

为了实现基于毫米（mm）单位制的轴承座静力学分析，只需修改11.3相关APDL命令流，以下仅给出了具体修改的地方，省略号部分与11.3所列的APDL命令流一致。

……	Base_H=10　!底座高度
!*****定义建模尺寸变量,均采用毫米(mm)为长度单位	Br_L=40　!轴承座长度
	Br_W=30　!轴承座宽度
Base_L=80　!底座长度	Br_H=20　!轴承座高度
Base_W=40　!底座宽度	GRV_Dia=35　!沟槽直径

Brck_L=20 !支架长度

Brck_W=5 !支架宽度

SPRTH_H=Br_H/2 !支架孔高度

SPRTH_R=5 !支架孔半径

……

!!选单元及定义材料参数

ET,1,Solid187

MP,EX,1,2.12E5

!定义弹性模量,按毫米(mm)单位进行调整,MPa

MP,PRXY,1,0.3

……

!!布尔切割右支架圆角

CSYS,11

K,100,(Base_L−Br_L)/4,0,0,

K,101,(Base_L−Br_L)/4,90,0,

!*****采用毫米(mm)为长度单位

K,102,(Base_L−Br_L)/4,90,80,

!*****采用毫米(mm)为长度单位

K,103,(Base_L−Br_L)/4,0,80,

!*****采用毫米(mm)为长度单位

A,100,101,102,103

……

CSYS,12

K,105,(Base_L−Br_L)/4,180,0,

!*****采用毫米(mm)为长度单位

K,106,(Base_L−Br_L)/4,90,0,

!*****采用毫米(mm)为长度单位

K,107,(Base_L−Br_L)/4,90,80,

!*****采用毫米(mm)为长度单位

K,108,(Base_L−Br_L)/4,180,80,

!*****采用毫米(mm)为长度单位

A,105,106,107,108

……

!!分网

Esize,2!*****采用毫米(mm)为长度单位

……

SFA,28,1,PRES,5 !****采用毫米(mm)制对应单位,MPa

……

11.4.2 米(m)和毫米(mm)单位制下的分析结果

图11.48和图11.49分别对比了米(m)和毫米(mm)单位下的变形云图和应力云图。从中可以看出,两个单位制下分析结果大致相同,但毫米(mm)制保留小数位多一些,因而可能对本实例更精确一些。

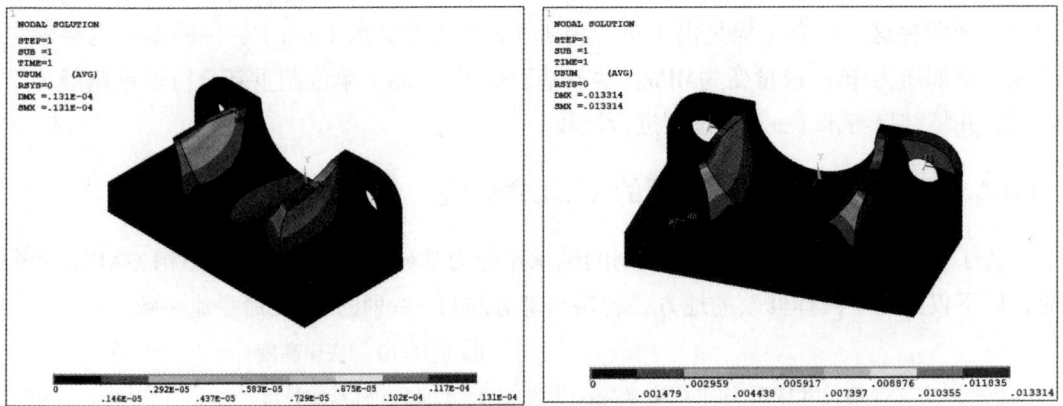

(a)米(m)   (b)毫米(mm)

图11.48 变形云图对比

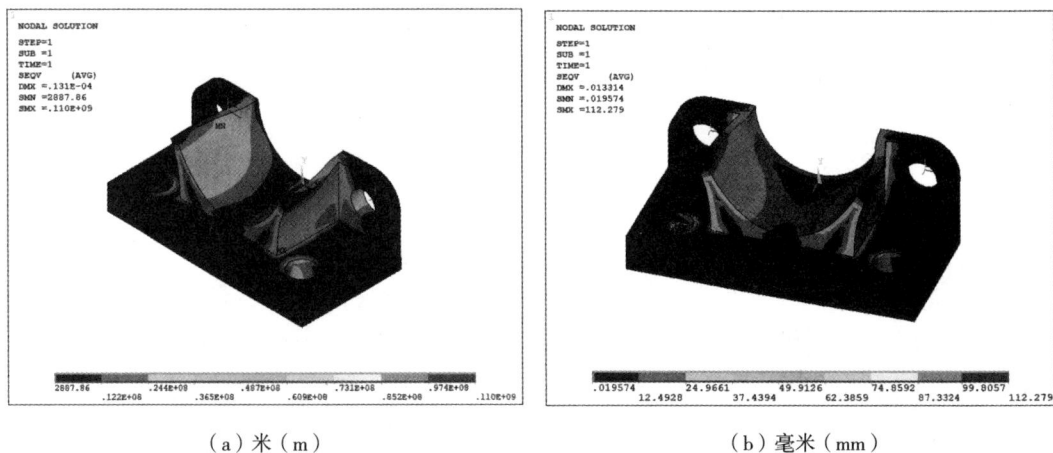

（a）米（m）　　　　　　　　　　　　　（b）毫米（mm）

图11.49　应力云图对比

11.5　网格对分析结果的影响

在ANSYS软件中进行有限元分析，网格的类型和尺寸对于计算结果会有一定的影响，下面我们对不同的网格类型和尺寸下的分析结果进行对比。

11.5.1　网格类型不同对分析结果的影响

这里对比六面体网格与四面体网格对结果的影响。11.2及11.3利用四面体网格（SOLID187单元）完成对轴承座的静力学分析。以下采用六面体网格（SOLID186单元）对轴承座进行网格划分，进而完成同样约束及载荷作用下的静力学分析。整个分析的过程基于毫米（mm）单位制，以下分别利用GUI及APDL命令流描述整个分析过程。需要说明的是，几何建模、约束及加载等操作过程与原来一致，不同的地方主要在于分网方法。

（1）基于GUI的分网过程。SOLID186单元是SOLID187单元的高阶形式，该单元具有20个节点，每个节点3个自由度，对于实体结构这种单元更常用。关于选单元，这里不再描述，主要介绍利用SOLID186单元对创建的轴承座几何模型进行六面体分网的过程。

相较于四面体分网，对轴承座进行六面体网格划分更复杂，划分的方法可以采用扫掠分网（VSWEEP）。模型中各个部件相互干涉导致并不能直接对轴承座进行扫掠分网，需要对模型中的体元素进行切分处理，使得每个部件都是一个独立个体，这样才能实施扫掠分网。以下为六面体分网操作过程。

① 第一次对底座进行切分。对底座切分可利用工作面，在ANSYS中，所有用工作平面进行的切割都是用x-y平面进行的，所以有时候需要对工作平面进行适当的旋转和平移。在实用菜单上分别点击WorkPlane，Offset WP by Increments...，旋转工作平面，基于目前工作平面的状态［图11.50（a）］，绕x轴顺时针旋转90°。接着，在主菜单上分别点击Main Menu，Preprocessor，Modeling，Operate，Booleans，Divide，Volu by WorkPlane，

在弹出的切分体对话框中选择底面长方体（底座），单击"OK"按钮完成对底座的第一次切分，底座第一次切分前后的轴承座见图11.50（b）。

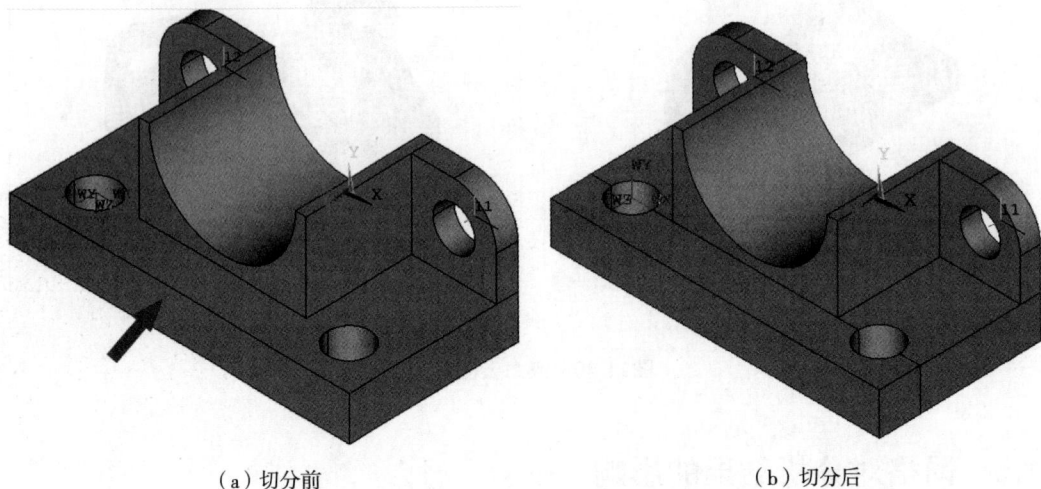

（a）切分前 　　　　　　　　　　　　　（b）切分后

图11.50　底座第一次切分

② 第二次对底座进行切分。建立局部柱坐标系，从实用菜单点击WorkPlane，Local Coordinate Systems，Create Local CS，At Specific Loc，弹出局部坐标系创建窗口，并填入局部坐标系的原点坐标，坐标系原点为（20，0，5），该坐标系命名为"13"；将工作面移动到局部坐标系（在实用菜单上依次点击WorkPlane，Offset WP to，Origin of Active CS）；接着，在主菜单上分别点击Main Menu，Preprocessor，Modeling，Operate，Booleans，Divide，Volu by WorkPlane，在弹出的切分体对话框中选择底面两个体中较大的长方体，单击"OK"按钮完成对体的进一步切分。底座第二次切分前后的轴承座见图11.51。

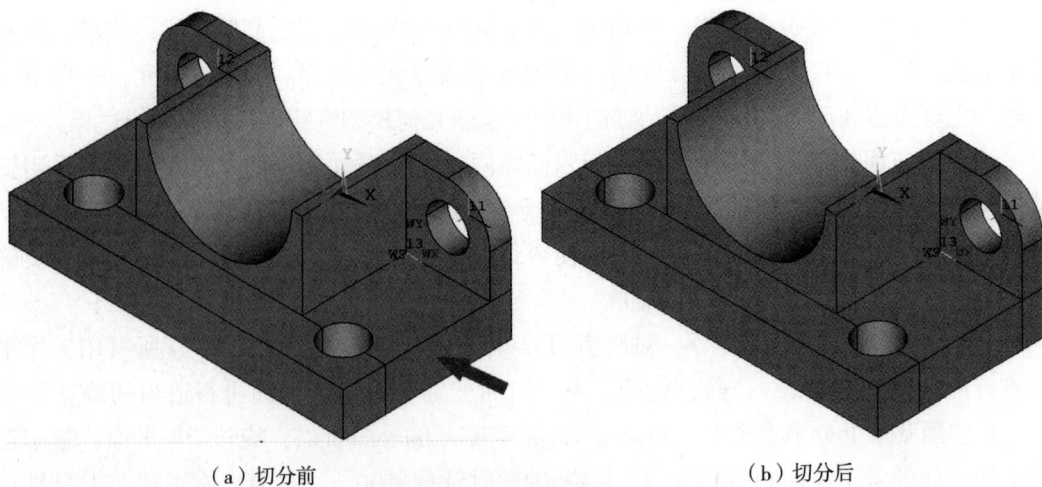

（a）切分前 　　　　　　　　　　　　　（b）切分后

图11.51　底座第二次切分

③ 第三次对底座进行切分。将工作面绕Y轴逆时针旋转90°并再次进行体切分操作，在弹出的对话框中选择底面需要切分的两个体元素，单击"OK"按钮完成切分。底座第三次切分前后的轴承座见图11.52。

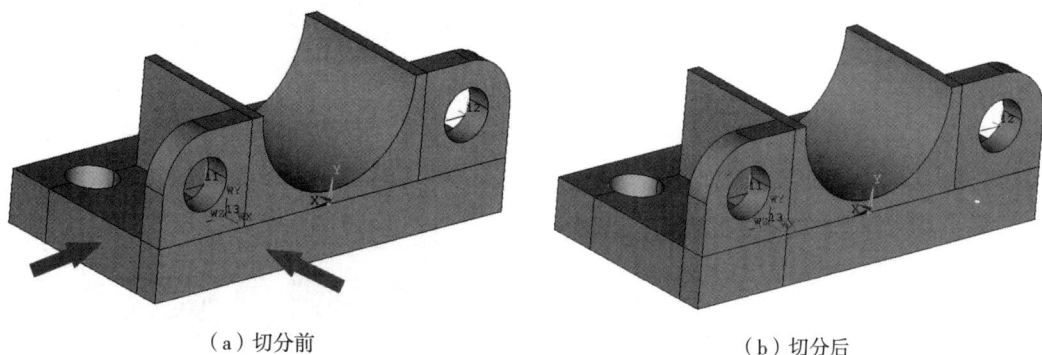

（a）切分前　　　　　　　　　　　　　　　（b）切分后

图11.52　底座第三次切分

④ 第四次对底座进行切分。再次建立局部坐标系，坐标系原点为（−20，0，0），该坐标系命名为"14"。将工作面移动到局部坐标系（在实用菜单上依次点击WorkPlane，Offset WP to，Origin of Active CS），将工作面绕Y轴逆时针旋转90°。选择需要切分的两个体元素，完成底座的最终切分。底座第四次切分前后的轴承座见图11.53。

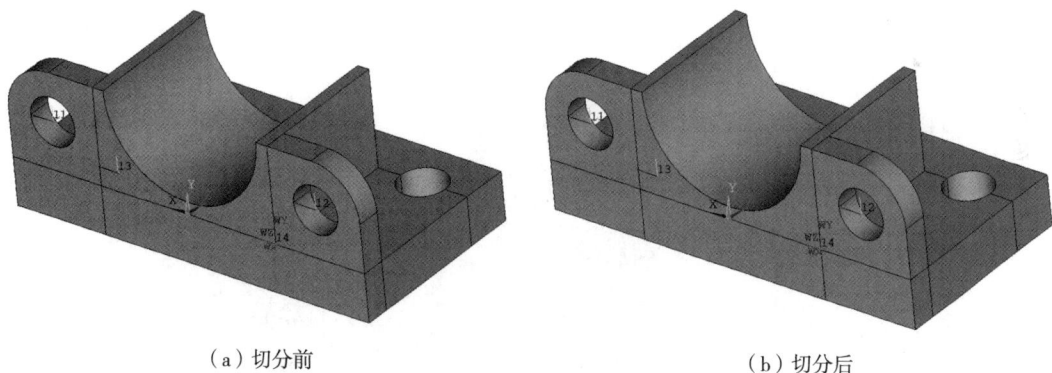

（a）切分前　　　　　　　　　　　　　　　（b）切分后

图11.53　底座第四次切分

经过上述切分，将原来底座由一个体切分为7个。可以通过显示体的编号，用颜色区分各体，点击实用菜单PlotCtrls，Numbering，在"VOLU Volume numbers"处选择"On"，相关对话框及用颜色区分的各体见图11.54。

⑤ 完成扫掠分网。经过切分，各体之间不存在干涉，则可通过扫掠完成六面体分网。在主菜单上分别点击Main Menu，Preprocessor，Meshing，MeshTool，在对话框中"Size Controls"下点击"Global"的"Set"按键，进行单元尺寸设置，设置单元尺寸为2 mm。然后，分别选择六面体单元和扫掠划分，点击"Sweep"按钮，在弹出的对话框中单击"Pick All"按钮完成网格划分，完成六面体扫掠分网。相关对话框及分网后的结果见图11.55。

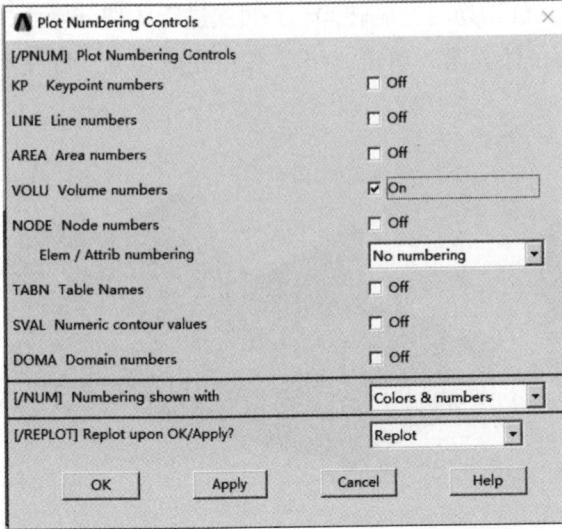

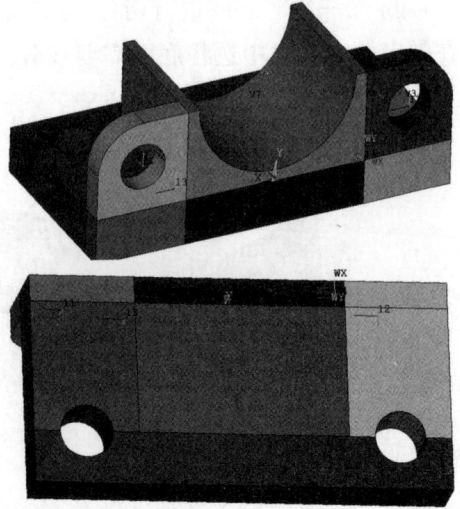

图11.54　显示体编号及用颜色区分的各体

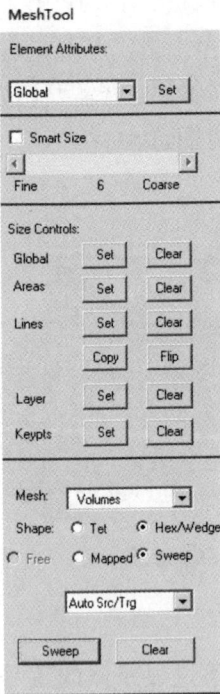

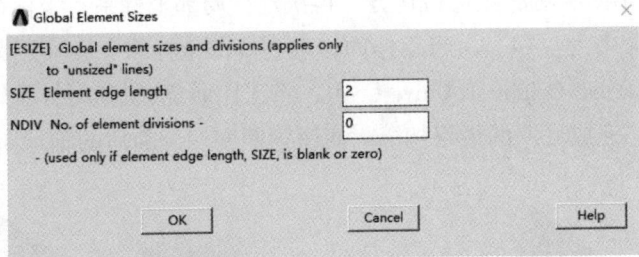

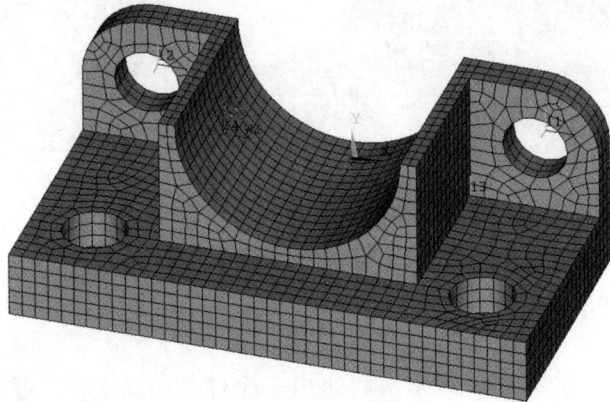

图11.55　分网操作及获得的六面体网格

（2）基于APDL命令流的分网过程。同样，这里对应上面的GUI操作，也仅给出利用命令流完成轴承座分网的过程。后续加约束及载荷的方法与11.2和11.3一致。相关命令流如下。

......

!!选单元及定义材料参数

ET,1,Solid186　!*****选取单元

......

WPROTA,0,90,0　!旋转工作平面

VSBW,8　!第1次切割

LOCAL,13,1,Br_L/2,0,Brck_W　!建立局部柱坐标系

WPCSYS,-1　!将工作平面移动到局部坐标系

WPCSYS,1,13

VSBW,3　!第2次切割

WPROTA,0,0,90　!旋转工作平面

VSBW,5

VSBW,6　!第3次切割

LOCAL,14,1,-Br_L/2,0,0　!建立局部柱坐标系

WPCSYS,-1　!将工作平面移动到局部坐标

WPCSYS,1,14

WPROTA,0,0,90　!旋转工作平面

VSBW,8

VSBW,9　!第4次切割

!!分网

Esize,2　!*****采用毫米(mm)为长度单位

VSWEEP,All

……

（3）网格类型对分析结果的影响。在对用六面体网格划分完成的轴承座有限元模型施加约束及载荷后，可对其进行静力学求解，将获得的变形及应力结果与11.4节四面体网格结果进行比对，见图11.56和图11.57。通过比对可发现两者结果差异较小。

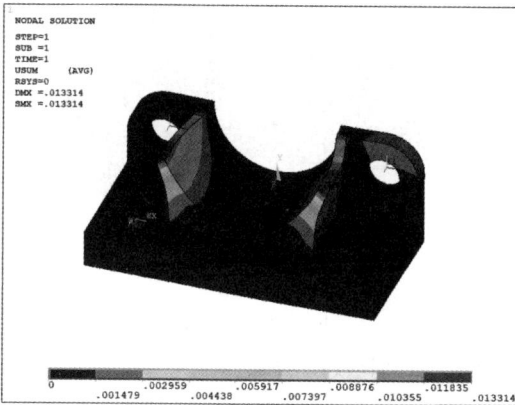

（a）四面体自由划分

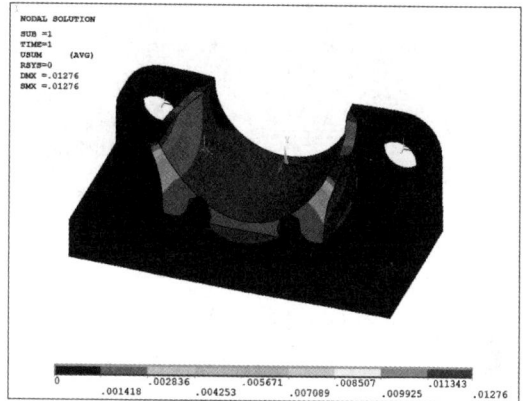

（b）六面体映射划分

图11.56　不同网格类型的变形云图对比

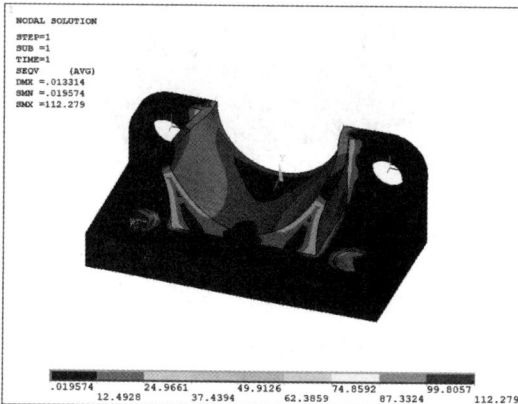

（a）四面体自由划分

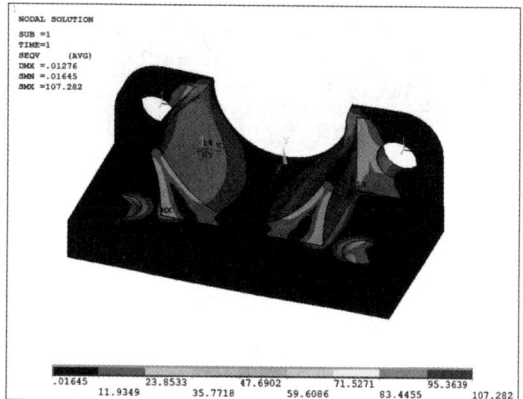

（b）六面体映射划分

图11.57　不同网格类型的应力云图对比

11.5.2　网格尺寸不同对分析结果的影响

本节利用11.5.1创建的轴承座六面体网格模型进一步分析网格尺寸对静力学分析结果的影响。将网格的尺寸调整为5 mm，其他不变，分网尺寸控制命令流为"Esize，5"，划分完的网格见图11.58（为了比对，也将2 mm网格列在图中）。利用划分完新网格的有限元模型执行静力学分析，并将分析结果与对应2 mm网格的结果进行比对，见图11.59和图11.60。如图11.59所示，基于2 mm及5 mm网格对轴承座变形的求解结果相近，对应2 mm网格结果变形值更大一些。如图11.60所示，基于2 mm及5 mm网格对轴承座应力的求解结果相差较大，对应2 mm网格应力值结果是5 mm网格的1.6倍。由此可见，若仅求解变形，网格可稀疏一些，并不影响求解精度；若求解应力，则网格必须密一些，否则严重影响精度。

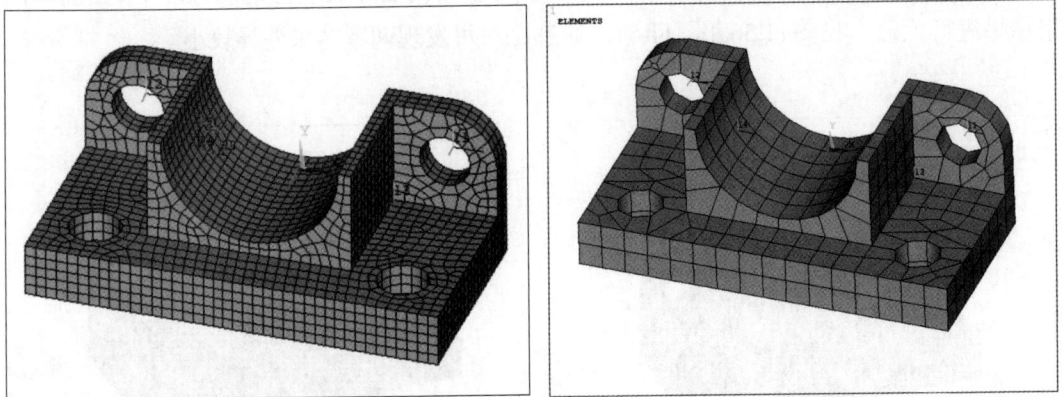

（a）网格尺寸2 mm　　　　　　　　　　　　　（b）网格尺寸5 mm

图11.58　网格尺寸分别为2 mm和5 mm网格划分结果

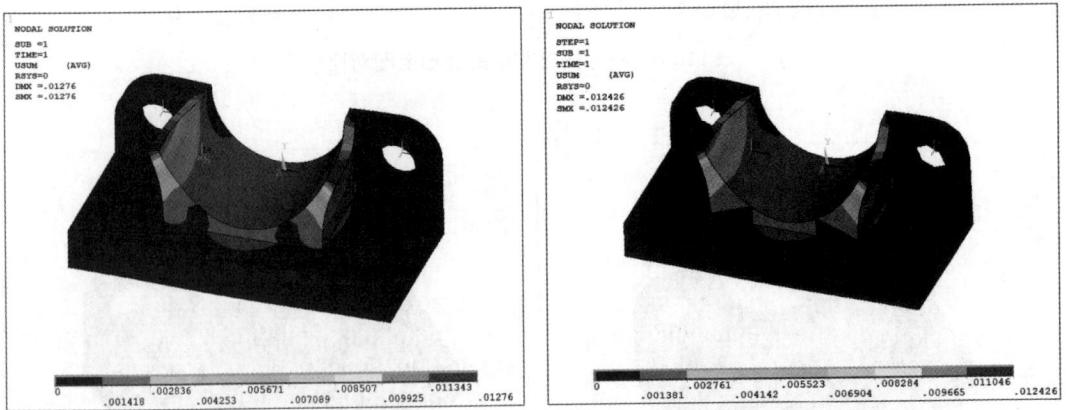

（a）网格尺寸2 mm　　　　　　　　　　　　　（b）网格尺寸5 mm

图11.59　网格尺寸分别为2 mm网格和5 mm网格的变形云图

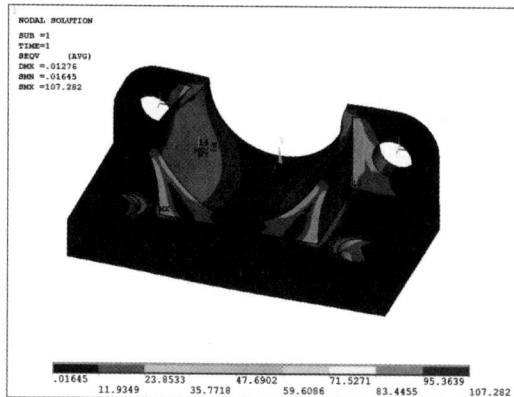

（a）网格尺寸 2 mm　　　　　　　　（b）网格尺寸 5 mm

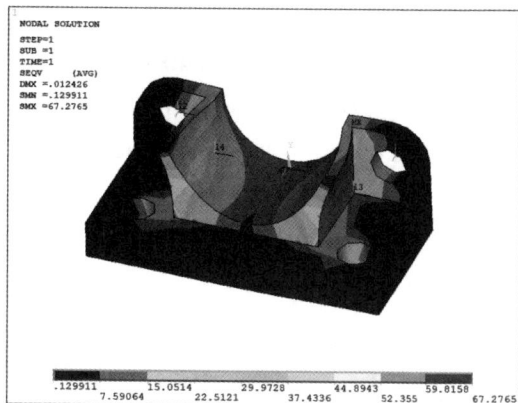

图11.60　网格尺寸分别为2 mm网格和5 mm网格的应力云图

11.6　对称分析

在实际工程结构中，有很多结构是相对于一个面的对称结构，而且受到的外载荷和约束条件也是相对于这个面对称的，如本章的案例。对于这类结构，ANSYS可以通过这种对称性来简化模型，缩短计算的时间，提升计算的效率。针对本章的轴承座结构，这里给出对称分析的方法。由于针对这里的轴承座，对称分析仅需要建立半个模型，因而无论是几何建模，还是网格划分，都会与整体结构有一些不同。以下仅针对主要分析步骤进行描述。

（1）进行半个几何模型的几何建模。相关命令流如下。

```
/CLEAR
/PREP7
!!定义分析文件名
Base_L=80  !底座长度
Base_W=40  !底座宽度
Base_H=10  !底座高度
Br_L=40  !轴承沟槽支撑长度
Br_W=30  !轴承沟槽支撑宽度
Br_H=20  !轴承沟槽支撑高度
GRV_Dia=35  !沟槽直径
Brck_L=20  !支架长度
Brck_W=5  !支架宽度
SPRTH_H=Br_H/2 !支架孔高度
SPRTH_R=5  !支架孔半径
!!选单元及定义材料参数
ET,1,SOLID186
```

```
MP,EX,1,2.12E5
MP,PRXY,1,0.3
!!1）建立底座及轴承沟槽支撑基体模型
Block,0,Base_L/2,0,Base_H,0,Base_W
!建立底座模型
Block,0,Br_L/2,Base_H,Base_H+Br_H,0,Br_W
!建立轴承沟槽支撑模型
!!2）建立右轴承支架基体模型
Block,Br_L/2,Br_L/2+Brck_L,Base_H,Base_H+Br_H,0,Brck_W
!!3）布尔切割轴承沟槽支撑
CYL4,0,Base_H+Br_H,GRV_Dia/2,,,,Br_W
VSBV,2,4
!!4）布尔切割右轴承支架孔
CYL4,Br_L/2+(BASE_L-Br_L)/4,Base_H+SPRTH_H,SPRTH_R,,,,Brck_W*2
```

VSBV,3,2

!!5）布尔切割布尔切割右支架圆角

K,101,Br_L/2+(BASE_L−Br_L)/4,Base_H+SPRTH_H

Circle,101,(BASE_L−Br_L)/4　!创建切割圆弧

LDELE,38,,,1

LDELE,39,,,1　!删除多余的圆弧

LDELE,40,,,1

ADRAG,24,,,,,,35　!拉伸用于切割的圆弧面

VSBA,4,7　!基于平面切分，基于面7切分体4

VDELE,2,,,1　!去掉多余的体

!!6）布尔切割右底座孔

WPAVE,Br_L/2+(BASE_L−Br_L)/4,Base_H,Base_

W*0.75　!移动工作面到指定位置

WPROTA,0,90,0　!旋转工作面

CYL4,0,0,SPRTH_R,,,,Base_H*2　!建圆柱

VSBV,1,2

对应上述命令流，针对每个子步形成的几何模型见图 11.61。

图11.61　半个几何模型的形成过程

（2）分网。针对创建的轴承座的半个几何模型，这里仍然采用SOLID186单元对结构进行六面体分网。同样，由于存在体干涉，无法直接完成扫掠分网，因而需要对底座进行切分处理。可以采用11.5描述的利用"WorkPlane"进行切分的方法，这里提出了另一种，即采用辅助面的方法对底座进行切分，相关命令流如下。

!7)创建辅助分网的面,为了生成6面体网格实施的操作

ADRAG,29,,,,,,6　!线扫掠生成面,辅助分网用

ADRAG,33,,,,,,6

ADRAG,22,,,,,,6

ADRAG,17,,,,,,6

!8)将这些面组成一个装配体,用于切分

ASEL,S,,,3

ASEL,A,,,4　!选择刚才创建的这些面

ASEL,A,,,8

ASEL,A,,,10

CM,QGAERA,AREA

ALLSEL,ALL

!9)切分、黏结及分网

VSBA,4,QGAERA　!用组建的装配体进行切分

VGLUE,all　!黏在一起

Esize,2,0　!网格尺寸设定

VSWEEP,All　!扫掠分网

以下对上述命令流运行过程的各中间结果进行简单解释。生成辅助面的过程见图11.62，进一步可以将各辅助面组建一个装配体，对应上面命令流的GUI操作：首先，依次点击Utility Menu，Select，Comp/Assembly，Create Component，弹出的对话框见图11.63。其次，利用创建的辅助面装配体对底座进行切分，对应的GUI操作对话框及切分后形成的多个体见图11.64。最后，设定网格尺寸并执行分网，对应轴承座半个几何模型的六面体网格见图11.65。

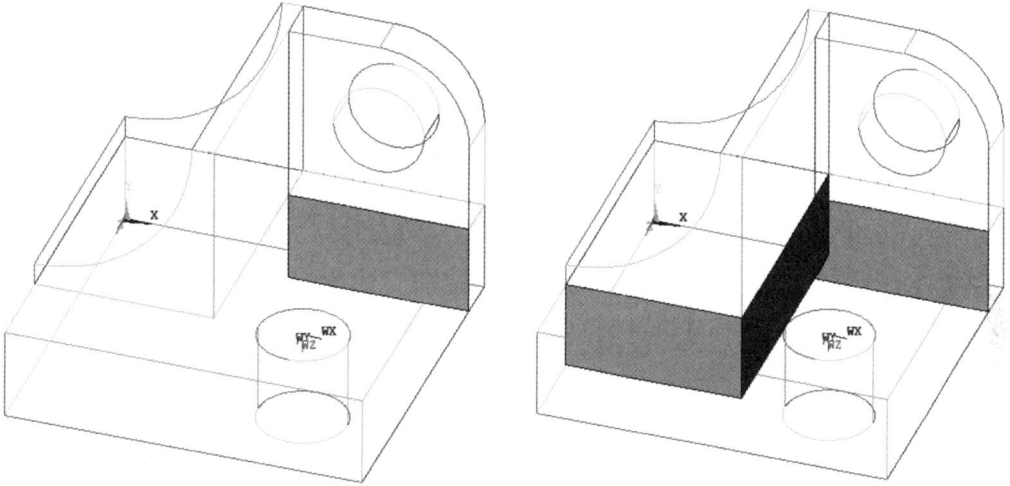

图11.62 生成用于对底座进行切分的辅助面的过程及生成的辅助面

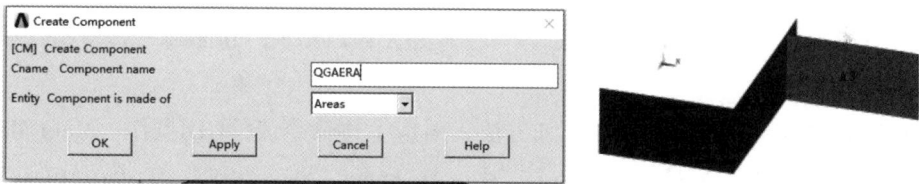

图11.63 各辅助面装配在一起及对应的各辅助面

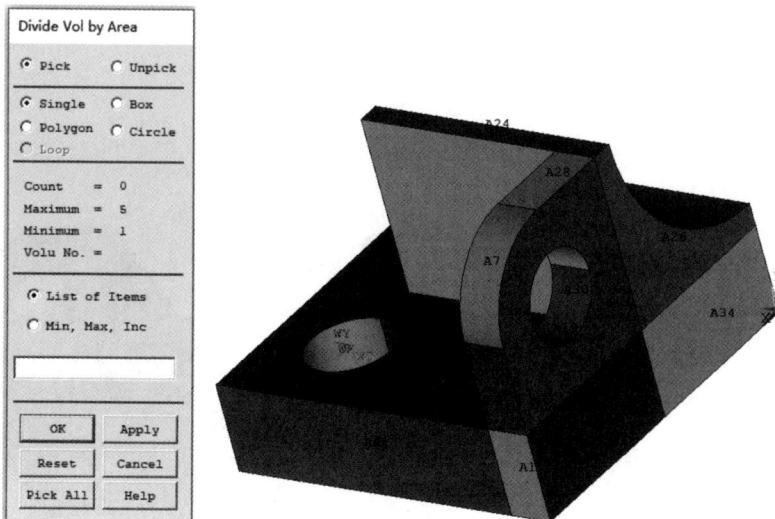

图11.64 切分操作及切分完成后的各体

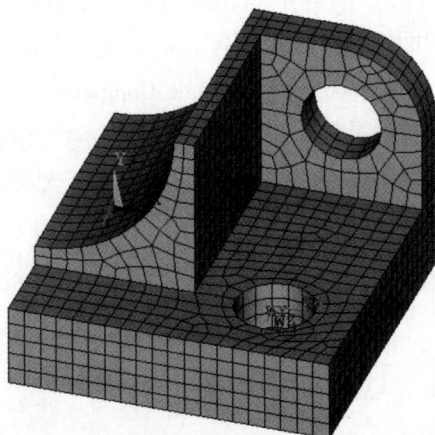

图11.65　对应轴承座半个几何模型的六面体网格

（3）加约束、载荷及求解。这里的约束包含固定轴承座孔的固定约束，以及为实施对称分析的对称约束。加载的方法与完整模型一致，只是在半个轴承面上施加压力载荷。相关命令流如下。

/Sol	!11)在指定面施加对称约束
!10)对轴承座孔施加固定约束	DA,　　40,SYMM　!实际对称约束
DA,19,all　!对面加约束	DA,　　35,SYMM
DA,20,all	DA,　　4,SYMM
DA,16,all	SFA,25,1,PRES,5　!加载荷
DA,18,all	Solve　　　!求解

以下着重描述一下对称约束的施加方法，对应上述命令流的GUI操作：Main Menu，Solution，Define Loads，Apply，Structural，Displacement，Symmetry B.C.，On Areas，相关的对话框及施加完对称约束的模型见图11.66。

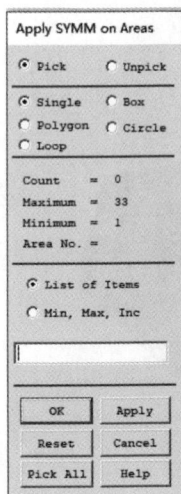

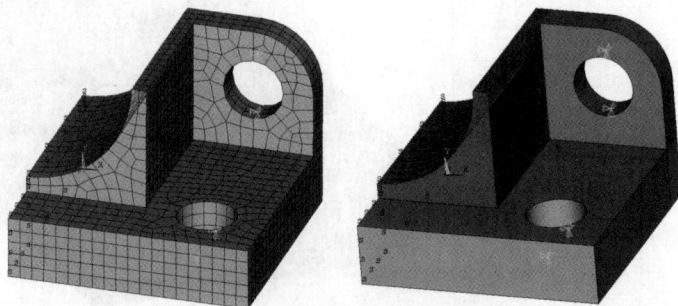

图11.66　对称约束及施加后的结果

（4）后处理显示变形及应力。后处理显示变形及应力的方法与完整模型一致，相关命令流如下。

/POST1 !进入后处理器

PLNSOL,U,SUM,0,1.0 !显示变形云图

PLNSOL,S,EQV,0,1.0 !显示应力云图

具体结果见图11.67，由结果可知，对称分析结果与完整模型结果基本一致。

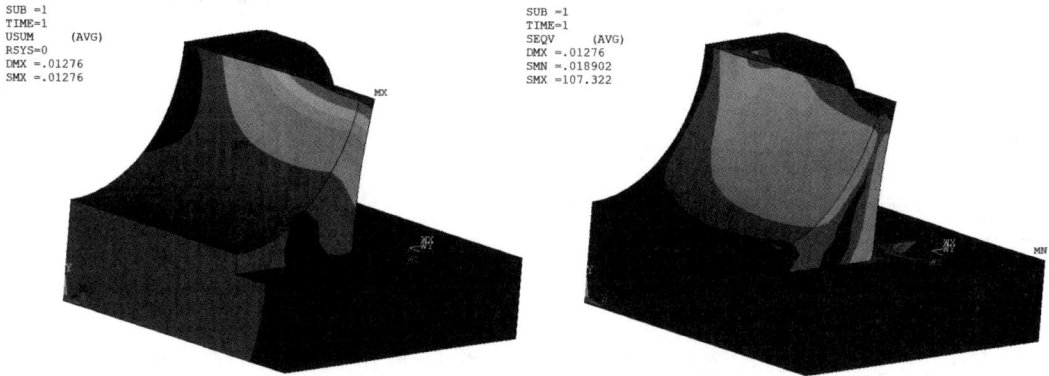

图11.67 基于对称分析获得轴承座变形及应力

（5）分析结果扩展。在ANSYS中还提供将对称分析结果进行完整展示的功能，具体操作：依次点击实用菜单PlotCtrls，Style，Symmetry Expansion，Periodic/Syclic Symmetry…，弹出如图11.68所示的对话框，选择"Reflect about YZ"后点击"OK"按钮完成结果扩展。扩展后的变形云图和应力云图见图11.69。

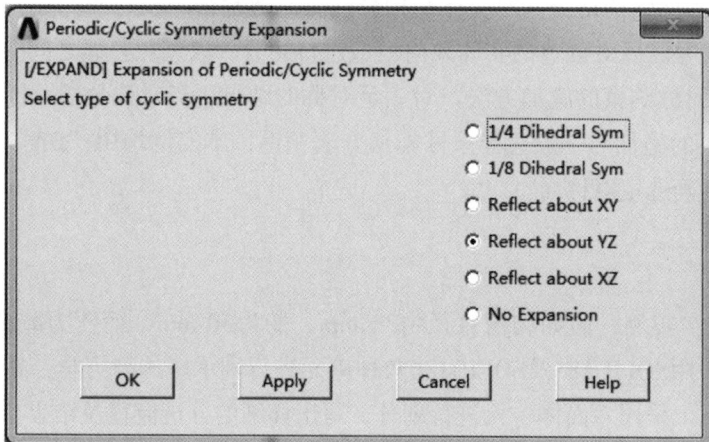

图11.68 结果扩展

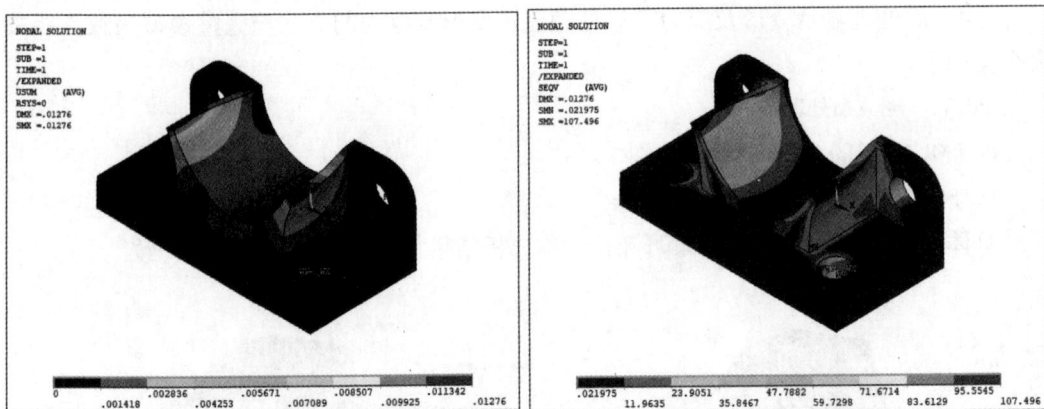

图11.69 完整显示轴承座结果

11.7 本章小结

本章以轴承座结构为例，介绍了ANSYS静力学分析方法，分别采用GUI和APDL命令流的方式介绍了分析过程，对比了米（m）和毫米（mm）单位制、分析网格类型对静力学分析结果的影响。读者应着重学习和理解以下关键技术点。

（1）理解坐标系及工作面（WorkPlane）在几何建模中的重要作用，学会创建局部坐标系、将工作面移动到局部坐标系、将工作面平移及旋转的方法，以提升对复杂结构进行几何建模的能力。

（2）了解假如采用米（m）和毫米（mm）单位制后，其他单位的变化，例如选用毫米（mm）单位制后，弹性模量的单位变为MPa，密度的单位变为t/mm³。

（3）在用六面体网格分网对实体结构分网时，通常采用映射或扫掠的方法，在执行这些操作前，通常需要对创建的实体几何模型进行切分，以避免各体之间的干涉。

（4）学习对称约束的施加方法，对满足对称的结果进行对称分析可提升分析求解的效率。对称约束的施加与一般边界条件施加方法相近，本实例均用"DA"这个命令，实际实施时需要准确选定对称面。

习题

（1）针对本实例，假如沟槽直径由35 mm，变为30 mm，而压力载荷变为10×10^6 Pa，试着分别采用SOLID185及SOLID186两种单元进行轴承座的静力学分析，将两个结果进行比较。注意，采用六面体单元进行划分，写出详细的分析流程及结果。

（2）习题图为一个铣刀结构，所有截面都是圆柱面，相关尺寸单位为mm，刀尖点所受的外载荷为$F=8000$ N，垂直于圆柱面。试采用实体单元分析其静力学特性。

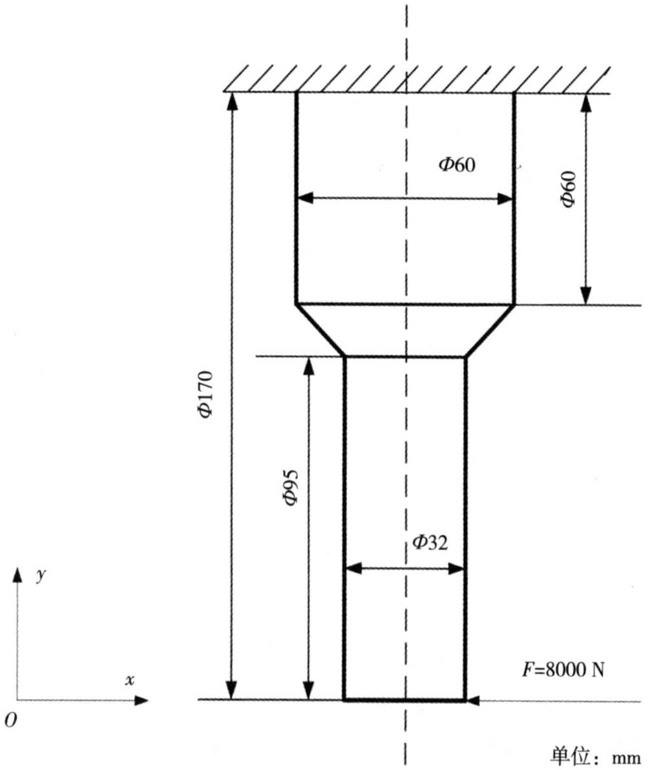

习题图

第12章 接触分析实例

本章主要描述利用有限元方法进行接触分析的方法。接触问题指的是模拟物体之间的接触、碰撞和分离等情况，特别是在存在相对运动、形变和非线性效应的情况下进行分析。接触问题属于状态非线性，且属于高度非线性行为。此处将以典型轴盘接触结构为例，分别采用GUI及APDL命令流的方式对其进行静力学求解，同时将讨论分析过程参数［包括是否采用大变形、法向接触刚度因子（FKN）的值和接触算法等］对分析结果的影响。

12.1 问题描述

本实例将对一个盘轴紧配合结构进行接触分析。第1个载荷步分析轴和盘在过盈配合时的应力，第2个载荷步分析将该轴从盘心拔出时轴和盘的接触应力情况。如图12.1所示，轴的长度（L）为160 mm，轴端与圆盘的距离（$L1$）为120 mm，轴的半径（$R2$）为36 mm，盘的外径（$R1$）为120 mm，内半径与轴的半径相同。盘的厚度（H）为25 mm。本实例采用SOLID186单元模拟轴和圆盘。轴和盘的材料相同，在ANSYS中参数如下：弹性模量（EX）为2.1×10^5 MPa，泊松比（PRXY）为0.3。盘和轴的静态摩擦系数（MU）为0.2。载荷及边界条件是假设轴和盘的过盈量为3 mm。

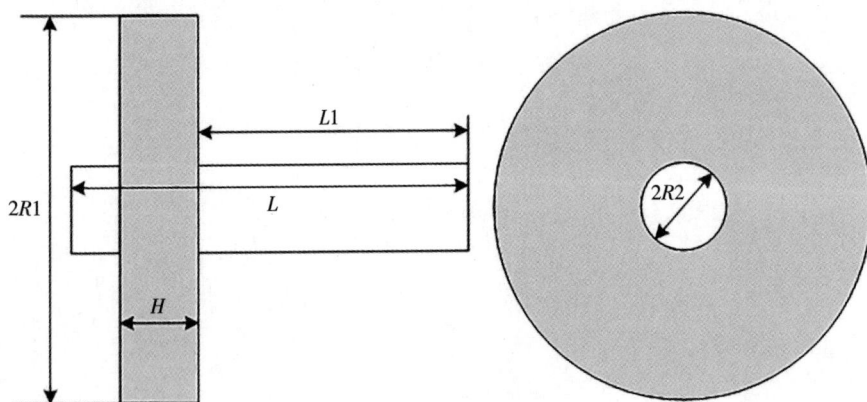

图12.1 盘轴结构示意图

12.2 基于GUI的求解过程

本节采用GUI的方式对盘轴结构进行接触分析，读者应该重点掌握接触设置。

（1）定义单元。依次点击Main Menu，Preprocessor，Element Type，Add/Edit/Delete，在弹出的单元库对话框（图12.2）中选择"20node 186"单元，单击"OK"按钮。所选择的单元为SOLID186单元，该单元具有20个节点，每个节点有3个自由度。

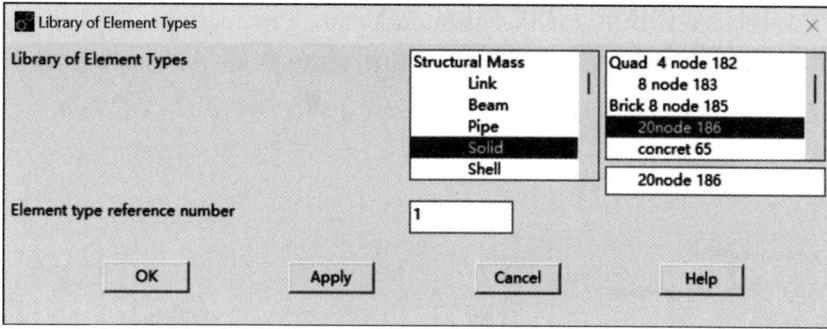

图12.2 定义单元

（2）定义材料属性。依次点击Main Menu，Preprocessor，Material Props，Material Models，在弹出的对话框中依次点击Structural，Linear，Elastic，Isotropic，按已知条件输入材料参数，见图12.3。

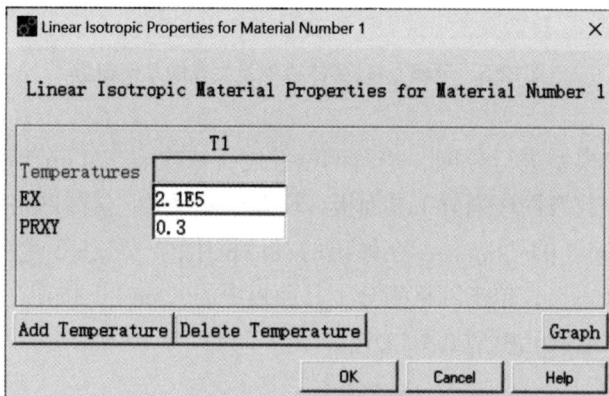

图12.3 定义材料属性

（3）建立圆盘和轴1/4实体模型。

① 建立1/4圆盘实体模型，依次点击Main Menu，Preprocessor，Modeling，Create，Volumes，Cylinder，By Dimensions，分别填入圆盘的外径（120 mm）、内径（36 mm）和Z1（0），Z2（25 mm）坐标以及起始角（0°）和终止角（90°），点击"OK"按钮。相应的对话框及生成的模型见图12.4。

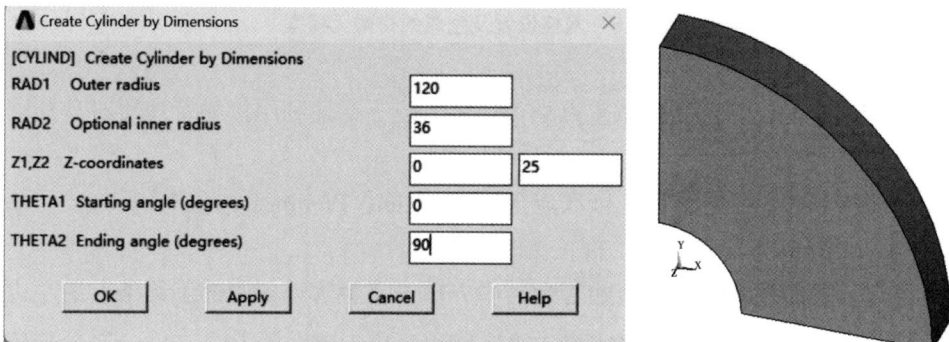

图12.4 创建1/4圆盘实体模型及生成的几何模型

② 建立1/4轴的实体模型，依次点击Main Menu，Preprocessor，Modeling，Create，Volumes，Cylinder，By Dimensions，分别填入轴相对应的外径（36 mm）、内径（0）和Z1（−15），Z2（145）坐标以及起始角（0°）和终止角（90°），点击"OK"。相应的对话框及生成的模型见图12.5。

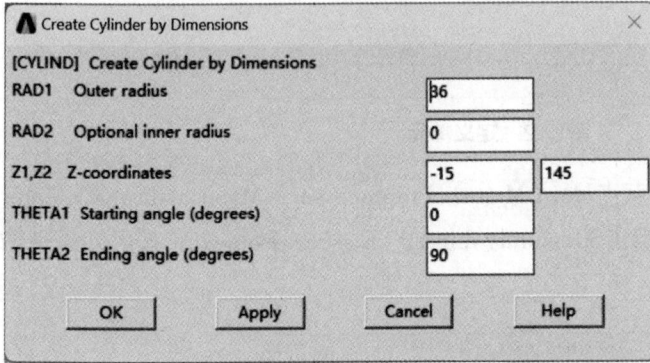

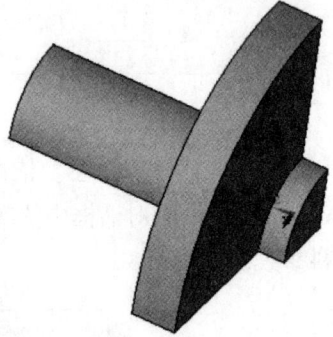

图12.5　创建1/4轴实体模型及生成的几何模型

（4）上述几何模型进行分网。进行网格控制，依次点击Main Menu，Preprocessor，Meshing，MeshTool，打开网格划分工具面板，设置单元尺寸，选择网格划分工具面板"Size Controls"中"Global"的"Set"，在弹出的对话框中的"SIZE"选项后输入"5"，在"Shape"中选择"Hex"，单击网格划分工具面板中的"Mesh"按钮，选择"Pick All"。相关对话框及生成的有限元模型见图12.6。

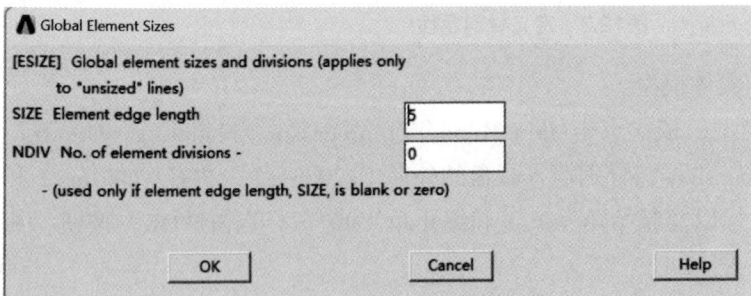

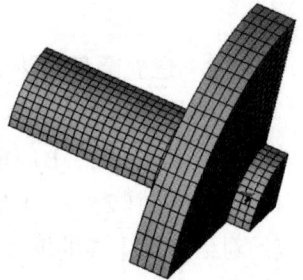

图12.6　网格设置及生成的有限元模型

（5）定义接触对。这是本章重点学习内容，以下描述利用接触管理器对盘及轴之间进行接触设置的方法。

① 启动接触对设置对话框。依次点击Main Menu，Preprocessor，Modeling，Create，Contact Pair，出现接触管理器对话框，见图12.7。

② 设定目标面。在弹出的接触管理器中，单击接触管理器中的工具条上最左边的按钮 ，弹出"Contact Wizard"对话框（图12.8）。单击对话框中的"Areas"单选按钮，指定接触目标表面为面，然后单击"Pick Target"按钮来选择具体的目标面。

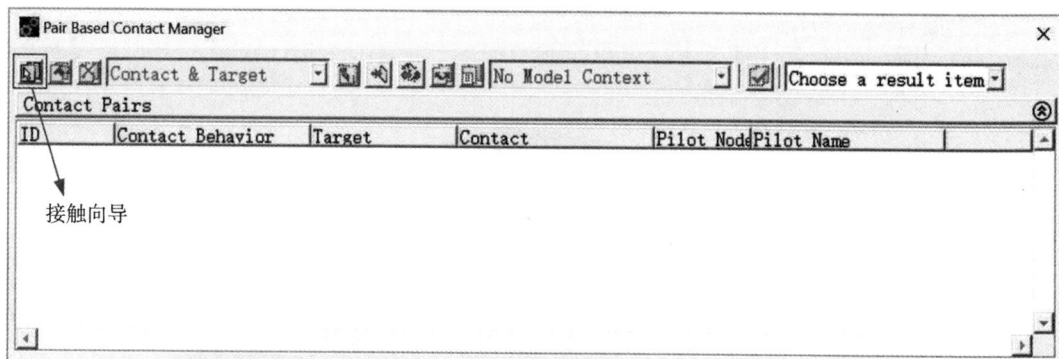

图12.7 接触管理器

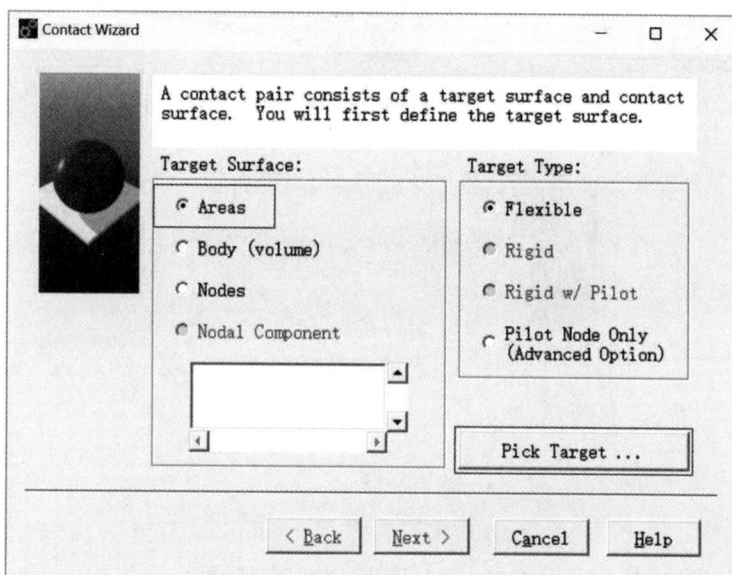

图12.8 添加接触对（设定目标面）

弹出"Select Area for Target"拾取对话框。在图形输出窗口中单击轴面将其选定，然后单击拾取对话框中的"OK"按钮将其关闭。这时，"Add Contact Pair"对话框中的"Next"按钮将被激活，单击"Next"按钮进入下一步，将弹出选中接触面的对话框。相关对话框及拾取的目标面见图12.9。

③ 设定接触面。单击对话框中的"Areas"单选按钮，指定接触表面为面，然后单击"Pick Contact"按钮，选择具体的接触面（图12.10）。弹出"Select Area for Contact"拾取对话框。在图形输出窗口中单击盘的内孔面，将其选定，然后单击拾取对话框中的"OK"按钮将其关闭。相关对话框及选择的接触面见图12.11。这时，"Contact Wizard"对话框中的"Next"按钮将被激活，单击"Next"按钮进入下一步，对接触对属性进行设置。

④ 设定接触对参数。在弹出的对话框（图12.12）中单击"Include initial penetration"选择框，将其选中，使分析中包括初始渗透。单击"Material ID"下拉框中的"1"，指

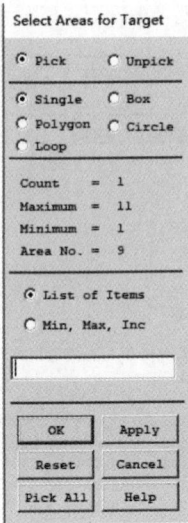

图12.9 拾取目标面相关操作及目标面

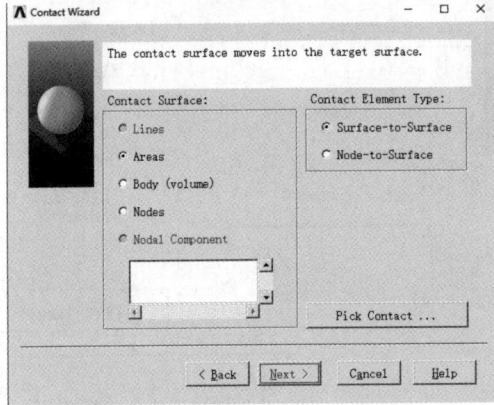

图12.10 添加接触对（设定接触面）

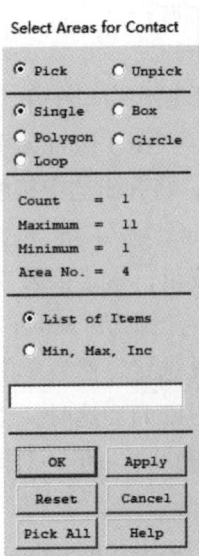

图12.11 拾取接触面相关操作及盘的内孔面

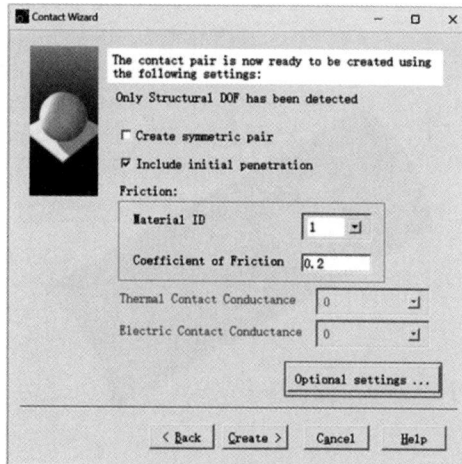

图12.12 接触参数设置

定接触材料属性为定义的1号材料，并在"Coefficient of Friction"文本框中输入"0.2"，指定摩擦系数为0.2。继续单击"Optional settings"按钮，对接触问题的其他选项进行设置。

在弹出的"Contact Properties"对话框中（图12.13）选择"Friction Initial Adjustment"，在"Initial penetration"处选择"Include everying with ramped penetration"，在"Contact surface offset"处填入"3"，实际上这就是加载荷，在"Automatic contact adjustment"处选择"Close gap/Reduce penetration"。

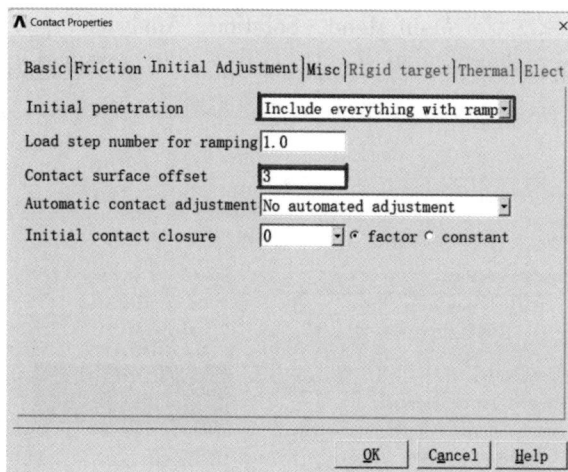

图12.13 接触属性

查看图12.13对话框中的信息，然后单击"OK"按钮关闭对话框。在接触向导对话框中点击"Create"，ANSYS接触管理器的接触对列表框中将列出刚定义的接触对，其实常数为3。图形输出窗口中将显示所创建的接触对，如图12.14所示。

（6）加载及求解。在设置好接触对并预加了过盈量后可进行求解，分析的类型选择静力学分析。

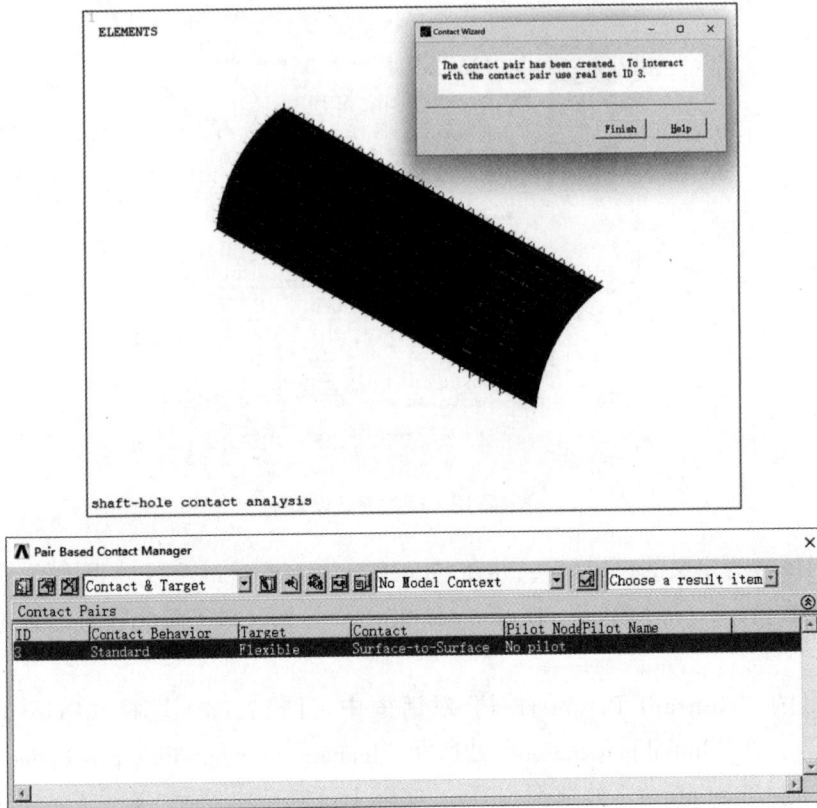

图12.14　接触对及接触对实常数

① 激活大变形。依次点击Main Menu，Solution，Analysis Type，Sol'n Controls，弹出"Solution Controls"菜单对话框，将"Analysis Options"选项设置为"Large Displacement Static"，见图12.15。

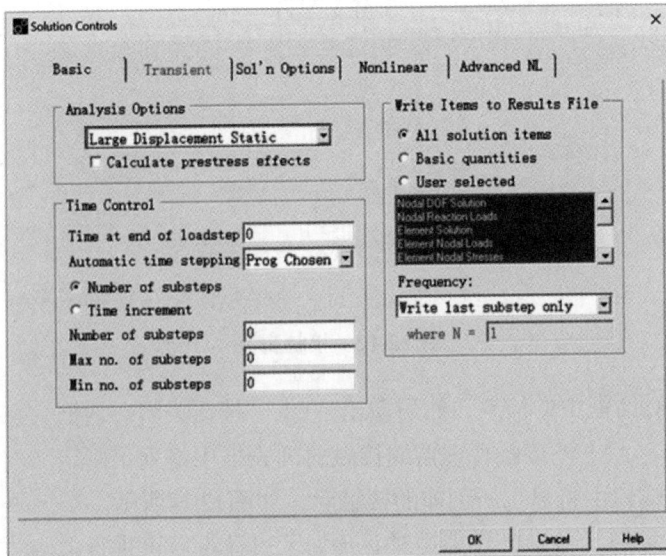

图12.15　激活大变形

② 定义对称边界条件和位移约束。为了减少建模工作，根据模型的结构特点只建立了1/4模型，因此在分析时就需要定义轴对称边界条件来模拟实际情况。另外，根据已知条件，圆盘外缘的节点的所有自由度应该被约束。

A. 施加对称约束。依次点击Main Menu，Solution，Define Loads，Apply，Structural，Displacement，Symmetry B. C.，On Areas，弹出"Apply SYMM on Areas"拾取对话框。在图形输出窗口中单击选取盘和轴的四个径向截面，然后单击拾取对话框中的"OK"按钮关闭对话框，对它们施加轴对称边界条件，如图12.16所示。

图12.16　定义轴对称边界条件

B. 施加固定约束。依次点击Main Menu，Solution，Define Loads，Apply，Structural，Displacement，On Areas，弹出"Apply U，ROT on Areas"拾取对话框。选择轮盘外缘面，施加固定约束，如图12.17所示。

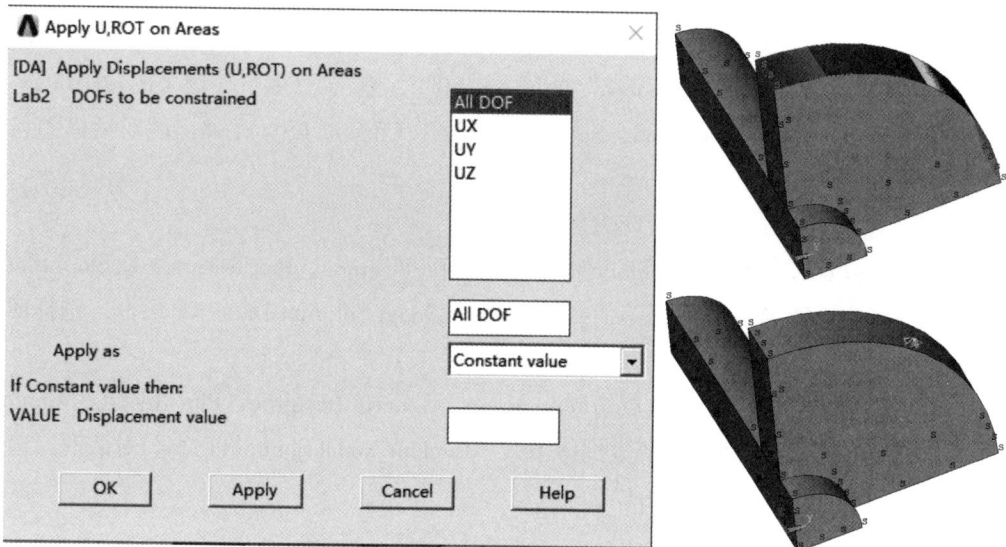

图12.17　定义轮盘外缘面固定边界条件

③ 定义载荷步。依次点击Main Menu，Solution，Load Step Opts，Output Ctrls，DB/ Results File，在"Controls for Database and Results File Writing"中选择"Every substep"，单击"OK"按钮，见图12.18。值得注意的是，ANSYS APDL默认显示模式为简略模式，可通过点击"Solution"标签下"Unabridged Menu"显示相关选项。

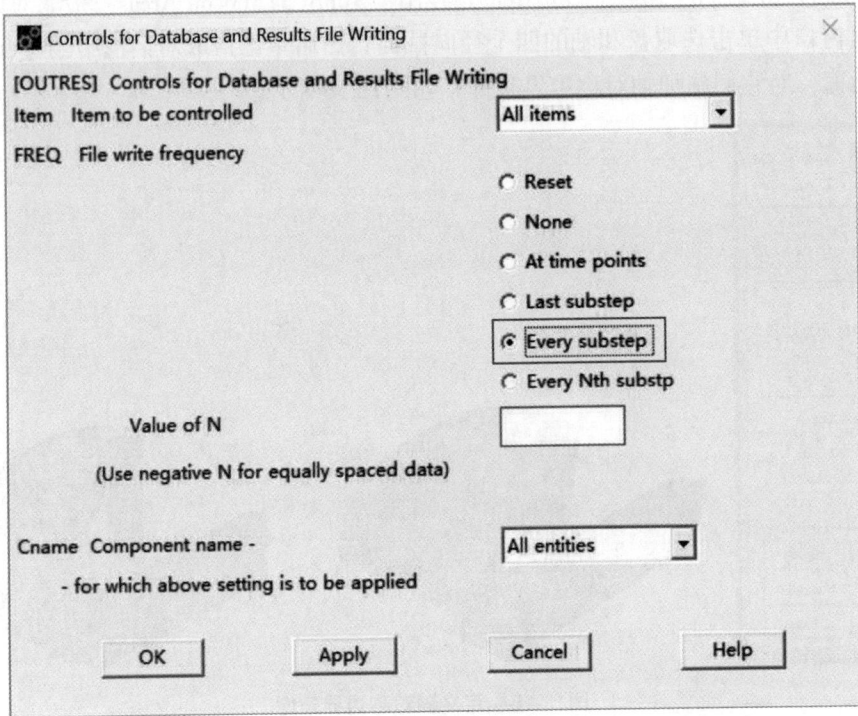

图12.18　读写数据控制面板

依次点击Main Menu，Solution，Load Step Opts，Time/Frequency，Time and Substeps。在"Time and Substep Options"对话框中，在"Time at end of load step"处填入"1"，在"Number of substeps"（子步数）处填入"60"，"Automatic time stepping"处选择"ON"，在"Maximum no. of substeps"处填入"80"，点击"OK"按钮（图12.19）。

④ 求解。依次点击Main Menu，Solution，Solve，Current LS，在弹出的对话框中点击"OK"按钮。

（7）后处理云图显示变形及应力。

① 云图显示变形。依次点击Main Menu，General Postproc，Plot Results，Contour Plot，Nodal Solu，弹出绘制节点解数据等值线"Contour Nodal Solution Data"对话框，选择DOF Solution，Displacement vector sum，结果见图12.20。

② 云图显示等效应力。依次点击Main Menu，General Postproc，Plot Results，Contour Plot，Nodal Solu，弹出绘制节点解数据等值线"Contour Nodal Solution Data"对话框，选择Stress，von Mises stress，结果见图12.21。

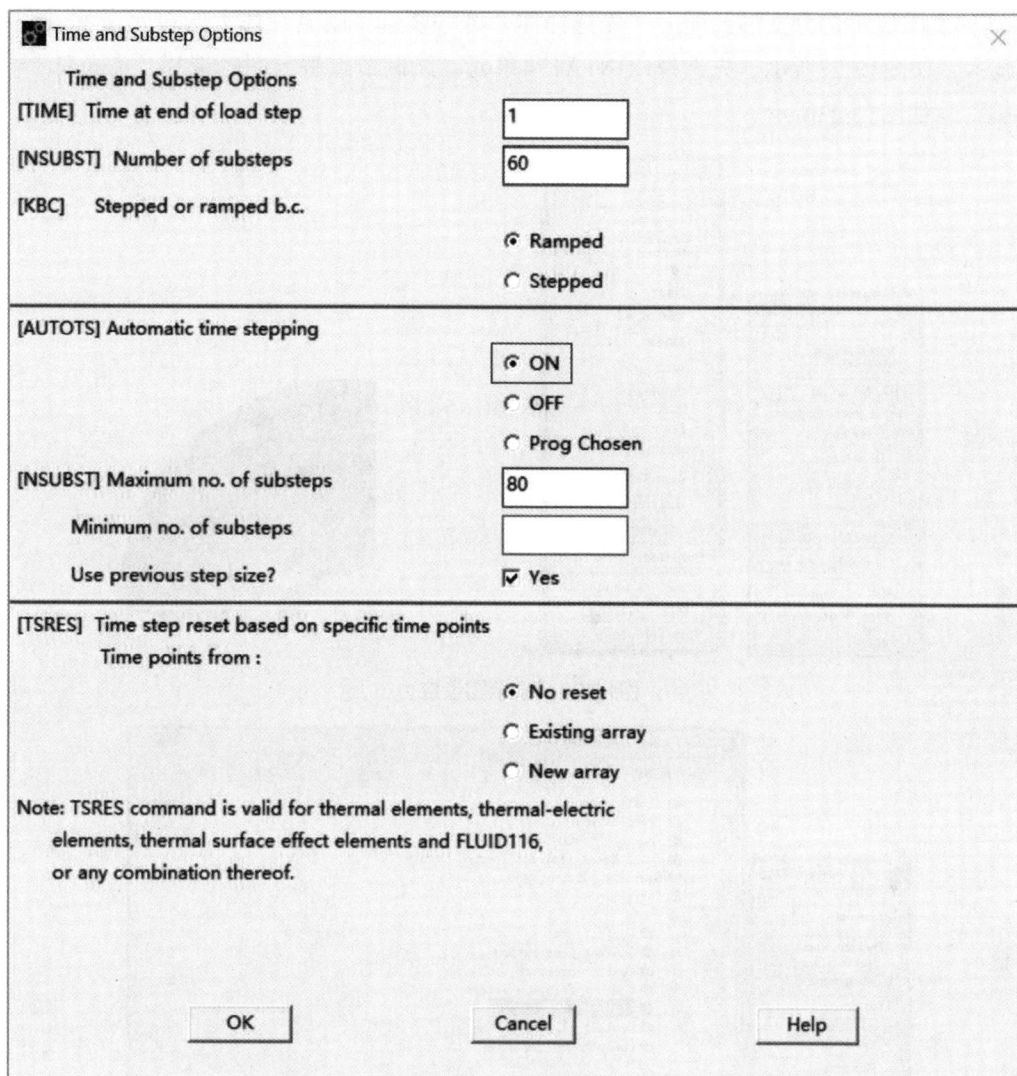

图12.19 设置载荷步

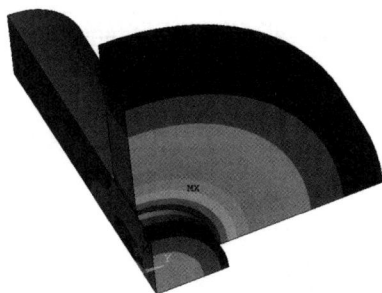

图12.20 变形云图

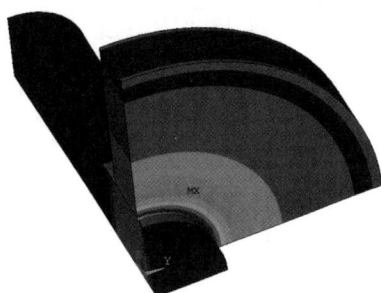

图12.21 应力云图

③ 云图显示部分变形及应力。先选择体，进一步选择附着在体上的单元，就可按需求显示，如图12.22所示。先选择CONTA174单元，绘制节点解云图，选择"Contact total stress"，如图12.23所示。

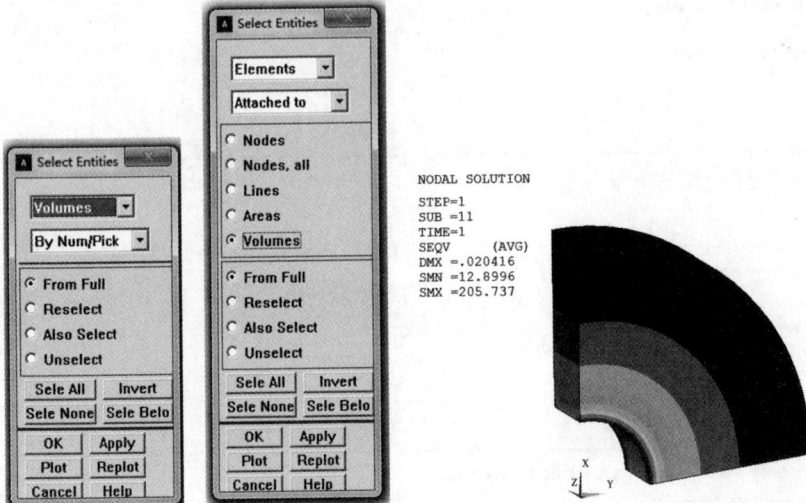

图12.22　显示圆盘应力

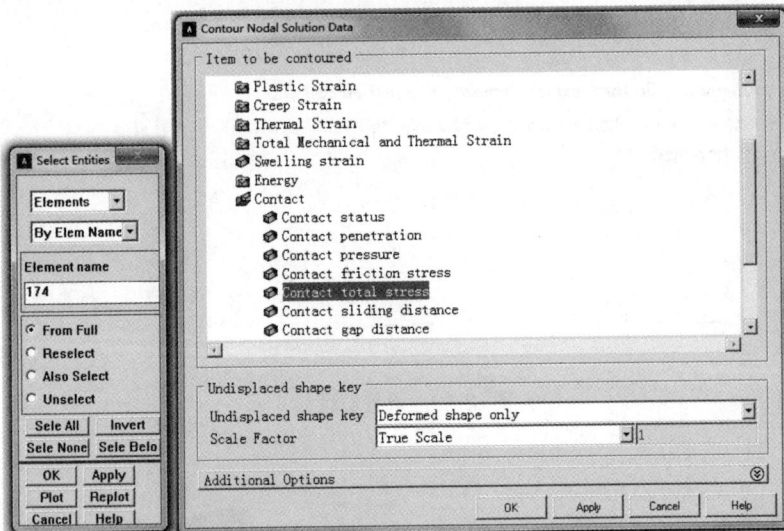

图12.23　接触压力分布

12.3 基于APDL命令流的求解过程

对照上述GUI操作，相关命令流如下。

```
/CLEAR
!定义分析文件名
/FILNAME,Shaft-disk-contact,0
/TITLE,Contact analysis for Shaft-disk structure
/NOPR
KEYW,PR_SET,1
KEYW,PR_STRUC,1
/PREP7
R1=120   !盘的半径
R2=36   !孔直径也就是盘的内径,即轴的半径
H=25   !盘的厚度
!轴的基本尺寸;
L=160   !轴的长度
L1=120   !盘距离右端轴面距离
R3=36   !轴的半径
f=3   !过盈量f
!定义单元类型和材料常数
ET,1,Solid186
MP,EX,1,2.1E5
MP,PRXY,1,0.3
!创建几何模型
CYLIND,R1,R2,0,H,0,90,   !建立1/4盘模型
CYLIND,R3,0,-(L-H-L1),H+L1,0,90,   !建立1/4轴模型
!网格划分
Esize,5   !分网尺寸设置
Vsweep,all
!定义接触对,以下为从GUI操作获取
MP,MU,1,0.2
MAT,1
R,3
REAL,3
ET,2,170
ET,3,174
R,3,,,1.0,0.1,0,   ![关键项B]法向接触刚度因子FKN
```

```
RMORE,,,,1.0E20,f,1.0,
RMORE,0.0,0,1.0,,1.0,0.5
RMORE,0,1.0,1.0,0.0,,1.0
!NROPT,UNSYM   ![关键项C]刚度矩阵设置为不对称
!KEYOPT,3,2,3   !Lagrange法and penalty法结合,
!KEYOPT,3,2,4   !仅Lagrange法
KEYOPT,3,5,3   ![关键项D]
KEYOPT,3,9,2
!生成目标面
ASEL,S,,,9
CM,TARGET,AREA
TYPE,2
NSLA,S,1
ESLN,S,0
ESURF,all
!生成接触面
ASEL,S,,,4
CM,_CONTACT,AREA
TYPE,3
NSLA,S,1
ESLN,S,0
ESURF,all
ALLSEL
CMDEL,TARGET
CMDEL,CONTACT
/solu   !求解
!约束施加
DA,5,SYMM   !对称
DA,6,SYMM
DA,10,SYMM
DA,11,SYMM
DA,3,ALL,   !位移
ANTYPE,0
NLGEOM,ON   ![关键项A]大变形开关
```

OUTRES,ALL,ALL,   NSUBST,60,80,,1

TIME,1   KBC,0 !渐进

AUTOTS,1   Solve

12.4 过程参数设定对结果的影响

对于同一个待求解的问题，在基于ANSYS求解的过程中设置不同的参数或使用不同的求解方法，可能对求解结果造成不同程度的影响，有些会使结果更加趋向于真实值，有些甚至会导致结果错误。本节以上述轴盘接触结构为对象，着重描述大变形、法向接触刚度因子（FKN）值和接触算法对分析结果的影响。

12.4.1 关闭大变形

开启大变形后结构的刚度矩阵会实时更新，随着结构的变形而不断重新计算，若关闭大变形则按照初始刚度矩阵进行计算。在非线性计算中，关闭大变形开关可能会导致计算不收敛，或是影响计算精度，但好处是可以节约计算时间。依次点击Main Menu，Solution，Analysis Type，Analysis Options，弹出的对话框如图12.24所示，关闭大变形。

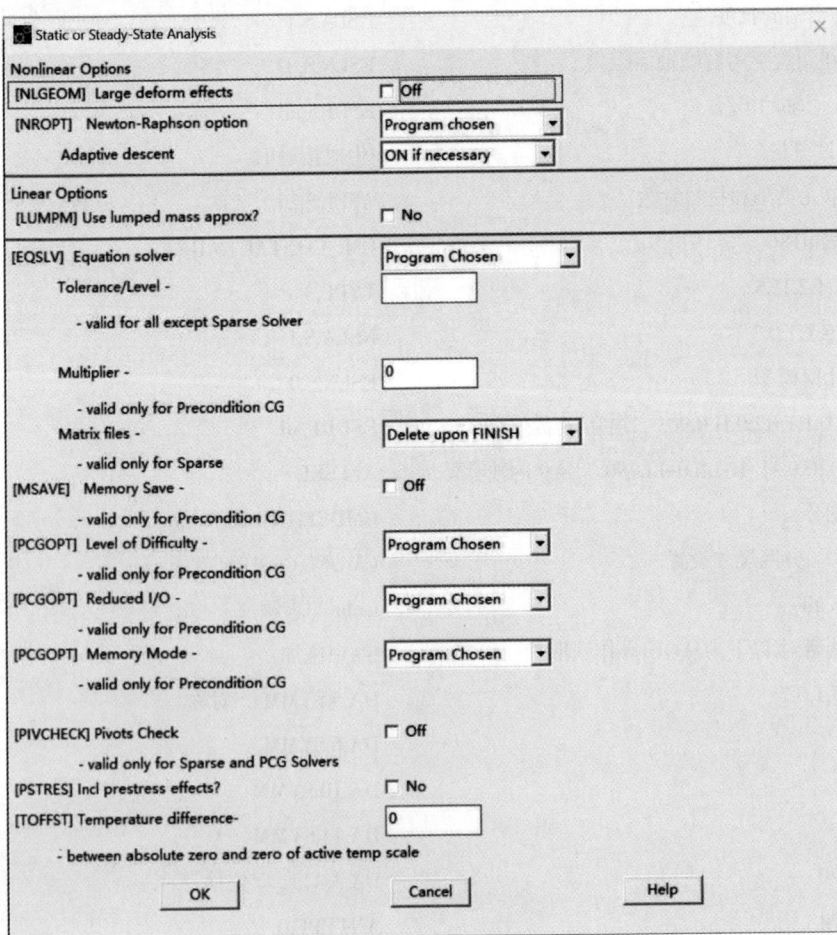

图12.24 关闭大变形开关

若按命令流计算，修正12.3[关键项A]处关于大变形开关的命令，即改"NLGEOM，ON"
为"NLGEOM，OFF"。关闭大变形后，其他参数不变，执行接触分析，相关结果见
12.4.5。

12.4.2　修改FKN值为0.1

法向接触刚度控制接触面和目标面之间的穿透量，可以通过改变法向接触刚度因子
来控制法向接触刚度。GUI操作：依次点击Main Menu，Preprocessor，Real Constants，Add/
Edit/Delete，选择所对应的单元实常数，选择CONTA174单元，显示结果如图12.25所示。
如按命令流计算，修正12.3[关键项B]处关于FKN的命令，将第4个位置的值更改为0.1，即
改"R,3,,,1.0,0.1,0,0"为"R,3,,,0.1,0.1,0,0"。其他参数不变，执行接触分析，相关结果见
12.4.5。

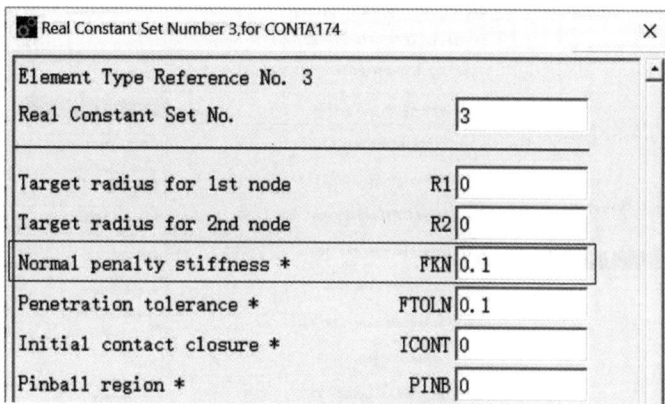

图12.25　法向接触刚度因子设置

12.4.3　修改FKN值为0.1且刚度矩阵设置为不对称

包含摩擦的接触问题通常会使得系统的刚度矩阵变为非对称矩阵。因此，通常需要
将刚度矩阵设置为不对称矩阵，GUI操作：依次点击Main Menu，Preprocessor，Loads，
Analysis Type，Analysis Options，弹出的对话框如图12.26所示，在"NROPT"一栏中选择
"Full N-R unsymm"。如按命令流计算，修正12.3[关键项C]处关于刚度矩阵设置的命令，

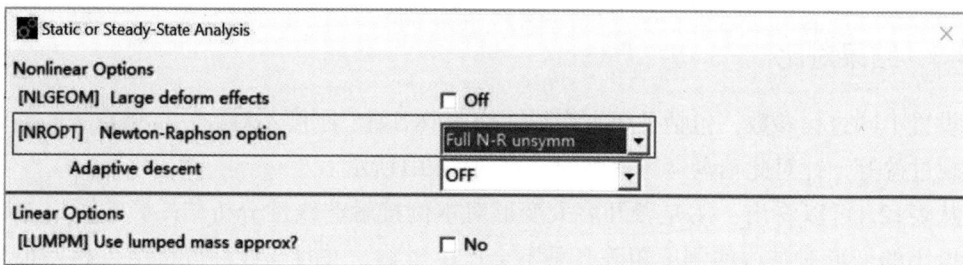

图12.26　设置刚度矩阵为不对称

改"! NROPT，UNSYM"为"NROPT，UNSYM"，即取消这一行的注释操作。其他参数不变，执行接触分析，相关结果见12.4.5。

12.4.4 修改接触算法为Lagrange and penalty

接触约束算法就是通过对接触边界约束条件的适当处理，将约束优化问题转化为无约束优化问题求解。根据无约束优化方法的不同，接触约束算法主要可分为罚函数法和拉格朗日乘子法等。GUI操作：依次点击Main Menu，Preprocessor，Element Type，Add/Edit/Delete，弹出的对话框如图12.27所示，将"Contact algorithm"即K2关键项的内容修改为相应的算法。若按命令流计算，修正12.3节[关键项D]处关于接触算法设置的命令，以罚函数法和拉格朗日乘子法为例，在CONTA174单元关键项的设置处增加"KEYOPT，3，2，3"命令。其他参数不变，执行接触分析，相关结果见12.4.5。

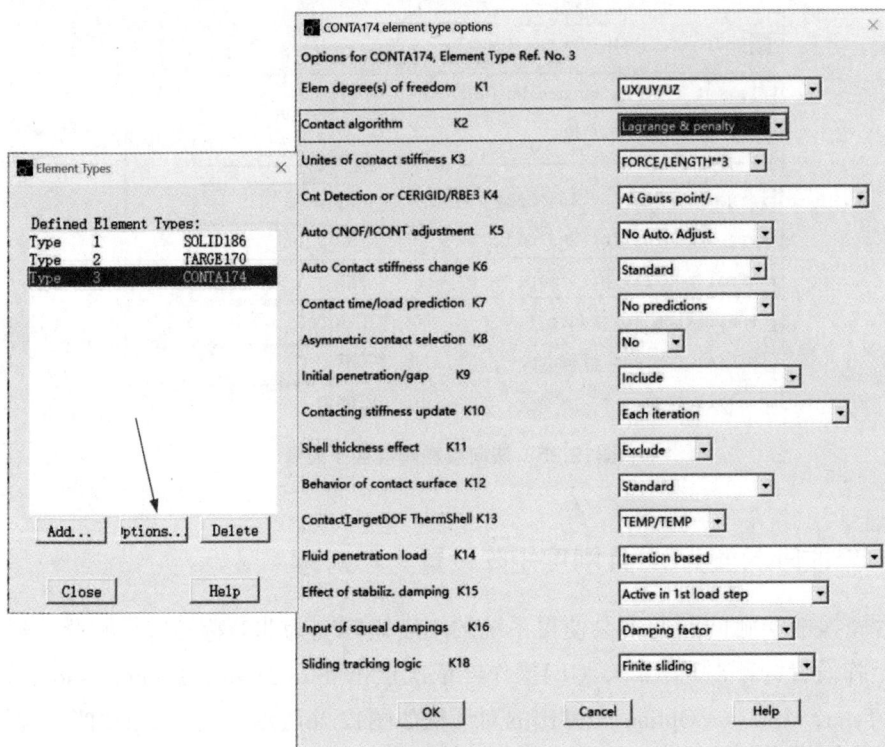

图12.27 接触算法设置

12.4.5 结果对比

设置不同过程参数，包括关闭大变形、修改FKN值、刚度不对称、接触算法、利用几何实现过盈等，针对此轴盘运行得到的结果如表12.1所示。

从表12.1可以看出：①是否开启大变形对本例接触非线性分析结果影响可以忽略不计，微小的变形对结构的刚度矩阵几乎不会产生影响，并且与线性分析结果相差很小，所以本例可不必考虑几何非线性问题，但若与开启大变形前结果相差较大，则必须考虑

表12.1　不同过程参数下的结果对比

	最大变形/mm	最大等效应力/MPa	接触压力/MPa
原程序	0.020416	205.737	148.852
关闭大变形	0.020418	205.794	148.899
修改FKN值为0.1	0.013706	123.528	85.912
修改FKN值为0.2	0.016607	154.289	108.682
修改FKN值为0.1，刚度不对称	0.013706	123.528	85.912
接触法向：拉格朗日乘子法 接触切向：罚函数法	0.022422	233.693	187.391
接触法向：拉格朗日乘子法 接触切向：拉格朗日乘子法	0.022149	241.823	206.604

几何非线性问题。②默认的FKN值为1，可以看出，随着法向接触刚度因子值的减小，最大变形、最大等效应力和最大接触压力的值逐渐减小。根据理论知识，接触刚度越大，穿透量越小；接触刚度越小，穿透量越大。因此随着接触刚度的减小，穿透越来越大，由此造成变形减小以及相应的应力和接触压力的减小。③从结果可以看出，刚度矩阵是否设置为对称矩阵对本例并无影响，但是采用非对称求解器会让计算效率下降。④从表中所得结果可以看出，采用不同接触算法对于接触非线性分析结果有一定的影响，不同接触算法的原理不同，但都需要合适的接触刚度，从而使计算结果既收敛也满足要求的计算精度。

12.5　本章小结

本章以轴盘接触结构为例，介绍了接触分析的基本方法，分别给出利用GUI及APDL对该结构进行接触分析的方法，同时给出了分析过程中不同过程参数设定对接触性能的影响，应着重关注以下几点问题。

（1）是否开启大变形要根据实际情况进行判断，变形量较大，尤其是弯曲时或者进入塑性变形阶段时，应该开启大变形从而符合实际。但当大变形选项对于结构分析并无影响时，可以选择关闭大变形以提高计算效率。

（2）法向刚度因子的值直接影响法向接触刚度，而法向接触刚度又影响穿透，因此应合理定义法向刚度因子，使仿真接触符合实际解除状况。

（3）不同接触算法原理不同，但都需要调整合适的接触刚度，保证穿透较小，还要保证整体刚度阵不病态，从而使计算结果既收敛也满足要求的计算精度。

习题

（1）对于本章的轴盘过盈配合结构，考虑轴和盘存在高速旋转，由于半径不同、离心力不同，盘的径向变形会大于轴的径向变形，导致过盈量减小，通过设置转速循环，模拟不同转速下的轴盘接触状态。（要求：基于命令流完成此操作，同时给出各关键步骤，列表显示不同转速下最大变形、最大等效应力和接触压力，同时给出几个典型转速下的接触压力云图等。）

命令流提示：

FINISH	*GET,MAXU,NODE,MAX_U,U,SUM
/CLEAR	NSORT,cont,pres,0,0,ALL
/TITLE,shaft–hole contact analysis	*GET,MAX_press,SORT,0,IMAX
*do,j,1,16	*GET,MAXpress,NODE,MAX_press,cont,pres
!设置转速循环	*cfopen,Nspeed0–15000,txt,,append
…	*vwrite,Rspeed,MAXU*1e3,MAXS/1e6,MAXpre
!将最大变形、最大等效应力、接触压力写入文档	ss/1e6
/post1	(4F16.6)
NSORT,S,EQV,0,0,ALL	*cfclose
*GET,MAX_EQV,SORT,0,IMAX	FINISH
*GET,MAXS,NODE,MAX_EQV,S,EQV	/clear
NSORT,U,SUM,0,0,ALL	*enddo
*GET,MAX_U,SORT,0,IMAX	!结束循环

（2）用ANSYS软件求解Hertz问题，假设两个球体1和2接触，它们的半径$R1$为10 mm，$R2$为15 mm；弹性模量$E1$为220 GPa，$E2$为69 GPa；泊松比$V1$为0.27，$V2$为0.3；球1顶部施加集中载荷Q为8000 N，根据轴对称关系，按照轴对称平面接触模型和实体模型计算接触应力，并与经典Hertz接触理论进行对比。

第3篇
结构动力学分析

第13章　结构动力学分析的基本概念

当机械结构受到随时间变化的载荷时，就需要对其进行动力学分析。本章主要介绍结构动力学分析的基本概念、利用有限元进行动力学分析的基本原理以及动力学分析在工程上的应用。需要说明，本章并不描述结构动力学分析如何操作，而是让读者清楚动力学分析的一般概念。

13.1　动力学分析简介

动力学是研究物体机械运动与所受力之间关系的科学，主要用来确定惯性（质量效应）和阻尼起重要作用时结构或构件的动力学特性。机械动力学主要表现为机械系统的振动，振动的描述性定义是物体或系统在平衡位置（或平衡状态）的往复运动，动力学分析主要用于描述系统运动，即研究物体位移、速度和加速度等运动参数随时间变化的规律。根据运动方程的求解形式的不同，动力学分析主要分为四种形式：模态分析、谐响应分析、瞬态响应分析和谱分析。

13.2　动力学分析的基本原理

本节主要描述利用有限元法进行动力学分析的基本原理，这些原理性描述对后续理解利用ANSYS对结构进行动力学分析具有重要的参考价值，主要包含动力学分析的基本方程及形成过程、模态分析原理、谐响应分析原理、瞬态响应分析原理、谱分析原理。

13.2.1　动力学分析的基本方程及形成过程

在动力学分析中，由于节点具有速度和加速度，因而整个结构将受到阻尼力和惯性力作用。根据达朗伯原理，在引入惯性力和阻尼力之后，结构仍处于平衡状态，整个运动方程为

$$M\ddot{u}(t)+C\dot{u}(t)+Ku(t)=F \tag{13.1}$$

式（13.1）中，M——整体质量矩阵；

　　　　　C——整体阻尼矩阵；

　　　　　K——整体刚度矩阵；

　　　　　F——节点的外载荷矢量；

　　　　　$u(t)$，$\dot{u}(t)$ 和 $\ddot{u}(t)$ 分别表示节点的位移、速度和加速度向量。

与静力学有限元分析相似，结构的动力学有限元分析也大致包含选单元、几何建模、结构离散、约束及加载、求解、后处理等步骤。但其单元分析不仅要形成刚度矩阵，而且要形成质量矩阵，因而必须输入材料的密度，同时加载的力一般是随时间或频率变化的载荷。最终经过组集会形成总刚度、总质量矩阵及外载荷向量。

由于阻尼机理的复杂性，通常不单独求解单元的阻尼矩阵，而是通过其他方法引入。最常用的方法是通过获得的整体刚度及整体质量矩阵，按比例来确定整体阻尼矩阵，具体表达式为

$$C = \alpha M + \beta K \tag{13.2}$$

式（13.2）中，α——质量阻尼系数；

β——刚度阻尼系数。

13.2.2　模态分析原理

模态分析可以确定一个结构的固有频率和振型，同时是其他更详细动力学分析的起点，如谐响应分析等。模态分析不包含阻尼及激振力，是一种线性分析。

当不考虑式（13.1）中的阻尼项和激振力项，机械结构的动力学方程变为

$$M\ddot{u}(t) + Ku(t) = 0 \tag{13.3}$$

进一步可得到如下特征方程（即广义特征值问题）：

$$[K - \omega^2 M]\varphi = 0 \tag{13.4}$$

求解式（13.4）可以得到n个特征解，即$(\omega_1^2, \varphi_1), (\omega_2^2, \varphi_2), \cdots, (\omega_n^2, \varphi_n)$，其中，特征值$\omega_1, \omega_2, \cdots, \omega_n$代表系统的$n$个固有频率，并且有$0 \leqslant \omega_1 < \omega_2 < \cdots < \omega_n$。

对于结构的每个固有频率，由式（13.4）可以确定出一组各节点的振幅值，它们互相之间保持固定的比值，但绝对值可任意变化，所构成的向量称为特征向量，在工程上通常称之为结构的固有振型或模态振型。机械结构的固有频率和固有振型求解是模态分析的关键。求解固有频率和振型的方法主要有振型截断法、矩阵逆迭代法、李兹法、广义雅可比法等，在ANSYS软件也对应了一系列方法，例如分块兰索斯法（缺省）、子空间迭代法、缩减法或凝聚法、PowerDynamics法、非对称法、阻尼法、QR阻尼法。

对于大型复杂结构，单元的数目可能数以万计，由这些单元形成的动力学方程组的规模很庞大，其特征方程的阶次通常会很高。在有限元分析中，经常只求解结构的低阶模态。另外，同样规模的特征值问题，其计算量比静力问题的计算量要高出几倍。因此，如何降低特征值问题的计算规模、减少计算量是一个重要的课题。

13.2.3　谐响应分析原理

谐响应分析是一种频域分析。谐响应分析用来确定线性结构在承受随时间变化的简谐载荷时的稳态响应，其目的是计算结构在几种频率下的响应，并得到幅频响应曲线。谐响应分析是一种线性分析，任何非线性特性即使定义了也将被忽略。

假设激励为简谐激励，则针对式（13.1）的运动方程转换为频域，可表达为

$$[K+i\omega C-\omega^2 M]U_0^* = F_0 \tag{13.5}$$

式（13.5）中，ω——激振频率；

U_0^*，F_0——复响应幅度和激振力幅度向量；

$i=\sqrt{-1}$；

*——复数。解这个频域方程，在ANSYS中可考虑的方法包括完全法和模态叠加法。假如采用模态叠加法，其求解原理可简要描述如下。

首先，利用模态振型的正交性对式（13.5）进行解耦，可获得对应每个阶次的模态坐标的响应，表达为

$$x_{Nr}^* = \frac{f_{Nr}^*}{k_{Nr}^* + i\omega c_{Nr} - \omega^2 m_{Nr}^*} \tag{13.6}$$

式（13.6）中，$x_{Nr}^*(r=1,2,\cdots,n)$——模态坐标；

k_{Nr}^*——模态刚度；

m_{Nr}^*——模态质量；

c_{Nr}——模态阻尼；

f_{Nr}^*——模态力。

其次，可获得每个模态的贡献度U_{0r}^*，表达为

$$U_{0r}^* = x_{Nr}^* \boldsymbol{\varphi}_r^* \tag{13.7}$$

最后，按照复模态叠加法，可得到复合结构在频率为ω时，在基础激励作用下的频域振动响应，具体表达式为

$$U_0^* = \sum_{r=1}^{n} X_{0r}^* \tag{13.8}$$

式（13.8）中的元素为复数，可通过求模运算来得到响应值。此外，通常在模态叠加法中不必考虑所有阶次，而只需要保证引入的模态数大于所分析频率范围内包含的模态数。

13.2.4 瞬态响应分析原理

瞬态响应分析用于确定结构在稳态载荷、瞬态载荷和简谐载荷的随意组合作用下随时间变化的位移、应变、应力。载荷和时间的相关性使得惯性力和阻尼作用比较重要。其基本方程就是式（13.1），解法包含直接积分法和模态叠加法，以模态叠加法为例，利用模态对式（13.1）进行解耦，有

$$\ddot{x}(t)+\boldsymbol{\Phi}^T C\boldsymbol{\Phi}\dot{x}(t)+\boldsymbol{\Omega}^2 x(t)=\boldsymbol{\Phi}^T F(t)=R(t) \tag{13.9}$$

式（13.9）中，$\boldsymbol{\Phi}$——模态矩阵；

$\boldsymbol{\Omega}^2$——特征值矩阵。

进一步，可获得n个单自由度方程，任意一个可表达为

$$\ddot{x}_i(t)+2\omega_i\xi_i\dot{x}_i(t)+\omega_i^2 x_i(t)=r_i(t), i=1,2,\cdots,n \qquad (13.10)$$

式（13.10）中，ξ_i（$i=1,2,\cdots,n$）——第i阶模态阻尼比；

$r_i(t)$——第i阶模态力向量。

进一步利用模态叠加法，可得各节点的位移，表达为

$$u(t)=\boldsymbol{\Phi}x(t)\sum_{i=1}^{n}\boldsymbol{\varphi}_i\, x_i \qquad (13.11)$$

假如系统包含非线性，则模态叠加法可能不适用，则需要使用直接积分法进行求解。常用的直接积分法有分段解析法、中心差分法、Newmark-β法、Wilson-θ法等。在ANSYS中，瞬态分析可采用完全法和模态叠加法。

13.2.5　谱分析原理

谱分析是一种将模态分析的结果与一个已知的谱联系起来计算模型的位移和应力的分析技术。谱分析替代时间历程分析，主要用于确定结构对随机载荷或随时间变化载荷（如地震、风载、海洋波浪、喷气发动机推力、火箭发动机振动等）的动响应情况。所谓"谱"是指谱值与频率的关系曲线，它反映了时间历程载荷的强度和频率信息。

谱分析的基本方程可表达为

$$M\ddot{y}(t)+C\dot{y}(t)+Ky(t)=-MG\ddot{U}(t) \qquad (13.12)$$

式（13.12）中，G——维数等于振动系统的自由度数，用来代表影响系数向量；

$\ddot{U}(t)$——基础激励的惯性力。

假如采用虚拟激励法对其进行求解，随机基础激励$\ddot{U}(t)$的自功率谱密度，可表达为

$$\ddot{U}(t)=\sqrt{S_{xx}(\omega)}e^{i\omega t} \qquad (13.13)$$

最终求得的结果可表达为

$$\tilde{y}(t)=\sum_{j=1}^{q}u_j\,\boldsymbol{\varphi}_j=\sum_{j=1}^{q}\gamma_j\,H_j\,\boldsymbol{\varphi}_j\,\sqrt{S_{xx}(\omega)}e^{i\omega t} \qquad (13.14)$$

进一步，令$\tilde{y}(t)=Y(\omega)e^{i\omega t}$，所以最终求得的随机激励下结构响应自功率谱密度可以表示为

$$S_{yy}(\omega)=\tilde{y}^{H}\tilde{y}^{T}=Y(\omega)^{H}Y(\omega)^{T} \qquad (13.15)$$

式（13.15）中，上标H表示取复共轭。

在ANSYS中，谱分析有三种类型：响应谱分析、动力设计分析方法（DDAM）、功率谱密度（PSD），而响应谱又分为单点响应谱（SPRS）和多点响应谱（MPRS）。

13.3　动力学分析的工程应用

动力学分析在工程上应用越来越迫切，很多机械产品在满足基本性能的基础上，都在进一步追寻更高的质量，例如舒适性、低噪声和长寿命，因而加强了动力学分析及设计。本节简要描述一些利用ANSYS对结构进行动力学分析的实例。

13.3.1　离心压缩机模态分析

图13.1为某型号离心压缩机组示意图，该机组由汽轮机、中压缸转子系统、低压缸转子系统和高压缸转子系统通过联轴器联结组成。整机的工作转速为4125~4446 r/min，即68.75~74.1 Hz。为了在工作期间不发生扭转和弯曲共振，采用ANSYS软件计算其扭转固有特性、弯曲固有特性，并采用Campbell图来判断机组是否可以避开共振。

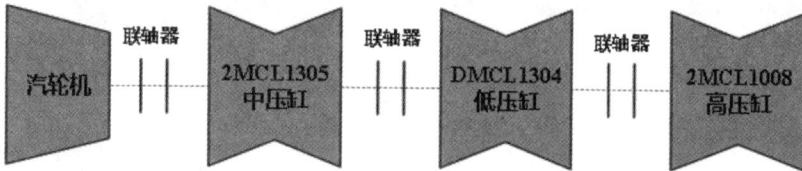

图13.1　某型号离心压缩机组示意图

在动力学有限元建模过程中，采用梁单元模拟转轴和联轴器，弹簧单元模拟滑动轴承，叶轮采用集中质量单元建立的有限元模型，如图13.2所示。

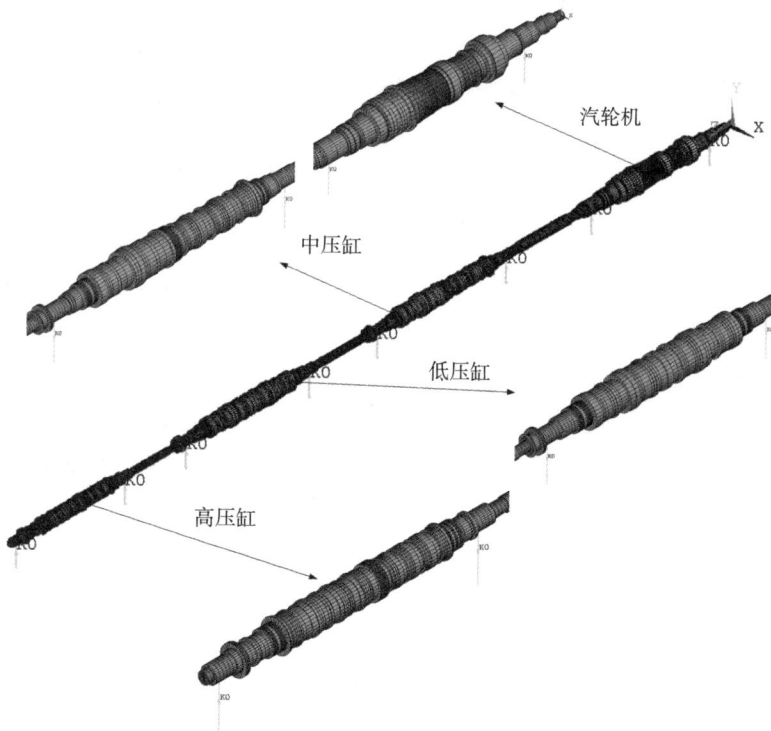

图13.2　某型号离心压缩机组有限元模型

约束其他自由度，仅保留沿z轴的扭转自由度，进行扭转固有特性分析，得到前2阶扭转临界转速（545 r/min和1043 r/min）和前2阶扭转振型，如图13.3所示。

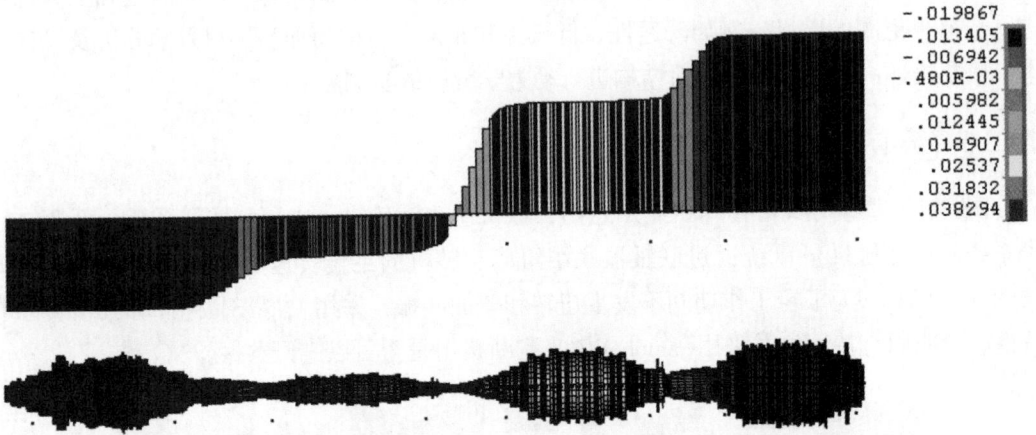

| -.019867 |
| -.013405 |
| -.006942 |
| -.480E-03 |
| .005982 |
| .012445 |
| .018907 |
| .02537 |
| .031832 |
| .038294 |

（a）第1阶扭转振型（第1阶扭转临界转速545 r/min）

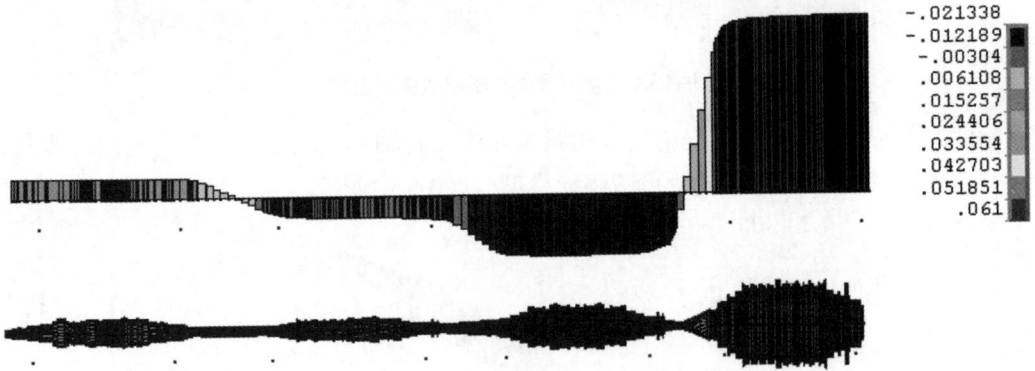

| -.021338 |
| -.012189 |
| -.00304 |
| .006108 |
| .015257 |
| .024406 |
| .033554 |
| .042703 |
| .051851 |
| .061 |

（b）第2阶扭转振型（第2阶扭转临界转速1043 r/min）

图13.3　前2阶扭转临界转速及扭转振型图

压缩机组扭振临界转速Campbell图。如图13.4所示。图中6条水平线由下至上依次代表系统的前6阶扭转临界转速；4条垂直线中2条实线分别代表机组的最低与最高转速，即3800 r/min与4446 r/min，左右2条虚线分别为它们的±10%裕度线；2条斜线1X和2X代表不平衡激励和2倍不平衡激励。由图可知，转速的1次与2次谐波线在运行范围±10%区域内与各阶临界转速没有交点，即该机组在正常运转范围内不会发生扭转共振。根据相关设计规范进行评判，机组扭振分析合格。

部分弯曲振型图如图13.5所示，从图中可以看到在低阶主要体现各缸的振动形式，高阶以后体现联轴器和各缸的耦合振型。在考虑弯曲和扭转以后，计算其Campbell图，从图中可以看到，系统工作转速区远离各阶临界转速，隔离裕度满足要求。

某压缩机部分弯曲振型图如图13.5所示，从图中可以看到在低阶主要体现各缸的振动形式，高阶以后体现联轴器和各缸的耦合振型。考虑弯曲和扭转以后，计算其Campbell图，如图13.6所示，从图中可以看到，系统工作转速区远离各阶临界转速，隔离裕度满足要求。

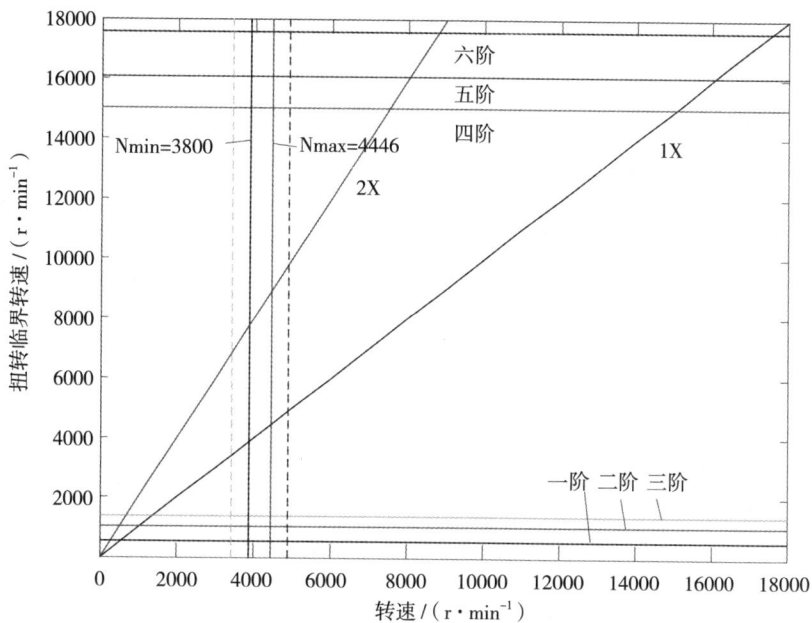

图13.4　某压缩机扭振临界转速Campbell图

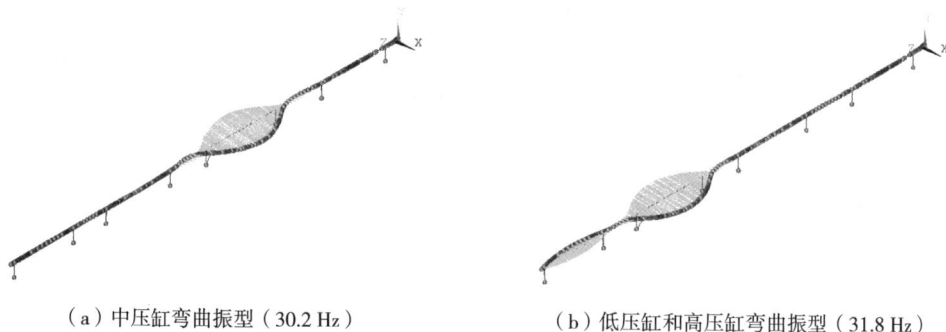

（a）中压缸弯曲振型（30.2 Hz）　　　　　　　　　（b）低压缸和高压缸弯曲振型（31.8 Hz）

图13.5　某压缩机部分阶弯曲振型

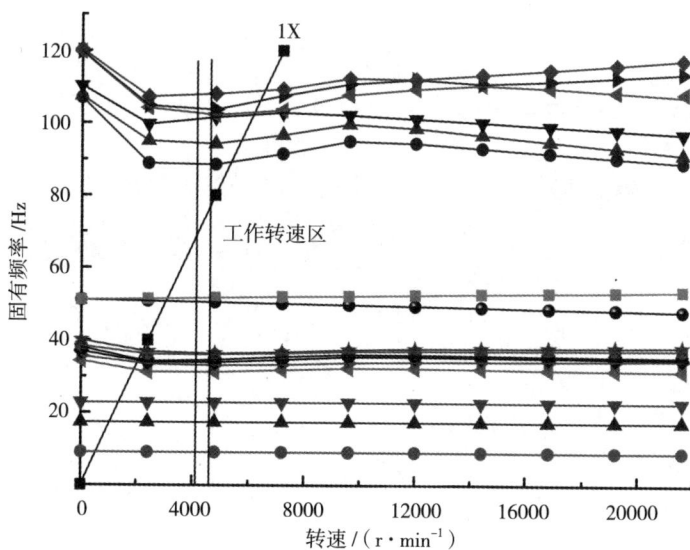

图13.6　某压缩机扭转及弯曲临界转速Campbell图

13.3.2　航空发动机机匣–管路谐响应及瞬态响应分析

以航空发动机机匣–管路系统模拟试验装置为研究对象，基于ANSYS软件构建其有限元模型，充液多管路系统部分采用BEAM188单元等效，流体质量折算到管路密度中。在支座与机匣连接的底面位置分别建立刚性区，刚性区的位置与实际卡箍支座的位置保持一致，取各刚性区的中心为主节点，共8个，基于MATRIX27单元实现机匣与管路卡箍支座的单元连接。由于液压阀块的结构刚度较大，采取集中质量单元进行等效建模，按照阀块的实际位置将阀块质量均匀地分布在机匣两端不同的节点上。建立的有限元模型如图13.7所示；为了验证响应分析的有效性，也搭建了机匣–充液管路系统试验台，如图13.8所示。

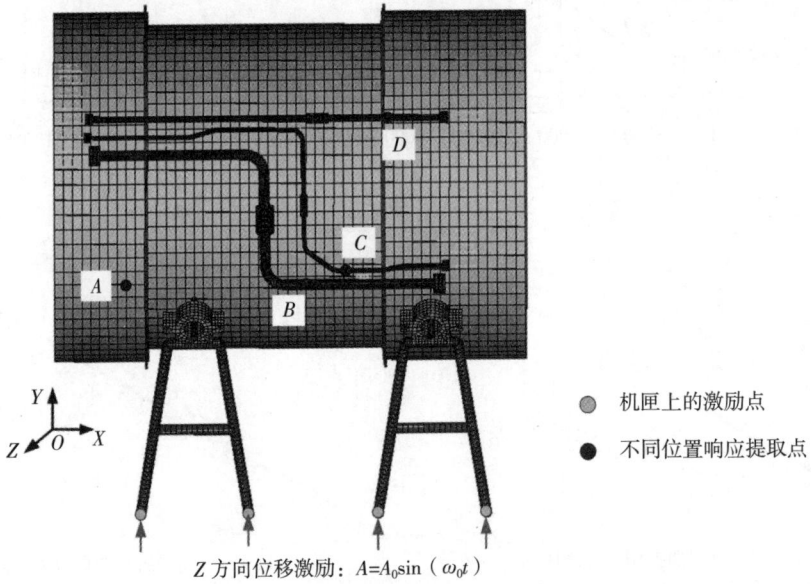

Z 方向位移激励：$A=A_0\sin(\omega_0 t)$

图13.7　机匣–管路系统有限元模型

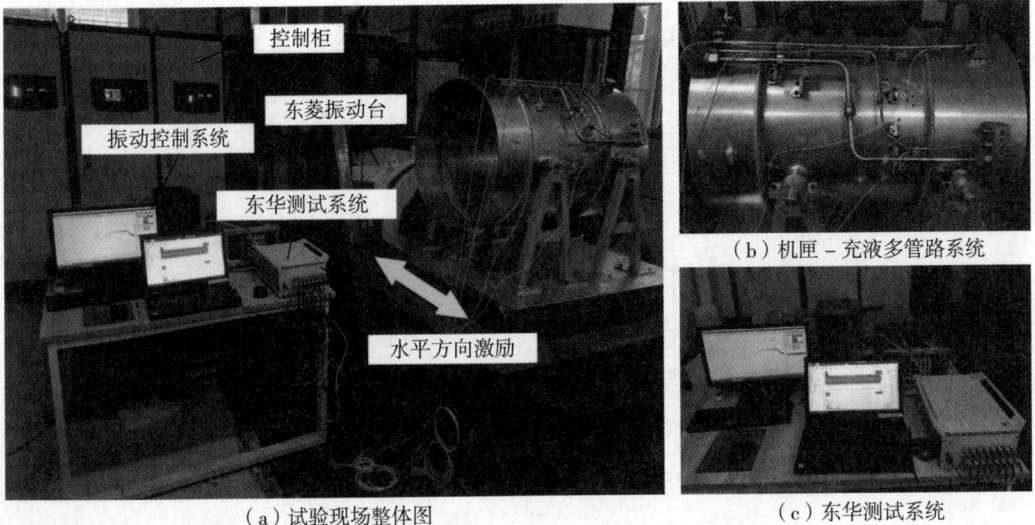

（a）试验现场整体图　　（b）机匣–充液多管路系统　　（c）东华测试系统

图13.8　基础激励下机匣–充液管路系统试验台

通过东菱振动台模拟航空发动机的频率变化过程，振动台扫频的加速度激励幅值设置为1g。基于ANSYS软件中谐响应分析模块进行仿真，计算方法采用完全法，将加速度转化为位移激励施加在机匣支脚处。试验与仿真振动响应结果如图13.9所示，图中f_{ni}表示第i阶固有频率。由图可知，在固有频率处出现较大的峰值，这是由于激励频率与机匣-管路系统的固有频率重合，系统发生共振；试验与仿真的共振峰处频率误差均小于5%，加速度响应幅值误差均小于10%，满足工程要求，进一步验证了发证结果的有效性。

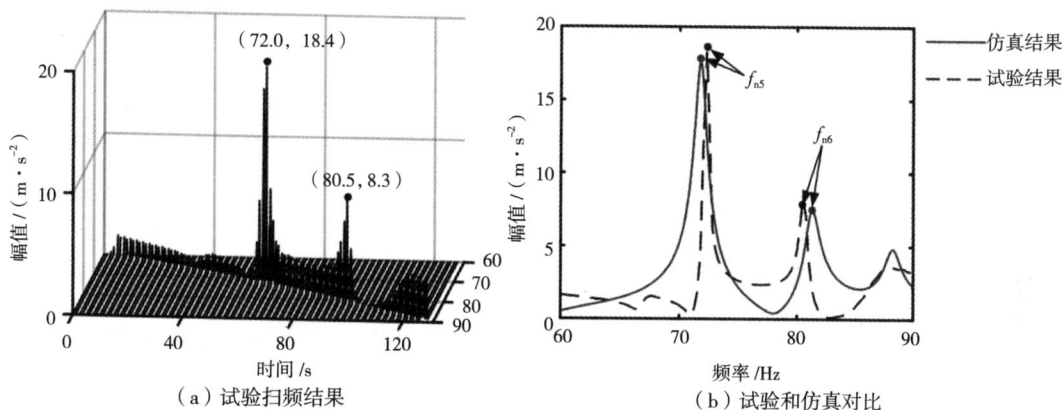

（a）试验扫频结果　　　（b）试验和仿真对比

图13.9　在60~90 Hz激励下机匣-充液管路振动响应结果

为了模拟航空发动机在低压转子激励下管路的振动状态，设置定频激励的频率为150 Hz，基础激励加速度幅值为1 g，进行振动试验；同时基于ANSYS软件瞬态分析对其振动响应进行仿真，试验与仿真对比结果，如图13.10所示，由图可知仿真和试验结果具有较好的一致性。

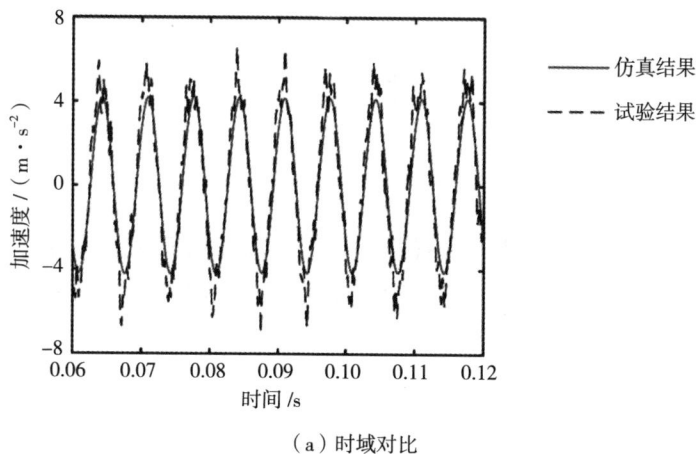

（a）时域对比

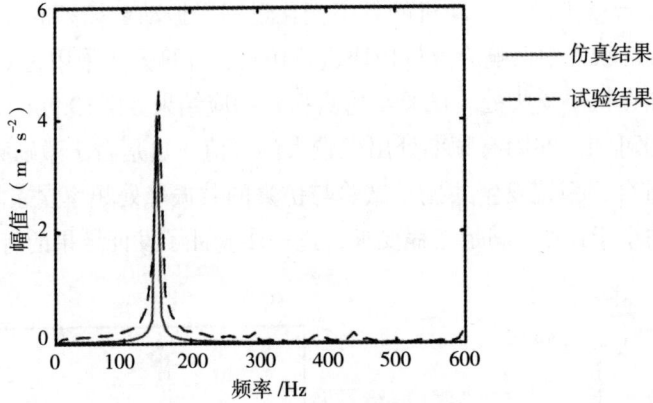

（b）频域对比

图13.10　试验与仿真振动响应对比

13.3.3　机匣-充液管路谱分析

针对如图13.8所示的机匣-充液管路系统，通过仿真和试验分析随机激励条件下的管路振动响应，采用图13.11所示的随机振动谱。

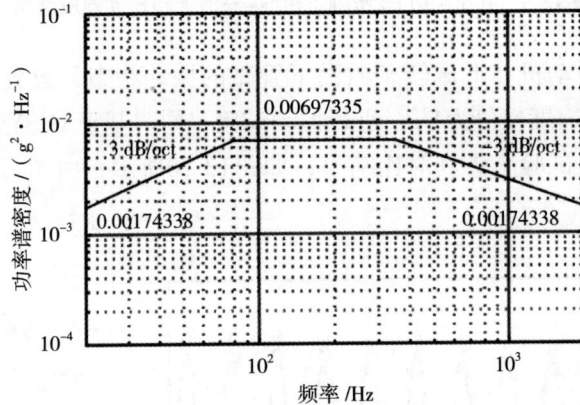

图13.11　随机载荷谱

仿真采用ANSYS谱分析模块，设置激励类型为基础随机激励，阻尼形式为模态阻尼比，对机匣-充液管路系统的振动响应进行仿真分析。仿真和实测加速度响应功率谱，如图13.12所示，从图中可以看出，在50~150 Hz内，随机激励下机匣-充液管路系统的试验与仿真结果吻合较好，得到的功率谱密度曲线基本一致，在机匣-充液管路系统的固有频率会出现功率谱密度峰值，这表明系统在共振时会出现较大的振动能量。

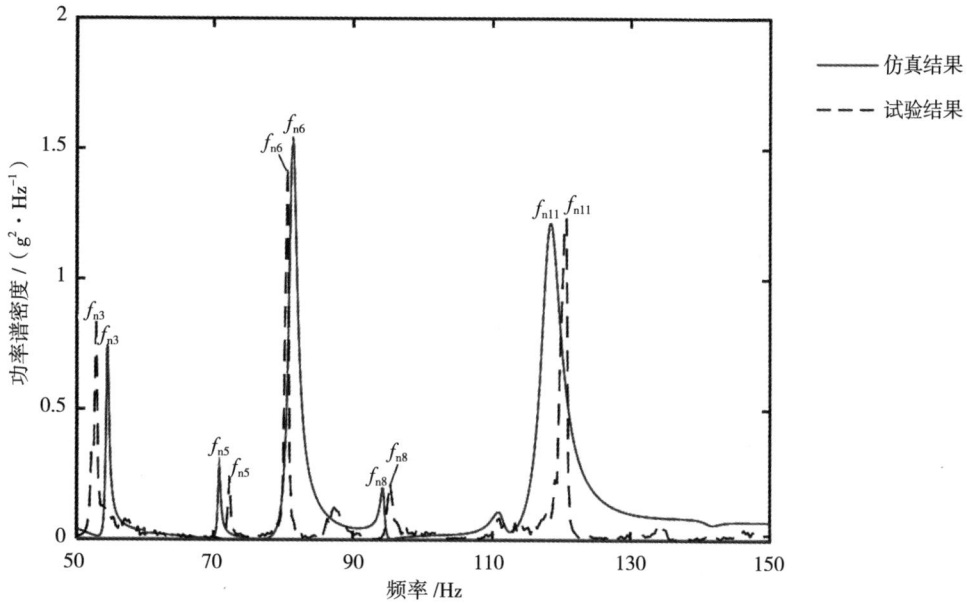

图13.12 随机激励下机匣–充液管路系统振动响应

13.4 本章小结

本章简要描述了结构动力学分析的基本概念，进一步给出了动力学分析的原理，包括模态分析、谐响应分析、瞬态响应分析和谱分析。最后以离心压缩机模态分析、航空发动机机匣–管路谐响应及机匣–充液管路谱分析为例，描述了动力学分析在工程上的应用。

第14章　模态分析实例

模态分析用于确定结构的动力特性，即结构的固有频率和振型等。本章在介绍利用ANSYS软件进行模态分析操作流程的基础上，主要利用GUI和APDL命令流两种方式对圆环结构和薄壁壳类结构分别进行了自由模态和约束模态分析。在案例1中分别采用梁单元、壳单元和实体单元进行了自由模态对比分析，在案例2中采用壳单元进行了预应力模态分析，对比了不同压力和模态求解方法对固有频率的影响。

14.1　模态分析简介及基本操作流程

模态分析可以确定一个结构的固有频率和振型，同时是其他更详细动力学分析的起点，如谐响应分析等。模态分析的基本过程：建模，选择分析类型、模态提取选项和模态扩展选项设置，施加边界条件并求解，结果显示。

（1）建模。建模过程与静力学类似，在前处理器（PREP7）中进行，主要包括选择单元类型、输入单元实常数及材料参数、创建几何模型、创建有限元模型等。在建模过程中值得注意的是必须定义密度（DENS），只能使用线性单元和线性材料，非线性性质将被忽略。

（2）选择分析类型、模态提取选项和模态扩展选项设置。

① 选择分析类型。依次点击Main Menu，Solution，Analysis Type，New Analysis，在"New Analysis"菜单中选择"Modal"，见图14.1。

② 模态提取选项和模态扩展选项。依次点击Main Menu，Solution，Analysis Type，Analysis Options，弹出如图14.2所示模态分析设置对话框。在"[MODOPT]"选择适当的模态求解方法，默认为分块兰索斯（Block Lanczos）法，在"No. of modes to extract"文

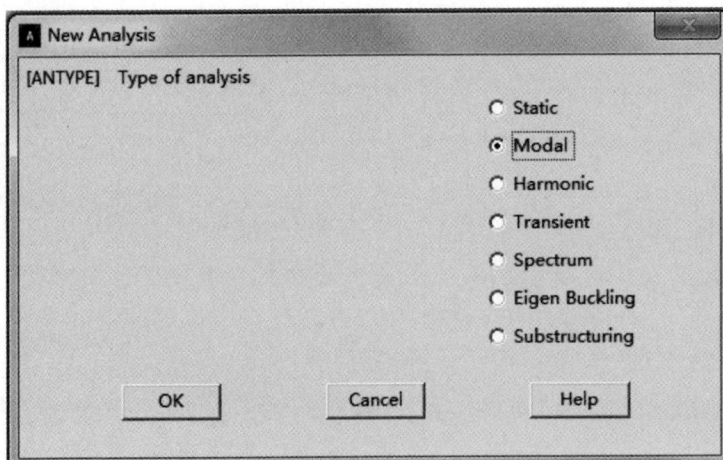

图14.1　选择分析类型为模态分析对话框

本框中输入模态提取阶数；在"[MXPAND]"选择"YES"，在"No. of modes to expand"文本框中输入扩展模态的数目（建议和模态提取阶数相等），在"Elcalc Calculate elem results？"处一般选择"Yes"（为了显示模态振型）；[PSTRES]用于确定是否考虑预应力效应的影响，缺省时不包括预应力效应，即结构处于无预应力状态。若希望包含预应力影响，则必须先进行静力学分析，产生单元文件。

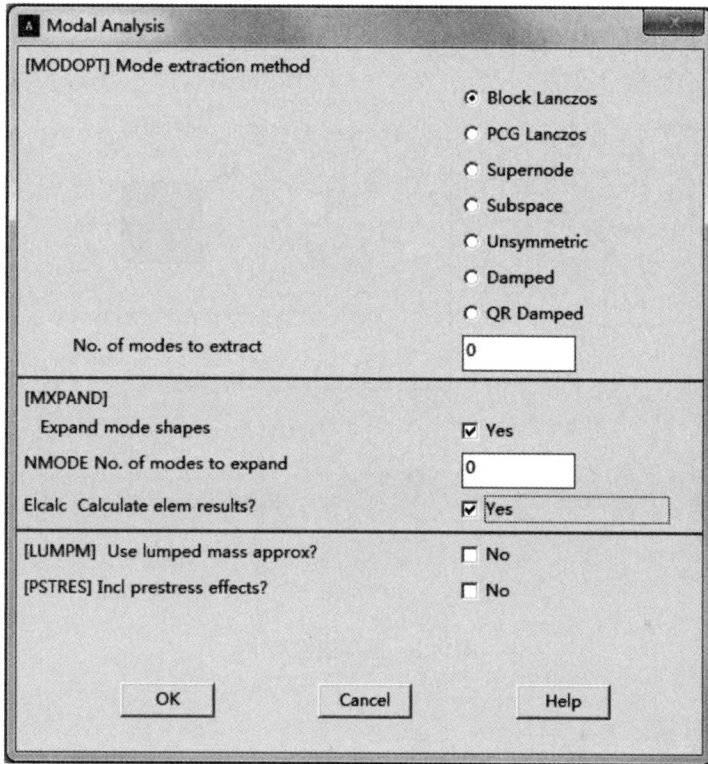

图14.2 模态分析设置对话框

（3）施加边界条件并求解。这一步主要是施加边界条件（包括位移约束和外部体载荷）并求解计算。施加边界条件的操作基本上和静力学分析相同（若为自由模态，则不用施加边界约束条件），施加的载荷主要用于预应力模态分析。

（4）结果显示。这一步操作主要在通用后处理器（POST1）中进行。可以列表显示结构的固有频率、图形显示振型、显示模态应力等。显示固有频率可以依次点击Main Menu，General Postproc，Results Summary，将列表显示各个模态，每个模态都保存在单独的子步中。观察振型可以依次点击Main Menu，General Postproc，Read Results，First Set，读取第1阶模态，再依次点击Main Menu，General Postproc，Plot Results，Deformed Shape，将显示当前模态。也可以依次点击Utility Menu，PlotCtrls，Animate，Mode Shape，显示振型动画。

14.2 圆环结构自由模态分析

14.2.1 问题描述

如图14.3所示，圆环内径为250 mm，外径为300 mm，厚度为25 mm，试分别用梁单元、壳单元和实体单元对环进行自由模态分析，并与实验结果进行对比。圆环的材料参数为：杨氏模量2.1×10^5 MPa，泊松比0.3，密度7850 kg/m^3。

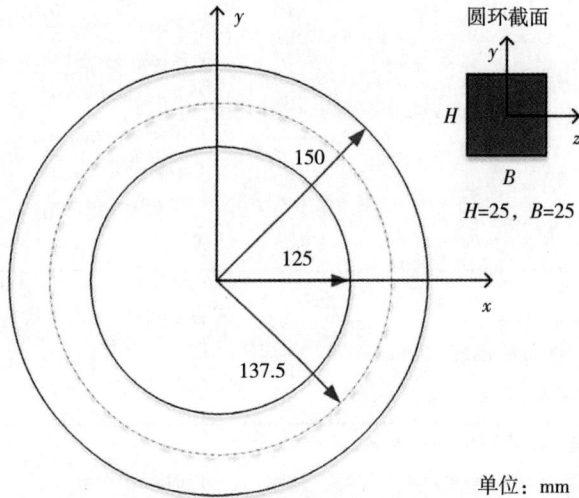

图14.3 圆环结构尺寸

14.2.2 基于梁单元的自由模态分析

采用梁单元对圆环结构进行有限元建模进而执行自由模态分析，分别给出了基于GUI及APDL命令流的操作过程。首先，描述基于GUI的求解过程，同样这里仅介绍关键操作步骤。

（1）定义单元和材料常数。

① 定义单元。依次点击Main Menu，Preprocessor，Element Type，Add/Edit/Delete，弹出对话框（图14.4），选择"Beam"，然后在右边选择"2 node 188"，单击"OK"按钮。所选的单元是BEAM188，该单元有2个节点，每个节点有6个或7个自由度，属于高阶单元。在单元类型对话框中，选择"BEAM188"，单击"Options"按钮，设置关键项K3为"Cubic Form"（图14.5），这是立方插值，可在单元较少的条件下提升精度。

② 定义材料常数。依次点击Main Menu，Preprocessor，Material Props，Material Models（图14.6），弹出一个对话框，单击Structural，Linear，Elastic，Isotropic，弹出输入材料属性的对话框，在"EX"处输入2.1E5（对应毫米单位制的弹性模量单位是MPa），在"PRXY"处输入"0.3"，单击"OK"按钮，单击"Density"，在"DENS"处输入"7.85E-9"（对应毫米单位制的密度的单位是t/mm^3），单击"OK"按钮。

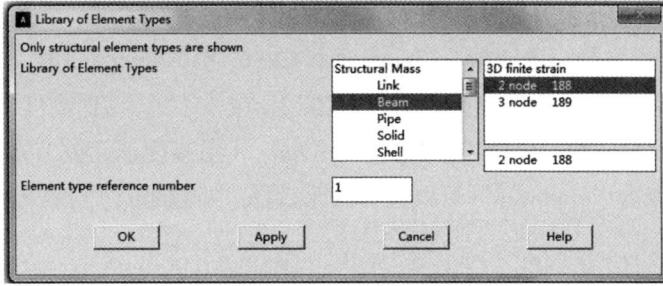

图14.4　定义梁单元

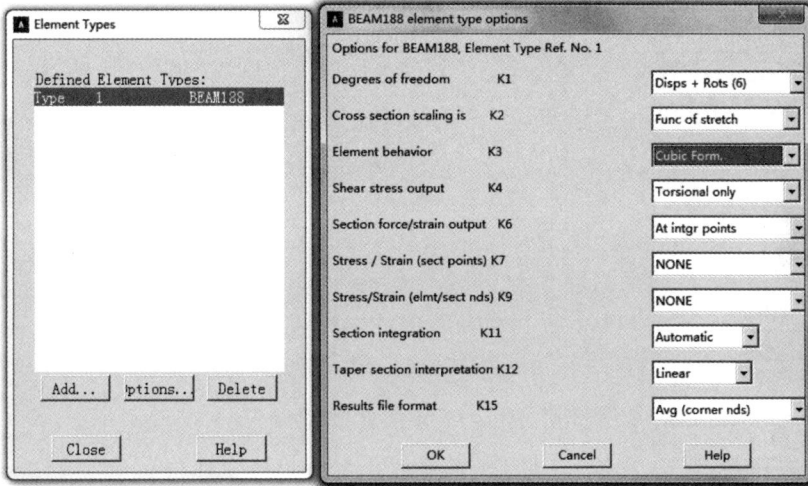

图14.5　设置关键项

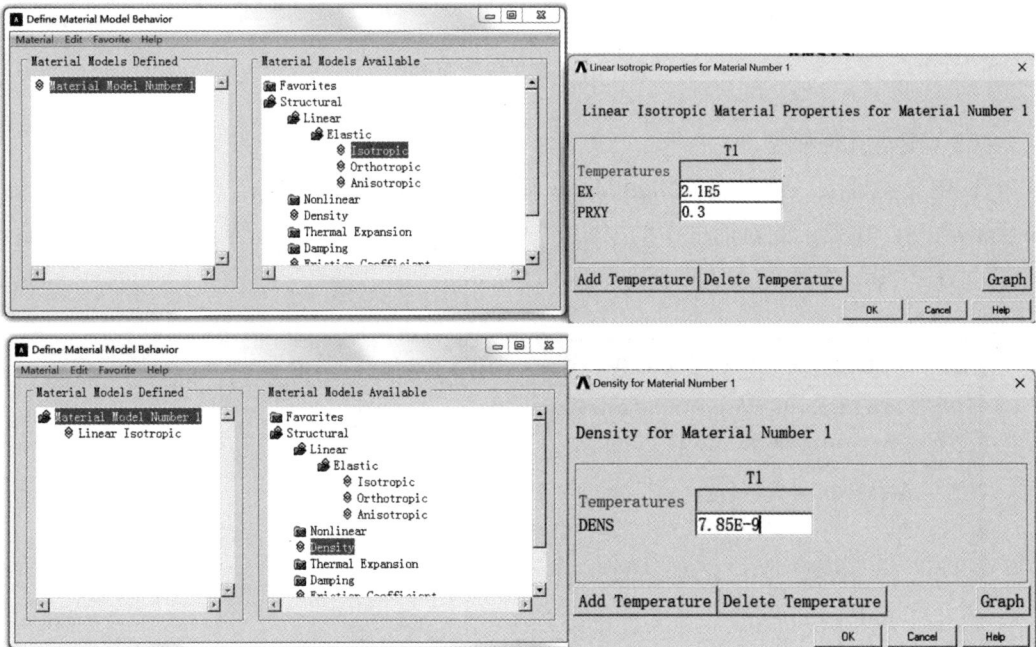

图14.6　定义材料常数

（2）定义梁截面形状。依次点击Main Menu，Preprocessor，Sections，Beam，Common Sections（图14.7），在弹出的"Beam Tool"面板中的"ID"处输入"1"，在Sub-Type选项中选择矩形，在"B"（截面宽度）处输入"25"，在"H"（截面高度）处输入"25"，在"Nh"（沿宽度单元数）处输入"4"，在"Nh"（沿高度单元数）处输入4。完成后单击"OK"按钮。点击"Meshview"可以查看截面参数，如截面面积和截面惯性矩等。

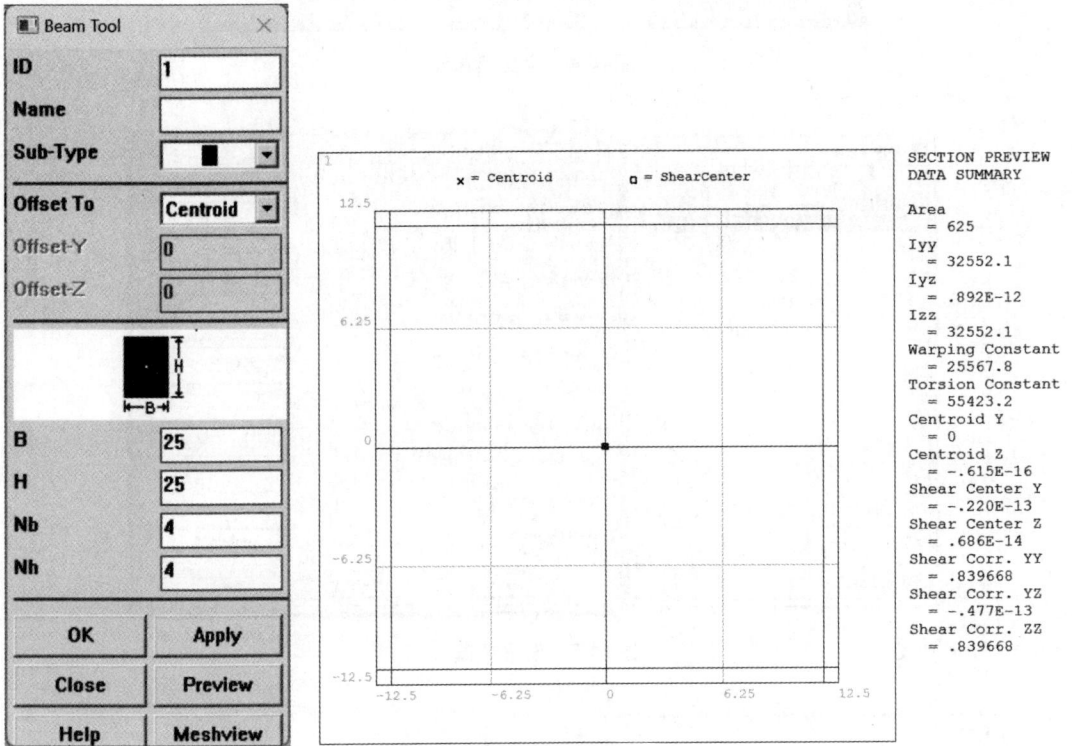

图14.7　定义梁截面形状

（3）建立几何模型。

① 定义关键点。依次点击Main Menu，Preprocessor，Modeling，Create，Keypoints，In Active CS，在弹出的对话框中的"NPT"处输入"1"，在"X，Y，Z"一栏分别输入"0""0""0"单击"OK"按钮，如图14.8所示。

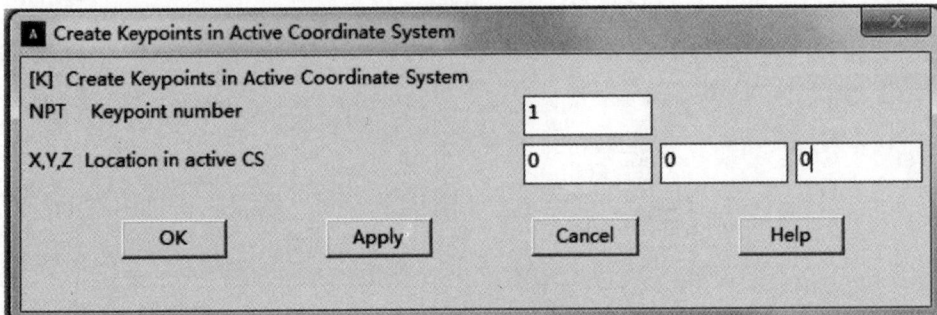

图14.8　定义关键点

② 创建圆弧线。依次点击Main Menu，Preprocessor，Modeling，Create，Lines，Arcs，Full Circle，弹出对话框，输入关键点编号1，点击"Apply"按钮，弹出对话框，输入半径137.5。相关对话框及绘制的圆弧线见图14.9。

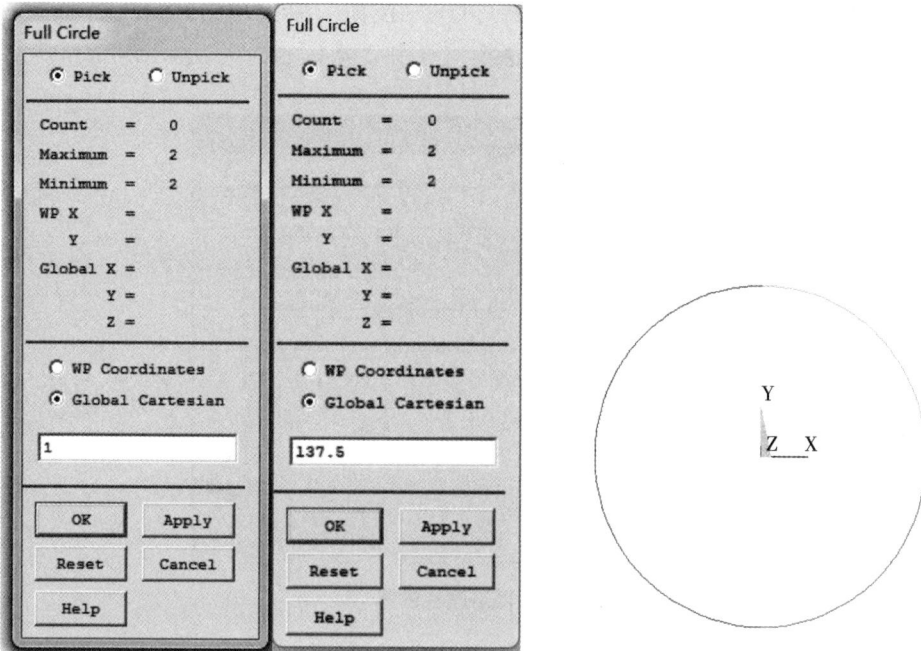

图14.9　创建圆弧线

（4）网格划分。

① 单元尺寸设定。依次点击Main Menu，Preprocessor，Meshing，MeshTool，设置单元尺寸，选择网格划分工具面板"Size Controls"中"Lines"中的"Set"，单击"OK"，在图形中选择整个圆，单击"OK"按钮，在弹出的对话框"Element Sizes on Picked Lines"的"NDIV"选项中输入37，单击"OK"按钮。相关操作见图14.10。

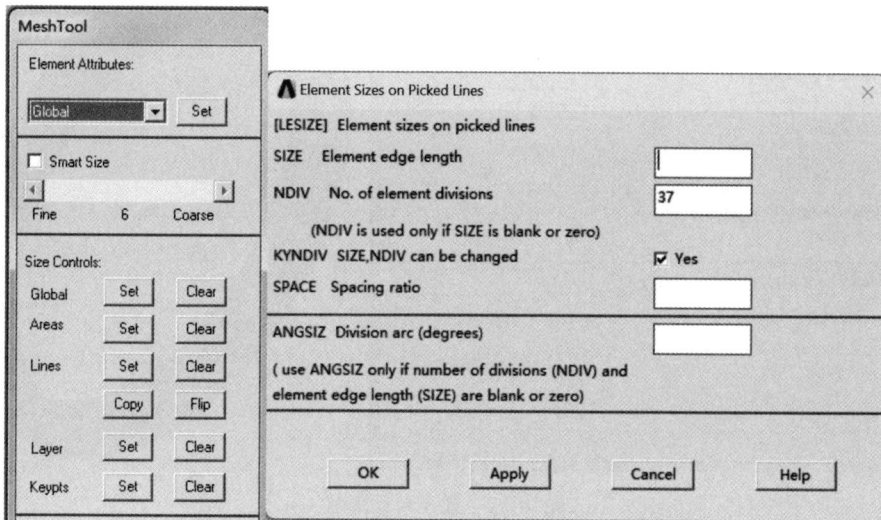

图14.10　网格划分工具菜单及线划分单元个数设置

② 划分网格。选择Meshing，Meshing Attributes，Default Attributes，弹出网络属性菜单（图14.11），在弹出的对话框中设置单元类型号（Element type number）为"1#BEAM188"，设置材料号（Material number）为"1"，设置截面号（Section number）为"1"，其他保持默认值，单击"OK"按钮。单击网格划分工具面板中的"Mesh"按钮，弹出"Mesh Lines"拾取对话框，点击"Pick All"。

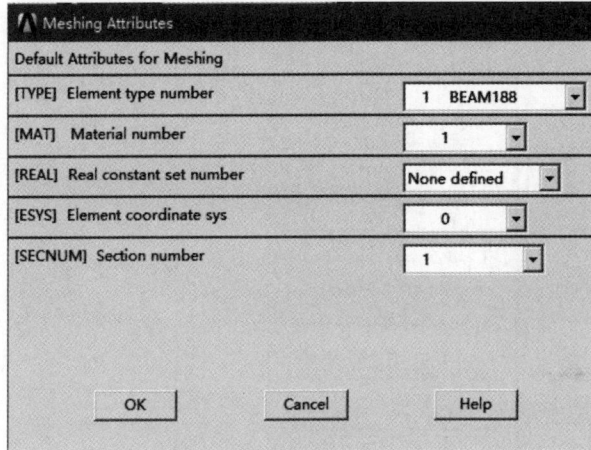

图14.11　网络属性设置

点击Plotctrls，Style，Size and Shape，弹出"Size and Shape"对话框，"[/ESHAPE]"选择"On"，点击"OK"按钮，显示单元形状，点击Plot，Elements，如图14.12所示。

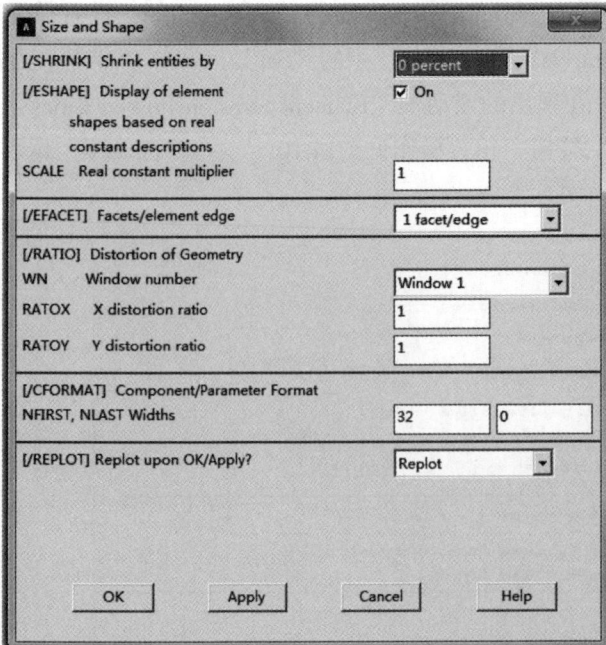

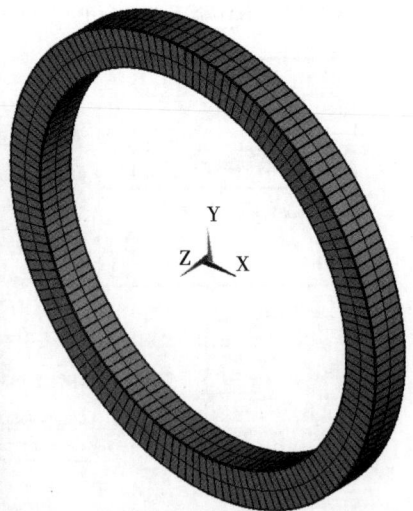

图14.12　显示单元形状

（5）设置分析类型。

① 设置模态分析。依次点击Main Menu，Solution，Analysis Type，New Analysis，在弹出的对话框（图14.13）中选中"Modal"，含义为进行模态分析、问题求解。

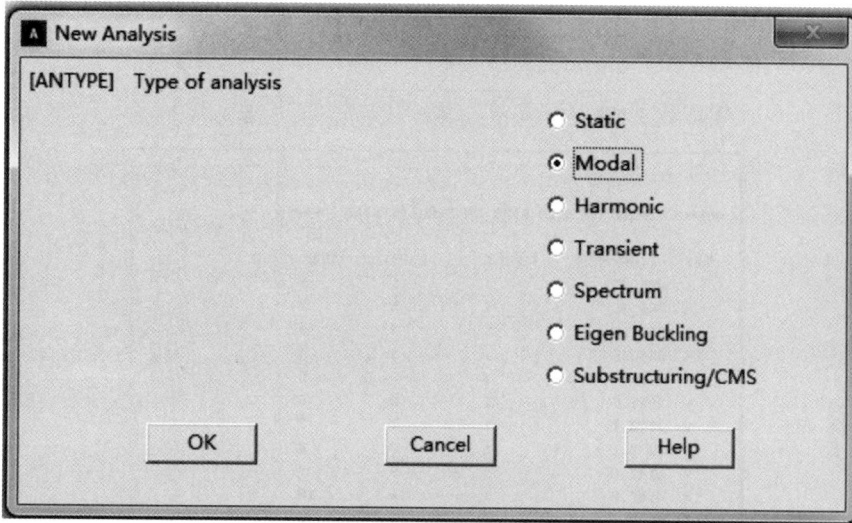

图14.13 分析选择设置（模态分析）

② 设置分析选项。依次点击Main Menu，Solution，Analysis Type，Analysis Options，弹出"Model Analysis"对话框，设置模态提取方法为分块兰索斯（Block Lanczos）法；在"No. of modes to extract"选项中设置模态提取阶数为16，在"NMODE No. of modes to expand"选项中设置模态提取阶数为16，在"Elcalc Calculate elem results?"处点选"Yes"，单击"OK"按钮，在弹出的"Block Lanczos Method"对话框中的"FREQB Start Freq"一栏中输入"0.1"（选择大于0.1的模态频率），单击"OK"按钮。如图14.14所示。

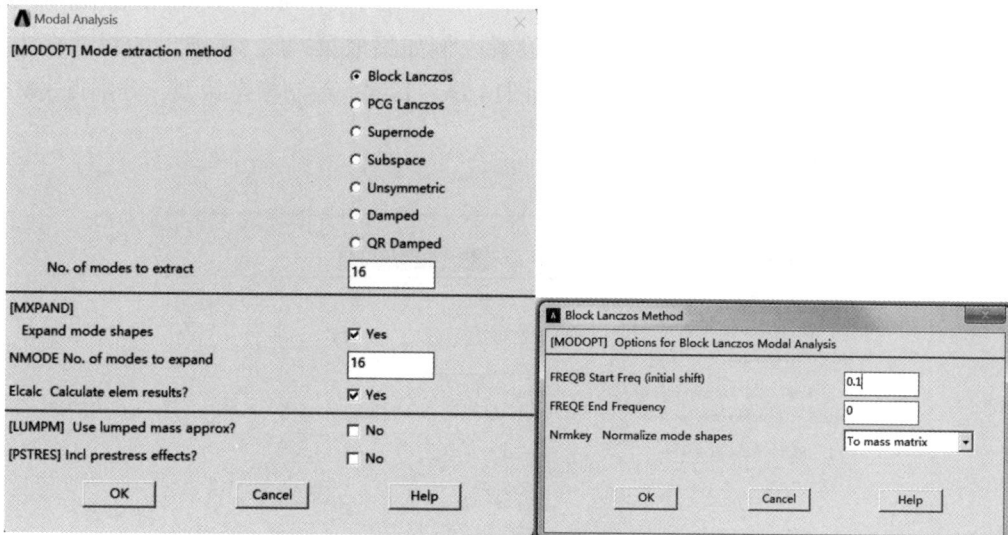

图14.14 设置模态分析选项

（6）开始计算。依次点击Main Menu，Solution，Solve，Current LS，弹出求解对话框，单击“OK”按钮。求解完毕。

（7）后处理。

① 获得各阶固有频率。依次点击Main Menu，General Postproc，Results Summary，得到固有频率统计结果，见图14.15。

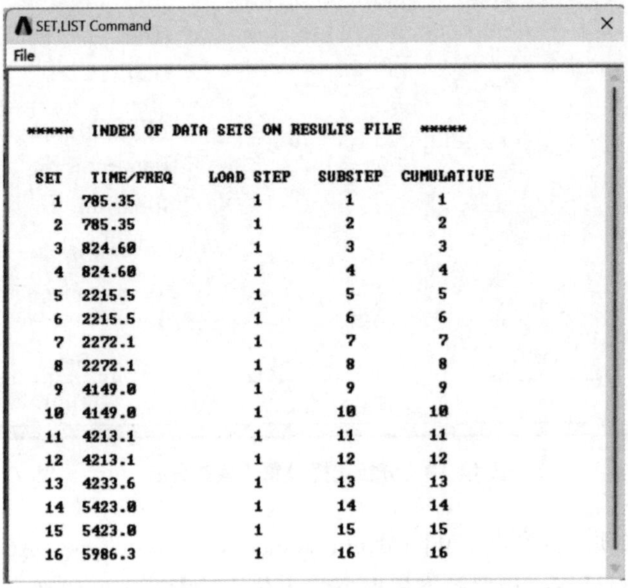
SET,LIST Command

File

***** INDEX OF DATA SETS ON RESULTS FILE *****

SET	TIME/FREQ	LOAD STEP	SUBSTEP	CUMULATIVE
1	785.35	1	1	1
2	785.35	1	2	2
3	824.60	1	3	3
4	824.60	1	4	4
5	2215.5	1	5	5
6	2215.5	1	6	6
7	2272.1	1	7	7
8	2272.1	1	8	8
9	4149.0	1	9	9
10	4149.0	1	10	10
11	4213.1	1	11	11
12	4213.1	1	12	12
13	4233.6	1	13	13
14	5423.0	1	14	14
15	5423.0	1	15	15
16	5986.3	1	16	16

图14.15　固有频率结果列表

② 获得前4阶模态振型。从获取的固有频率值可以看出，1、2阶数值相同，因而是同一阶，仅仅是方向不同，3、4阶，5、6阶，7、8阶也有类似的情况。因此，这里的前4阶对应列表中的1、3、5、7阶。为了获取模态振型，可按下述操作方法执行。

首先，读取数据，依次点击Main Menu，General Postproc，Read Results by Set Number，完成对所需要提取模态阶次的设置。例如提取第7阶，在弹出的对话框中的“NSET Data set number”处输入“7”，见图14.16。其次，绘制模态振型，分别点击Main

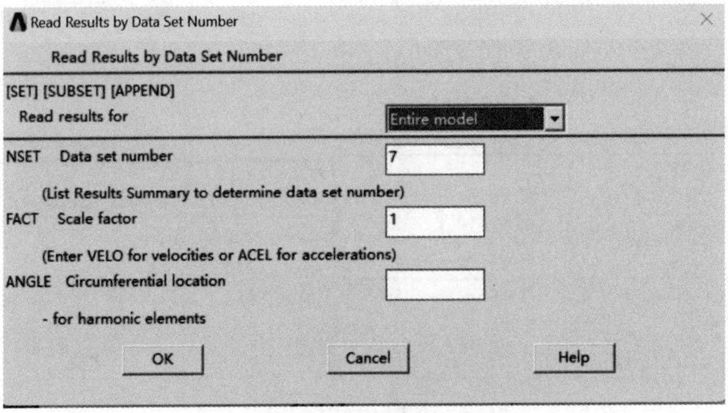

图14.16　提取模态阶次设定

Menu，General Postproc，Plot Results，Contour Plot，Nodal Solu，在弹出的对话框中选取
DOF Solution，Displacement vector sum，位移矢量单击"OK"，完成对各阶模态振型的绘
制。例如选应力就是模态应力。相关对话框见图14.17，获得的模态振型见图14.18。

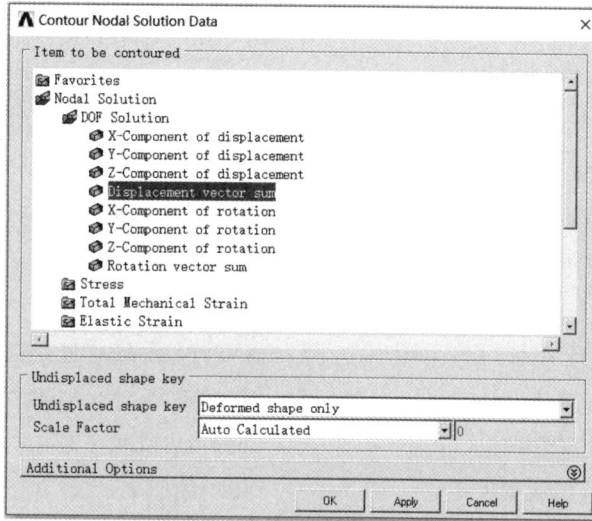

图14.17　绘制模态振型对话框

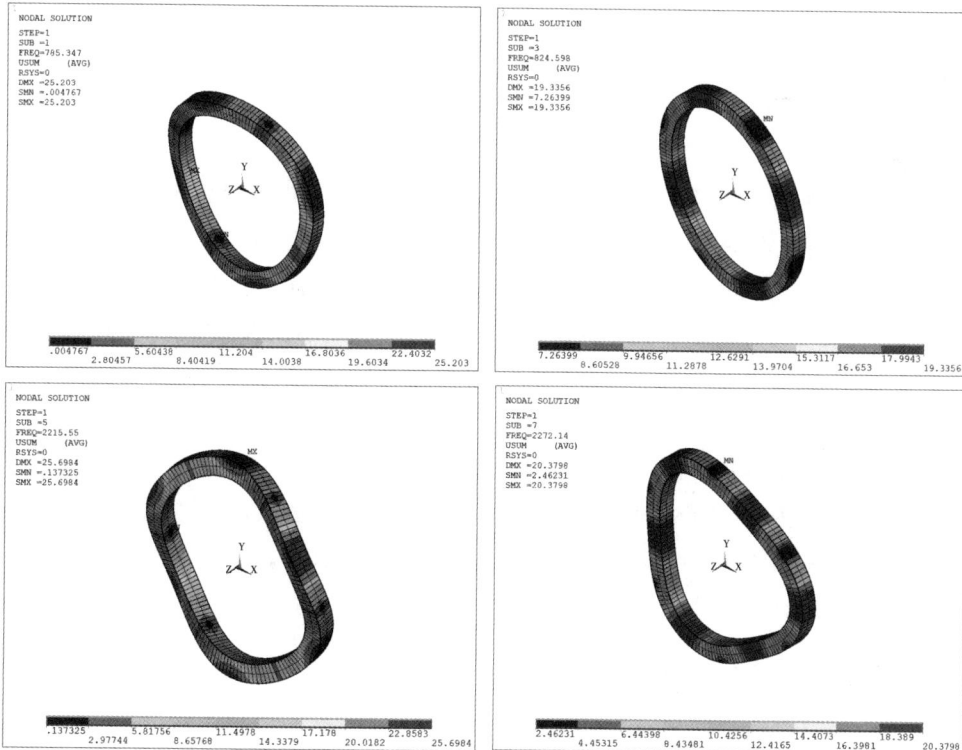

图14.18　梁单元前4阶模态振型

采用梁单元进行圆环结构自由模态分析,对应GUI的APDL命令流如下:

```
/clear
Finish
!!!!!!!!!!!!
/filename,beam188
B=25  !截面宽
H=25  !截面高
NBCELLS=148  !梁单元周向份数,取4的整数倍
NUM_M=16  !提取模态数
RR=137.5  !圆环半径(300/2+250/2)/2=137.5 mm
/PREP7
MP,EX,1,E  !定义弹性模量
MP,DENS,1,P  !定义密度
MP,PRXY,1,PR  !定义泊松比
ET,1,BEAM188,,,3,  !定义梁单元
K,1,0,0,0  !创建关键点1
CIRCLE,1,RR,,,360  !以关键点1为圆心,RR为半径建立圆。
SECTYPE,1,BEAM,RECT,,5  !定义梁截面,截面类型为矩形,设置梁截面的网格细化级别为5
SECOFFSET,CENT  !定义横截面的截面偏移到质心
SECDATA,B,H,4,4  !定义截面宽度为B,高度为H,沿宽度和高度单元数为4
TYPE,1  !给随后生成单元指定上文定义的单元类型号
MAT,1  !给随后生成的单元指定上文定义的材料编号
LESIZE,all,,,NBCELLS/4
!将所有的线划分为NBCELLS/4段。
LMESH,all  !在线上生成节点和单元
ALLSEL,ALL  !选择所有节点单元
/ESHAPE,1.0
/title,beam element
P=7.85E-9  !材料密度 t/mm³
E=2.1e5  !弹性模量
PR=0.3  !泊松比
!使用实常数或截面定义来形成单元的实体形状显示
EPLOT
!显示所有选中的单元网格
!!!!模态求解
/SOLU
ANTYPE,modal  !进行模态分析
MODOPT,LANB,NUM_M,0.1,0,,OFF  !指定模态分析选项,模态提取方法为LANB,提取阶数为NUM_M阶。
MXPAND,NUM_M,,,1
!指定扩展的模态数为NUM_M,1表示计算单元结果
SOLVE  !求解
Finish
!显示固有频率及前4阶模态振型
/POST1  !进入后处理
SET,LIST  !列出结构固有频率
SET,FIRST  !提取第一阶模态振型
PLNSOL,U,SUM  !绘制模态振型
SET,,,1,,,,3,  !提取第二阶模态振型
PLNSOL,U,SUM
SET,,,1,,,,5,  !提取第三阶模态振型
PLNSOL,U,SUM
SET,,,1,,,,7,  !提取第四阶模态振型
PLNSOL,U,SUM
```

14.2.3 基于壳单元的自由模态分析

基于壳单元进行模态分析与基于梁单元进行模态分析相比,主要在定义单元、建立几何模型与网格划分方面有所差异,其余部分基本相同,因而这里在GUI求解部分不再赘述。对于这里的圆环结构,基于壳单元有限元建模可以采用两种建模方式:第1种建模方式采用平面壳,第2种建模方式采用曲面壳。

14.2.3.1　第1种建模方式（平面壳）

第1种建模方式对应的GUI操作过程如下。

（1）定义单元参数。

① 定义单元。依次点击Main Menu，Preprocessor，Element Type，Add/Edit/Delete，弹出对话框，单击"Add"，在弹出对话框的左边选择"Shell"，然后在右边选择"4node 181"（图14.19），单击"OK"按钮。选择的单元为SHELL181，该单元有4节点，每个节点有6个自由度。

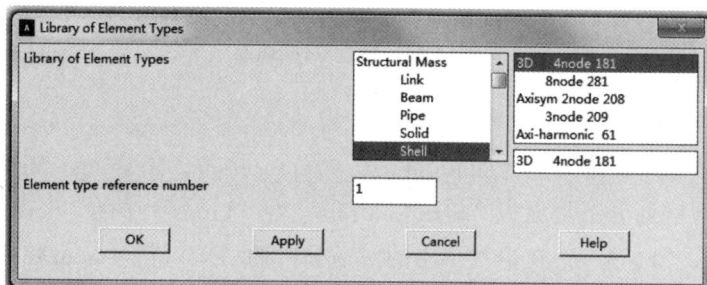

图14.19　定义壳单元

② 定义材料参数，相关方法见14.2.2。

③ 定义壳单元厚度。依次点击Main Menu，Preprocessor，Sections，Shell，Lay-up，Add/Edit，在弹出的"Create and Modify Shell Sections"面板中的"Thickness"处输入"25"，在"Integration Pts"处选择"5"，完成后单击"OK"按钮，如图14.20所示。

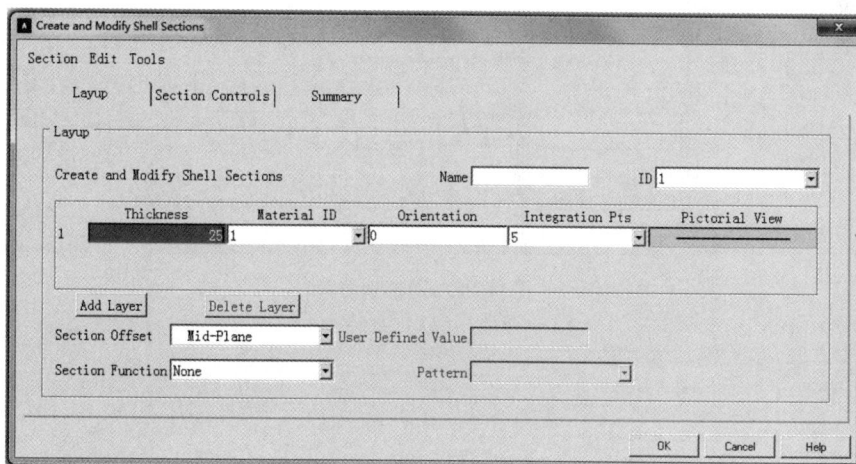

图14.20　定义壳单元截面参数

（2）建立几何模型。依次点击Main Menu，Preprocessor，Modeling，Create，Areas，Circle，By Dimensions，弹出"Circular Area by Dimensions"对话框，在"Outer radius"处输入"150"，在"Optional inner radius"处输入"125"，在"Ending angle"处输入圆角度"90"，生成1/4圆环面，单击"OK"按钮，如图14.21所示。

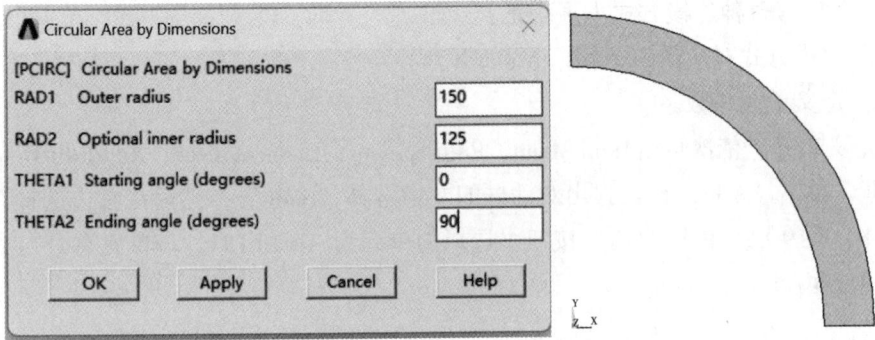

图14.21　建立1/4圆环面

（3）网格划分。

① 网格划分方案。依次点击Main Menu，Preprocessor，Meshing，MeshTool，设置单元尺寸，选择网格划分工具面板"Size Controls"中"Lines"中的"Set"，在弹出的对话框选项中输入"1，3"，在再次弹出的对话框中的"No. of element divisions"后输入"37"，这样就将线1和线3划分为37份（图14.22），类似地，将线2与线4分为5份，单击"OK"按钮（图14.23）。

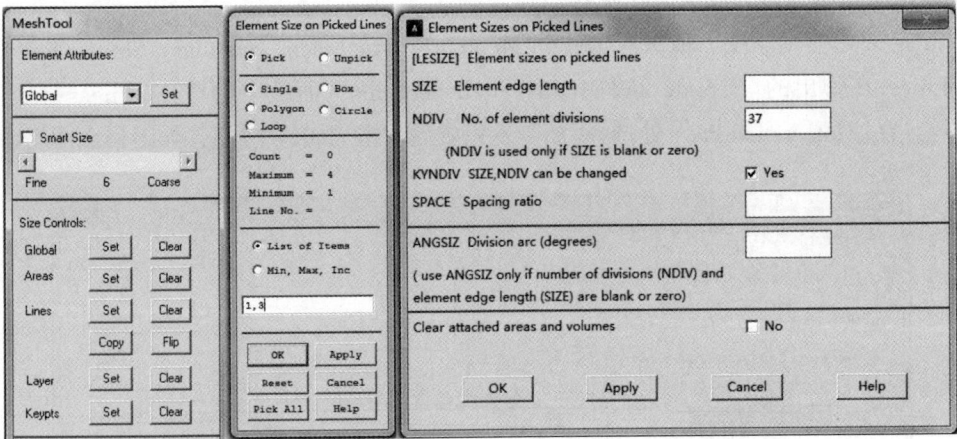

图14.22　网格划分

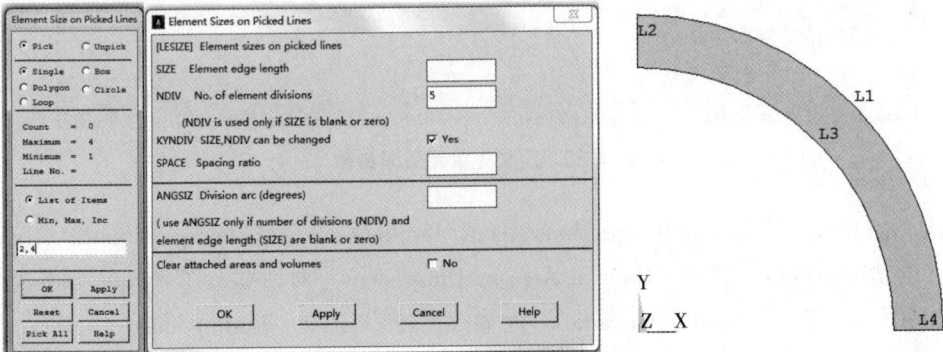

图14.23　网格划分及图形显示

② 划分网格。在划分网格对话框的"Shape"处选择"Quad"和"Mapped"，单击"Mesh"按钮，弹出"Mesh Areas"对话框，点击"Pick All"按钮或者在对话框中填入"1"（面1），单击"OK"按钮，生成网格，如图14.24所示。

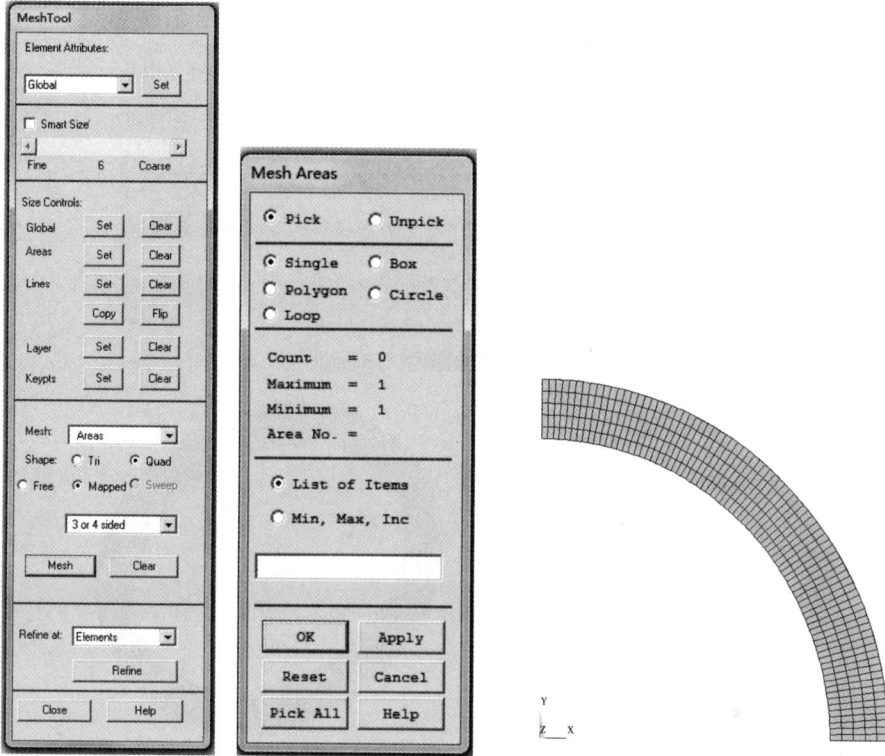

图14.24 网格划分及图形显示划分好的网格

③ 复制模型及网格。依次点击Utility Menu，WorkPlane，Change Active CS to，Global Cylindrical，变换工作坐标系为柱坐标系，接着依次点击Main Menu，Preprocessor，Modeling，Copy，Areas，弹出"Copy Areas"对话框后点击"Pick All"按钮，或在输入栏输入"1"（面号1），点击"OK"按钮。在随后弹出的"Copy Areas"对话框中的"Number of copies"中输入"4"，在"DY"一栏输入90。复制4次，每次旋转90°，如图14.25所示。复制结果如图14.26所示。

④ 节点合并与压缩。依次点击Main Menu，Preprocessor，Numbering Ctrls，Merge Items对节点进行合并，弹出"Merge Coincident or Equivalently Defined Items"对话框，如图14.27所示，点击"OK"按钮。依次点击Main Menu，Preprocessor，Numbering Ctrls，Compress Numbers对节点编号进行压缩，弹出的对话框如图14.28所示，点击"OK"按钮。

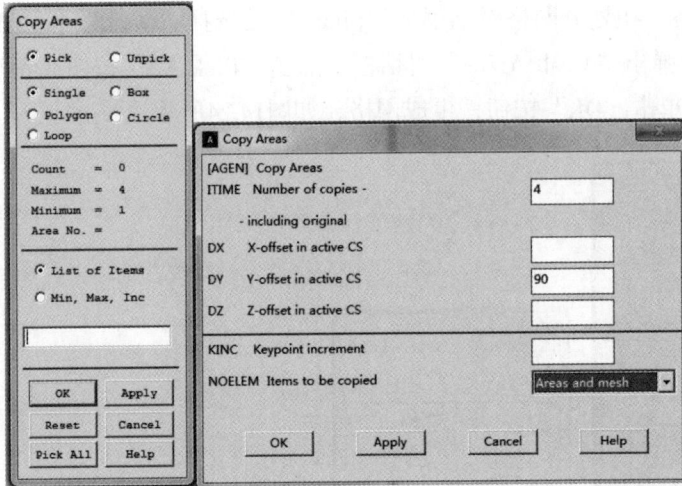

图14.25　复制模型与单元

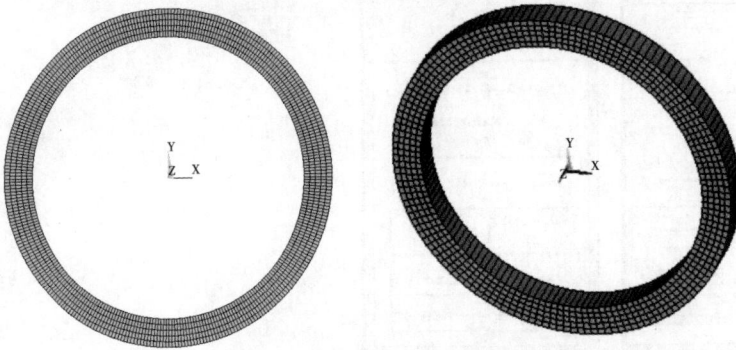

图14.26　复制结果图形显示

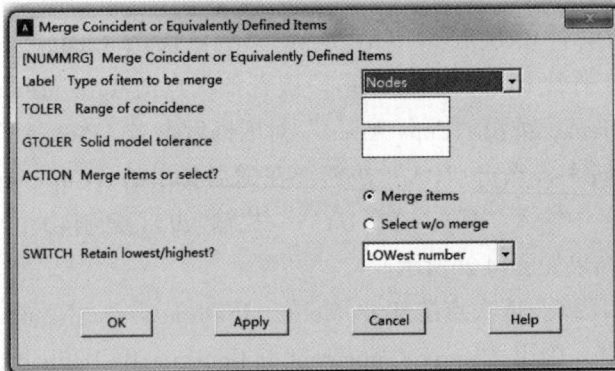

图14.27　合并节点

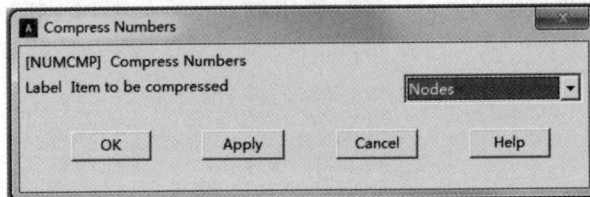

图14.28　压缩节点编号

后续求解过程与梁单元类似，这里不再赘述。包含上述GUI操作的完整的基于壳单元（平面壳）

对圆环结构进行模态分析的命令流如下。

```
/clear                                          !!!圆环面映射分网
Finish                                          MSHAPE,0,2D
!!!!!!!!!!!!                                     MSHKEY,1
/filname,modal-shell181                         AMESH,1
/title,analysis of mode using shell element     CSYS,1    !柱坐标系
/prep7                                          AGEN,4,1,,,,90,,0   !复制体为整个圆环(包括网格)
!!!!参数定义                                      !合并节点设置
Ri=125                                          NUMMRG,NODE,,,,LOW   !合并节点,保留低节点编号
                                                NUMCMP,ALL   !压缩所定义项的编号
Ro=150                                          /ESHAPE,1   !显示单元
thickness=25                                    FINISH
P=7.85E-9   !材料密度 mm³
E=2.1e5   !弹性模量
PR=0.3   !泊松比                                  !!!模态求解
NBCELLS=148   !壳单元周向份数,取4的整数倍          /SOLU
NUM_M=16   !提取模态数                            ANTYPE,modal
MP,EX,1,E                                       MODOPT,LANB,NUM_M,0.1,0,,OFF
MP,DENS,1,P                                     MXPAND,NUM_M,,,1
MP,PRXY,1,PR                                    SOLVE
ET,1,SHELL181   !SHELL181单元                    FINISH
sect,1,shell,,                                  !后处理命令流,显示固有频率及前4阶模态振型
secdata,thickness,1,0.0,5                       /POST1   !进入后处理
secoffset,MID                                   SET,LIST   !列出结构固有频率
CYL4,0,0,Ri,0,Ro,90   !建立1/4圆环                SET,FIRST   !提取第一阶模态振型
!!!线分网                                         PLNSOL,U,SUM   !绘制模态振型
LESIZE,1,,,NBCELLS/4,,,,1                        SET,,,1,,,3,   !提取第二阶模态振型
!线1划分为NBCELLS/4份                             PLNSOL,U,SUM
LESIZE,3,,,NBCELLS/4,,,,1                        SET,,,1,,,5,   !提取第三阶模态振型
!线3划分为NBCELLS/4份                             PLNSOL,U,SUM
LESIZE,2,,,5,,,,1   !线2划分为5份                  SET,,,1,,,7,   !提取第四阶模态振型
LESIZE,4,,,5,,,,1   !线4划分为5份                  PLNSOL,U,SUM
```

计算得到的固有频率如图14.29所示，前4阶固有频率的振型如图14.30所示。

图14.29 壳单元计算固有频率结果（第1种建模方式）

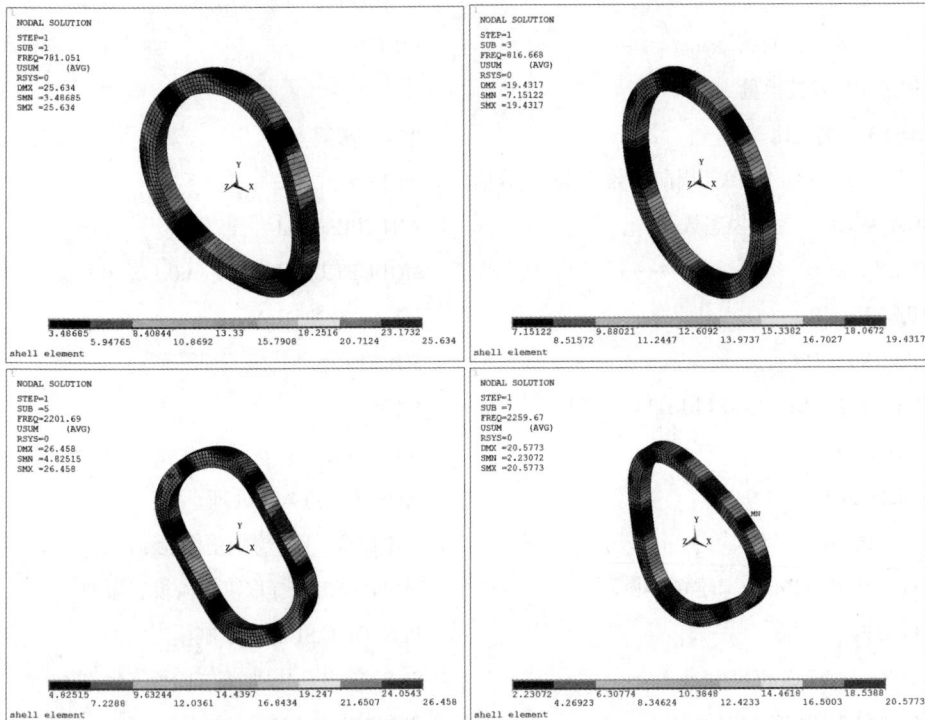

图14.30 壳单元前4阶模态振型（第1种建模方式）

14.2.3.2 第2种建模方式（曲面壳）

本节以曲面壳的形式模拟圆环结构，并对其进行自由模态分析。同样，这里着重描述基于GUI对圆环结构进行建模的过程。

（1）单元参数设定。仍旧选用SHELL181单元，材料参数赋值及壳单元厚度设定与前面的平面壳相关操作步骤相同。

（2）创建几何模型。

① 在坐标为（0，0，0）处创建一个关键点，关键点号为1。

② 创建1/4圆弧。依次点击Main Menu，Preprocessor，Modeling，Create，Lines，Arcs，By Cent & Radius，绘制1/4圆弧，弹出"Arc by Center & Radius"对话框，在输入区域填写"1"（关键点1，圆心点），点击"Apply"按钮，继续在输入区写入"137.5"（圆弧半径），点击"Apply"按钮，在"ARC"输入区输入90，点击"OK"按钮，生成1/4圆弧，如图14.31所示。

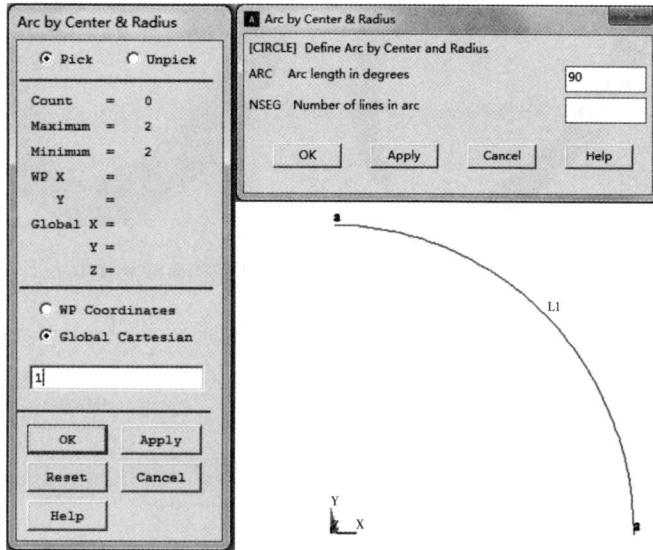

图14.31 生成1/4圆弧

③ 创建辅助线。在（0，0，25）处创建关键点，编号为100，"25"是圆截面的高度。连接点1和点100，形成一条直线。这个直线是后续圆弧线拉伸成曲面壳的轴线。

④ 拉伸形成1/4圆弧面。依次点击Main Menu，Preprocessor，Modeling，Operate，Extrude，Lines，Along Lines将圆弧拉伸成1/4圆弧面，在弹出的菜单"Sweep Lines along Lines"中分别填入线1和线2，点击"Apply"和"OK"按钮，生成1/4圆弧面，如图14.32所示。

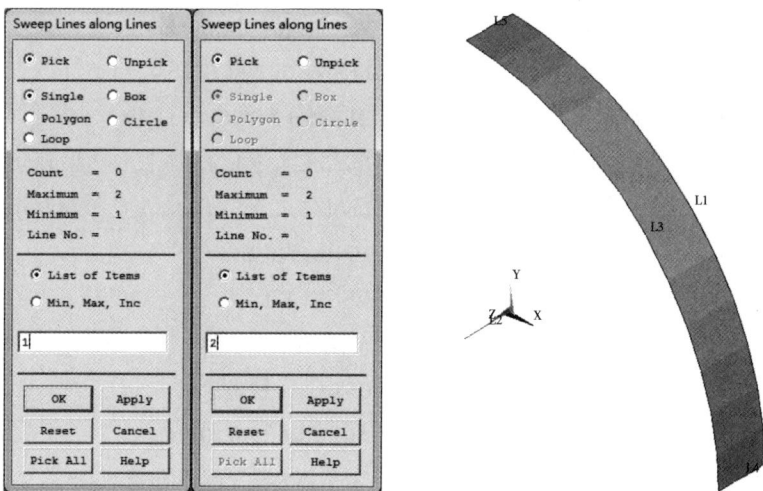

图14.32 通过拖拉方式生成1/4圆弧面

其余分网和求解过程的GUI操作与前面的平面壳类似，这里不再赘述。最终生成的有限元模型见图14.33。

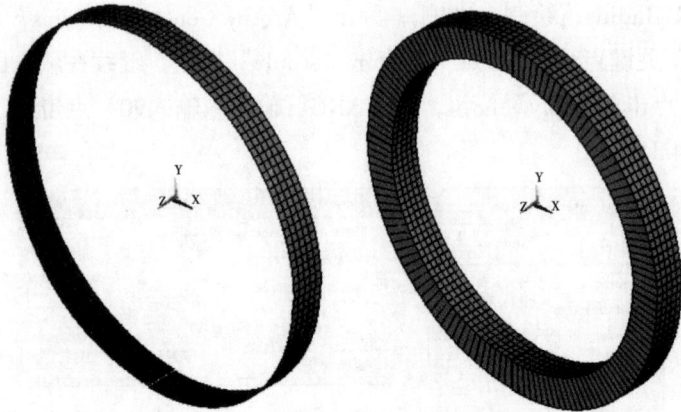

图14.33　按曲面壳方式创建的圆环结构有限元模型

整个利用曲面壳对圆环结构进行自由模态分析的命令流如下（包含了上述建模的过程）。

```
/clear                                          SECOFFSET,MID
/filename,shell2                                !!!!!!!!!!!!!!!!!建模
/title,Analysis of shell element using the second    K,1,0,0,0
!!!!参数定义                                     CIRCLE,1,RR,,,90,,
RR=137.5                                        K,100,0,0,L
thickness=25                                    L,1,100
L=25                                            ADRAG,1,,,,,,2
P=7.85E-9  !材料密度 t/mm³                        !由线(1线)沿路径(2)拖拉生成面
E=2.1e5    !弹性模量                             LESIZE,1,,,NBCELLS/4,,,,1
PR=0.3     !泊松比                              !线1划分为NBCELLS/4份
NBCELLS=148  !周向份数,取4的整数倍                LESIZE,3,,,NBCELLS/4,,,,1
Nthickness=5   !厚度方向划分份数                  !线3划分为NBCELLS/4份
NUM_M=16   !提取模态数                          LESIZE,4,,,Nthickness,,,,1    !线2划分为5份
PI=ACOS(-1)                                     LESIZE,5,,,Nthickness,,,,1    !线4划分为5份

/prep7                                          MSHAPE,0,2D
MP,EX,1,E                                        MSHKEY,1
MP,DENS,1,P                                       AMESH,1
MP,PRXY,1,PR                                     CSYS,1    !柱坐标系
ET,1,SHELL181    !用壳                           AGEN,4,1,,,,90,,0
SECT,1,SHELL,,                                   !复制体为整个圆环(包括网格)
SECDATA,THICKNESS,1,0.0,5                         !合并节点设置
```

```
NUMMRG,NODE,,,,LOW
!合并节点,保留低节点编号
NUMCMP,ALL
!压缩所定义项的编号
/ESHAPE,1  !显示单元
FINISH
!!!模态求解
/SOLU
ANTYPE,modal
MODOPT,LANB,NUM_M,0.1,0,,OFF
MXPAND,NUM_M,,,1
SOLVE
Finish
!后处理命令流,显示固有频率及前4阶模态振型
/POST1  !进入后处理
SET,LIST  !列出结构固有频率
SET,FIRST  !提取第一阶模态振型
PLNSOL,U,SUM  !绘制模态振型
SET,,,1,,,,3,  !提取第二阶模态振型
PLNSOL,U,SUM
SET,,,1,,,,5,  !提取第三阶模态振型
PLNSOL,U,SUM
SET,,,1,,,,7,  !提取第四阶模态振型
PLNSOL,U,SUM
```

利用曲面壳模拟圆环结构进行自由模态分析获得的固有频率见图14.34，前4阶模态振型见图14.35。

SET,LIST Command

File

***** INDEX OF DATA SETS ON RESULTS FILE *****

SET	TIME/FREQ	LOAD STEP	SUBSTEP	CUMULATIVE
1	774.19	1	1	1
2	774.19	1	2	2
3	825.13	1	3	3
4	825.13	1	4	4
5	2184.9	1	5	5
6	2184.9	1	6	6
7	2275.8	1	7	7
8	2275.8	1	8	8
9	4103.3	1	9	9
10	4103.3	1	10	10
11	4151.0	1	11	11
12	4225.3	1	12	12
13	4225.3	1	13	13
14	5367.4	1	14	14
15	5367.4	1	15	15
16	5987.4	1	16	16

图14.34 壳单元计算固有频率结果（第2种建模方式）

14.2.4 基于实体单元的自由模态分析

实体单元模型与壳单元模型主要在定义单元、建立模型与网格划分方面有所差异，其余部分与基于梁及壳单元分析基本相同。以下描述对应实体单元基于GUI的建模过程。

（1）定义单元参数。依次点击Main Menu，Preprocessor，Element Type，Add/Edit/Delete，弹出“Element Types”对话框（图14.36），单击“Add”按钮，在弹出对话框的左边选择“Solid”，然后在右边选择“Brick 8 node 185”，单击“OK”按钮。所选的SOLID185单元有8个节点，每个节点有3个自由度。定义材料参数与前面单元相同，这里不再列出。

（2）建立1/4圆环几何模型。依次点击Main Menu，Preprocessor，Modeling，Create，

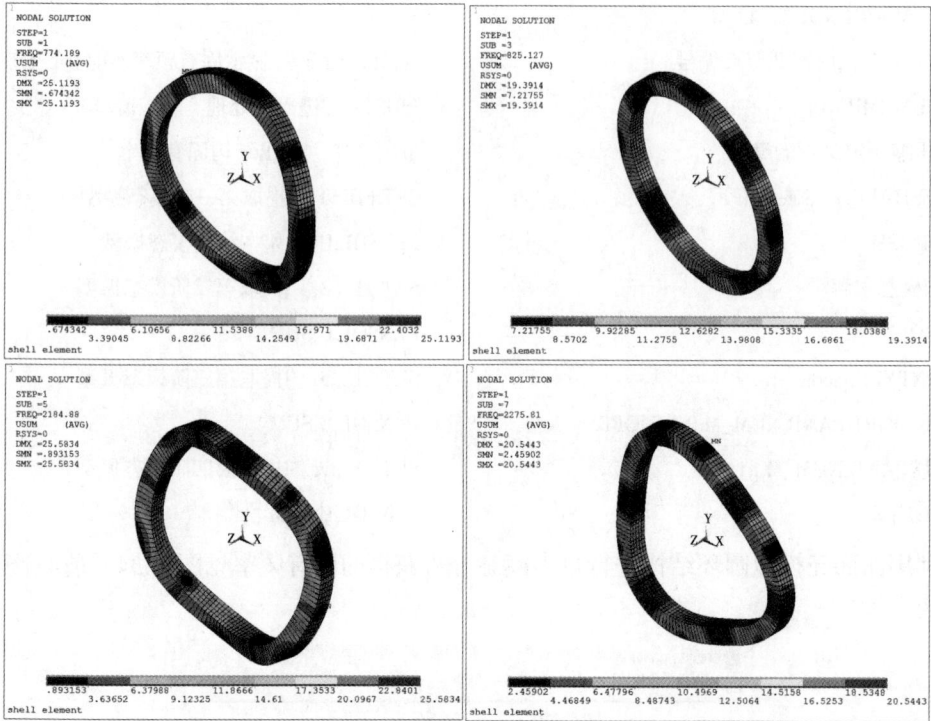

图14.35 壳单元前4阶模态振型（第2种建模方式）

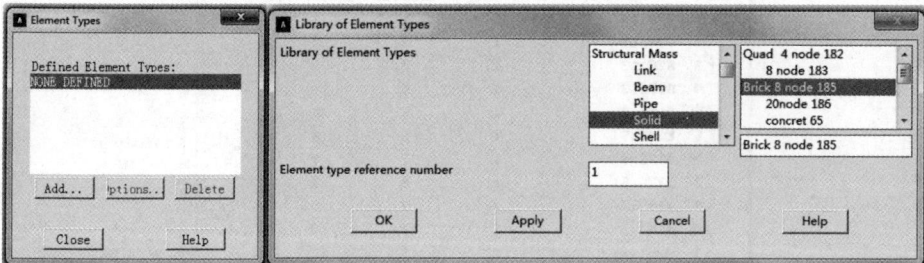

图14.36 定义实体单元

Volumes，Cylinder，By Dimensions，弹出对话框，在"RAD1 Outer radius"处输入"150"，在"RAD2 Optional inner radius"处输入"125"，在"Z-coordinates"处输入"0"和"25"，在"THETA1"和"THETA2"处分别输入圆角度"0"和"90"，单击"OK"按钮，生成1/4圆环，如图14.37所示。这里乃至上一节均创建1/4圆环的几何模型，主要是为了便于后续进行规则分网，可总结为：对于回转体，为了规则分网，一般不需要建成完整模型再分网；若建成，则需要切分才能规则分网。

（3）网格划分。

① 分网方案设定。打开网格划分工具面板，点击Main Menu，Preprocessor，Meshing，MeshTool，在设置单元尺寸处选择网格划分工具面板"Size Controls"中"Lines"中的"Set"，将线5划分为37份（见图14.38），将线8与线10分为5份（一个方向选一个即可），单击"OK"按钮。

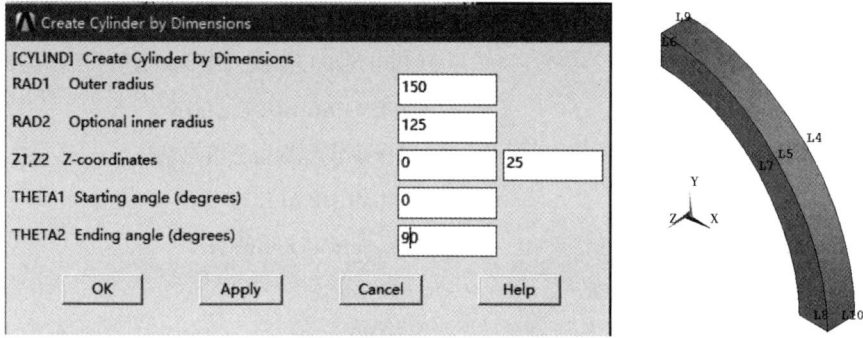

图14.37 建立1/4圆环

② 分网。选中网格划分工具面板中的"Shape：Hex/Wedge"和"Sweep"，单击"Sweep"按钮，弹出拾取对话框，点击"Pick All"，单击"OK"按钮，生成六面体网格，如图14.38所示。

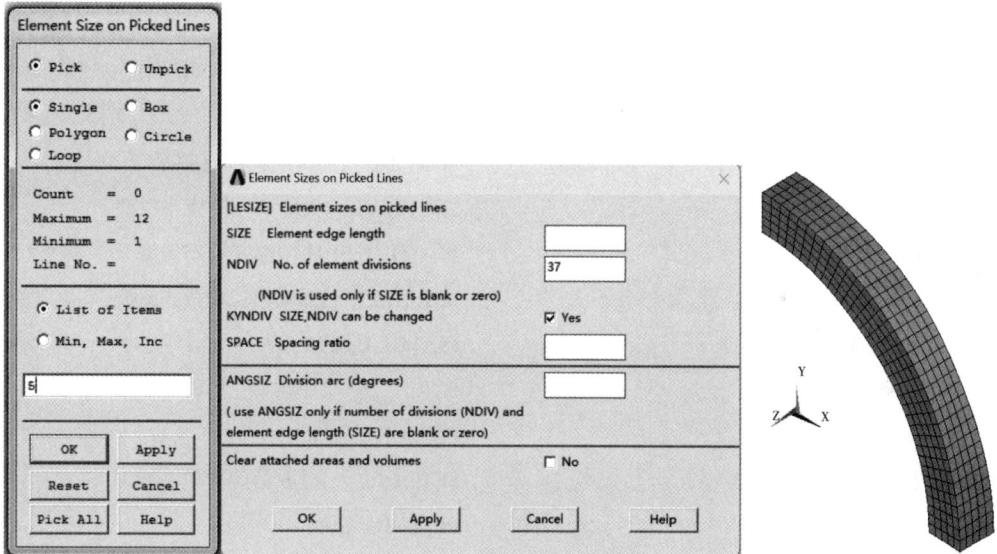

图14.38 1/4圆环网格划分

③ 复制网格。变换工作坐标系为柱坐标系，依次点击Utility Menu，WorkPlane，Change Active CS to，Global Cylindrical，接着依次点击Main Menu，Preprocessor，Modeling，Copy，Volumes，复制体及网格，在弹出对话框后选择面，点击"OK"按钮。在随后弹出的对话框中的"Number of copies"处输入"4"，在"DY"处输入"90"，单击"OK"按钮。相关操作及生成的有限元网格如图14.39所示。

后续求解自由模态的操作与梁单元和壳单元处理方式类似，这里不再赘述。基于实体单元的整个求解过程参考命令流如下。

```
/clear
/filename,Solid-modal                          !!!!参数定义
/title,Analysis of shell element using the Solid element        Ro=150    !!!圆环外半径
```

Ri=125   !!!圆环内半径

thickness=25

P=7.85E−9   !材料密度 t/mm3

E=2.1e5   !弹性模量

PR=0.3   !泊松比

NBCELLS=148   !周向份数,取4的整数倍

Nthickness=5   !厚度方向划分份数

NUM_M=16   !提取模态数

PI=ACOS(−1)

/prep7

MP,EX,1,E

MP,DENS,1,P

MP,PRXY,1,PR   !定义材料参数

ET,1,SOLID185   !选单元

CYL4,0,0,Ri,0,Ro,90,Thickness   !建立1/4圆环模型

!!!划分线段

LESIZE,5,,,NBCELLS/4,,,,,1

LESIZE,8,,,Nthickness,,,,,1

LESIZE,10,,,Nthickness,,,,,1

!!!体网格划分

VSWEEP,1

CSYS,1

VGEN,4,ALL,,,,90,,   !复制体为整个圆环(包括网格)

NUMMRG,NODE,,,,LOW

!合并节点,保留低节点编号

NUMCMP,ALL

!压缩所定义项的编号

/Eshape,1

/SOLU

ANTYPE,2

MODOPT,LANP,NUM_M,0.1,0,

EQSLV,PCG

MXPAND,NUM_M,,,1

SOLVE

!后处理命令流,显示固有频率及前4阶模态振型

/POST1   !进入后处理

SET,LIST   !列出结构固有频率

SET,FIRST   !提取第一阶模态振型

PLNSOL,U,SUM   !绘制模态振型

SET,,,1,,,,3,   !提取第二阶模态振型

PLNSOL,U,SUM

SET,,,1,,,,5,   !提取第三阶模态振型

PLNSOL,U,SUM

SET,,,1,,,,7,   !提取第四阶模态振型

PLNSOL,U,SUM

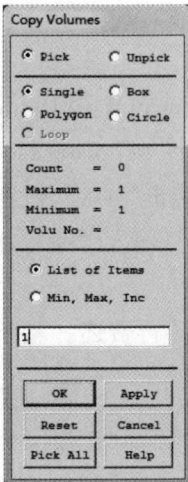

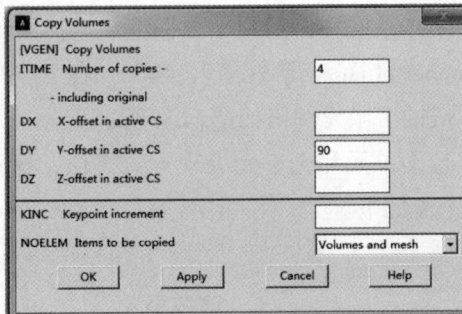

图14.39   复制1/4圆环体与单元

基于实体单元得到固有频率如图14.40所示，前4阶固有频率的振型如图14.41所示。

SET,LIST Command

File

***** INDEX OF DATA SETS ON RESULTS FILE *****

SET	TIME/FREQ	LOAD STEP	SUBSTEP	CUMULATIVE
1	787.57	1	1	1
2	787.57	1	2	2
3	836.89	1	3	3
4	836.89	1	4	4
5	2220.7	1	5	5
6	2220.7	1	6	6
7	2313.2	1	7	7
8	2313.2	1	8	8
9	4164.6	1	9	9
10	4164.6	1	10	10
11	4271.2	1	11	11
12	4301.6	1	12	12
13	4301.6	1	13	13
14	5518.4	1	14	14
15	5518.4	1	15	15
16	6005.3	1	16	16

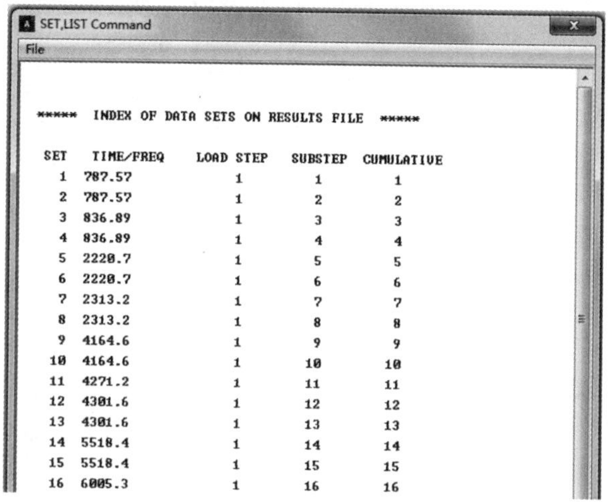

图14.40　实体单元计算固有频率结果

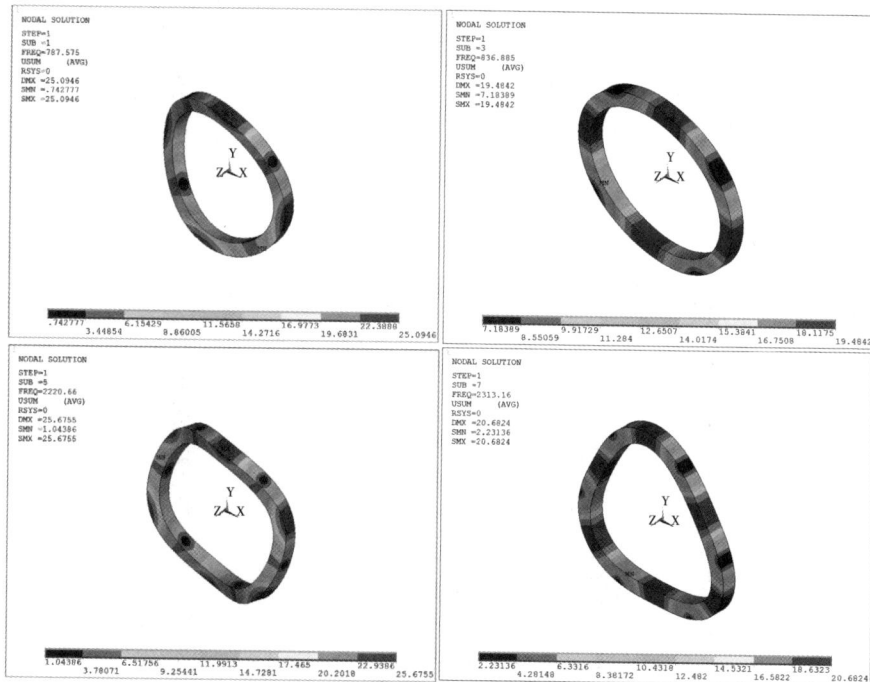

图14.41　实体单元前4阶模态振型

14.2.5　不同单元建模对比分析

采用锤击法测试圆环结构的自由模态，试验测试照片如图14.42所示。不同单元与实测固有频率对比（前4阶）如表14.1所示。由表可知，实体单元、梁单元和壳单元均和试验结果吻合，其中SHELL181第2种建模方法与试验结果最吻合，最大误差小于0.09%。

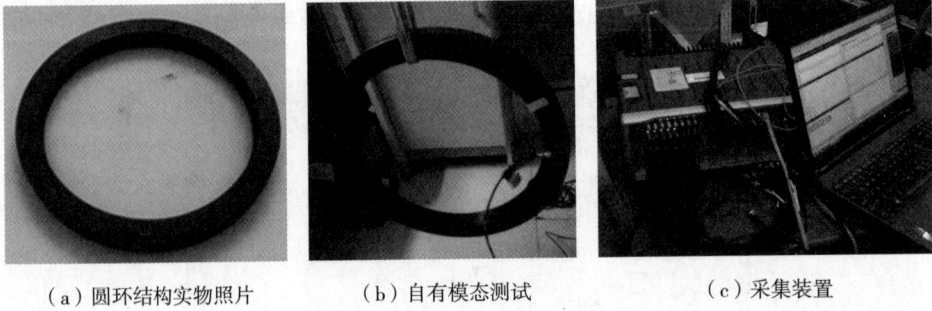

(a) 圆环结构实物照片　　　（b）自有模态测试　　　（c）采集装置

图14.42　圆环结构自由模态测试

表14.1　不同单元与实测固有频率对比（前4阶）

阶数	实验数据/Hz	SOLID185/Hz	误差/%	BEAM188/Hz	误差/%	SHELL181/Hz（第1种方法）	误差/%	SHELL181/Hz（第2种方法）	误差/%
f_{n1}	774.826	787.57	1.64	785.35	1.36	781.05	0.80	774.19	−0.08
f_{n2}	825.136	836.89	1.42	824.60	−0.06	816.67	−1.03	825.13	0.00
f_{n3}	2186.81	2220.7	1.55	2215.5	1.31	2201.7	0.68	2184.9	−0.09
f_{n4}	2277.003	2313.2	1.59	2272.1	−0.22	2259.7	−0.76	2275.8	−0.05

采用高阶实体单元（SOLID186）对比结果如表14.2所示，由表可知，采用高阶实体单元其计算精度有所提高，与试验结果最大误差为0.67%。

表14.2　不同实体单元对比（前4阶）

阶数	实验数据/Hz	SOLID185/Hz	误差/%	SOLID186/Hz	误差/%
f_{n1}	774.826	787.57	1.64	779.54	0.61
f_{n2}	825.136	836.89	1.42	830.47	0.65
f_{n3}	2186.81	2220.7	1.55	2197.9	0.51
f_{n4}	2277.003	2313.2	1.59	2292.2	0.67

采用高阶壳单元（SHELL281）对比结果如表14.3所示，由表可知，采用高阶壳单元并未提升其计算精度，在某些工况下误差反而增大。

表14.3　不同壳单元对比（前4阶）

阶数	实验数据/Hz	SHELL181/Hz（第1种方法）	误差/%	SHELL281/Hz（第1种方法）	误差/%	SHELL181/Hz（第2种方法）	误差/%	SHELL281/Hz（第2种方法）	误差/%
f_{n1}	774.826	781.05	0.80	778.53	0.48	774.19	−0.08	784.36	1.23
f_{n2}	825.136	816.67	−1.03	838.73	1.65	825.13	0.00	830.62	0.66
f_{n3}	2186.81	2201.7	0.68	2194.5	0.35	2184.9	−0.09	2215.3	1.30
f_{n4}	2277.003	2259.7	−0.76	2314.8	1.66	2275.8	−0.05	2290.6	0.60

14.2.6 考虑对称性的简化建模对比

本节以实体单元SOLID185为例,考虑对称/反对称边界和循环对称边界(90° 为一个扇区),对圆环结构进行简化建模。

(1)基于对称/反对称边界进行求解。需要指出的是,利用对称性来减小计算规模也有一些地方需要注意,否则很容易发生丢失模态的情况。对于只有一个对称面的情况,需要计算两种工况才能保证不丢失模态,这两种工况是对称面约束条件分别设置为对称条件和反对称条件。对于有两个对称面的情况,则必须分析四种工况才能保证不丢失模态,这四种工况分别是两个对称面约束条件的如下四种组合:对称+对称、对称+反对称、反对称+对称、反对称+反对称。在实际计算时,可以只取其中的3个1/4模型,或取4个1/4模型,以便进行比较。以下简要描述对称及反对称的操作。

① 对称边界施加。1/4对称分析所需的几何模型在14.2.4已经创建完毕,这里仅介绍施加对称边界。依次点击Main Menu,Solution,Define Loads,Apply,Structural,Displacement,Symmetry B.C.,On Areas,弹出 "Apply SYMM on Areas" 菜单,填入面5和面6,点击 "OK" 按钮,完成对称边界条件施加。相关对话框及施加完对称边界的模型见图14.43。

② 反对称边界施加。依次点击Main Menu,Solution,Define Loads,Apply,Structural,Displacement,AntisymmB.C.,On Areas,弹出 "Apply ASYM on Areas" 菜单,同样填入面5和面6,点击 "OK" 按钮,完成对称边界条件施加。相关对话框及施加完对称边界的模型见图14.44。

③ 与完整模型的结果比较。采用三种工况,即对称–对称边界、反对称–反对称和对称–反对称边界和整个结构的自由模态对比结果,如图14.45所示,由对比结果可知,采用一种边界会导致丢失模态现象,采用三种边界工况后,按照固有频率从小到大顺序可以与整个结构模态吻合。

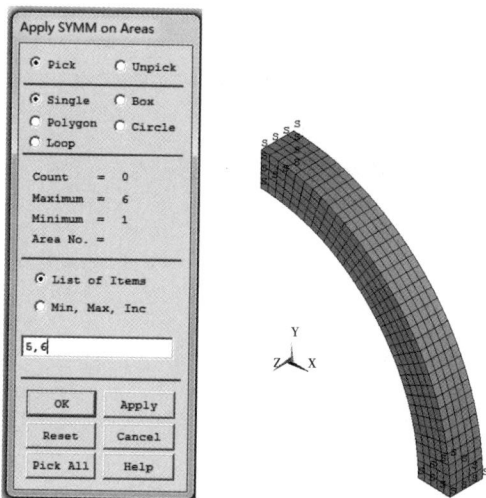

图14.43 施加对称边界

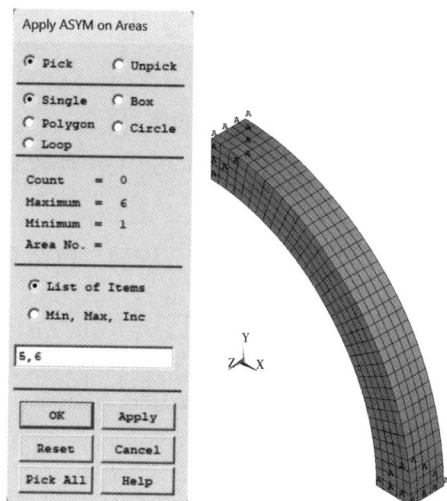

图14.44 施加反对称边界

SET,LIST Command

***** INDEX OF DATA SETS ON RESULTS FILE *****

SET	TIME/FREQ	LOAD STEP	SUBSTEP	CUMULATIVE
1	787.57	1	1	1
2	836.89	1	2	2
3	4164.6	1	3	3
4	4271.2	1	4	4
5	4301.6	1	5	5
6	6005.3	1	6	6
7	8224.6	1	7	7
8	9220.9	1	8	8
9	9460.6	1	9	9
10	13273.	1	10	10
11	14750.	1	11	11
12	15366.	1	12	12
13	15729.	1	13	13
14	21666.	1	14	14
15	22202.	1	15	15
16	22710.	1	16	16
17	24384.	1	17	17
18	28738.	1	18	18
19	29482.	1	19	19
20	30158.	1	20	20

（a）对称 - 对称边界

SET,LIST Command

***** INDEX OF DATA SETS ON RESULTS FILE *****

SET	TIME/FREQ	LOAD STEP	SUBSTEP	CUMULATIVE
1	787.57	1	1	1
2	836.89	1	2	2
3	4164.6	1	3	3
4	4301.6	1	4	4
5	8224.6	1	5	5
6	9220.9	1	6	6
7	9460.6	1	7	7
8	13273.	1	8	8
9	14750.	1	9	9
10	15366.	1	10	10
11	15729.	1	11	11
12	21666.	1	12	12
13	22202.	1	13	13
14	22710.	1	14	14
15	24384.	1	15	15
16	28738.	1	16	16
17	29482.	1	17	17
18	30158.	1	18	18
19	35802.	1	19	19
20	35928.	1	20	20

（b）反对称 - 反对称边界

SET,LIST Command

***** INDEX OF DATA SETS ON RESULTS FILE *****

SET	TIME/FREQ	LOAD STEP	SUBSTEP	CUMULATIVE
1	2220.7	1	1	1
2	2313.2	1	2	2
3	5518.4	1	3	3
4	6524.6	1	4	4
5	6710.4	1	5	5
6	8426.6	1	6	6
7	11401.	1	7	7
8	12186.	1	8	8
9	12485.	1	9	9
10	18182.	1	10	10
11	18716.	1	11	11
12	18735.	1	12	12
13	19148.	1	13	13
14	25186.	1	14	14
15	25798.	1	15	15
16	26386.	1	16	16
17	30091.	1	17	17
18	32318.	1	18	18
19	33238.	1	19	19
20	34009.	1	20	20

（c）对称 - 反对称边界

SET,LIST Command

***** INDEX OF DATA SETS ON RESULTS FILE *****

SET	TIME/FREQ	LOAD STEP	SUBSTEP	CUMULATIVE
1	787.57	1	1	1
2	787.57	1	2	2
3	836.89	1	3	3
4	836.89	1	4	4
5	2220.7	1	5	5
6	2220.7	1	6	6
7	2313.2	1	7	7
8	2313.2	1	8	8
9	4164.6	1	9	9
10	4164.6	1	10	10
11	4271.2	1	11	11
12	4301.6	1	12	12
13	4301.6	1	13	13
14	5518.4	1	14	14
15	5518.4	1	15	15
16	6005.3	1	16	16
17	6524.6	1	17	17
18	6524.6	1	18	18
19	6710.4	1	19	19
20	6710.4	1	20	20

（d）整体模型

图14.45　三种对称/反对称边界条件和整体模型对比

关于1/4对称或反对称分析的完整命令流如下。

```
/clear
/filname,Solid-modal-1-4
/title,Analysis of shell element using the Solid element

!!!!参数定义
Ro=150   !!!圆环外半径
Ri=125   !!!圆环内半径
thickness=25
P=7.85E-9   !材料密度 t/mm^3
E=2.1e5   !弹性模量
PR=0.3   !泊松比
NBCELLS=148   !周向份数,取4的整数倍
```

Nthickness=5 !厚度方向划分份数

NUM_M=16 !提取模态数

/prep7

MP,EX,1,E

MP,DENS,1,P

MP,PRXY,1,PR !定义材料参数

ET,1,SOLID185 !选单元

CYL4,0,0,Ri,0,Ro,90,Thickness !建立1/4圆环模型

!!!划分线段

LESIZE,5,,,NBCELLS/4,,,,,1

LESIZE,8,,,Nthickness,,,,,1

LESIZE,10,,,Nthickness,,,,,1

!!!体网格划分

VSWEEP,1

/Eshape,1

/SOLU

ANTYPE,2

!施加对称–对称边界条件

!DA,5,SYMM

!DA,6,SYMM

!施加反对称–反对称边界条件

!DA,5,ASYM

!DA,6,ASYM

!施加反对称–对称边界条件

DA,6,ASYM

DA,5,SYMM

MODOPT,LANP,NUM_M,0.1,0,

EQSLV,PCG

MXPAND,NUM_M,,,1

SOLVE

!后处理命令流,显示固有频率及前4阶模态振型

/POST1 !进入后处理

SET,LIST !列出结构固有频率

（2）基于循环对称边界（90°为一个扇区）进行求解。循环对称边界和截面对称是两种不同的对于对称的描述。同样，针对已经分完网格的1/4圆环进行操作，循环对称操作：依次点击Main Menu，Preprocessor，Modeling，Cyclic Sector，Cyclic Model，User Defined，弹出"User-specified Cyclic Sector Definition"对话框，在"NSECTOR"一栏填入"4"，在"ANGLE"一栏填入"90"，在"KCN"一栏填入"1"（柱坐标系），点击"OK"按钮完成设置。如图14.46所示。

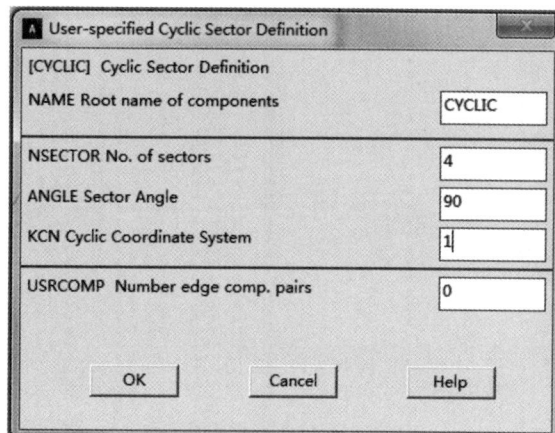

图14.46 循环对称设置

采用循环对称结构（1/4圆环，90°扇区模型）进行自由模态分析的命令流如下。

```
/clear                                          LESIZE,5,,,NBCELLS/4,,,,,1
/filename,Solid-modal-90SYMM                    LESIZE,8,,,Nthickness,,,,,1
/title,Analysis of shell element using the Solid element   LESIZE,10,,,Nthickness,,,,,1


!!!!参数定义                                      !!!体网格划分
Ro=150    !!!圆环外半径                           VSWEEP,1
Ri=125    !!!圆环内半径                           Eshape,1
thickness=25                                    CYCLIC,4,90,1,'CYCLIC',0,
P=7.85E-9  !材料密度 t/mm3
E=2.1e5   !弹性模量                               /SOLU
PR=0.3    !泊松比
NBCELLS=148  !周向份数,取4的整数倍                 ANTYPE,2
Nthickness=5  !厚度方向划分份数
NUM_M=20   !提取模态数                            MODOPT,LANP,NUM_M,0.1,0,  !关于模态分析的
                                                                         一些设定
/prep7                                          EQSLV,PCG
MP,EX,1,E                                       MXPAND,NUM_M,,,1
MP,DENS,1,P                                     SOLVE
MP,PRXY,1,PR  !定义材料参数
ET,1,SOLID185  !选单元                           !后处理命令流,显示固有频率及前4阶模态振型
CYL4,0,0,Ri,0,Ro,90,Thickness  !建立1/4圆环模型    /POST1    !进入后处理
!!!划分线段                                       SET,LIST  !列出结构固有频率
```

采用循环对称结构得到的固有频率如图14.47所示，由图可知，循环对称结构按照谐

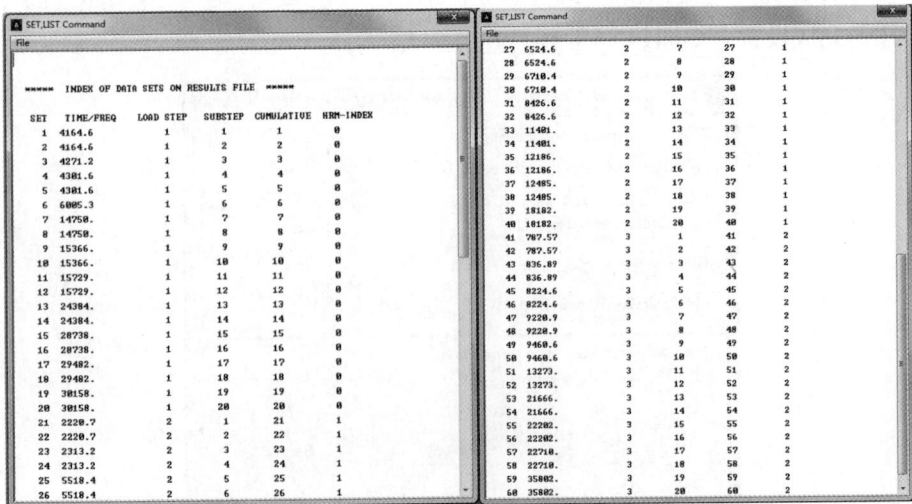

图14.47　循环对称结构的固有频率

波指数（HRM-INDEX）进行模态排序，按照从小到大的顺序进行模态排序，与整个结构模态固有频率吻合。

14.3　包含预应力的薄壁筒结构约束模态分析

本节针对一个薄壁圆柱壳结构，在同时引入约束及预应力的情况下对其进行模态分析。对于大对数结构，约束模态分析是更一般的情况，因而读者更应认真学习。此外，有预应力（对应无应力）模态分析用于计算有预应力结构的固有频率和模态，如有载结构、考虑离心力的旋转叶片等的模态分析。除了首先要通过进行静力学分析把载荷产生的应力（预应力）加到结构上外，有预应力模态分析过程和一般模态分析过程相同。

14.3.1　问题描述

在14.2.3.2第2种建模的基础上，将其改造成一个长薄壁筒结构（$L=600$ mm，$R_i=97.5$ mm，$R_o=102.5$ mm），材料参数同圆环结构，如图14.48所示，对比不同内压（0.01，0.1，1，10）MPa和外压（-0.01，-0.1，-1，-10）MPa作用下的约束模态结果，进一步对比不同模态求解方法对求解结果的影响。

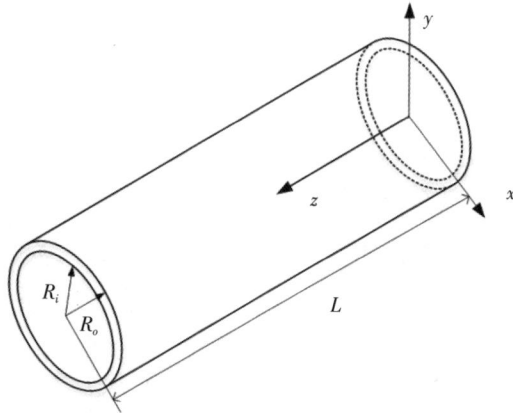

图14.48　薄壁圆筒结构示意图

14.3.2　薄壁圆筒结构约束模态分析

这里简要描述包含预应力的薄壁筒结构的约束模态分析，筒的两端采用固定约束，筒的内侧和外侧有压力作用。

（1）创建几何模型。按14.2.3面向圆环结构的第2种建模方式（曲面壳）完成这个结构的几何建模。

（2）网格划分。选用SHELL181单元对1/4圆筒进行网格划分，针对线1和线3划分25个单元，针对线4和线5划分200个单元。相关线段及划分完的有限元模型见图14.49。

（3）复制网格。依次点击Main Menu，Preprocessor，Modeling，Copy，Areas，弹出"Copy Areas"对话框后点击按钮"Pick All"，或在输入栏输入1（面号1），点击

"OK"。在随后弹出的"Copy Areas"对话框中的"Number of copies"中输入4，在"DY"中输入90。复制4次，每次旋转90°。复制完成的网格见图14.50（a）。

（4）对圆筒两端施加固定约束。可以按线的坐标选择出圆筒两端圆弧线，进而对所选择的线施加固定约束，施加完约束的有限元模型见图14.50（b）。

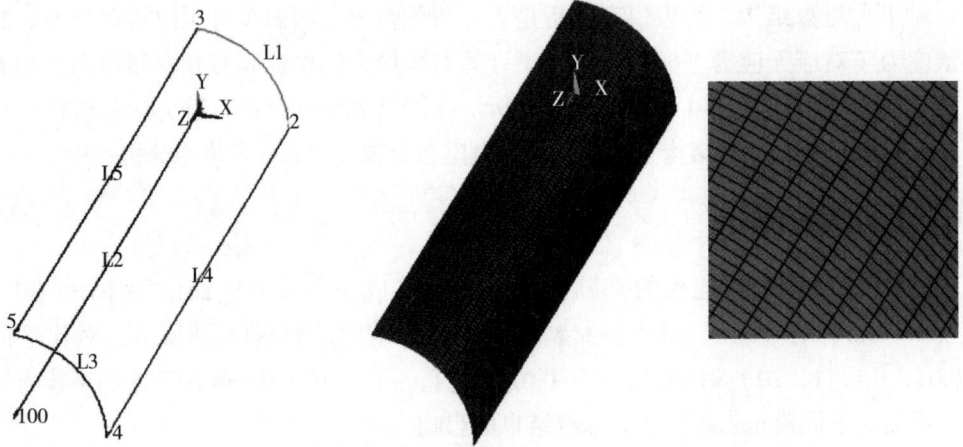

图14.49　1/4圆筒网格划分

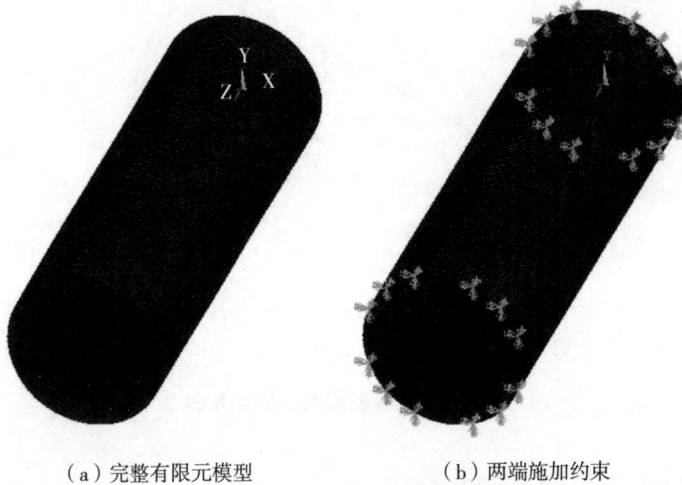

（a）完整有限元模型　　　　　　　　（b）两端施加约束

图14.50　圆筒加约束前后的有限元模型

（5）对圆筒壁施加压力。依次点击Main Menu，Solution，Define Loads，Apply，Structural，Pressure，On Areas，弹出"Apply PRES on Areas"菜单，选择"Pick All"按钮，在弹出菜单后，在"VALUE"一栏填入"Pressure"（设定好的变量，在大于0时为内部压力，在小于0时是外部压力），单击"OK"按钮，如图14.51所示。

（6）进行静力学求解。相关操作方法同第2篇静力学分析的任何实例。

（7）进行预应力模态分析。在模态求解设定上一定要选预应力选项，见图14.52。进一步求解可得到固有频率及模态振型。

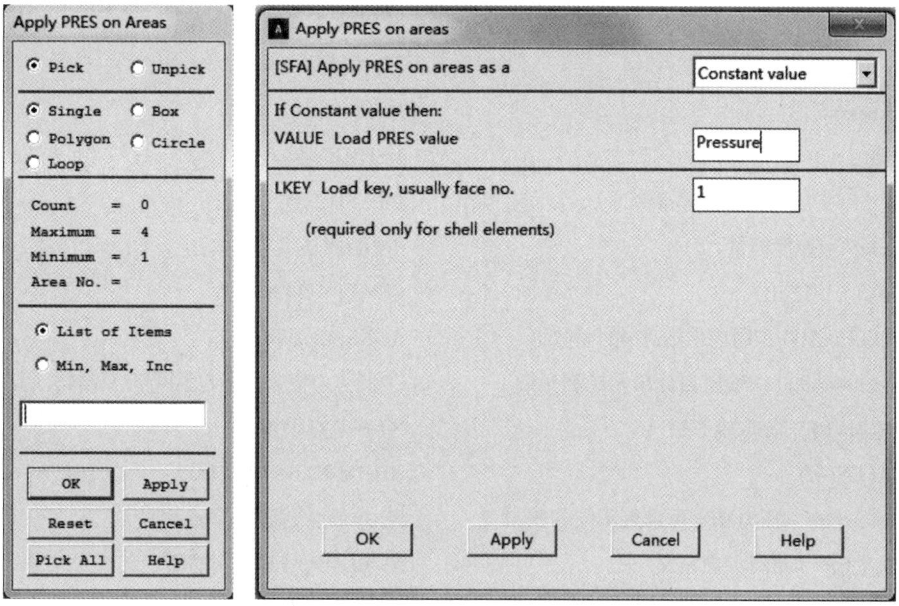

图14.51 在圆柱面上施加压力菜单

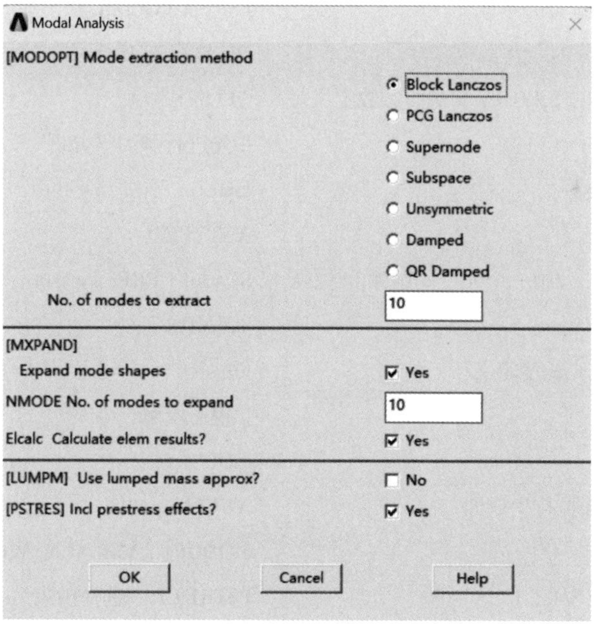

图14.52 预应力模态分析相关设定

14.3.3 不同压力的影响

考虑施加的压力载荷影响，通过预应力模态分析，分析不同压力下系统的固有频率变化规律，对应的命令流如下。

```
/clear                          /title,Modal analysis of Cylindrical shell
/filename,Cylindrical-modal      /prep7
```

```
!!!!参数定义
RR=100
thickness=5
L=600
P=7.85E-9    !材料密度 t/mm3
E=2.1e5    !弹性模量
PR=0.3    !泊松比
NBCELLS=100    !周向份数,取4的整数倍
Nthickness=200    !轴向划分单元控制变量
NUM_M=10    !提取模态数
PI=ACOS(-1)
Pressure=10    !压力MPa,可设置不同的压力
MP,EX,1,E    !材料参数定义
MP,DENS,1,P
MP,PRXY,1,PR
ET,1,SHELL181    !选择壳单元
SECT,1,SHELL,,
SECDATA,THICKNESS,1,0.0,5    !截面参数定义
SECOFFSET,MID
!!!!!!!!!!!!!!!!几何建模
K,1,0,0,0
CIRCLE,1,RR,,,90,,    !画一个90度的圆弧,圆柱壳
的边线
K,100,0,0,L    !圆柱壳长度定义
L,1,100    !对称轴
ADRAG,1,,,,,,2
!由线(1线)沿路径(2)拖拉生成面
!!!!!!!!分网
LESIZE,1,,,NBCELLS/4,,,,,1
!线1划分为NBCELLS/4份
LESIZE,3,,,NBCELLS/4,,,,,1
!线3划分为NBCELLS/4份
LESIZE,4,,,Nthickness,,,,,1
!线2划分为5份
```

```
LESIZE,5,,,Nthickness,,,,,1
!线4划分为5份
MSHAPE,0,2D
MSHKEY,1
AMESH,1
!!复制网格
CSYS,1    !柱坐标系
AGEN,4,1,,,,90,,0
!复制体为整个圆环(包括网格),复制4次,每次90
!合并节点设置
NUMMRG,NODE,,,,LOW
!合并节点,保留低节点编号
NUMCMP,ALL    !压缩所定义项的编号
!!选择两端加约束
LSEL,S,LOC,Z,0
LSEL,A,LOC,Z,L
DL,ALL,,ALL
ALLSEL,ALL
!!!先进行静力学分析
/SOLU
ANTYPE,0
SFA,all,1,PRES,Pressure    !施加压力载荷
SOLVE
Finish
!!!模态求解
/SOLU
ANTYPE,modal
MODOPT,LANB,NUM_M,0.1,0,,OFF
PSTRES,1    !选择预应力
MXPAND,NUM_M,,,1
SOLVE
Finish
/POST1    !进入后处理
SET,LIST    !列出结构固有频率
```

不同压力下前5阶固有频率（相同的固有频率认为是同一阶）如表14.4所示，由表可知，在外部压力（负值）作用下固有频率降低，在内部压力（正值）作用下固有频率增大。

表14.4 不同压力下前5阶固有频率（相同的固有频率认为是同一阶）

压力/MPa	f_{n1}/Hz	f_{n2}/Hz	f_{n3}/Hz	f_{n4}/Hz	f_{n5}/Hz
−10	829.54	840.85	1389.8	1606.5	1682.5
−1	910.17	1061.8	1536.1	1682.1	1845.1
−0.1	917.85	1081.4	1550.0	1682.1	1867.3
−0.01	918.61	1083.4	1551.4	1682.1	1869.5
0	918.69	1083.6	1551.6	1682.1	1869.8
0.01	918.78	1083.8	1551.7	1682.1	1870.0
0.1	919.54	1085.7	1553.1	1682.1	1872.2
1	927.14	1104.9	1566.8	1682.0	1894.1
10	999.91	1281.1	1681.6	1698.0	1958.0

进一步对比对应−10 MPa（外压）、0 MPa（无压力）和10 MPa（内压）下的第5阶模态振型，见图14.53。由图可知，由压力导致的附加刚度的变化，也导致振型出现了变化，即预应力会使结构的模态振型发生改变。

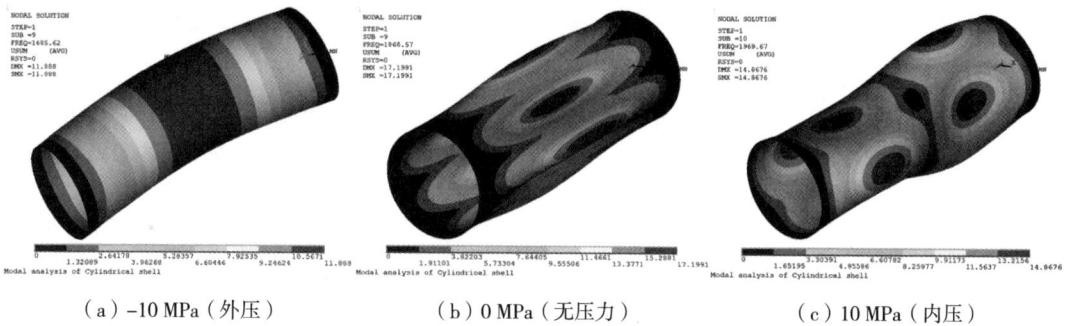

（a）−10 MPa（外压）　　　（b）0 MPa（无压力）　　　（c）10 MPa（内压）

图14.53 不同压力薄壁筒第5阶模态振型的比较

14.3.4 不同模态求解方法

ANSYS提供了多种模态求解方法，不同模态求解方法对应的命令流及适用工况描述如表14.5所示。

表14.5 不同模态求解方法对应的命令流及适用工况描述

方法	命令流	适用工况描述
分块兰索斯法	/SOLU ANTYPE,modal MODOPT,LANB,NUM_M,0.1,0,,OFF PSTRES,1 MXPAND,NUM_M,,,1 SOLVE Finish	用于大型计算规模中一部分模态的计算（一般不超过40阶），特别适合于壳单元以及壳/实体单元组合的计算模型，也适合于包含较多具有交叉形状的计算模型，计算速度较快，但需要的内存比子空间法多50%。使用QL算法的兰索斯法所需内存中等，所需硬盘空间低

表14.5（续）

方法	命令流	适用工况描述
PCG兰索斯法	/SOLU ANTYPE,2 MODOPT,LANP,NUM_M,0.1,0, PSTRES,1 EQSLV,PCG MXPAND,NUM_M,,,1 SOLVE Finish	用于超大型计算规模（＞5万自由度）的其中一部分模态的计算（可达100阶），特别适用于具有较好单元形状的实体单元模型的低阶模态计算（即适合于PCG迭代方法计算的静力和瞬态分析的模型）。使用PCG算法的兰索斯法所需内存中等，所需硬盘空间低
Supernode法	/SOLU ANTYPE,2 MODOPT,SNODE,10,0,3000,,OFF PSTRES,1 MXPAND,NUM_M,,,1 SOLVE Finish	对于2D平面或3D壳/梁模型，提取模态阶数应大于100，对于3D实体单元，提取模态阶数应大于250，以提高计算效率
子空间法	/SOLU ANTYPE,2 MODOPT,SUBSP,10,0,3000,,OFF PSTRES,1 MXPAND,NUM_M,,,1 SOLVE Finish	用于大型计算规模的其中一部分模态的计算（一般不超过40阶），一般用于具有较好单元形状的实体单元或壳单元模型，特别在计算机的内存空间有一定限制时，该方法的优势明显。使用雅克比算法的子空间方法所需内存低，所需硬盘空间大
非对称法	本例为对称矩阵,此方法不能使用	非对称法适用于刚度和阻尼矩阵为非对称的问题，此法采用兰索斯法，如果系统是非保守的（如轴安装在轴承上），这种算法将解得复数特征值和特征向量。特征值实部表示固有频率，虚部是稳定性的度量，此方法不进行Sturm序列检查，因此可能遗漏一些高频模态
阻尼法	ANTYPE,2 MODOPT,DAMP,10,0,3000,,OFF PSTRES,1 MXPAND,NUM_M,,,1 SOLVE Finish	阻尼法适用于阻尼不能被忽略的问题，如转子动力学研究。该法使用完整的质量、刚度和阻尼矩阵，阻尼法采用兰索斯法并计算得到复数特征值和特征向量，此法不进行Sturm序列检查，因此可能遗漏一些高频模态
QR阻尼法	ANTYPE,2 MODOPT,QRDAMP,10,0,3000,0,OFF PSTRES,1 MXPAND,NUM_M,,,1 SOLVE Finish	QR阻尼法能够很好地求解大阻尼系统模态解，阻尼可以是任意类型，即无论是比例阻尼，还是非比例阻尼。由于该方法的计算精度取决于提取的模态数目，所以建议提取足够多的基频模态，特别是阻尼较大的系统更应当如此，这样才能保证得到好的计算结果。该方法不建议用于提取临界阻尼或过阻尼系统的模态。该方法输出实部和虚部特征值（频率）但智能输出实特征向量（模态振型）

对于包含预应力的两端固定的薄壁筒，不同模态求解方法得到的固有频率对比，如图14.54所示。由图可知，6种方法均可以求解系统的固有频率，在计算过程中需要兼顾效率和精度，合理选择模态求解方法。

(a) 分块兰索斯法

***** INDEX OF DATA SETS ON RESULTS FILE *****

SET	TIME/FREQ	LOAD STEP	SUBSTEP	CUMULATIVE
1	999.91	1	1	1
2	999.91	1	2	2
3	1281.1	1	3	3
4	1281.1	1	4	4
5	1681.6	1	5	5
6	1681.6	1	6	6
7	1698.0	1	7	7
8	1698.0	1	8	8
9	1958.0	1	9	9
10	1958.0	1	10	10

(b) PCG 兰索斯法

***** INDEX OF DATA SETS ON RESULTS FILE *****

SET	TIME/FREQ	LOAD STEP	SUBSTEP	CUMULATIVE
1	999.91	1	1	1
2	999.91	1	2	2
3	1281.1	1	3	3
4	1281.1	1	4	4
5	1681.6	1	5	5
6	1681.6	1	6	6
7	1698.0	1	7	7
8	1698.0	1	8	8
9	1958.0	1	9	9
10	1958.0	1	10	10

(c) Supernode 法

***** INDEX OF DATA SETS ON RESULTS FILE *****

SET	TIME/FREQ	LOAD STEP	SUBSTEP	CUMULATIVE
1	1005.5	1	1	1
2	1005.8	1	2	2
3	1290.7	1	3	3
4	1291.3	1	4	4
5	1709.2	1	5	5
6	1709.7	1	6	6
7	1720.8	1	7	7
8	1723.7	1	8	8
9	1993.0	1	9	9
10	2000.3	1	10	10

(d) 子空间法

***** INDEX OF DATA SETS ON RESULTS FILE *****

SET	TIME/FREQ	LOAD STEP	SUBSTEP	CUMULATIVE
1	999.91	1	1	1
2	999.91	1	2	2
3	1281.1	1	3	3
4	1281.1	1	4	4
5	1681.6	1	5	5
6	1681.6	1	6	6
7	1698.0	1	7	7
8	1698.0	1	8	8
9	1958.0	1	9	9
10	1958.0	1	10	10

(e) 阻尼法

***** INDEX OF DATA SETS ON RESULTS FILE *****

SET	TIME/FREQ	LOAD STEP	SUBSTEP	CUMULATIVE
1	0.0000	1	1	1
2	999.91	1	1	1
3	0.0000	1	2	2
4	-999.91	1	2	2
5	0.0000	1	3	3
6	999.91	1	3	3
7	0.0000	1	4	4
8	-999.91	1	4	4
9	0.0000	1	5	5
10	1281.1	1	5	5
11	0.0000	1	6	6
12	-1281.1	1	6	6
13	0.0000	1	7	7
14	1281.5	1	7	7
15	0.0000	1	8	8
16	-1281.5	1	8	8
17	0.0000	1	9	9
18	1681.6	1	9	9
19	0.0000	1	10	10
20	-1681.6	1	10	10

(f) QR 阻尼法

***** INDEX OF DATA SETS ON RESULTS FILE *****

SET	TIME/FREQ(Damped)		TIME/FREQ(Undamped)	LOAD STEP	SUBSTEP	CUMULATIVE
1	0.0000	j	999.91	1	1	1
2	0.0000	j	999.91	1	2	2
3	0.0000	j	1281.1	1	3	3
4	0.0000	j	1281.1	1	4	4
5	0.0000	j	1681.6	1	5	5
6	0.0000	j	1681.6	1	6	6
7	0.0000	j	1698.0	1	7	7
8	0.0000	j	1698.0	1	8	8
9	0.0000	j	1958.0	1	9	9
10	0.0000	j	1958.0	1	10	10

图14.54　不同模态求解方法得到的固有频率对比

14.4　本章小结

本章主要对圆环结构和薄壁壳结构进行了自由模态和约束模态分析，侧重于不同建模方法对比，如梁单元、壳单元和实体单元。此外，为了高效建模也可以利用对称性，如采用对称边界和循环对称提升计算效率。同时，通过薄壁结构，对比了预应力对模态的影响，分析了不同压力以及模态求解方法对结果的影响。读者需着重学习或理解以下内容。

（1）模态分析的基本流程包含选择模态分析、模态分析设置以及后处理列表显示固有频率及用云图显示模态振型的方法。

（2）一个具体结构可以采用多种几何建模方式及选用不同单元来对其进行模态分析（或其他分析），例如本章的圆环结构，因而在实际求解时应充分分析，兼顾计算效率及精度，选择最佳的求解方法。

（3）预应力会对结构的刚度产生影响，尤其是较大级别的预应力，预应力会改变结构的固有频率及模态振型，因而对于包含预应力的结构应执行预应力模态分析。

习题

（1）基于实体单元，以圆环为例，用4种算法求解其固有频率，并将结果进行比较；基于分块兰索斯法，给出圆环的前4阶模态应力，并与原有模态振型进行比较。要求：写清分析流程及最终结果。

（2）如习题图所示的截锥壳（上下均为圆环截面），上面的名义直径为560 mm，下面的名义直径为880 mm，壳的厚度为4 mm。材料参数：杨氏模量为2.1×10^5 MPa，泊松比为0.3，密度为7850 kg/m^3。边界条件有以下3种情况：①自由状态；②仅下面圆环全约束；③上下面圆环面全约束。试采用壳单元，对上述三种边界条件结构进行固有特性求解。要求：写出具体步骤及结果。

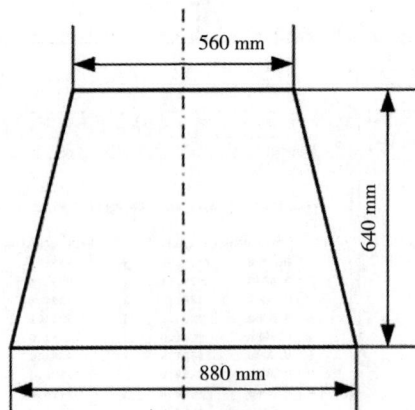

习题图

第15章 谐响应分析实例

本章简要描述了在ANSYS中进行谐响应分析的操作流程，进一步分别以悬臂梁及悬臂板结构为例，分别采用GUI及APDL命令流完成了谐响应分析。读者需着重学习采用完全法及模态叠加法对结构进行谐响应分析的流程。

15.1 谐响应分析基本流程

谐响应分析用来确定线性结构在承受随时间变化的谐振载荷激励时的稳态响应，其目的是计算结构在几种频率下的响应，并得到幅频响应曲线。谐响应分析目前主要采用完全法和模态叠加法进行求解。

15.1.1 基于完全法的谐响应分析

完全法是采用完整的系统矩阵计算结构的响应，具有精度高、操作简单的特点。基于完全法的谐响应分析由4个主要步骤组成：建模、求解方法设定、施加约束及载荷和输出结果。

（1）建模。建模与其他分析基本相同，需要注意的是，只有线性行为有效，如果有非线性单元，将按照线性单元处理，如果包含接触单元，则它们的刚度取初值状态值并在计算过程中不再发生变化。

（2）求解方法设定。该过程主要包括定义分析类型、求解方法、子步及其他选项，然后求解。

① 定义分析类型。依次点击Main Menu，Solution，Analysis Type，New Analysis，在弹出的"New Analysis"对话框中选择"Harmonic"（图15.1），单击"OK"按钮。

② 定义求解方法。依次点击Main Menu，Solution，Analysis Type，Analysis Options，弹出"Harmonic Analysis"对话框（图15.2）。在"[HROPT]"处选择求解方法，如完全法、模态叠加法等；在"[HROUT]"处定义谐响应分析的输出选项，如实部和虚部、幅值

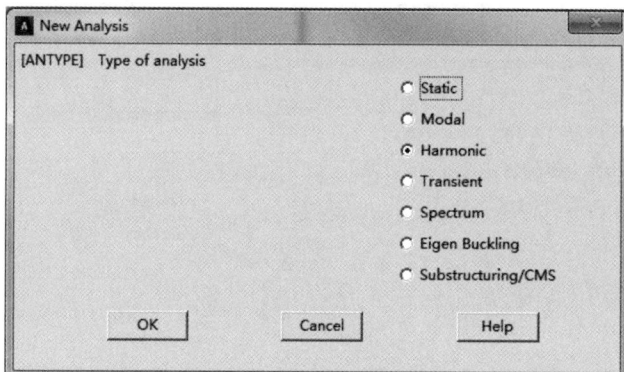

图15.1 分析类型选择对话框

和相位；在"[LUMPM]"处选择使用集中质量矩阵或一致质量矩阵。

在弹出的"Full Harmonic Analysis"对话框中的[EQSLV]处选择求解器（图15.3），如"Jacobi Conj Grad"求解器，同时可设定误差。

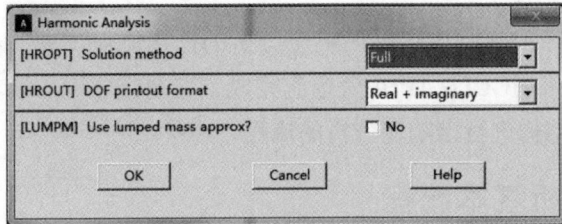

图15.2　谐响应分析选项对话框

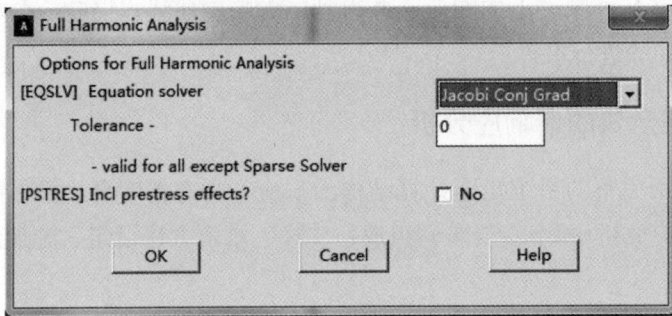

图15.3　完全法求解器设置对话框

③ 定义子步。依次点击Main Menu，Solution，Load Step Opts，Time/Frequency，Freq and Substeps，弹出"Harmonic Frequency and Substep Options"对话框（图15.4），在[HARFRQ]处确定关注的频率范围，在"[NSUBST]"处确定子步数（解的个数），在"[KBC]"处定义载荷方式，即阶跃加载或渐变加载，缺省为渐变加载，即载荷随子步增加而逐渐增加到最大幅值。若为阶跃载荷，则载荷在频率范围内所有子步中都保持相同的幅值。由于谐响应分析中的频点以（FREQE-FREQB）/NSUBST为增量确定，所以载荷幅值宜在所有子步中保持不变，即应采用阶跃载荷，否则因载荷幅值在频率范围内渐变，所求得频率范围内的振幅就不能直接比较。阶跃及渐变加载两者在幅值方面差别还

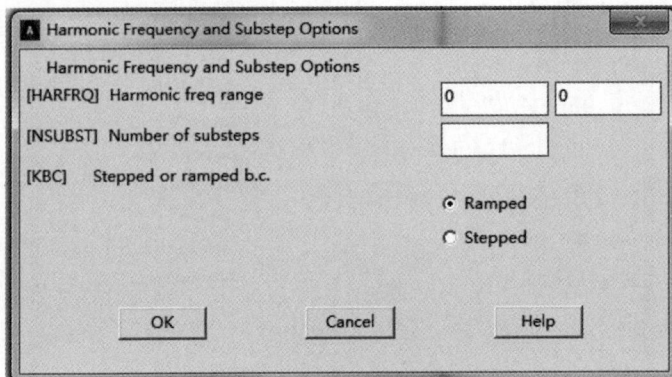

图15.4　求解频率范围及子步数设置

是很大的，因而读者应按需要选择。

④ 定义阻尼。依次点击Main Menu，Solution，Load Step Opts，Time/Frequency，Damping，弹出"Damping Specifications"对话框（图15.5），在"[ALPHAD]"和"[BETAD]"处填入瑞利阻尼系数，在"[DMPSTR]"处填入结构阻尼系数。需要指出的是，瑞利阻尼系数是和频率相关的阻尼系数，而结构阻尼系数均为恒定值的阻尼比。

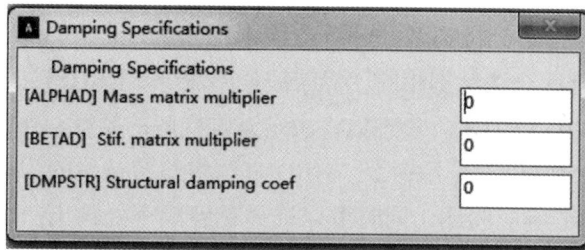

图15.5 阻尼设置

（3）施加约束及载荷。ANSYS谐响应分析中可以施加约束、集中力、面载荷、体载荷及惯性载荷。除惯性载荷外，可在几何模型或有限元模型上定义载荷。施加的所有载荷随时间按简谐规律变化（包括热载荷和重力载荷），一个完整的简谐载荷需要输入幅度、相位角和激励频率范围三种信息。如果要计算其他载荷和频率范围（另外的载荷步）的结果，可重复以上过程。如果希望进行时间历程处理（/POST26），载荷步之间的频率范围不能存在重叠，否则频域曲线会出现异常。多载荷步的求解也可采用载荷步文件方法。

（4）输出结果。谐响应分析的结果被保存到结果文件中，该文件包含的所有数据在解对应的激励频率处按照简谐规律变化，但复数结果时的USUM、主应力或主应变等则不然。如果结构中定义了阻尼，结构响应与激励载荷之间不同相，所有结果将以复数形式，即实部和虚部进行存储。如果施加的载荷之间不同相（存在初始相位差），同样会产生复数结果。

后处理一般顺序：先用"/POST26"找到临界激励频率，即在模型中所关注点处产生最大位移（或应力）时的频率，然后用"/POST1"在这些临界激励频率处观察整个模型的响应，即"/POST26"用于观察模型中指定点在整个频率范围内的结果，而"/POST1"用于观察整个模型在指定频率点的结果。

15.1.2 基于模态叠加法的谐响应分析

用模态叠加法求解谐响应效率极高，但其操作相对烦琐，在求解前需要计算结构的模态。利用模态叠加法进行谐响应分析的过程主要包括建模、模态求解、获取模态叠加法谐响应分析解、扩展模态叠加解、输出扩展结果。

（1）建模。与15.1.1完全法部分相关描述及要求一致。

（2）模态求解。模态分析的方法详见第14章，对于模态叠加法需要注意以下几点：①模态提取方法应采用分块兰索斯法、PCG兰索斯法、QRDAMP法等，不能采用其他方法如非对称法和DAMP法；②确保提取所有对谐响应有贡献的模态，即模态数目要足够；③在模态分析与谐响应分析过程之间，不能改变模型数据（如节点旋转等）。

（3）获取模态叠加法谐响应分析解。根据模态分析所得到的振型来计算谐响应。振型文件（Obname.MODE）必须存在且有效，在数据库中必须包含与模态分析相同的模型。如果使用Supernode法或分块兰索斯法按照缺省质量矩阵（不是集中质量矩阵）计算得到模态解，完成矩阵文件（Jobname.FULL）也必须存在且有效。基本步骤如下。

① 进入求解层。指定分析类型及分析选项（Main Menu, Solution, Analysis Type, Analysis Options），与完全法基本相同，但需注意用命令"HROPT"选择模态叠加法并指定求解的模态数，如图15.6所示。模态数将决定谐响应解的精度。通常，模态数应当覆盖简谐载荷频率范围的50%以上。用命令"HROUT"将解按结构的固有频率进行聚集，以得到更光滑、更精确的响应曲线，同时可以选择在各频率处输出一个包含了各阶模态对总响应贡献的列表。

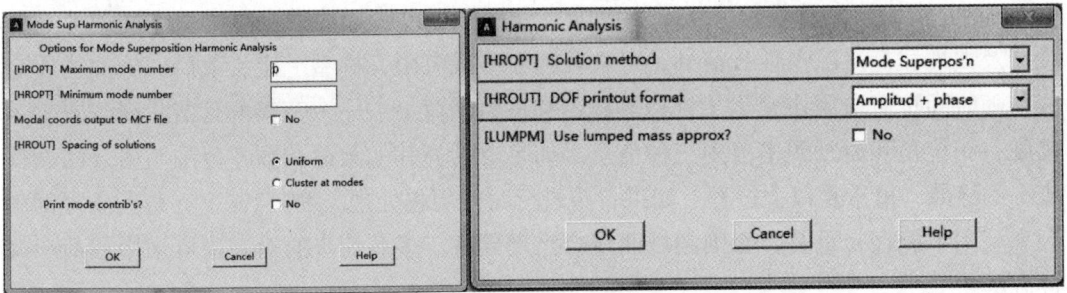

图15.6　模态叠加法设置

② 在模型上施加载荷。与完全法类似，但只可施加力、加速度和模态分析中生成的载荷向量，可用命令"LVSCALE"来施加在模态分析中生成的载荷向量。模态分析中生成的载荷向量比例缩放时，也包含了力和加速度，为了避免重复，需要删除模态分析时施加的所有载荷。

③ 载荷步选项。与完全法类似，当应注意对非"聚集选项"，子步数NSUBST可任意设定，设定的子步均匀分布在激励频段FREQB~FREQE之内。对于"聚集"选项，NSUBST指分布在固有频率两侧解的数目，缺省时计算4个解，但可指定2~20个解，超出范围的按10个计算，低于范围的按4个计算。在阻尼选项中，除可以定义模态阻尼（命令"MDAMP"）外，其余阻尼与完全法相同。

④ 输出控制。缺省时，采用分块兰索斯法、PCG兰索斯法或Supernode法的模态分析，模态坐标被写入".RFRQ"文件且无输出控制选项。若明确要求不写入单元结果到".MODE"文件（命令"MXPAND,,,,,,No"），而节点位移还是被写入".RFRQ"文件，对于这种情况，可采用命令"OUTRES, NSOL"限制位移数据写入".RFRQ"文件，扩展过程将只处理那些写入".RFRQ"文件的单元及其他的节点上的结果。为了使用该选项，首先执行命令"OUTRES, NSOL, NODE"，以静止写入所有项，然后执行命令

"OUTRES，NSOL，ALL"，定义写入感兴趣的项。重复执行命令"OUTTRES"，处理其他希望写入".RFRQ"文件的节点项。

⑤求解。或重复执行②~⑤获得其他载荷步的解。

（4）扩展模态叠加解。不管采用何种模态提取法，模态叠加法谐响应分析的解都被保存到文件".RFRQ"中，因为如果对应力结果感兴趣，就需要对解进行扩展。

（5）输出扩展结果。用/POST26或/POST1观察这些结果。

15.2　悬臂梁结构谐响应分析实例

本部分以一个悬臂梁为例，分别采用完全法及模态叠加法进行谐响应分析，读者应进一步通过实例掌握谐响应分析的过程，理解谐响应分析的用途。

15.2.1　问题描述

如图15.7所示，一个悬臂梁（左端固定），长度为0.5 m，半径R为0.02 m。采用BEAM188单元来模拟悬臂梁，材料参数：弹性模量为200 GPa，泊松比为0.3，密度为7850 kg/m^3，结构阻尼比为0.01。载荷及边界条件为：①在自由端施加一个向下的简谐激励，其中幅值为100 N，初始相位角为0°；②在自由端施加一个简谐扭矩激励，其中幅值为200 N·m，初始相位角为0°。注：结构同时受两种载荷作用。试采用完全法及模态叠加法对该结构进行谐响应分析。

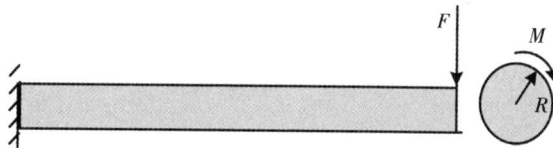

图15.7　同时受集中力及扭矩简谐激励的悬臂梁结构

15.2.2　基于完全法的求解过程

以下描述是基于完全法对上述悬臂梁进行谐响应分析的主要步骤。

（1）选择单元。依次在点击Main Menu，Preprocessor，Element Type，Add/Edit/Delete，在弹出的对话框（图15.8）中选择"Beam 2""node 188"，该单元为BEAM188单元，共有2个节点，每个节点有6个自由度。

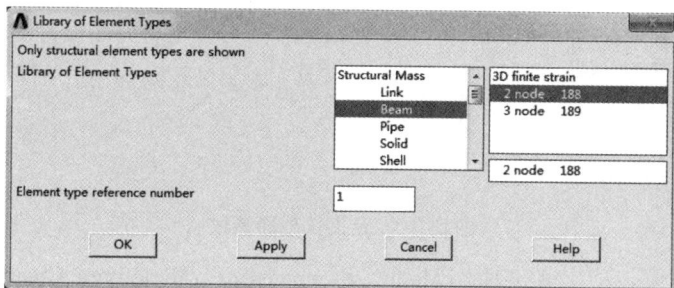

图15.8　单元选择

（2）定义材料参数。依次点击Main Menu，Preprocessor，Material Props，Material Models，在弹出的对话框中输入杨氏模量、泊松比及密度等材料参数。如图15.9所示。

（3）定义梁截面参数。依次点击Main Menu，Preprocessor，Sections，Beam，Common Sections，弹出定义梁截面对话框，按已知条件输入圆形截面梁的数据，见图15.10。

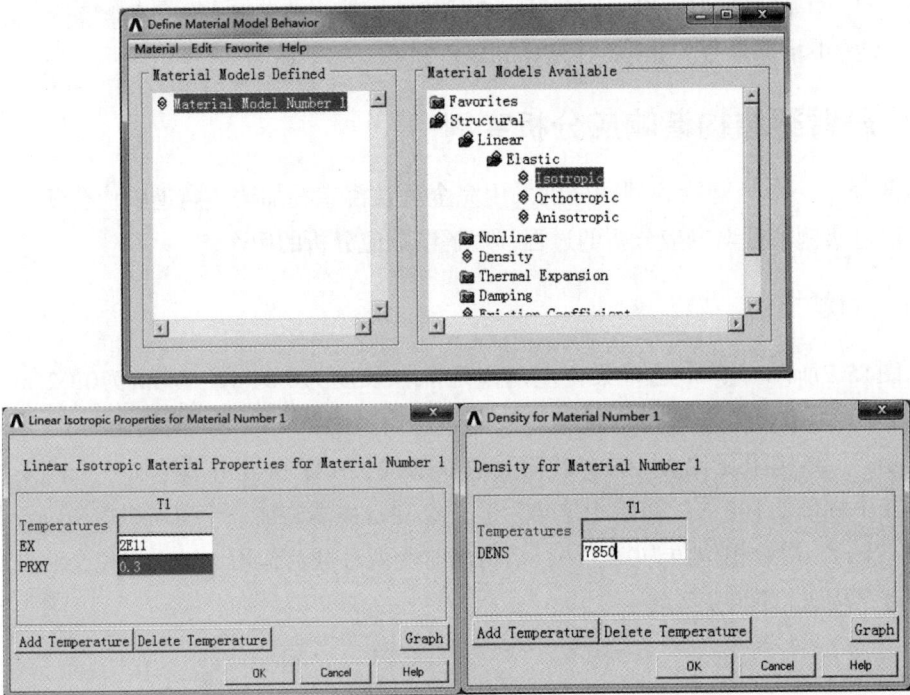

图15.9　材料参数输入

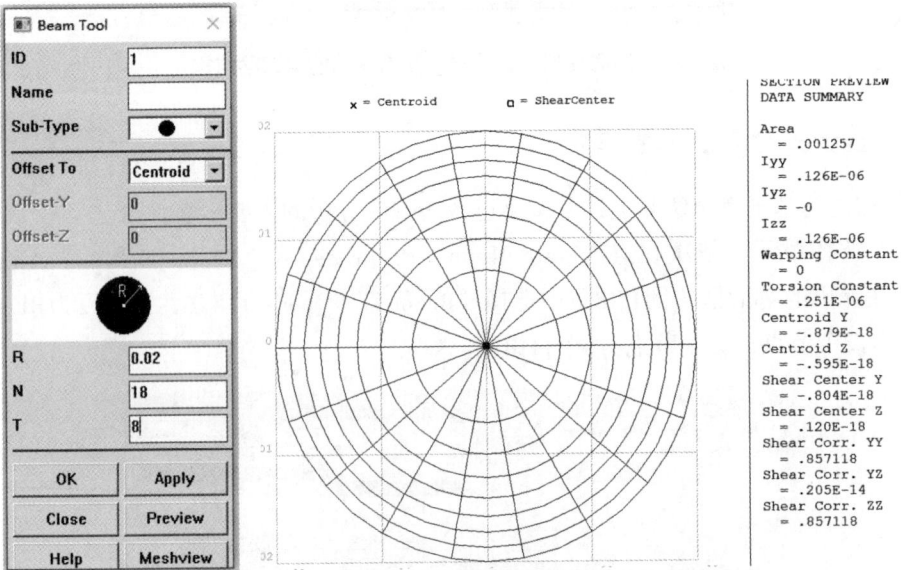

图15.10　定义梁截面参数

（4）几何建模。依次点击Main Menu，Preprocessor，Modeling，Create，Keypoints，In Active CS，弹出"Create Keypoints in Active Coordinate System"对话框，如图15.11所示。

建立关键点1，坐标X，Y，Z依次输入（0，0，0）；关键点2，坐标X，Y，Z依次输入（0.5，0，0）。进一步，依次点击Main Menu，Preprocessor，Modeling，Create，Lines，Straight Line，在弹出的"Create Straight Line"对话框中选择建立的两个关键点，生成直线，结果见图15.11。

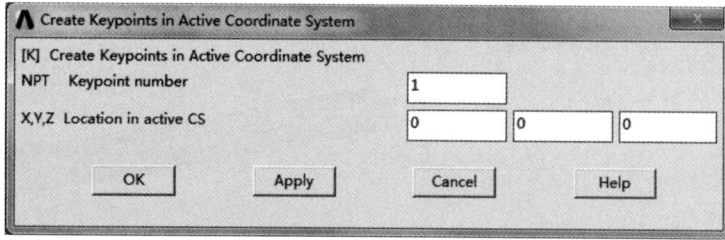

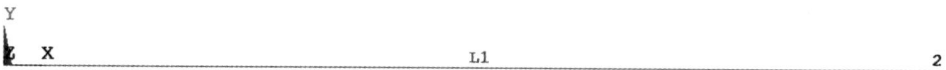

图15.11　创建关键点及最终生成的几何模型

（5）生成网格。启动分网工具对话框"Mesh Tool"，设置单元尺寸为0.01，点击"Mesh"，选择"Pick All"，生成网格。依次点击实用菜单PlotCtrls，Style，Size and Shape，在弹出的"Size and Shape"对话框中点击"[/ESHAPE]"，选择"On"，显示完整模型。相关对话框及生成的有限元模型见图15.12。

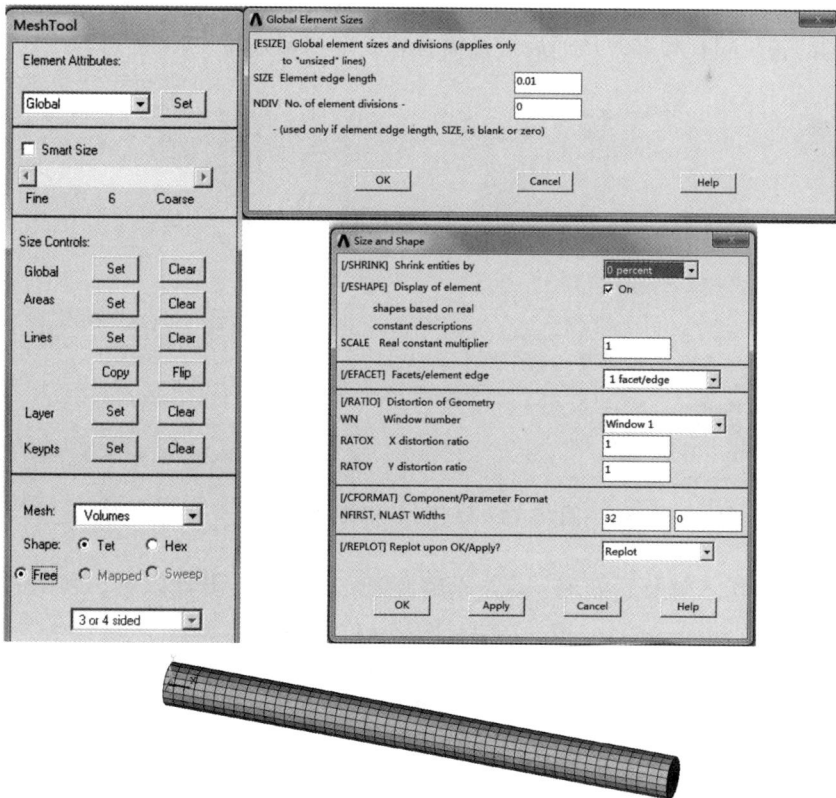

图15.12　分网及最终的有限元模型

（6）加约束。依次点击Main Menu，Solution，Define Loads，Apply，Structural，On Nodes，选择最左端节点，约束其全部自由度，则形成悬臂梁。相关对话框及加约束的有限元模型见图15.13。

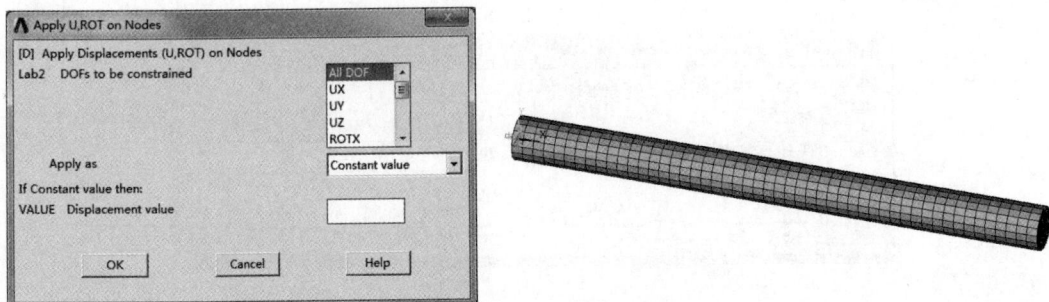

图15.13　加约束及加约束后的有限元模型

（7）模态分析设置。依次点击Main Menu，Solution，Analysis Type，点击"New Analysis"，弹出"New Analysis"菜单，选择"Modal"模块。选择"Modal Analysis"菜单，选择"Mode extraction method"中的"Block Lanczos"，选择模态提取阶数为6阶；是否扩展模态，选择"Yes"；模态扩展阶数为6阶；选择指定感兴趣的模态频率范围，起始频率选择0.1 Hz，排除刚体模态（固有频率为0）。相关对话框见图15.14。需要说明的是，用完全法执行谐响应分析实际并不需要进行此模态分析，这里执行模态分析的目的是了解结构的各阶固有频率，从而后续按需合理设定扫频区间。

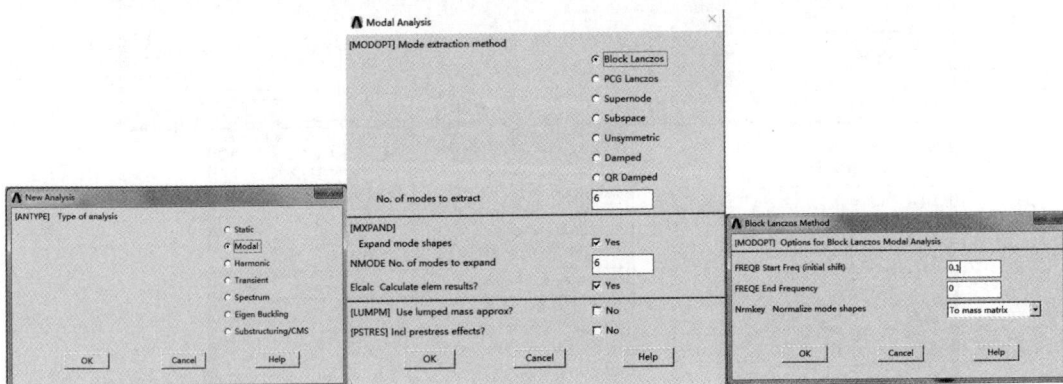

图15.14　模态分析相关对话框

（8）模态分析求解及后处理。点击求解按钮"Solve"，开始求解。利用通用后处理器，选择"Results Summary"，相关结果见图15.15。

（9）进行谐响应分析的相关设置。为了对悬臂梁采用完全法进行谐响应分析，需要依次完成以下子步骤。

① 选择分析类型。依次点击Main Menu，Solution，Analysis Type，New Analysis，选择"Harmonic"，见图15.16。

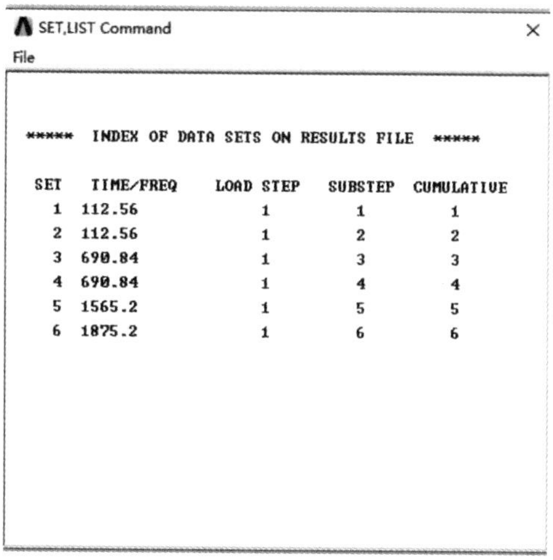

SET	TIME/FREQ	LOAD STEP	SUBSTEP	CUMULATIVE
1	112.56	1	1	1
2	112.56	1	2	2
3	690.84	1	3	3
4	690.84	1	4	4
5	1565.2	1	5	5
6	1875.2	1	6	6

图15.15　模态分析获得的悬臂梁固有频率

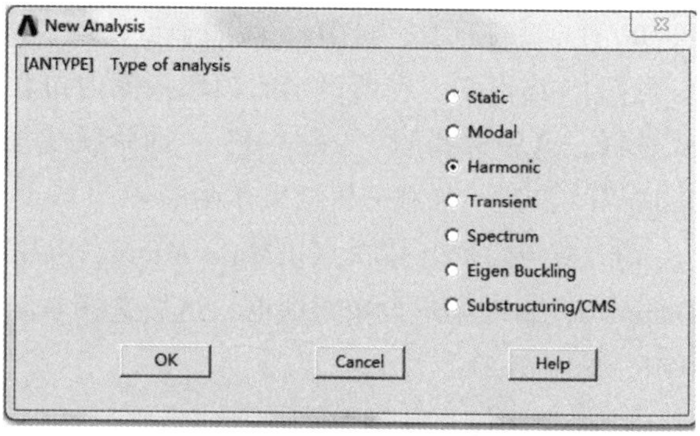

图15.16　选择分析类型为谐响应

② 选择求解方法。依次点击Main Menu，Solution，Analysis Type，Analysis Options，在“Solution method”处选择完全法（Full），在“DOF printout format”处选择“Amplitud+phase”，见图15.17。

③ 选择方程具体求解方法。在上一步点击“OK”后会自动弹出完全法中方程求解对话框，见图15.18，这里缺省即可。

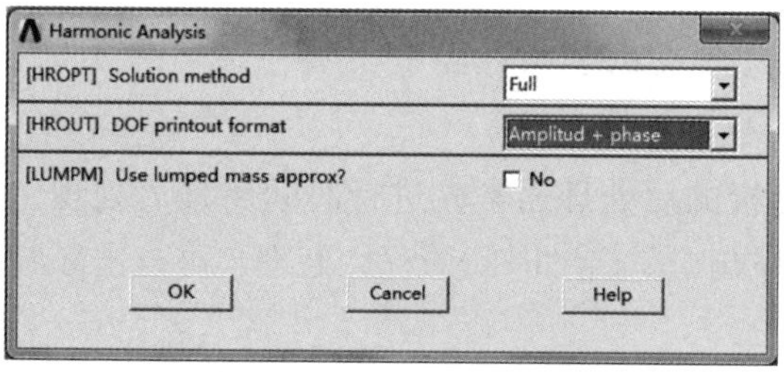

图15.17　选择求解方法设置

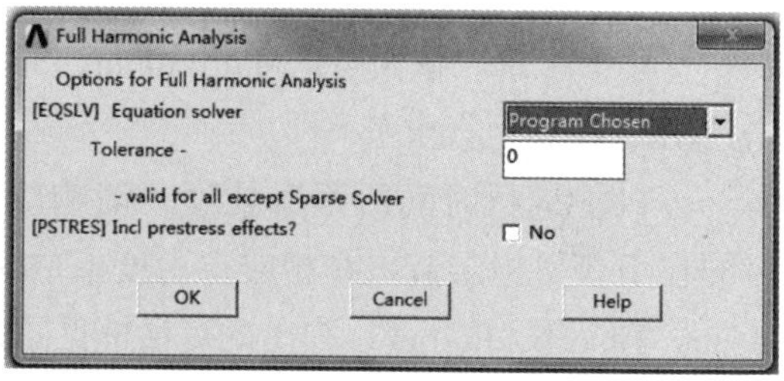

图15.18　方程求解方法设置

④ 施加载荷。这里加的是激励载荷的幅值，依次点击Main Menu，Solution，Define loads，Apply，Structural，Force/Moment，On Nodes，选择节点2（处于自由端），依次进行施加力及力矩。相关载荷施加对话框见图15.19。

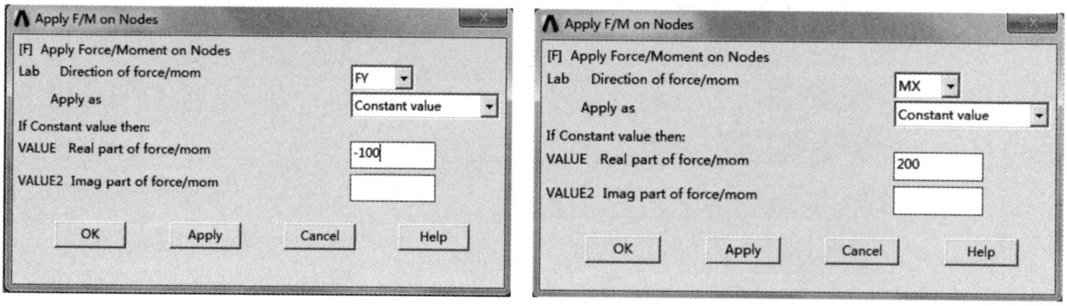

（a）施加集中力　　（b）施加力矩

图15.19　载荷施加

⑤ 设定扫频范围及子步。依次点击Main Menu，Solution，Load step opts，Time/Frequency，Freq and Substeps，在弹出的对话框中的"Harmonic freq range"处输入"0"和"500"，在"Number of substeps"处输入"500"（图15.20），以上含义为扫频范围为0~500 Hz，扫频步长为1 Hz。假如子步数越多，例如输入1000，则扫频步长变为0.5 Hz。参见图15.15可知，在所设定的频率范围内包含第1阶固有频率。此外，还需注意加载方式选择，这里选择的"Stepped"，即阶跃式加载。后续有实例说明Stepped（阶跃）与Ramped（渐进）加载分析结果存在差异。

⑥ 指定阻尼。依次点击Main Menu，Solution，Load step opts，Time/Frequency，Damping，出现阻尼设定对话框，这里选择常阻尼，将"Structural damping coef"设定为0.01，见图15.21。

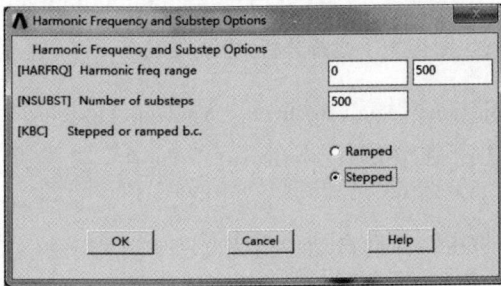

图15.20　扫频范围及子步数设定

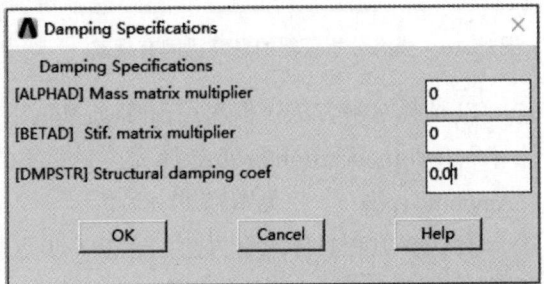

图15.21　阻尼设定

（10）求解。依次点击Main Menu，Solution，Solve，Current LS，弹出求解窗口，点击"OK"按钮执行求解。

（11）进行时间历程后处理。谐响应分析的后处理通常先进行时间历程后处理，目的在于获得指定节点在相应自由度上的频域响应。启动时间历程后处理，可点击Main Menu，TimeHist Postpro，弹出的对话框见图15.22。

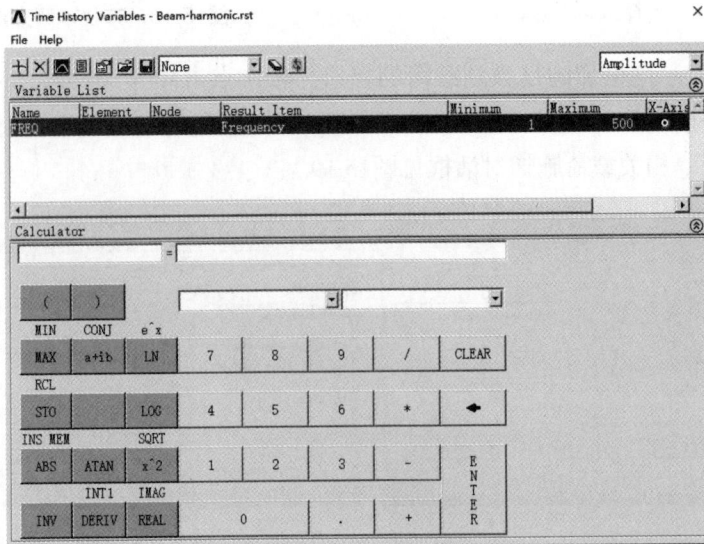

图15.22　时间历程后处理

① 选择节点增加数据。在时间历程后处理操作界面上点击"Add data"按钮 ，出现"Add Time-History Variable"对话框，选择y向的振动，点击"OK"按钮后，弹出选择节点对话框，选择节点37。相关对话框见图15.23。

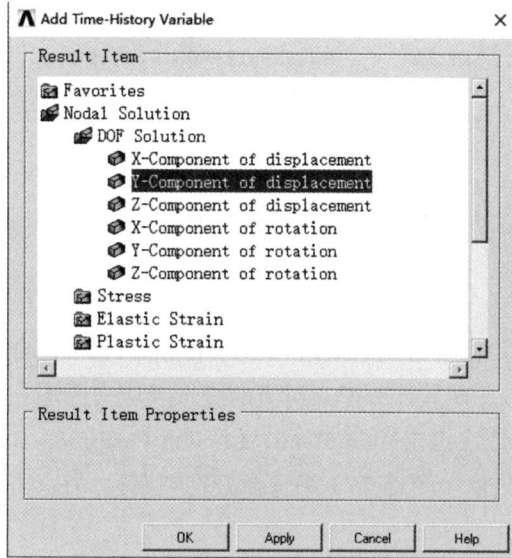

图15.23　添加时间历程后处理数据

② 绘制谐响应曲线。在时间历程后处理操作界面上点击 ，绘制出横轴是频率，纵轴是响应幅度的谐响应曲线，见图15.24。

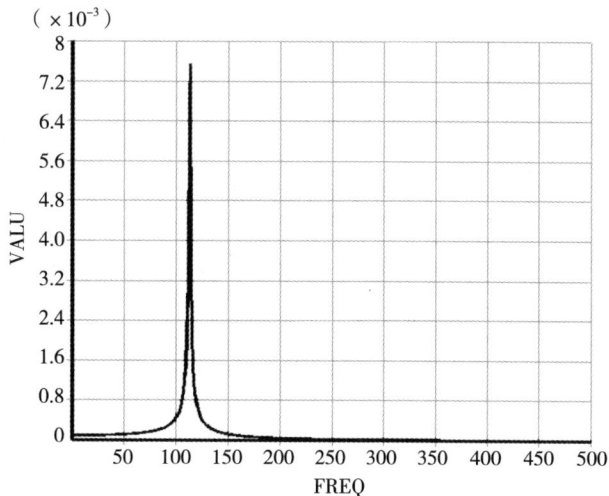

图15.24　谐响应分析结果曲线

③ 显示各频率点数据。在时间历程后处理操作界面上点击 ，可出现对应图15.24的数据，从中可找出响应幅度最大时对应的激振频率，相关结果见图15.25。从中可以看出，113 Hz是第1阶共振频率点，其与图15.15中的1阶固有频率大致一致。

PRVAR	Command	
105.00	0.154149E-003	179.558
106.00	0.178561E-003	179.493
107.00	0.211742E-003	179.405
108.00	0.259454E-003	179.278
109.00	0.333931E-003	179.079
110.00	0.466484E-003	178.726
111.00	0.768435E-003	177.922
112.00	0.213519E-002	174.273
113.00	0.275136E-002	7.31790
114.00	0.847387E-003	2.22707

图15.25　谐响应数据

（12）通用后处理。利用通用后处理可显示各频率点对应的悬臂梁的变形及应力云图。这里显示对应113 Hz，即共振频率点对应的变形及应力云图。

① 首先读取数据。依次点击Main Menu，General Postproc，Read Results，by Time or Frequency，在弹出的对话框（图15.26）中选择激励频率113 Hz。

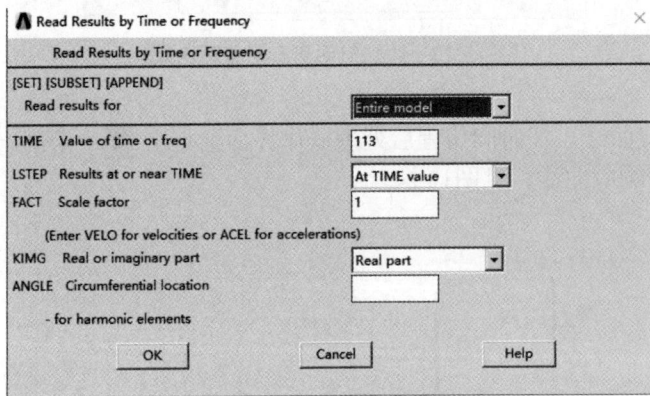

图15.26　选择频率点

② 显示变形及应力云图。此处操作与静力学分析一致，不再描述。相关结果见图15.27。

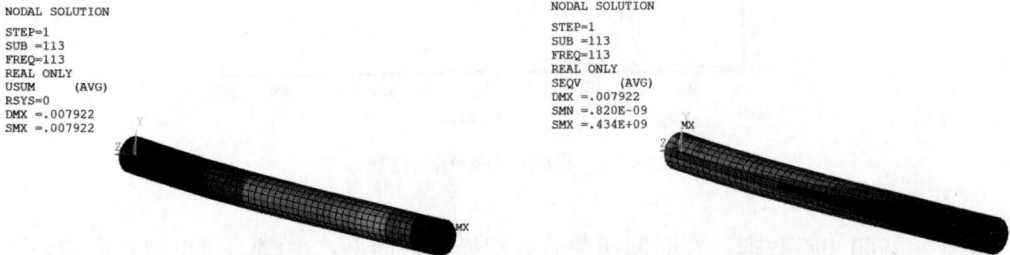

（a）变形云图　　　　　　　　　（b）应力云图

图15.27　对应共振频率点的变形及应力云图

值得注意的是，上述对应共振频率的变形及应力云图，与上一章的模态振型不是一个概念，上一章模态振型显示的幅值是一个比值，没有具有物理含义，而这里对应的幅值是有物理含义的，其表示了真实结构在指定载荷和在特定的阻尼条件下结构真实的响应结果。

以上完成了基于GUI利用完全法对悬臂梁结构进行谐响应分析的过程。相关的命令流如下。

```
/clear
!定义分析文件名
/FILNAME,Beam-harmonic,0
/TITLE,Harmonic response analysis for beam
/NOPR
KEYW,PR_SET,1
KEYW,PR_STRUC,1
/PREP7
!定义几何参数
L=0.5  !梁长度,m制单位
R=0.02   !截面半径
ET,1,Beam188  !定义梁单元
MP,EX,1,2E11  !定义弹性模量
MP,PRXY,1,0.3  !定义弹性模量
MP,DENS,1,7850  !定义弹性模量
SECTYPE,1,Beam,Csolid,,0  !定义梁截面
SECDATA,R,18,8,0,0,0,0,0,0,0,0,0

K,1,0,0,0  !创建关键点、线,完成几何建模
K,2,L,0,0
L,1,2
ESIZE,0.01  !分网
LMESH,1
NSEL,S,LOC,X,0
D,ALL,ALL  !约束
```

```
ALLSEL,ALL
!!!!!谐响应分析的完全法,不需要先执行模态分析
/Solu  !以下为模态分析,用于获得激振频率范围
ANTYPE,2
MODOPT,LANB,6,0.1,0,,OFF
MXPAND,6,,,1
SOLVE
!!!!!以下按完全法执行谐响应分析
/Solu
ANTYPE,3
HROPT,FULL  !选择完全法
HROUT,OFF
F,2,FY,-100,  !加力
F,2,MX,200,  !加力矩
HARFRQ,0,500,  !频率及子步设置
NSUBST,500,
!KBC,0  !指定载荷步递增方式,0-Rampted 1-stepped
KBC,1  !指定载荷步递增方式,0-Rampted 1-stepped
DMPSTR,0.01,  !指定阻尼为结构阻尼
solve
!以下为时间历程后处理
/POST26
NSOL,2,37,U,Y,UY_2,
XVAR,1  !指定显示横轴,时间或频率
PLVAR,2,  !用图形方式显示变量值
```

15.2.3 基于模态叠加法的求解过程

对于模态叠加法，其建模及加约束环节与前面的完全法相同。因而这里重点描述基于模态叠加法对悬臂梁进行谐响应分析有关求解设置的过程。

采用模态叠加法时，求解悬臂梁的模态是必须执行的求解步骤。关于模态如何求解，这里不再描述。通常，求解的模态最高阶次对应的频率应远大于谐响应分析感兴趣

的最高频率。对于模态叠加法，由于计算速度较快，可以多选一些阶次。

以下描述基于模态叠加法对悬臂梁进行谐响应分析的主要求解设置。

（1）选择分析类型。依次点击主菜单Main Menu，Solution，Analysis Type，New Analysis，在弹出的"New Analysis"对话框中选择"Harmonic"；点击主菜单，并在弹出的"Harmonic Analysis"对话框中选择求解方法为"Mode Superpos'n"，结果输出处选择"Amplitude+Phase"，相关对话框见图15.28。

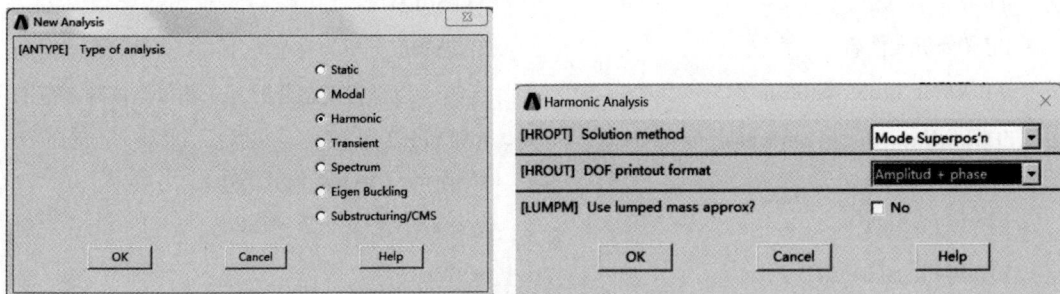

图15.28　选用模态叠加法进行谐响应分析

（2）确定谐响应计算所需的最大及最小模态数。在图15.28中的"Harmonic Analysis"对话框点击"OK"按钮后，会弹出用于确定谐响应计算所需的最大及最小模态数的对话框，参见图15.29进行设置，这里选择前40阶模态。

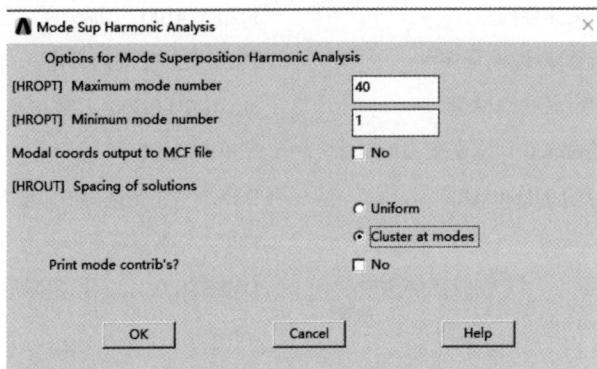

图15.29　确定谐响应计算所需的最大及最小模态数

（3）施加载荷。依次点击Main Menu，Solution，Define loads，Apply，Structural，Force/Moment，On Keypoints，选择关键点2，依次施加力及力矩，这与上一节完全法相同。

（4）设定扫频范围及子步。依次点击Main Menu，Solution，Load step opts，Time/Frequency，Freq and Substeps，在弹出的对话框设置扫频范围及子步，这里的扫频范围与完全法相同，而子步数设为2000，即计算更多的频率点，加载方式仍选择阶跃式（Stepped）加载。相关对话框见图15.30。

（5）指定阻尼。依次点击Main Menu，Solution，Load step opts，Time/Frequency，Damping，弹出设置阻尼的对话框，见图15.31，这里仍旧与完全法一致，在"Constant damping ratio"处输入"0.01"。从该对话框中可以发现，对于模态叠加法，ANSYS提供

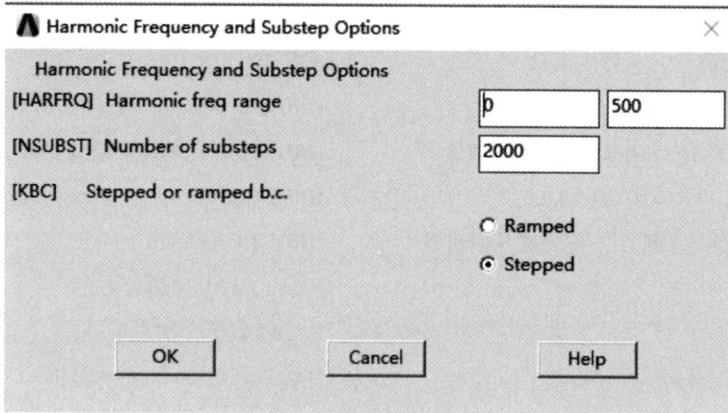

图15.30 设定扫频范围及子步

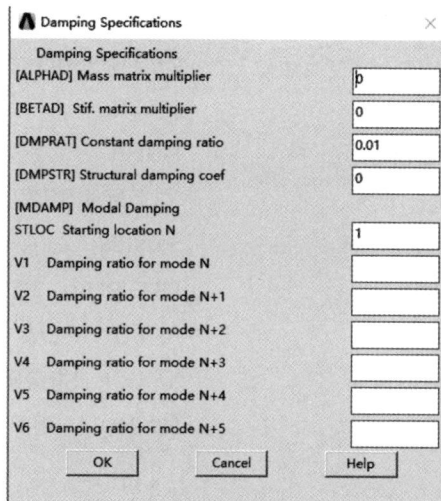

图15.31 模态叠加法阻尼施加对话框

了更多的阻尼加载方式，特别是提供模态阻尼比的输入，使其可以方便地引入实际测试得到的阻尼。

针对上述设置进行求解，可得到基于模态叠加法悬臂梁谐响应分析的结果，见图15.32，为了比较，也将完全法结果列在图中。从结果对比可以看出，在激励条件、阻尼以及拾振点一致的情况下，利用模态叠加法求解的结果与完全法略有差别。对于本实例，对应模态叠加法的结果略小于完全法的结果。

利用模态叠加法对悬臂梁进行谐响应分析的相关命令流如下。

```
/CLEAR                                    KEYW,PR_STRUC,1
!定义分析文件名                            /PREP7
/FILNAME,Beam-harmonic-modal,0            !定义几何参数
/TITLE,Harmonic response analysis for beam    L=0.5    !梁长度,m制单位
/NOPR                                     R=0.02   !截面半径
KEYW,PR_SET,1                             ET,1,Beam188    !定义梁单元
```

```
MP,EX,1,2E11    !定义弹性模量
MP,PRXY,1,0.3   !定义弹性模量
MP,DENS,1,7850  !定义弹性模量
SECTYPE,1,Beam,Csolid,,0  !定义梁截面
SECDATA,R,18,8,0,0,0,0,0,0,0,0,0
K,1,0,0,0       !创建关键点、线,完成几何建模
K,2,L,0,0
L,1,2
ESIZE,0.01      !分网
LMESH,1
NSEL,S,LOC,X,0
D,ALL,ALL       !约束
ALLSEL,ALL
FINISH
!!!!!模态叠加法需先执行模态分析
/Solu    !以下为模态分析
ANTYPE,2
MODOPT,LANB,40,0.1,0,,OFF
MXPAND,40,,,1
SOLVE
FINISH
```

```
/SOL
ANTYPE,3
HROPT,MSUP,,,0    !选择了模态叠加法
HROUT,Off    !选择了幅度加相位
HROPT,MSUP,40,1,0  !最大模态数40,最小1
HROUT,ON,OFF,0
F,2,FY,-100,    !加力
F,2,MX,200,    !加力矩
HARFRQ,0,500,    !扫频范围
NSUBST,2000    !子步数量大计算也很快
KBC,1    !Loads are step changed 0及1差别大
DMPRAT,0.01,    !加阻尼,常阻尼
!/STATUS,SOLU
SOLVE
FINISH
!以下为时间历程后处理
/POST26
FILE,,RFRQ    !指定结果将要读入的文件
NSOL,2,37,U,Y,UY_2,
XVAR,1    !指定显示横轴,时间或频率
PLVAR,2,    !用图形方式显示变量值
```

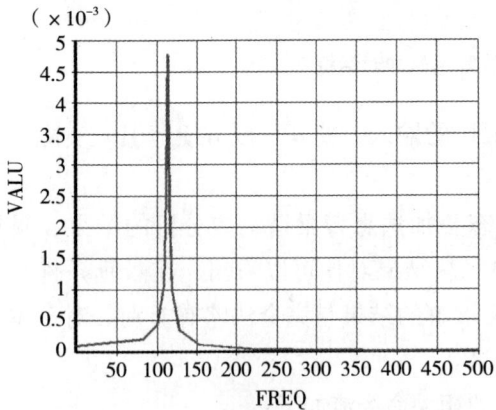

（a）模态叠加法

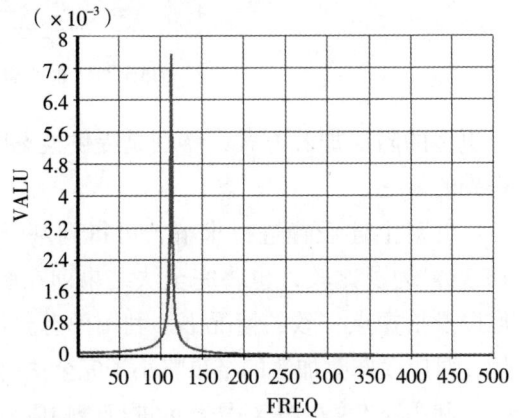

（b）完全法

图15.32 悬臂梁谐响应分析结果

以下进一步讨论载荷加载方式改变对分析结果的影响，假如把加载方式由阶跃加载（Stepped，对应命令流：KBC，1）变为渐进加载（Rampted，对应命令流：KBC，0），运行上述命令流，获得的谐响应分析结果与原结果进行比对见图15.33。可以看出两者结果共振幅值相差明显。

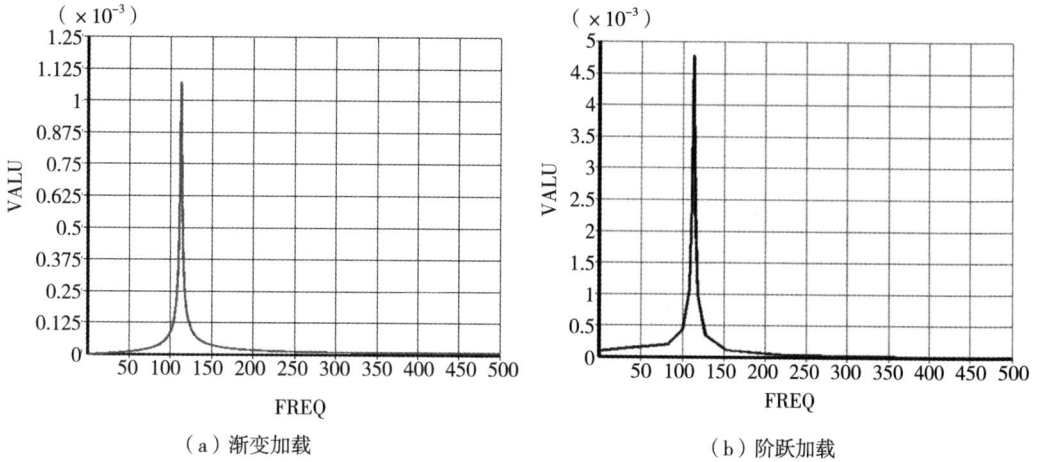

（a）渐变加载　　　　　　　　　　　（b）阶跃加载

图15.33　对应两种加载方式的谐响应分析结果比对

15.3　悬臂板结构谐响应分析实例

本节针对悬臂板结构分别利用GUI操作和APDL命令流对结构在受到外部定点激励下的谐响应进行研究分析。此外，分别从结构的单元类型选取、阻尼设定方法等方面研究其对谐响应分析结果的影响。

15.3.1　问题描述

这里以一个悬臂板结构（图15.34）为研究对象，结构的几何尺寸分别为200 mm，200 mm，2 mm，材料参数中的杨氏模量为210 GPa，泊松比为0.3，密度为7780 kg/m^3。此外，在悬臂板结构中心位置施加外部横向激励，拾振点位置为结构中线的自由端末端位置。下面面向此结构，分别通过GUI操作以及APDL命令流来完成该结构的谐响应分析。

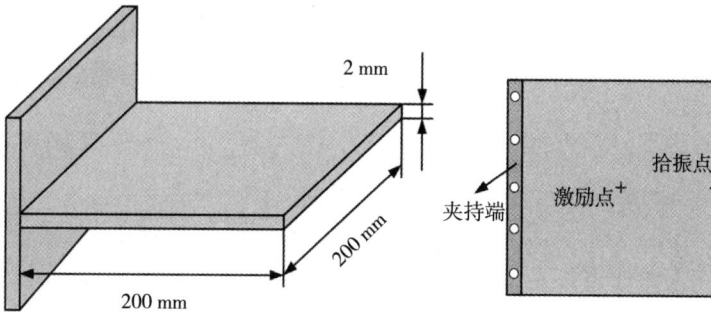

图15.34　悬臂板结构

15.3.2　基于实体单元的谐响应分析（完全法）

此部分分别从建模、加载求解和结果后处理三部分描述悬臂板模型的谐响应分析过程。基于GUI分析的主要步骤如下。

（1）选择单元。依次点击Main Menu，Preprocessor，Element Type，Add/Edit/Delete，弹出对话框并点击"Add"，选择"Solid""20node 186"单元，单击"OK"按钮完成单元类型设置。选择的单元是SOLID186，该单元有20个节点，每个节点3个自由度。相关对话框见图15.35。

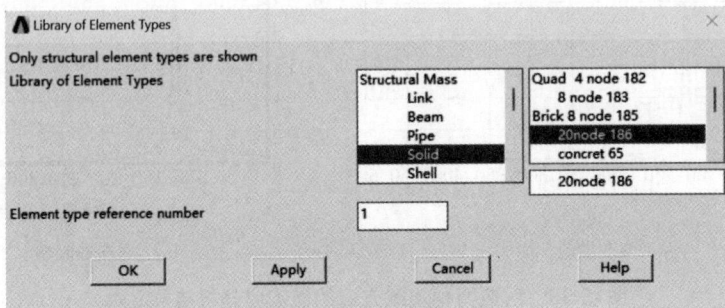

图15.35　选择实体单元

（2）定义材料参数。点击Main Menu，Preprocessor，Material Props，Material Models，在弹出对话框依次选择Structural，Linear，Elastic，Isotropic，Density，设置杨氏模量、泊松比和密度。按15.3.1的已知条件输入，这里不再给出相关对话框。

（3）创建几何模型。

① 创建关键点。依次点击Main Menu，Preprocessor，Modeling，Create，Keypoints，In Active CS，创建关键点1（0，0，0），关键点2（0，0.2，0），关键点3（0.2，0.2，0），关键点4（0.2，0，0）。

② 将关键点连成线。依次点击Main Menu，Preprocessor，Modeling，Create，Lines，Straight Line，弹出对话框，分别连接关键点。

③ 通过线生成面。依次点击Main Menu，Preprocessor，Modeling，Create，Areas，Arbitrary，By Lines，弹出对话框，分别选取四条线并单击"OK"按钮得到相应的面。

④ 面拉伸成体。依次点击Main Menu，Preprocessor，Modeling，Operate，Extrude，Areas，Along Normal，弹出对话框，选择要拉伸的面并输入拉伸厚度2 mm，得到板模型，相关操作及生成的几何模型见图15.36。

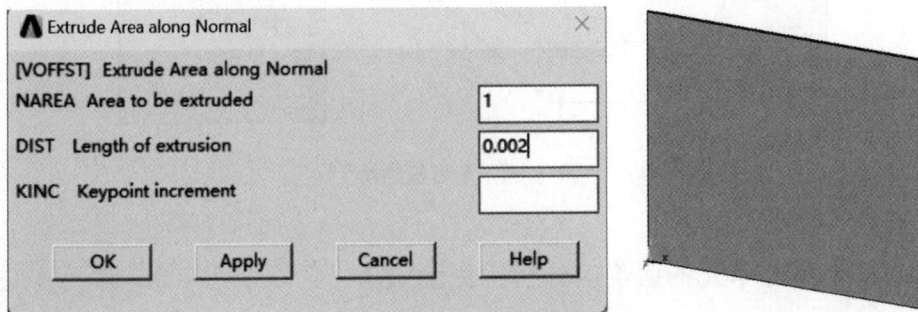

图15.36　拉伸及生成的板模型

（4）划分网格。

① 网格尺寸设置。依次点击Main Menu，Preprocessor，Meshing，Size Cntrls，ManualSize，Global，Size，弹出对话框。设置划分网格尺寸。

② 进行扫掠分网。依次点击Main Menu，Preprocessor，Meshing，Mesh，Volume Sweep，Sweep，弹出对话框，点击"Pick All"按钮，完成网格划分。相关操作及网格划分结果如图15.37所示。

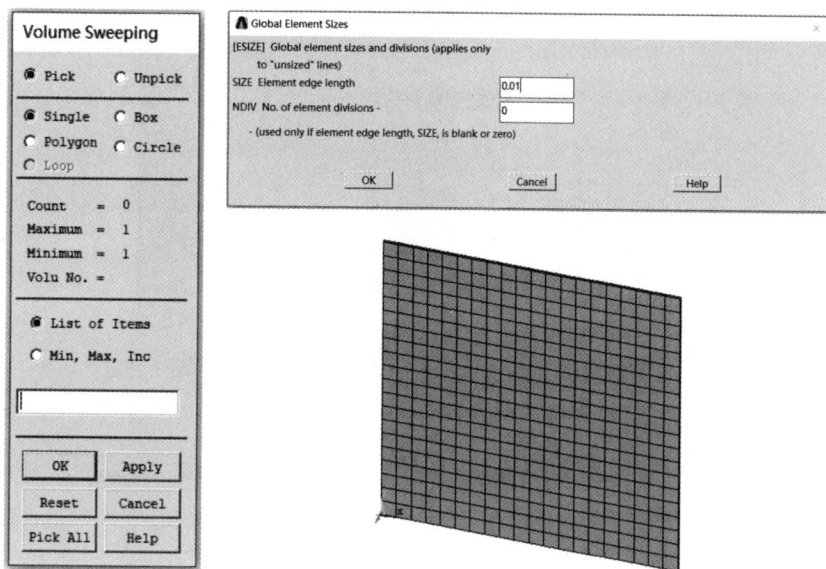

图15.37 设置网格尺寸、扫掠分网对话框及网格划分结果

（5）约束固定端。

① 选择固定端节点。依次点击Utility Menu，Select，Entities，弹出对话框，选择"By Location"并设置X为0，单击"OK"按钮完成X为0的所有节点的选取。如图15.38所示。

② 对选择的节点施加约束。依次点击Main Menu，Solution，Define Loads，Apply，Structural，Displacement，On Nodes，弹出对话框，并单击"Pick All"，在新弹出的对话框中选择"All DOF"并单击"OK"按钮完成边界条件的约束。相关操作及施加约束后的结果如图15.38所示。

③ 选择所有结构。依次点击Utility Menu，Select，Everything。

（6）固有特性分析。完全法并不需要固有特性分析，但先进行固有特性分析可知所设定的频率范围包含几个峰。同样，固有特性的求解过程这里不再描述，图15.39为求解获得的固有频率。

（7）进行谐响应求解设置。

① 选定谐响应分析。依次点击Main Menu，Solution，Analysis Type，New Analysis，弹出对话框（图15.40），选择分析类型为"Harmonic"。

② 分析选项设置。依次点击Main Menu，Solution，Analysis Type，Analysis Options，弹出对话框，见图15.41（a），选择谐响应求解方法为完全法（Full），结果输出处选择

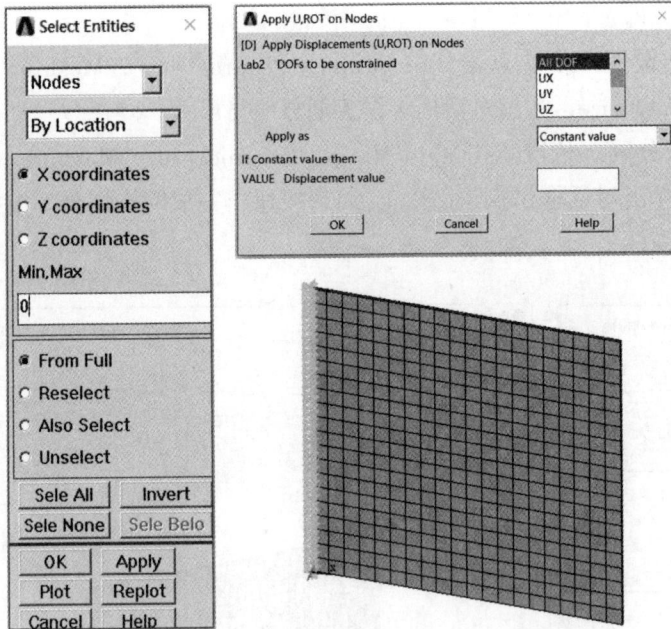

图15.38　选择节点、施加约束及施加约束结果

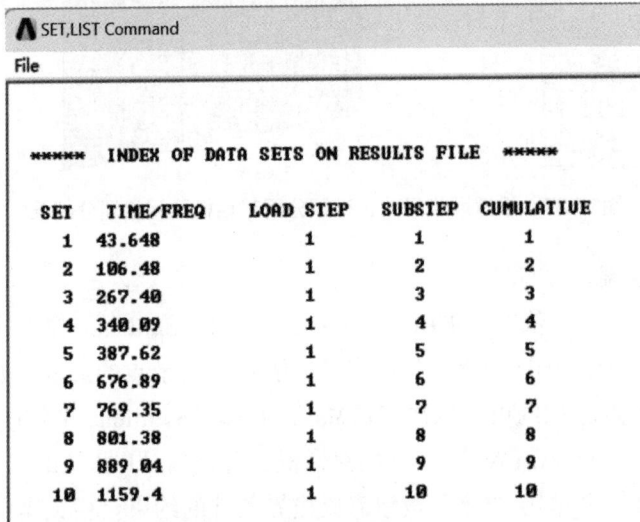

图15.39　求解获得的悬臂板固有频率

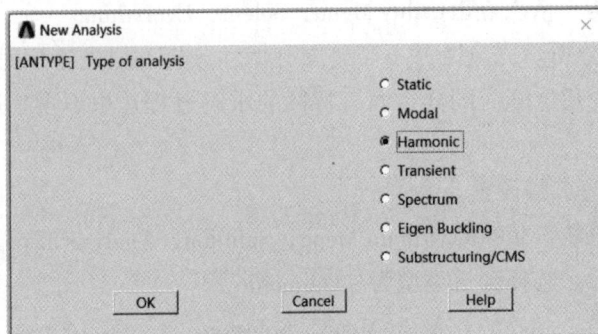

图15.40　选择分析类型

"Amplitude+phase"，单击"OK"按钮，在新弹出的对话框设置求解精度为"1e-8"，见图15.41（b）。

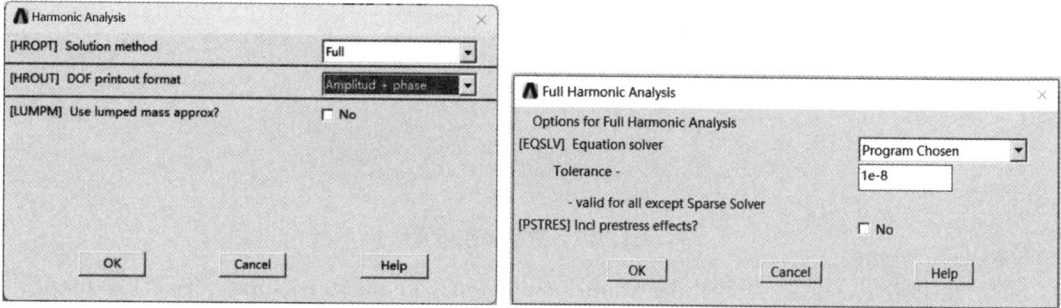

（a）选择谐响应分析求解方法　　　　　　　　　（b）设置求解精度

图15.41　谐响应求解方法选择及精度设置

③ 在板的中间位置节点施加载荷。依次点击Main Menu，Solution，Define Loads，Apply，Structural，Force/Moment，On Nodes，在弹出的对话框中拾取悬臂板的中点作为激励点，单击"OK"按钮弹出激振力设置对话框，选择激振方向为Z方向，激振力大小为10 N，单击"OK"按钮，载荷设置完成。值得注意的是，这个作为激励点的节点编号可通过实用菜单List，Nodes辅助找到，也可直接从图中查数找到，还可通过实用菜单中的"Select"辅助找到。相关对话框及加完载荷的有限元模型如图15.42所示。

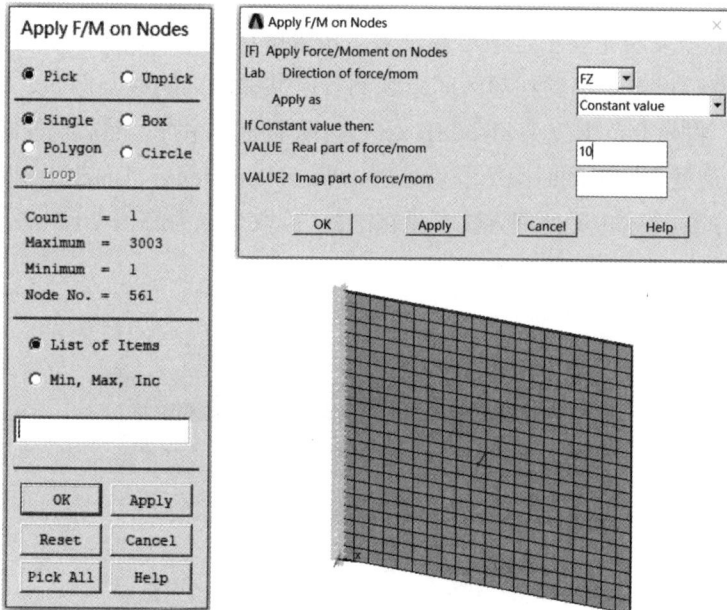

图15.42　载荷设置及载荷施加图

④ 设定扫频范围及子步。依次点击Main Menu，Solution，Load Step Opts，Time/Frequenc，Freq and Substeps，弹出对话框（图15.43），设置频率范围为0~400 Hz，求解步长为"800"，选择"Stepped"，单击"OK"按钮激励频率设置完成。

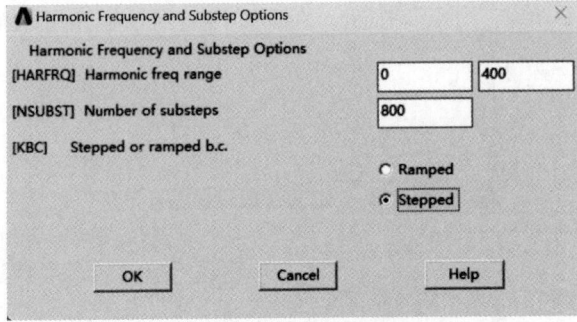

图15.43 激励频率设置

⑤ 设定阻尼。依次点击Main Menu，Solution，Load Step Opts，Time/Frequenc，Damping，弹出对话框（图15.44），设置结构阻尼系数为0.02，单击"OK"按钮。

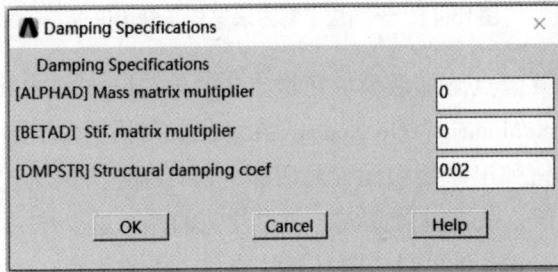

图15.44 阻尼设置

（8）求解。依次点击Main Menu，Solution，Solve，Current LS，完成谐响应求解。需要说明的是，由于采用完全法且子步数较多，本求解所需时间较长。实际上，还可基于获得的固有频率，设定更窄的扫频区间以观测各阶共振区的响应，例如，针对如图15.43所示的对话框，将频率范围改为40~60 Hz（包含1阶固有频率），然后选择80个子步。

（9）结果后处理。启动时间历程后处理，点击Main Menu，TimeHist Postpro，弹出对话框（图15.45），具体相关处理方法参见15.2.2。拾取节点为2519（自由端中心点），相关结果见图15.46。

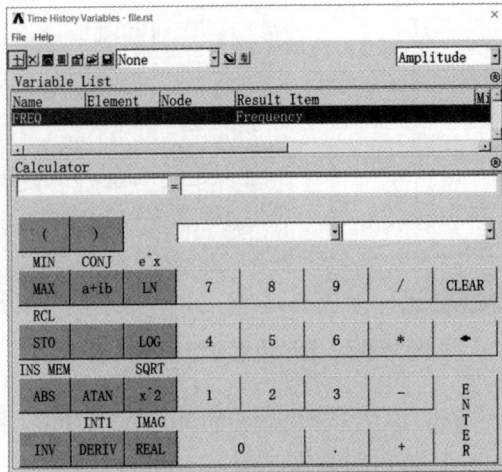

图15.45 时间后处理对话框

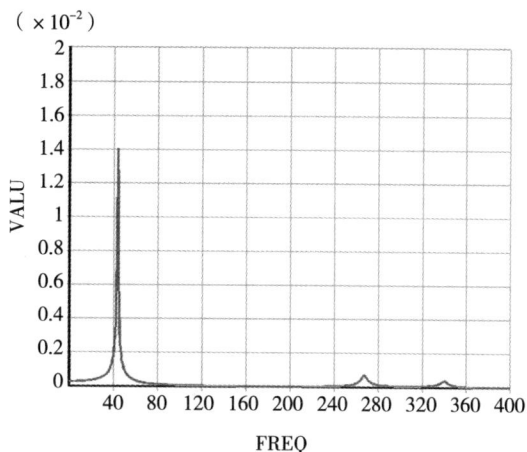

图15.46　谐响应分析结果

以上利用GUI操作实现了悬臂板结构的谐响应分析，同样可以利用APDL命令流实现上述的谐响应分析，相关APDL命令流描述如下。

```
/CLEAR                                          VSWEEP,ALL    !划分网格
!定义分析文件名                                   NSEL,S,LOC,X,0    !选择节点
/FILNAME,Solid-harmonic-Full,0                  D,ALL,ALL    !施加约束
/TITLE,Harmonic response analysis for plate     NSEL,ALL    !选择所有节点
/NOPR                                           Finish
KEYW,PR_SET,1                                   /SOLU
KEYW,PR_STRUC,1                                 ANTYPE,3    !进入谐响应分析求解器
/PREP7  !进入前处理器                             HROPT,FULL    !选择完全法进行谐响应分析
ET,1,SOLID186    !定义单元类型                    HROUT,off
MP,EX,1,2.1e11    !定义材料参数                    EQSLV,,1e-8,    !设置求解精度
MP,PRXY,1,0.3                                   F,1682,FZ,10,    !施加载荷
MP,DENS,1,7780                                  HARFRQ,0,400,    !设置求解频率范围
K,1,0,0,0,    !创建关键点                         NSUBST,800,    !设置求解步长
K,2,0,0.2,0,                                    KBC,1    !阶跃
K,3,0.2,0.2,0,                                  !设置阻尼
K,4,0.2,0,0,                                    DMPSTR,0.02,    !结构阻尼系数
LSTR,1,2    !连接关键点                           SOLVE
LSTR,2,3                                        FINISH
LSTR,3,4                                        /POST26
LSTR,4,1                                        NSOL,2,2519,U,Z,UZ_2,    !显示频域响应曲线
AL,ALL    !生成面                                XVAR,1
VOFFST,1,0.002,,    !拉伸面                       PLVAR,2,
ESIZE,0.01,0,    !设置网格尺寸
```

15.3.3　基于壳单元的谐响应分析（完全法）

基于壳单元完成悬臂板的谐响应分析与基于实体单元的分析大致相同，只是几何建模、分网、激励点及拾振点的编号略有不同，以下简要描述操作过程。

（1）选单元。依次点击Main Menu，Preprocessor，Element Type，Add/Edit/Delete，在弹出的对话框中选择"Shell""8node 281"，如图15.47所示。选择的单元为SHELL281，该单元有8个节点，每个节点有6个自由度。

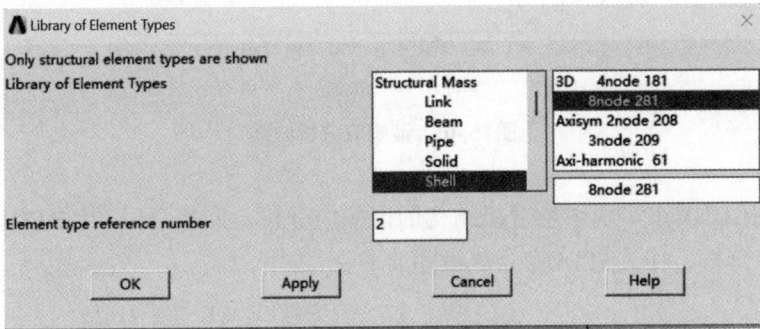

图15.47　选择单元

（2）材料参数设置。同实体单元，这里不再描述。

（3）截面设置。依次点击Main Menu，Preprocessor，Sections，Shell，Lay-up，Add/Edit，参照图15.48完成截面参数设置。

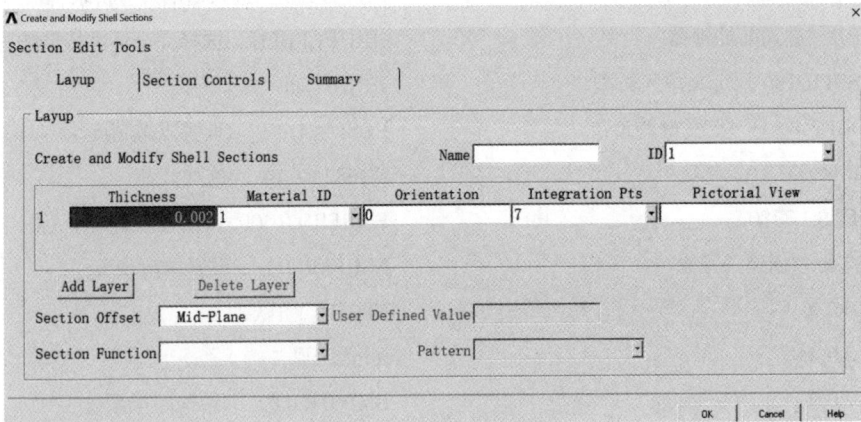

图15.48　截面参数设置

（4）几何建模。同前面15.3.2创建面部分。

（5）分网。将单元尺寸设定为0.01，完成分网，相关结果见图15.49（a）。

（6）加约束。通过实用菜单的"Select"，选中x=0的所有节点，对所有节点时间全约束，约束后的结果见图15.49（b）。

（7）进行谐响应设置。方法同15.3.2，激励节点为721。

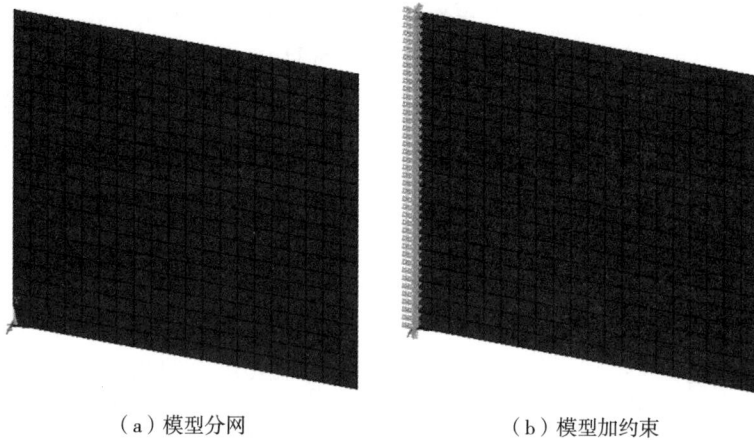

(a) 模型分网   (b) 模型加约束

图15.49 分网及加约束

（8）求解及时间历程后处理。相关结果见图15.50，这里对应自由边界中点的拾振点节点编号为102。需要说明的是，这里的图形是将ANSYS中的数据提取出来用MATLAB重新绘制的结果，这样便于两种单元结果的比对。可以看出，基于实体单元及壳单元获得的结果几乎一致。

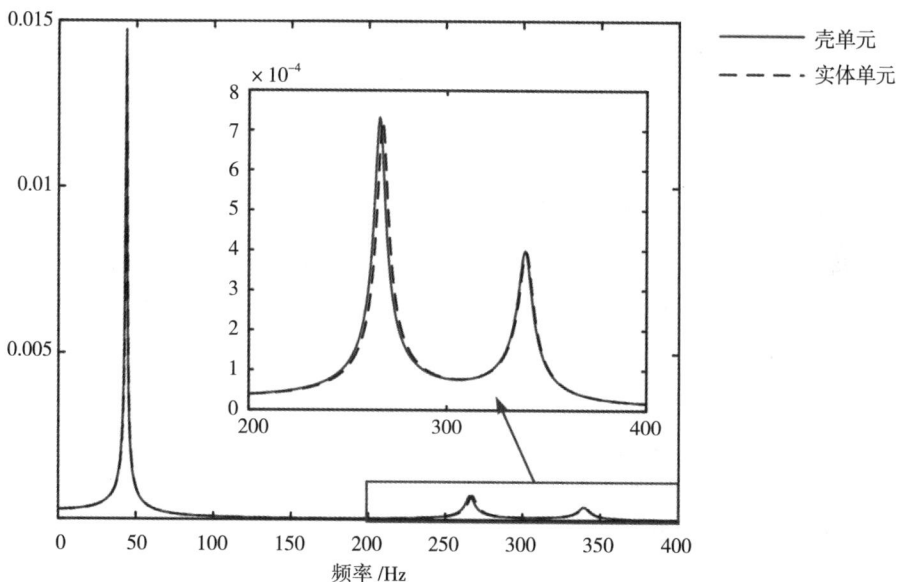

图15.50 基于壳单元和实体单元获得的谐响应分析结果比对

与上述GUI操作对应，基于壳单元的谐响应分析（完全法）命令流如下。

```
/CLEAR                                    KEYW,PR_STRUC,1
!定义分析文件名                            SECOFFSET,mid
/FILNAME,Shell-harmonic-Full,0            K,1,0,0,0,    !创建关键点
/TITLE,Harmonic response analysis for plate   K,2,0,0.2,0,
/NOPR                                     K,3,0.2,0.2,0,
KEYW,PR_SET,1                             K,4,0.2,0,0,
```

```
LSTR,1,2  !连接关键点                    SECDATA,2/1000,1,,7
LSTR,2,3                                 /SOLU
LSTR,3,4                                 ANTYPE,3  !进入谐响应分析求解器
LSTR,4,1                                 HROPT,FULL  !选择完全法进行谐响应分析
AL,ALL  !生成面                          HROUT,off
ESIZE,10e-3  !划分网格大小设置            EQSLV,,1e-8,  !设置求解精度
MSHAPE,0,2D                              F,721,FZ,10,  !施加载荷
MSHKEY,1                                 HARFRQ,0,400,  !设置求解频率范围
AMESH,ALL  !分网                         NSUBST,80,  !设置求解步长
NSEL,S,LOC,X,0  !选择节点                 KBC,1  !阶跃
D,ALL,ALL  !施加约束                      !设置阻尼
NSEL,ALL  !选择所有节点                   DMPSTR,0.02,  !结构阻尼系数
Finish                                   SOLVE
/PREP7  !进入前处理器                     FINISH
ET,1,SHELL281  !定义单元类型              /POST26
MP,EX,1,2.1e11  !定义材料参数             NSOL,2,102,U,Z,UZ_2,
MP,PRXY,1,0.3                            !显示频域响应曲线
MP,DENS,1,7780                           XVAR,1
SECTYPE,1,SHELL  !定义壳厚度              PLVAR,2,
```

15.3.4　阻尼的设定方法对结果的影响分析

在采用完全法进行谐响应分析时阻尼的设定方法包括质量阻尼、刚度阻尼和结构阻尼系数。此外，在模态叠加法中，除了上述三种阻尼设定方法，还有恒定阻尼比和各阶模态阻尼比。下面针对各种阻尼设定方法对结构的谐响应结果进行求解。其中，在上述研究中均采用了给定结构阻尼系数的阻尼设定方法。

整个谐响应分析的APDL命令流与15.3.3描述相同，仅改变其中的阻尼设定方法。当仅给定质量阻尼时，其阻尼设定的命令流如下。

```
ALPHAD,0.02,  !设置质量阻尼              DMPSTR,0,
BETAD,0,
```

当仅给定刚度阻尼时，其阻尼设定的命令流如下。

```
ALPHAD,0,                               DMPSTR,0,
BETAD,2e-5,  !设置刚度阻尼
```

图15.51给出了不同阻尼设定方法得到的谐响应求解的对比结果，从图中可以得到阻尼设定方法主要影响谐响应分析中的共振响应，并且质量阻尼对共振响应的影响相对较小。在实际工程中，质量阻尼和刚度阻尼一般同时采用，即常用的Rayleigh阻尼。在工程实际应用中，应该根据实际情况选用合适的阻尼设定方法。

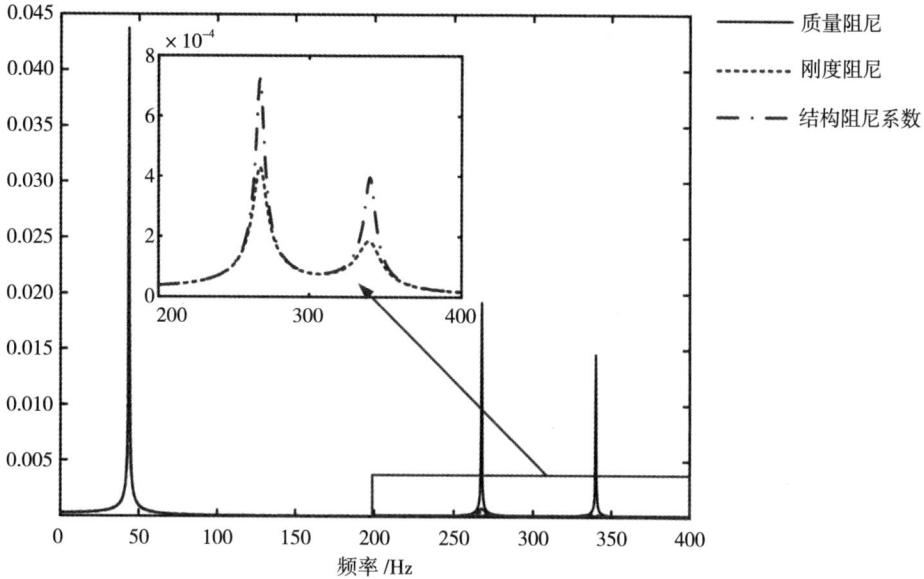

图15.51　不同阻尼设定方法的谐响应求解结果对比

15.4　本章小结

本章在简要描述利用ANSYS对结构进行谐响应分析基本流程的基础上，以悬臂梁及悬臂板为例，分别采用GUI及APDL命令流对结构进行了谐响应分析，读者应重点掌握以下关键技术或方法。

（1）要在理解谐响应分析原理的基础上完成谐响应设置。谐响应是指在谐振激励下结构的振动响应，通常对应结构的频域分析，因而在设置上应合理确定频率范围（或者扫频范围），通常应包含共振频率点，载荷步数对应频率范围内计算哪些频率点，实际上对应扫频步长。同时，要关注载荷的施加方式，ANSYS提供了阶跃（Stepped）和渐进（Ramped）两种，谐响应分析通常应选择阶跃。

（2）利用ANSYS进行谐响应分析包含完全法及模态叠加法，在实际计算时应合理选择。完全法采用完整的系统矩阵计算结构的响应，具有精度高、操作简单的特点，但是计算效率差。而模态叠加法求解谐响应效率极高，但其操作相对烦琐，在求解前需要计算结构的模态。

（3）在对谐响应分析结果进行后处理时，通常先进行时间历程后处理，再进行通用后处理。时间历程后处理的目的是获得某个位置点在扫频激励下的频域响应，从中可以发现当结构发生共振时该点的共振响应值。而通用后处理可获得对应某个频率点的结构变形及应力云图，特别地可以获得结构共振时所有点的位移及应力幅值。

习题

（1）针对本章悬臂板结构，所有已知条件一样，试着采用模态叠加法求解该悬臂板结构的谐响应，并与完全法结果比较。

（2）一根两端固支的钢制梁，梁长L为600 mm，截面尺寸为30 mm×50 mm，在结构中间位置受到一个竖直向上幅值为100 N的简谐载荷作用，结构示意图如习题图所示。结构阻尼比假定为2%。杨氏模量为$2×10^{11}$ Pa，泊松比为0.3，密度为7800 kg/m³。试确定结构在距离左端固支位置$L/3$处1阶共振区（共振频率左右各20 Hz）的谐响应。

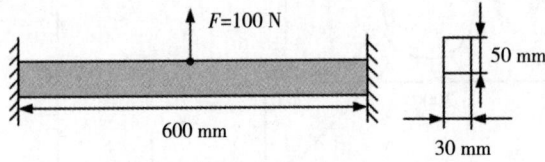

习题图　两端固支钢制梁几何示意图

第16章 瞬态响应分析实例

瞬态动力学分析（时间历程分析）用于确定承受任意的随时间变化载荷的结构动力学响应的一种方法。可以用瞬态动力学分析确定结构在静载荷、瞬态载荷、简谐载荷的任意组合作用下位移、应力、应变、力随时间变化的规律。瞬态动力学分析的过程比模态分析复杂，可以采用完全法及模态叠加法进行求解。本章首先简要介绍了基于ANSYS对结构进行瞬态分析基本流程，接着通过简支梁突然卸载及在简谐激励作用下的瞬态动力分析以及在一个悬臂板的自由端来施加多步载荷作用下的瞬态分析，来使读者加深对瞬态响应分析的理解。

16.1 瞬态响应分析流程

瞬态响应分析可采用完全法和模态叠加法进行求解。图16.1为选择瞬态分析对应的对话框。

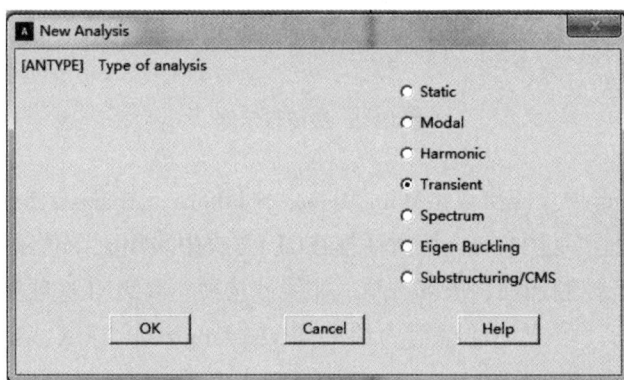

图16.1 选择瞬态分析

16.1.1 基于完全法的瞬态动力学分析

完全法采用完整的系统矩阵计算瞬态响应（没有矩阵缩减），其功能最强，允许包括各类非线性特性如塑性、大变形、大应变等；其主要缺点是时间成本高。完全法的优点：容易使用，允许各种类型的非线性；采用完整矩阵，不涉及质量矩阵近似；一次分析就能得到所有的位移和应力；允许施加所有类型的载荷——节点力、外加（非零）位移和单元载荷（压力和温度），还允许通过TABLE数组参数指定表边界条件；允许在实体模型上施加载荷。

完全法瞬态分析的主要步骤：建模、建立初始条件、设置求解选项、施加载荷、写入载荷步文件、瞬态分析求解、结果输出等。

（1）建模。与其他建分析模过程一样。对于完全法瞬态分析，需要注意以下几点：

①可用线性和非线性单元；②必须指定弹性模量和密度，材料特性可为线性、非线性、各向同性、各向异性等；③网格密度应该密到足以确定感兴趣的最高阶振型；④对应力或应变感兴趣的区域比只考虑位移的区域网格密度要更细一些；⑤如果要包含非线性特性，网格密度应当密到足以捕捉到非线性效应；⑥如果对波动效果感兴趣，网格密度应当密到足以解算波动效应。

（2）建立初始条件。在执行完全法瞬态动力学分析之前，需要正确理解建立初始条件和正确使用载荷步。瞬态动力学分析包含时间函数的载荷，为了定义这样的载荷，用户需要将载荷–时间关系曲线划分为合适的载荷步。例如图16.2，载荷–时间曲线上的每个"拐角"对应一个载荷步。

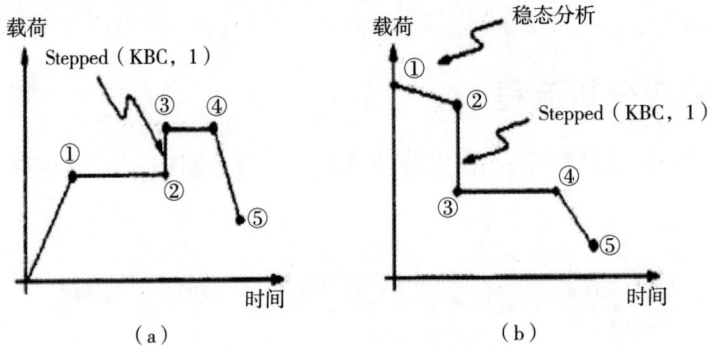

图16.2　载荷步示例

（3）设置求解选项。依次点击Main Menu，Solutions，Analysis Type，Sol'n Control，弹出求解控制对话框，见图16.3，该对话框在GUI方式中采用五个选项卡来定义，分别为基本控制选项、瞬态控制选项、求解选项、非线性选项、高级NL选项等。

（4）施加载荷。可施加的载荷为约束如Displacmeent（UX，UY，UZ，ROTX，ROTY和ROTZ）；力如Force，Moment（FX，FY，FZ，MX，MY和MZ）；表面载荷如PRESSURE（PRES）；体载荷如TMPERATURE（TEMP）；惯性载荷如GRAVITY，

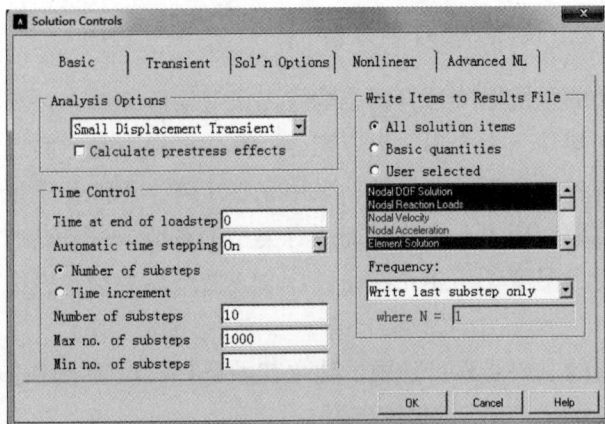

图16.3　求解控制

SPINNING等。除惯性载荷外，其他载荷可施加到几何模型或有限元模型上。

（5）写入载荷步文件。依次点击Main Menu，Solution，Write LS File（LSWRITE）。用命令"LSWRITE"将载荷步写入载荷步文件。有时可能需要有一个额外的延伸到载荷曲线上最后一个时间点之外的载荷步，以考察在瞬态载荷施加后结构的响应。需要说明的是，瞬态分析缺省情况下（默认状态）打开时间积分效应（TIMINT为ON）、阶跃载荷方式（KBC为1）、自动时间步打开（AUTOTS为ON）。

（6）瞬态分析求解。依次点击Main Menu，Solution，Solve-From LS Files（LSSOVLE）。用命令"LSSOVLE"求解多载荷步，求解完毕退出求解层。也可以采用连续求解法。

（7）结果输出。瞬态动力学分析生成的结果保存在结构分析结果文件"Jobname.RST"中，所有数据都是时间的函数。主要包含节点位移（UX，UY，UZ，ROTX，ROTY，ROTZ）、节点和单元应力、节点和单元应变、单元力、节点反力等。可应用时间历程处理器（/POST26）或者通用处理器（/POST1）来观察这些结果。/POST26用于观察模型中指定点处随时间变化的结果，/POST1用于观察指定时间点这个模型的结果。

16.1.2　基于模态叠加法的瞬态动力学分析

模态叠加法通过对模态分析得到的振型（特征值）乘上因子并求和来计算结构的响应。模态叠加法的优点是：对于许多问题，它比完全法更快；通过"LVSCALE"命令将模型分析中施加的单元载荷引入瞬态分析中；允许考虑模态阻尼。模态叠加法的缺点是：整个瞬态分析过程中时间步长必须保持恒定，不允许采用自动时间步长；唯一允许的非线性是简单的点点接触（间隙条件）；不能施加强制（非零）位移。

模态叠加法主要包括以下五个步骤：建立模型、获取模态解、获取模态叠加法瞬态分析解、扩展模型叠加解、结果输出。

（1）建模。与完全法一致，实际上与其他分析也没有任何区别。

（2）获取模态解。需要注意以下几点：①模态提取方法应为分块兰索斯法、子空间法或QR法（非对称或阻尼法不能用于模态叠加法）；②务必提取出可能对动力学响应有贡献的所有模态；③如果使用QR法提取模态，必须在前处理或模态分析过程中指定所需阻尼（在模态叠加法瞬态动力学分析中指定的阻尼将被忽略），此时可以指定ALPHA，BETAD，MP，DAMP或单元阻尼，不能指定DMPRAT和MDAMP；④若有位移约束，则指定，如果约束是在模态叠加法的瞬态分析求解过程中指定的而不是在模态分析求解中指定的，这些约束将被忽略；⑤如果在瞬态分析中需要单元载荷（压力、温度、加速度等），则必须在模态分析中施加它们。这些载荷在模态分析中将被忽略，但程序会计算出一个载荷向量并将其写入振型文件（Jobname.MODE），然后可以在瞬态分析中用这些载荷向量；⑥模态叠加法不要求扩展模态，但如果要观察振型，则必须扩展振型；⑦在模态分析与瞬态分析之间不能改变模型数据（例如节点旋转）。

（3）获取模态叠加法瞬态分析解。在这一步中，程序利用从模态分析得到的振型来计算瞬态响应。注意：振型文件（Jobname.MODE）必须存在，数据库中必须包含和模态分析所用模型相同的模型。主要操作包括：①进入SOLUTION，进入求解器；②定义分析类型和分析选项；③在模型上施加载荷；④在模态叠加法瞬态动力学分析中有下列加载限制：⑤可施加的载荷有力、平移加速度和模态分析中生成的载荷向量；⑥建立初始条件，唯一要明确建立的初始条件是初始位移，一般总要以一次使用给定载荷的静力学求解作为初始求解；⑦执行命令"LSWRITE"，将第1个载荷步写入载荷步文件；⑧指定瞬态载荷部分的载荷和载荷步选项，将每一个载荷步写入一个载荷步文件[LSWRITE]；⑨开始瞬态分析求解，依次点击Main Menu，Solution，Solve-From LS Files。

（4）扩展模型叠加解。扩展处理需要Jobname.TRI文件，扩展处理的输出有结构分析结果文件Jobname.RST，其中包含已扩展的结果。

（5）结果输出。结果由用于扩展解的每一个时间点处的位移、应力和反作用力组成。可以用POST26或POST1观察这些结果，正如在完全法中所述的那样。在模态叠加法中，FORCE命令只能选静力。

16.2 简支梁突然卸载后的瞬态响应

本节针对一个简支梁采用完全法求解其突然卸载后的瞬态响应，分别给出GUI求解过程及相关的APDL命令流。此外，描述该简支梁结构假如受简谐激励作用时，求解时域瞬态响应的方法。

16.2.1 问题描述

现有一个简支梁结构，长度L为1 m，材料常数分别为$E=2.1 \times 10^{11}$Pa，$\mu=0.3$，$\rho=7800$ kg/m^3。梁为矩形截面，截面高度为0.01 m，截面宽度为0.01 m，假设梁结构为二维结构，则约束模型的z轴的平移位移，绕x轴和绕y轴的转动位移；进一步约束模型左边底端x和y方向位移（简支端），约束模型右边底端Y方向位移，假定在距离简支端0.25 m处沿y方向作用有100 N的力，现突然撤掉这个力，分析简支梁突然卸载后的瞬态响应，假定质量阻尼为5，刚度阻尼为0.001。具体结构简图及载荷见图16.4。

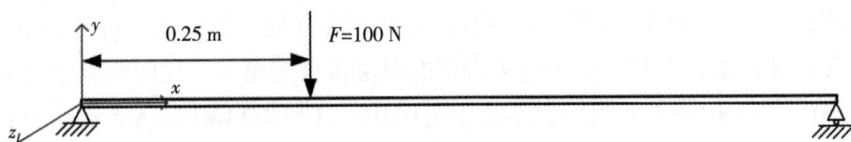

（a）简支梁约束及受力图

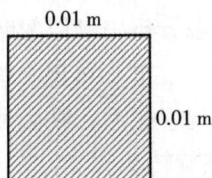

（b）简支梁截面

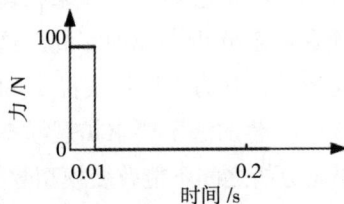

（c）简支梁载荷时间历程

图16.4 简支梁结构及受力情况

16.2.2　基于GUI的分析过程（完全法）

关于设定工作目录、项目名称以及指定分析范畴为"Structural"，这里不再描述，重点介绍针对本实例的具体操作。

（1）定义单元类型。在主菜单上依次点击Main Menu，Preprocessor，Element Type，Add/Edit/Delete，弹出单元选择框，选择所需单元类型，选择"Beam""3 node 189"，设置单元类型为1，点击"OK"按钮后关闭界面，如图16.5所示。选择的是BEAM189单元，该单元有3个节点，每个节点有6个自由度。

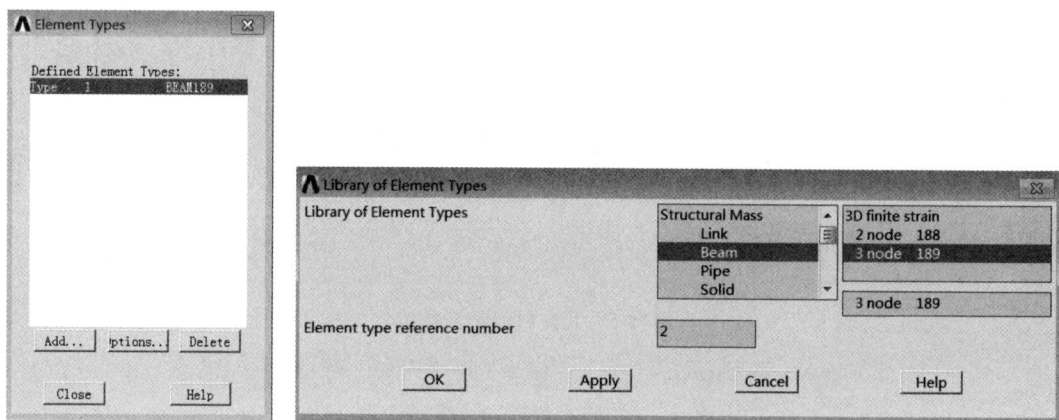

图16.5　定义单元类型

（2）定义材料属性。依次点击Main Menu，Preprocessor，Material Props，material Models，弹出材料属性对话框。依次点击Structural，Linear，Elastic，Isotropic，展开材料属性的树形结构。在弹出的属性对话框中填入弹性模量EX和泊松比PRXY的数值以及密度DENS的数值，点击"OK"按钮完成填写。相关对话框见图16.6。

（3）定义梁截面参数。依次点击Preprocessor，Sections，Beam，Common Sections，在弹出的属性对话框"Beam Tool"中选择矩形截面，依次输入"B"和"H"的值（分别为0.01），点击"OK"按钮完成填写，如图16.7所示。

（4）建立几何模型。

① 创建关键点。依次点击Main Menu，Preprocessor，Modeling，Create，Keypoints，In Active CS，弹出创建关键点对话框，如图16.8所示，依次创建模型的2个关键点，1（0，0，0），2（1，0，0）。

② 由关键点生成线。依次点击Main Menu，Preprocessor，Modeling，Create，Lines，Lines，Straight Line，弹出创建直线对话框，如图16.9所示，点击两个关键点即可自动生成直线。

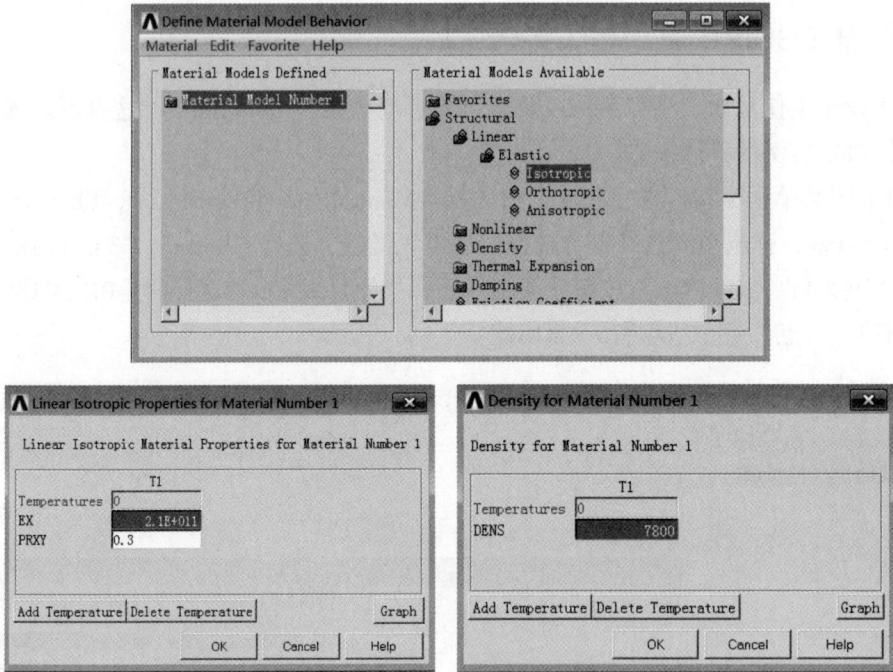

图16.6　定义材料特性参数

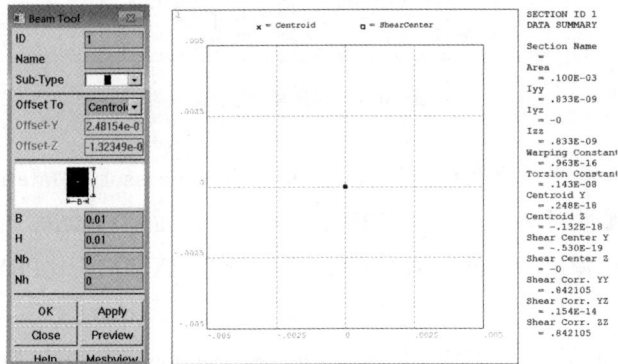

图16.7　定义梁截面参数

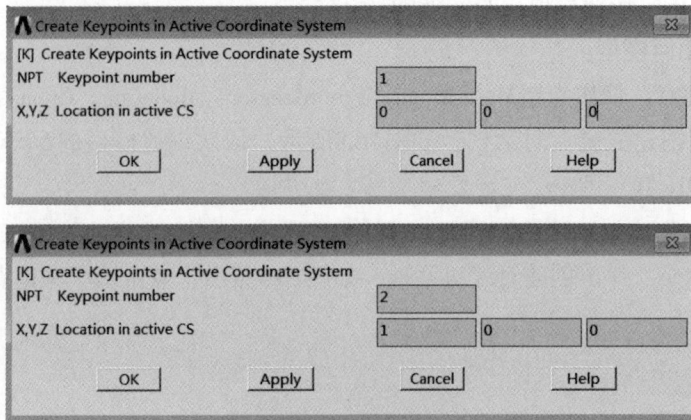

图16.8　关键点创建

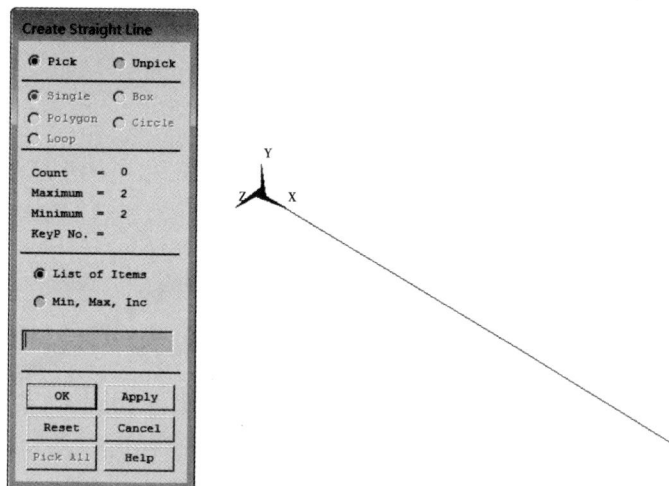

图16.9 直线创建对话框及生成的线

（5）划分网格。

① 分网规划。依次点击Main Menu，Preprocessor，Meshing，MeshTool，弹出网格划分工具对话框。点击"Lines"中的"Set"，设置"NDIV No. of element dividions"为10，点击"OK"按钮。见图16.10。

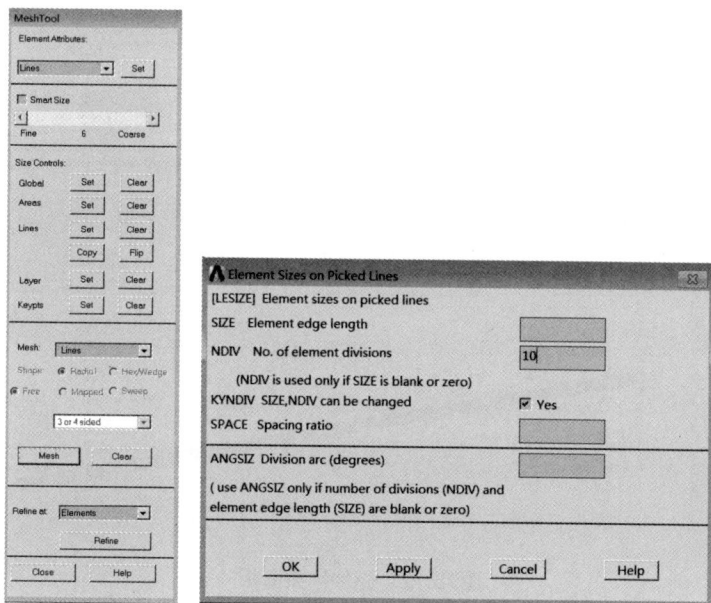

图16.10 网格参数设置

② 执行分网。点击"Mesh"按钮，生成"Mesh Lines"菜单，选择"Pick All"。针对分网完成的有限元模型，可利用实用菜单进行实体化展示。相关对话框及实体化的梁的有限元模型见图16.11。

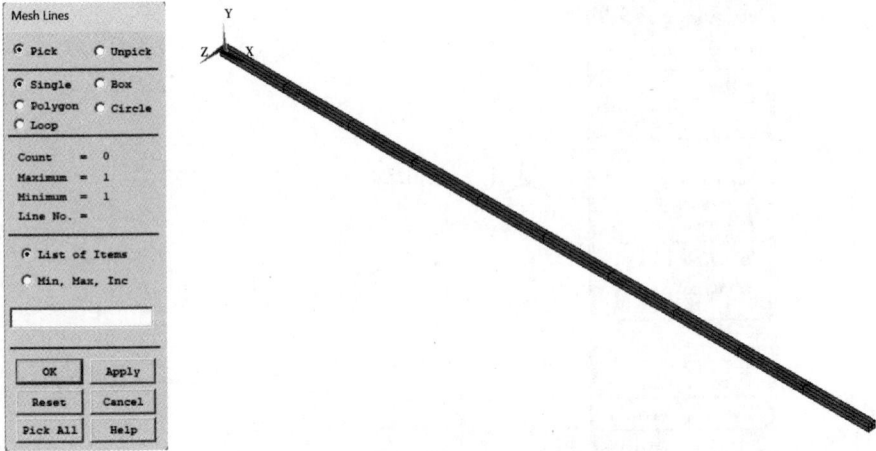

图16.11　分网及生成的有限元模型

（6）施加约束保证平面运动。依次点击Main Menu，Solution，Define loads，Apply，Structural，Displacement，On Nodes，在弹出的"Apply U，ROT on Nodes"对话框中选择"Pick All"，在弹出的"Apply U，ROT on Nodes"对话框中选择UZ，ROTX和ROTY自由度，点击"OK"按钮生成约束。再一次选择节点1（左支承点）约束UX，UY自由度，选择节点2（右支承点）约束UY自由度。相关对话框及加约束的有限元模型见图16.12。

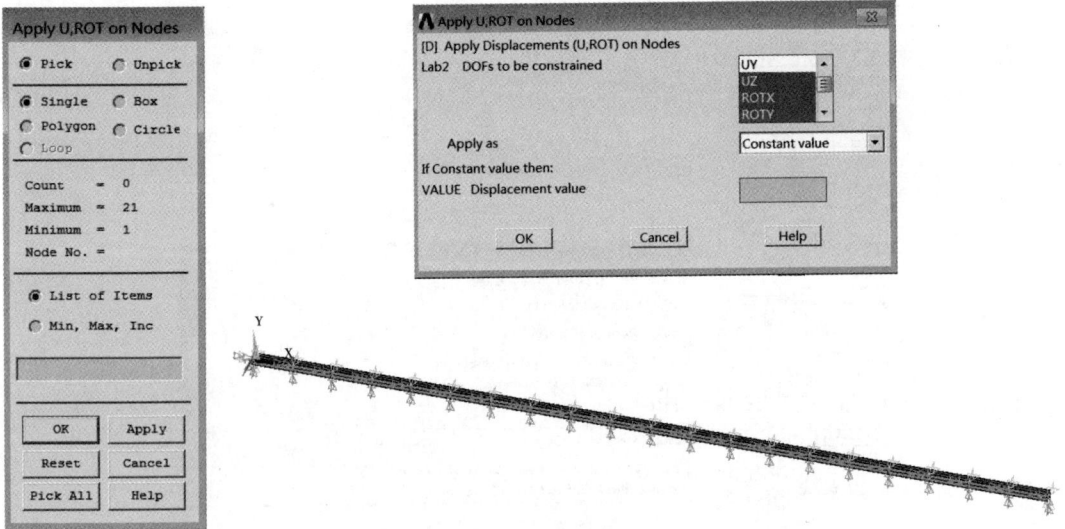

图16.12　施加约束面板

（7）瞬态响应求解设置。利用完全法执行瞬态响应分析的相关设置主要包括以下内容。

①选择分析类型。依次点击Main Menu，Solution，Analysis Type，New Analysis，选择瞬态求解模块，在"Solution method"中选择"Full"（完全法），如图16.13所示。

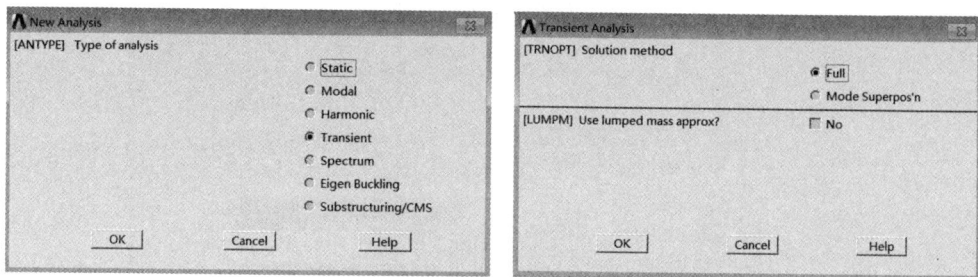

图16.13　选择瞬态响应及完全法分析类型

② 施加第1个载荷步。首先，在第1载荷步进行静力分析，作为瞬态分析的初始条件，依次点击Main Menu，Solution，Analysis Type，Sol's Controls，Transient，在弹出的对话框中关闭瞬态效应（不勾选Transient effects），选择阶跃载荷（Stepped loading）。在7号节点上施加沿y轴负方向的100 N的力，依次点击Main Menu，Solution，Define Loads，Apply，Structural，Force/Moment on Nodes。相关对话框及加完载荷的有限元模型见图16.14。

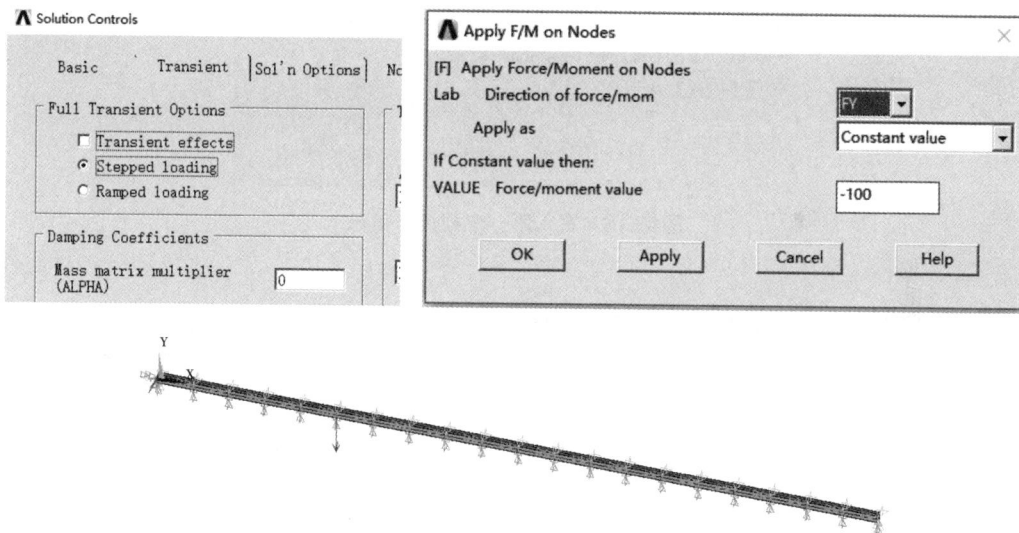

图16.14　选择阶跃载荷及施加静力和加完载荷的有限元模型

其次，设定第一个载荷步作用时间。设定第一个载荷步的时间为0.01 s，依次点击Main Menu，Solution，Analysis Type，Sol's Controls，Basic，在"Time at end of loadstep"处填写"0.01"，另外在"Frequency"处选择"Write every substep"，相关操作如图16.15所示。

最后，写入第一个载荷步信息。依次点击Main Menu，Solution，Load Step Opts，Write LS File，如图16.16所示。

③ 施加第2个载荷步。

第一，打开瞬态效应。依次点击Main Menu，Solution，Analysis Type，Sol's Controls，Transient，勾选"Transient effects"，相关操作见图16.17（a）。

第二，步长设定。依次点击Main Menu，Solution，Analysis Type，Sol's Controls，

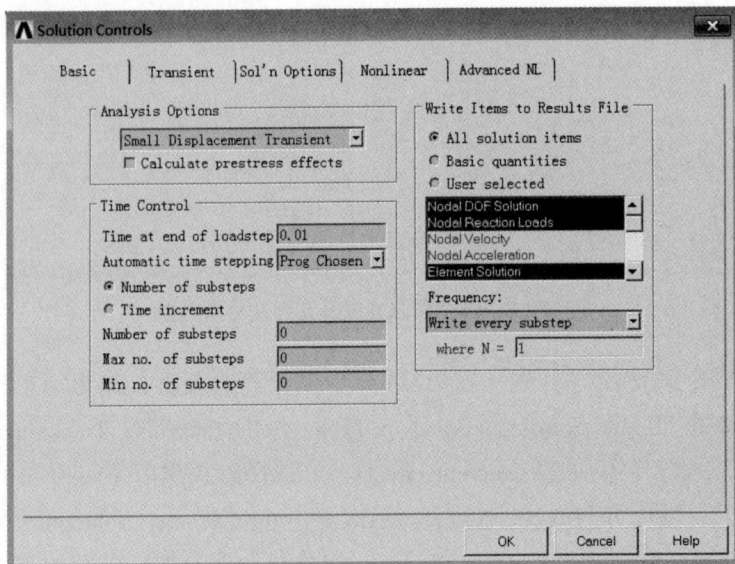

图16.15　第一个载荷步的时间设置

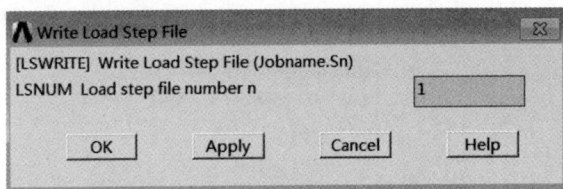

图16.16　写入第一个载荷步信息

Basic，在本载荷步中指定时间步长为1×10^{-8} s，在"Time step size"处输入1e-8；打开自动时间步长选项，在"Automatic time steeping"处选择"on"；设定第二个载荷步的时间为0.2 s，在"Time at end of loadstep"处输入0.2，相关操作见图16.17（b）。

第三，设定系统阻尼。在对话框上点击"Transient"，系统阻尼矩阵定义质量矩阵乘子α为5和刚度矩阵乘子β为0.001。其含义为$C=\alpha M+\beta K$，其中C为阻尼矩阵，M为质量矩阵，K为刚度矩阵。在"Mass matrix multiplier（ALPHA）"处输入"5"，在"Stiffness matrix multiplier（BETA）"处输入"0.001"。相关操作见图16.17（c）。

第四，载荷卸载。删除节点7上的载荷，完成载荷在梁上的卸载，依次点击Main Menu，Solution，Define Loads，Delete，Structural，Force/Moment，On Nodes。

第五，写入第二个载荷步信息。依次点击Main Menu，Solution，Load Step Opts，Write LS File，如图16.18所示。

（8）求解。求解前述两个载荷步，依次点击Main Menu，Solution，Solve，From LS Files，弹出的对话框如图16.19所示，在"LSMIN"处输入"1"，在"LSMAX"处输入"2"，在"LSINC"处输入"1"，最后点击"OK"按钮，执行求解。

（9）后处理。进入POST26后处理界面，计算简支梁某一节点位置处在y方向的位移响应。依次点击Main Menu，TimeHist Postpro，Define Variables，弹出如图16.20所示的时

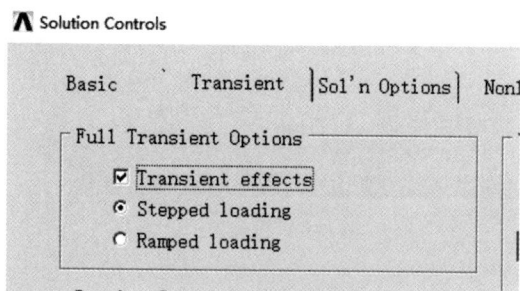
（a）打开瞬态效应

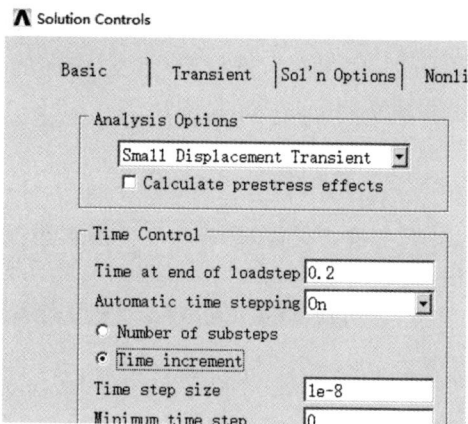
（b）步长设定

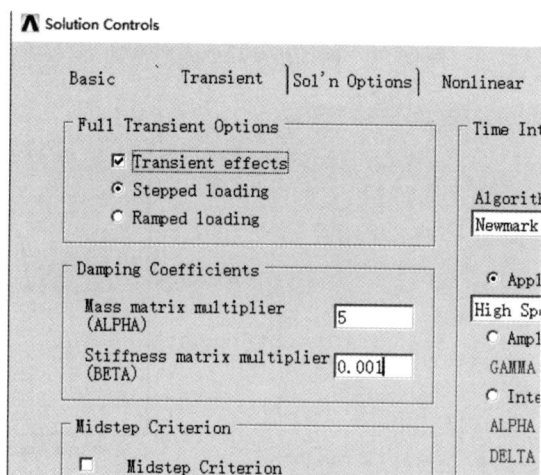
（c）阻尼设定

图16.17　定义第二个载荷步的相关设定

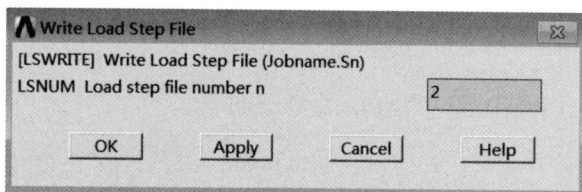

图16.18　写入第二个载荷步信息

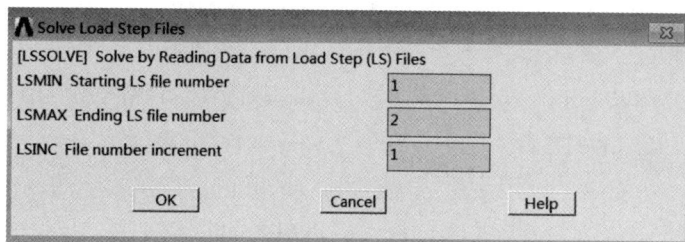

图16.19　求解前述两个载荷步的相关设置

间历程后处理对话框。在操作界面上点击 ⊞，弹出"Add Time-History Varible"对话框
［图16.21（a）］，选择7节点及y方向的位移。接着在操作界面点击 ◪，生成相应的时
间历程瞬态响应曲线，见图16.21（b）。

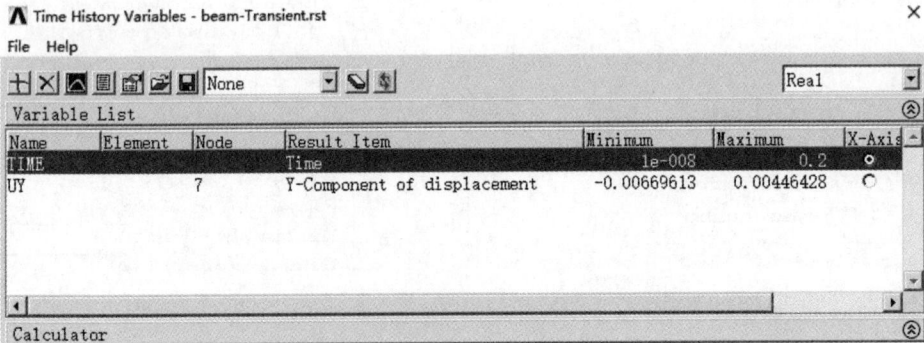

图16.20 时间历程后处理主界面

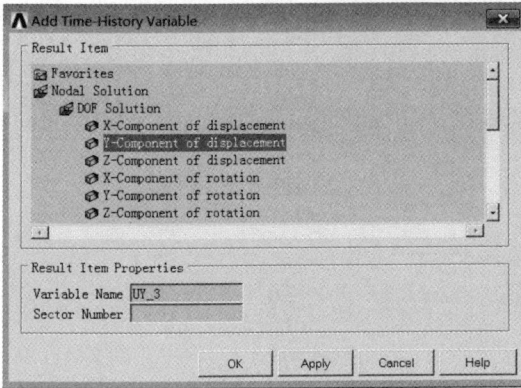

（a）变量设定对话框

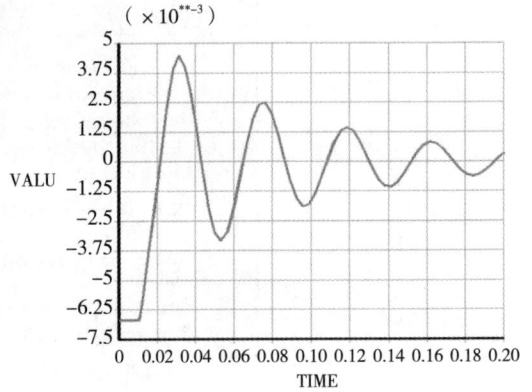

（b）节点7的y方向瞬态响应曲线

图16.21 变量设定及相关时间历程响应曲线

16.2.3 基于APDL命令流的分析过程（完全法）

上述简支梁卸载GUI操作对应的APDL命令流如下。

```
/clear                                      SECOFFSET,CENT
Finish                                      SECDATA,0.01,0.01,4,4,0,0,0,0,0,0,0,0  !定义截面参数
/filname,beam-Transient  !文件名
/title,Transient analysis for beam structure  !标题   k,1  !创建关键点k,2,1
/prep7  !前处理几何及有限元建模              l,1,2  !创建线
et,1,beam189  !选择梁单元                    lesize,1,,,10  !网格控制
mp,ex,1,2.1e11  !定义材料参数                lmesh,1  !分网
mp,prxy,1,0.3                                finish
mp,dens,1,7800                              !瞬态分析
SECTYPE,1,BEAM,RECT,,0  !定义截面            /solu
```

```
!施加约束,保证平面运动
D,ALL,,,,,,UZ,ROTX,ROTY,,,
!对所有节点施加Z方向的平动、X和Y方向的转动
D,1,,,,,,UX,UY,,,,
!对1号节点施加X和Y方向的平动
D,2,,,,,,UY,,,,,
!对2号节点施加Y方向的平动
antype,trans   !选择瞬态分析
trnopt,full    !选择完全法
outres,all,all   !控制写入到数据库的结果数据
!第1荷载步进行静力分析作为瞬态分析的初始条件
timint,off
f,7,fy,-100
time,0.01   !此处时间值任意,最后的时间
lswrite,1
```

```
!第2荷载步
timint,on
deltim,1.0e-8
autots,on   !自动时间步长
alphad,5    !aluofa阻尼比例阻尼系数
betad,0.001   !beita阻尼
time,0.2
kbc,1   !阶跃方式
fdele,7,all   !卸掉力
lswrite,2
lssolve,1,2,1   !求解
finish
/post26   !后处理
nsol,2,7,u,y
plvar,2
```

16.2.4 简谐激励作用下简支梁的瞬态响应

利用ANSYS瞬态响应模块也可以分析简谐激励作用下的时间历程响应。现假定在上述简支梁结构同一力作用点作用有简谐激励

$$F=100\sin(30t) \qquad (16.1)$$

拾振点、阻尼等与前面均相同,试求解该节点处的瞬态响应。相关命令流如下(仅给出求解部分)。

```
……
!简谐激励相关参数设定
TT=0
dt=0.01
CN=400
wi=30   !激振频率
FA=100    !力幅

/solu
!施加约束,保证平面运动
D,ALL,,,,,,UZ,ROTX,ROTY,,,
!对所有节点施加Z方向的平动、X和Y方向的转动
D,1,,,,,,UX,UY,,,,
!对1号节点施加X和Y方向的平动
```

```
D,2,,,,,,UY,,,,,
!对2号节点施加Y方向的平动

antype,trans   !选择瞬态分析
trnopt,full    !选择完全法
NROPT,FULL
outres,all,all   !控制写入到数据库的结果数据

alphad,5    !aluofa阻尼-比例阻尼系数
betad,0.001    !beita阻尼
*Do,I,1,CN   !节点载荷的施加,简谐激励
TIME,dt*I
F,7,FY,FA*SIN(wi*dt*I)
SOLVE
```

*ENDDO   ......

FINISH

执行上述命令流后，指定点的位移时域响应见图16.22。

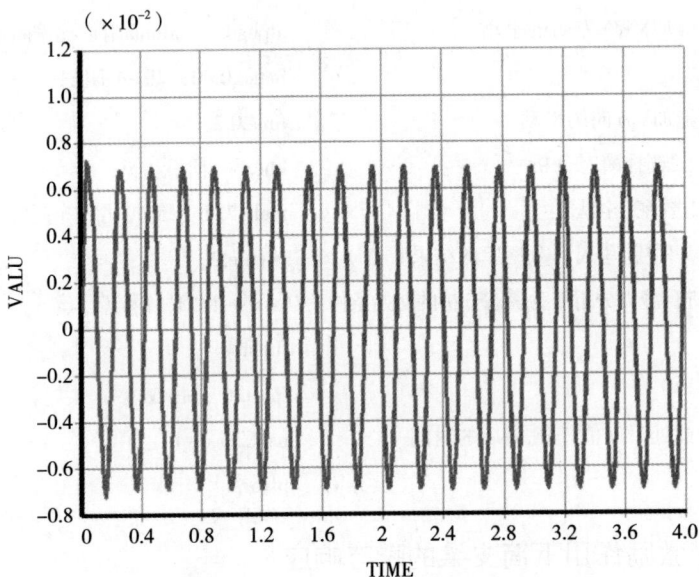

图16.22　简谐激励作用下节点7的y方向瞬态响应曲线

16.3　多载荷步作用下悬臂板瞬态响应分析

为了加深读者对瞬态响应分析的理解，本节以一个悬臂板为例，假定其受多个载荷步，分别采用完全法及模态叠加法求解其指定点的瞬态响应。

16.3.1　问题描述

假定有一窄板，长度为900 mm，宽度为40 mm，厚度为3 mm，材料参数为$E=2.04 \times 10^{11}$ Pa，$\mu=0.3$，$\rho=7850$ kg/m³；处于悬臂状态，在自由端作用有如图16.23所示的载荷，分别采用完全法和模态叠加法计算其振动响应，阻尼采用质量阻尼系数为5。注：由于板很窄，因而为了简化求解这里采用梁单元模拟该窄板。

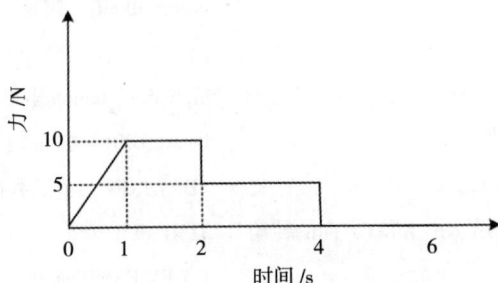

图16.23　窄板自由端作用的多载荷步

16.3.2 多载荷步作用下悬臂板瞬态响应分析（完全法）

首先采用GUI方式对载荷步作用下悬臂板瞬态响应进行分析，同样这里仅给出主要步骤。

（1）选单元。依次点击Main Menu，Preprocessor，Element Type，Add/Edit/Delete，弹出单元对话框，选择所需单元类型，选择"Beam""2 node 188"（BEAM 188单元），同时，在单元选项中在"Element behavior K3"处选择"Quadradic Form"，即高价位移插值。

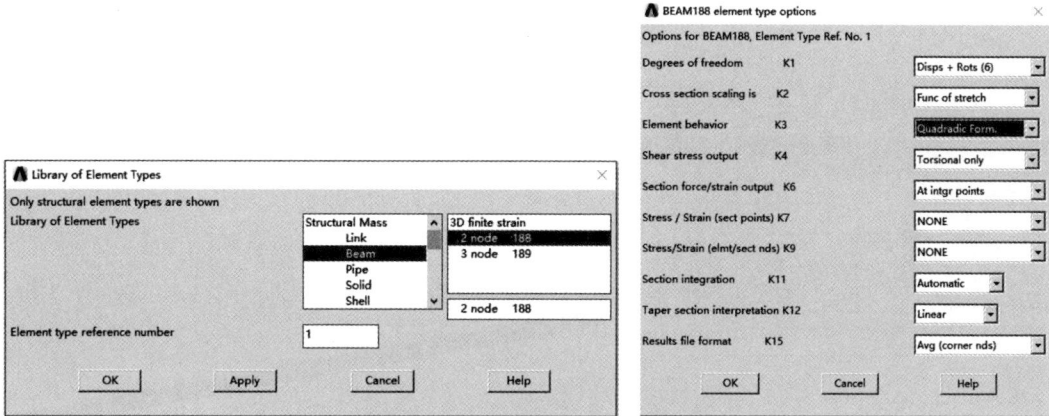

图16.24 单元类型选择及单元选项设置

（2）定义材料属性。材料属性输入是一个很常规的操作，可参见16.2.2，这里不再详细描述。具体材料参数值见16.3.1。

（3）定义梁单元截面。依次点击Main Menu，Preprocessor，Sections，Beam，Common Sections，按图16.25定义梁截面。

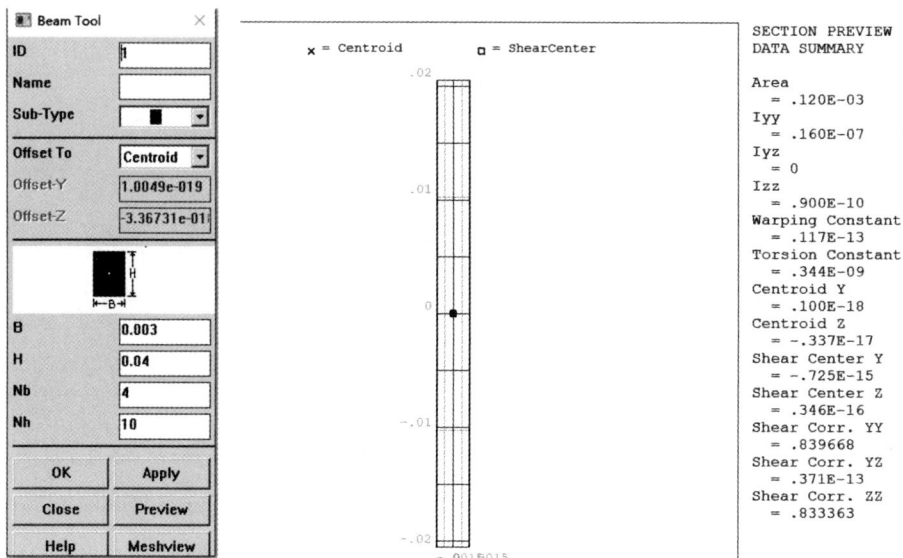

图16.25 定义梁截面

（4）创建几何模型。

① 创建两个关键点。依次点击Main menu，Preprocessor，Modeling，Create，Keypoints，In Active CS，弹出创建关键点对话框，依次创建2个关键点：1（0，0，0），2（0.9，0，0）。

② 连成线。依次点击Main Menu，Preprocessor，Modeling，Create，Lines，Lines，Straight Line，连接创建的两个关键点形成线，进而完成几何模型的创建。

（5）划分网络。

① 分网规划。依次点击Main Menu，Preprocessor，Meshing，MeshTool，弹出网格划分工具对话框，选择"lines"中"Set"设置，"NDIV No. of element divisions"为100。

② 执行分网。点击"Mesh"按钮，生成最终的有限元模型见图16.26（为实体化显示的网格）。

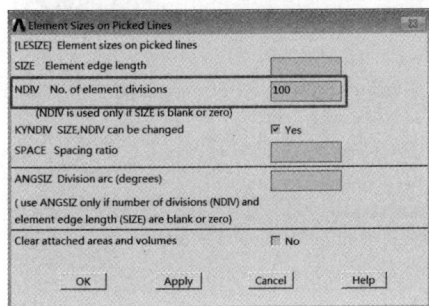

图16.26 生成的窄板有限元模型

（6）加约束。依次点击Main Menu，Solution，Define loads，Apply，Structural，Displacement，on Keypoints，选取关键点1，约束所有自由度。

（7）进行瞬态响应分析的相关设置。

① 选择分析类型。依次点击Main Menu，Solution，Analysis Type，New Analysis，进入瞬态求解模块，选择完全法，相关对话框见图16.27。

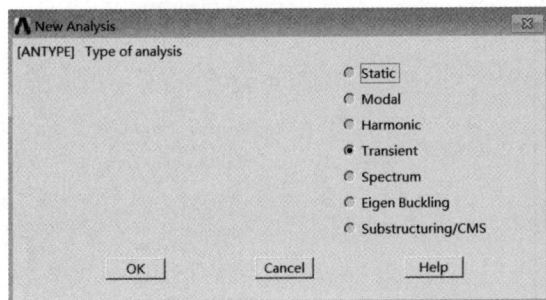

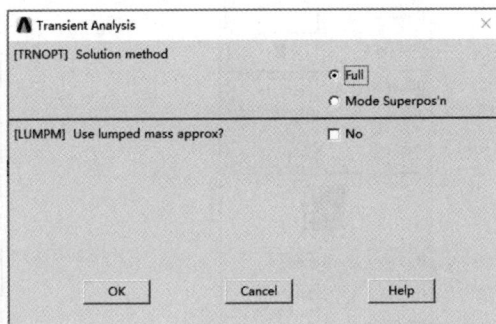

图16.27 选择分析类型

② 设定阻尼。依次点击Main Menu，Solution，Analysis Type，Sol's Controls，Transient，弹出"Solution Controls"对话框，在"Mass matrix multiplier"（质量阻尼矩阵乘子）处输入"5"，见图16.28。

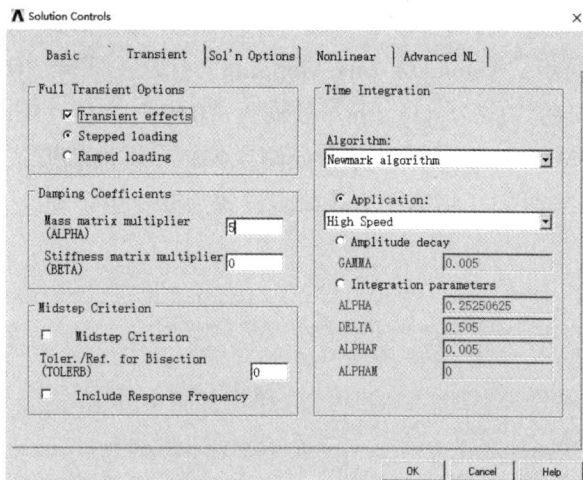

图16.28　定义阻尼

③定义初始载荷步。首先，选取菜单路径Main Menu，Solution，Analysis Type，Sol's Controls，Basic，在"Time at end of loadstep"处输入"0.0001"（设定初始载荷步的时间为0.0001 s），在自动时间步"Automatic time stepping"处选择"Off"；在"Frequency"处选择"Write every substep"，即每一步都写入，相关操作见图16.29；点击"Transient"按钮，选择阶跃加载，即step loading。

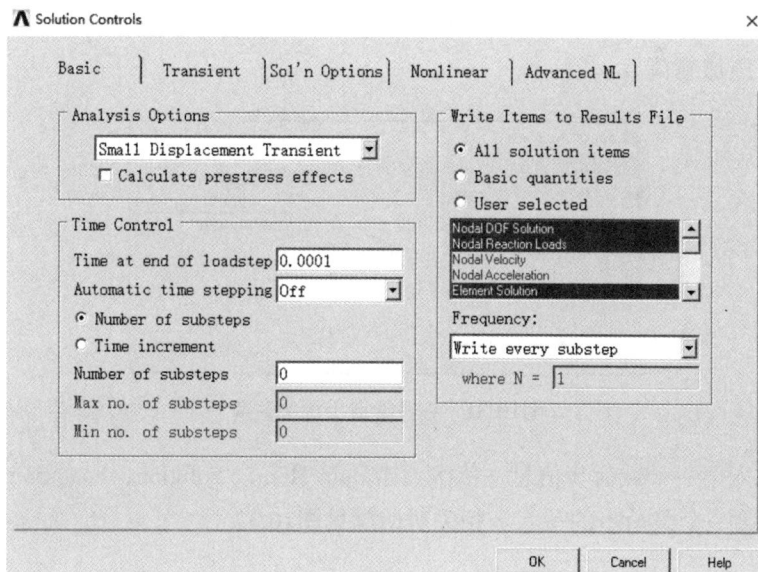

图16.29　初始载荷步相关基础设置

其次，在关键点2上施加沿y轴方向的0 N的力，依次点击Main Menu，Solution，Define Loads，Apply，Structural，Force/Moment，on Keypoints。

最后，对初始载荷进行求解，依次点击Main Menu，Solution，solve，current LS。

④定义第一个载荷步。首先，设定第一个载荷步的时间为1 s，依次点击Main

Menu，Solution，Analysis Type，Sol's Controls，Basic，在"Time at end of loadstep"处输入"1"；自动时间步"Automatic time stepping"打开（选择"On"）；定义时间步"Time increment"，在"Time step size"处输入"0.01"，在"Minimum time step"处输入"0.01"，在"Maximum time step"处输入0.05；将加载形式设为渐变（Ramped loading），参照图16.23可知，将第一个载荷步设置为渐变更合理。上述载荷设置对话框见图16.30。

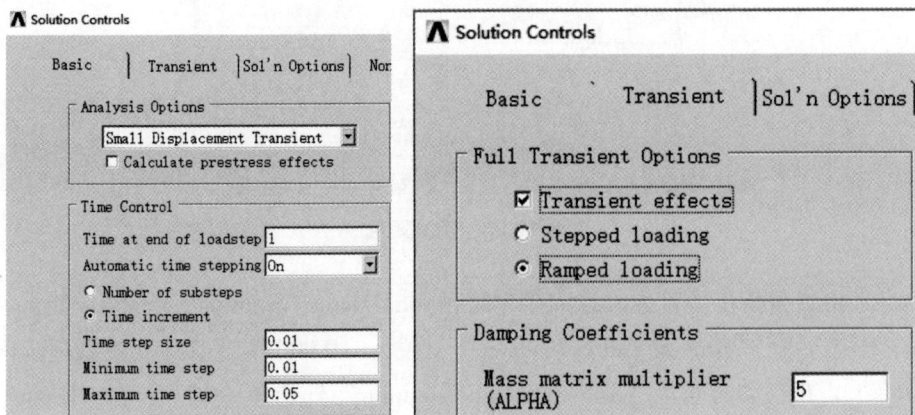

图16.30　第一个载荷步相关设置对话框

其次，在关键点2上施加沿y轴方向的10 N的力，依次点击Main Menu，Solution，Define Loads，Apply，Structural，Force/Moment，on Keypoints，选择关键点2，按如图16.31所示的对话框施加载荷。

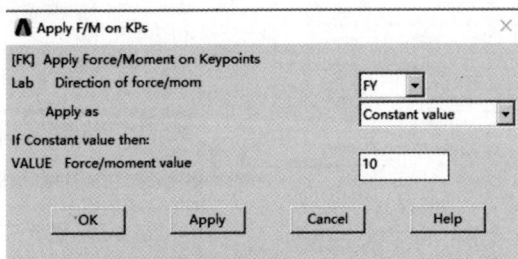

图16.31　在关键点上施加载荷

最后，写入第一个载荷步信息，依次点击Main Menu，Solution，Load Step Opts，Write LS File，进行第一个载荷步的写入。相关对话框见图16.32。

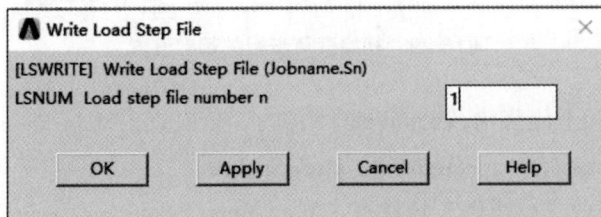

图16.32　第一个载荷步的信息写入

⑤ 定义第二个载荷步。首先，设定第二个载荷步的时间为2 s，依次点击Main Menu，Solution，Analysis Type，Sol's Controls，Basic，在"Time at end of loadstep"处输入"2"；将加载形式调整为阶跃（Step loading）。相关设置见图16.33。

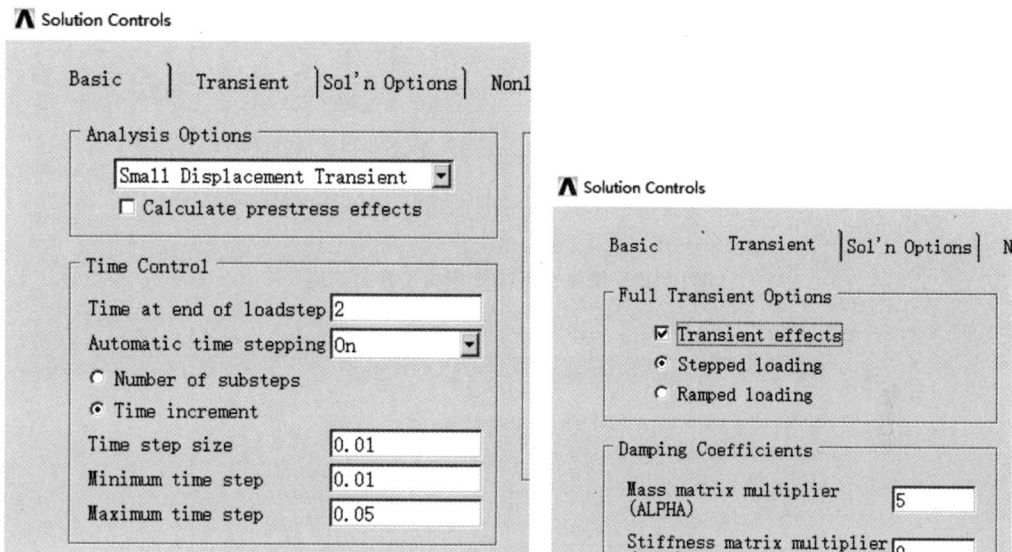

图16.33　第二个载荷步的相关设置

其次，写入第二个载荷步信息，依次点击Main Menu，Solution，Load Step Opts，Write LS File，在弹出的对话框中将载荷步编号设定为2，见图16.34。

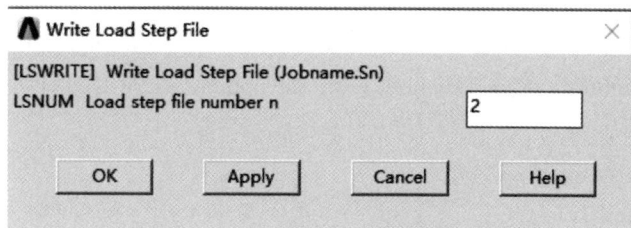

图16.34　第二个载荷步的信息写入

⑥ 定义第三个载荷步。首先，设定第三个载荷步的时间为4 s，依次点击Main Menu，Solution，Analysis Type，Sol's Controls，Basic，在"Time at end of loadstep"处输入"4"；加载形式仍为阶跃（Step loading）。相关设置见图16.35。

其次，在关键点2上施加沿y轴方向的5 N的力，依次点击Main Menu，Solution，Define Loads，Apply，Structural，Force/Moment，On Keypoints，在弹出的对话框中将载荷设置为5。

最后，写入第3个载荷步信息，选取菜单路径Main Menu，Solution，Load Step Opts，Write LS File，在弹出的对话框中将载荷步编号设定为3，见图16.36。

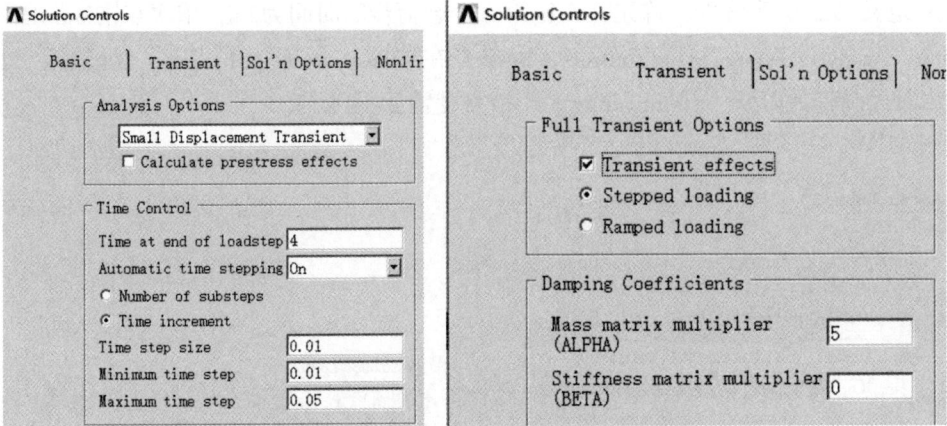

图16.35 第三个载荷步相关设置对话框

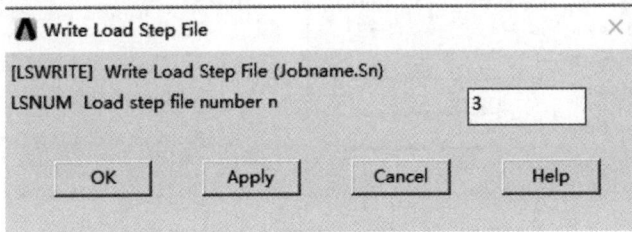

图16.36 第三个载荷步的信息写入对话框

⑦ 定义第四个载荷步。首先，设定第四个载荷步的时间为6 s，依次点击Main Menu，Solution，Analysis Type，Sol's Controls，Basic，在"Time at end of loadstep"处输入"6"；加载形式仍为阶跃（Step loading）。相关设置见图16.37。

其次，在关键点2上施加沿y轴方向的0 N的力，依次点击Main Menu，Solution，Define Loads，Apply，Structural，Force/Moment，On Keypoints，在弹出的对话框中将载荷设置为0。

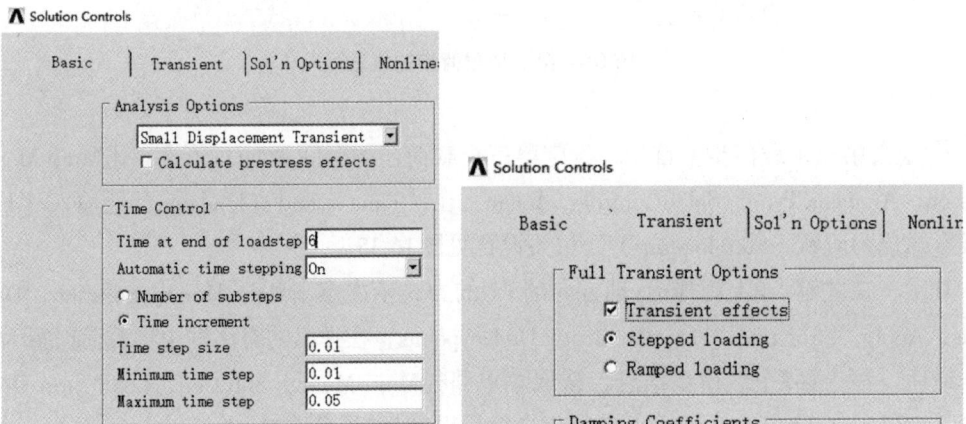

图16.37 第四个载荷步相关设置对话框

最后，写入第四个载荷步信息，依次点击Main Menu，Solution，Load Step Opts，Write LS File，在弹出的对话框中将载荷步编号设定为4，见图16.38。

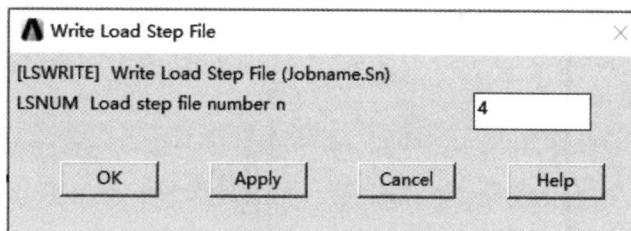

图16.38　第四个载荷步的信息写入

（8）求解。求解前述的4个载荷步，依次点击Main Menu，Solution，Solve，From LS Files，按图16.39完成设置。

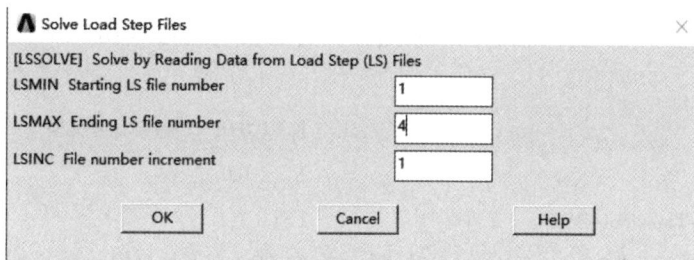

图16.39　多载荷步求解对话框

（9）时间历程后处理。进入POST26后处理界面，计算简支梁节点2（自由端）位置处在y方向的位移响应。依次点击Main Menu，TimeHist Postpro，Define Variables，弹出如图16.40所示的时间历程后处理对话框。具体添加数据以及显示曲线见16.2.2，这里不再描述，求解结果见图16.41。

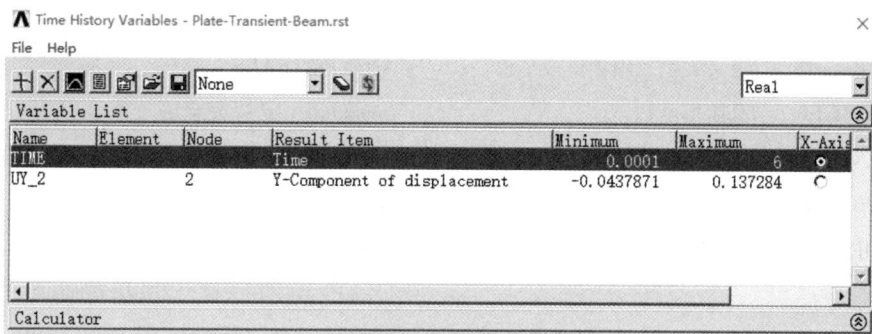

图16.40　时间历程后处理操作

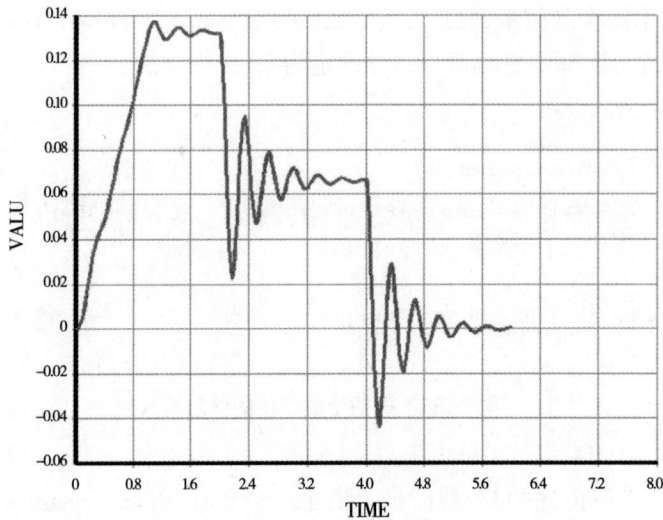

图16.41 悬臂窄板多载荷步作用下自由端处的瞬态响应

以上完成了基于GUI的瞬态响应求解过程。与之相对应的APDL命令流如下。

```
/clear
Finish
!!!!!!!!!!!!
/filname,Plate-Transient-Beam    !文件名
/title,Transient analysis for plate structure    !标题
/NOPR
KEYW,PR_SET,1
KEYW,PR_STRUC,1
/PREP7
!定义几何参数
L=900/1000   !长度
W=40/1000
T=3/1000
ET,1,Beam188    !定义梁单元用于模拟窄板
KEYOPT,1,3,2    !高阶形函数
MP,EX,1,2.04E11    !定义材料参数
MP,PRXY,1,0.3
MP,DENS,1,7850

SECTYPE,1,BEAM,RECT,,0    !定义截面
SECOFFSET,CENT
SECDATA,T,W,4,10,0,0,0,0,0,0,0,0
```

```
K,1,0,0,0,    !创建几何模型
K,2,L,0,0,
LSTR,1,2
TYPE,1    !开始分网
MAT,1
SECNUM,1
LESIZE,1,,,100,,,,,1    !分网方案设置
LMESH,1
/ESHAPE,1.0
DK,1,ALL    !对关键点1加约束悬臂状态
Finish
/SOL
ANTYPE,TRANS
trnopt,full    !选择完全法
OUTR,all,all    !控制写入到数据库的结果数据
Alph,5    !指定质量阻尼系数
time,0.0001    !定义初始载荷步
FK,2,FY,0    !在关键点2加力,先加0值
kbc,1    !选择阶跃
auto,off    !关闭自动时间步,好像打开也无影响
solve
```

Time,1　!定义第1个载荷步

auto,on

Deltim,0.01,0.01,0.05　!定义时间步,如不打开GUI

无法输入

Kbc,0

FK,2,FY,10

Lswr,1

Time,2　!定义第2个载荷步

Kbc,1

Lswr,2

Time,4　!定义第3个载荷步

Kbc,1

FK,2,FY,5

Lswr,3

Time,6　!定义第4个载荷步

Kbc,1

FK,2,FY,0　!相当于删掉

Lswr,4

Lssolve,1,4　!求解

Finish

/POST26

NSOL,2,2,U,Y,UY_2,　!提取节点2的位移

XVAR,1

/grid,1

PLVAR,2

FINISH

16.3.3　多载荷步作用下悬臂板瞬态响应分析（模态叠加法）

以下按照模态叠加法求解悬臂窄板在多载荷步作用下的瞬态响应，其选单元及设置、几何建模与有限元建模与前述完全法完全分析过程一致，以下重点给出利用模态叠加法求解的具体操作过程。

在用模态叠加法进行瞬态响应分析时，需要首先获得悬臂板结构的固有频率。关于固有频率求解参看第14章，该悬臂板结构计算获得的固有频率见图16.42（这里求解了30阶，图中仅显示出12阶）。与谐响应分析相似，所引入的阶次对应的固有频率值应远大于所考虑的频率范围。

```
 SET,LIST Command
File

 *****  INDEX OF DATA SETS ON RESULTS FILE  *****

   SET    TIME/FREQ   LOAD STEP   SUBSTEP   CUMULATIVE
     1    3.0500          1          1          1
     2    19.113          1          2          2
     3    40.602          1          3          3
     4    53.512          1          4          4
     5    104.85          1          5          5
     6    128.36          1          6          6
     7    173.29          1          7          7
     8    252.10          1          8          8
     9    258.82          1          9          9
    10    361.41          1         10         10
    11    385.07          1         11         11
    12    481.03          1         12         12
```

图16.42　悬臂板结构的固有频率

以下描述基于模态叠加法对悬臂板进行瞬态响应分析的相关设置。

（1）分析类型设定。依次点击Main Menu，Solution，Analysis Type，New Analysis，进入瞬态求解模块，选择模态叠加法Mode Superpos'n，见图16.43。

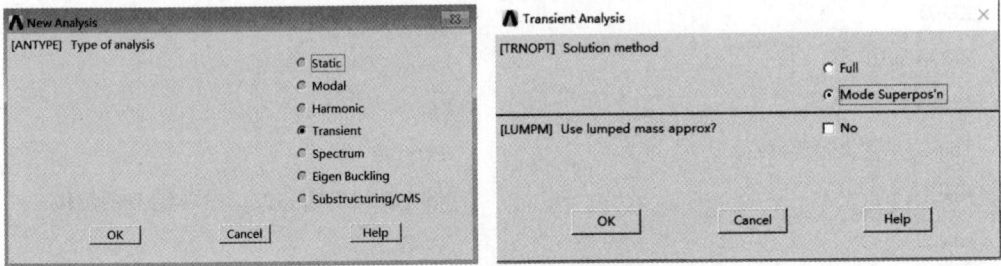

图16.43　选择瞬态响应分析及模态叠加法

（2）选择考虑的模态数。依次点击Main Menu，Solution，Analysis Type，Analysis option，指定考虑模态数，这里选择30。这里考虑的模态数需要不大于前面模态分析提取的阶次数量。见图16.44。

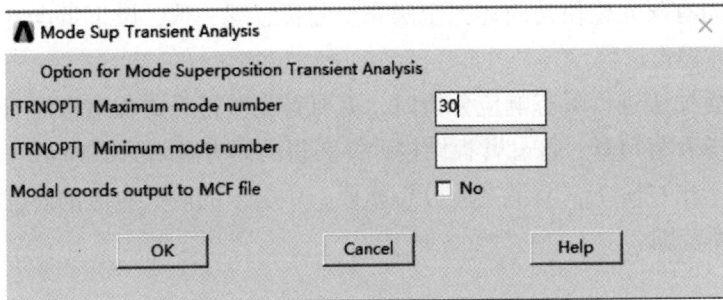

图16.44　瞬态响应分析引入的模态数量

（3）指定阻尼。依次点击Main Menu，Solution，Load step opts，Time/Frequenc，damping，与完全法一致，设定质量阻尼为5，见图16.45。同谐响应分析类似，模态叠加法提供了更多的阻尼选项。

（4）定义初始载荷步。

① 设定初始载荷步的时间为0.0001 s，依次点击Main Menu，Solution，Load step opts，Time/Frequency，Time and Substeps，在弹出的对话框中的"Time at end of load step"处填写"0.0001"；自动时间步"Automatic time stepping"关闭（选择"OFF"）；载荷施加方式选择阶跃（Stepped）。以上设置参见图16.46。

② 在关键点2上施加沿Y轴方向的0 N的力，依次点击Main Menu，Solution，Define Loads，Apply，Structural，Force/Moment，On Keypoints，完成相关设定。

③ 对初始载荷求解，依次点击Main Menu，Solution，solve，current LS，在弹出的对话框中点击"OK"按钮完成初始求解。

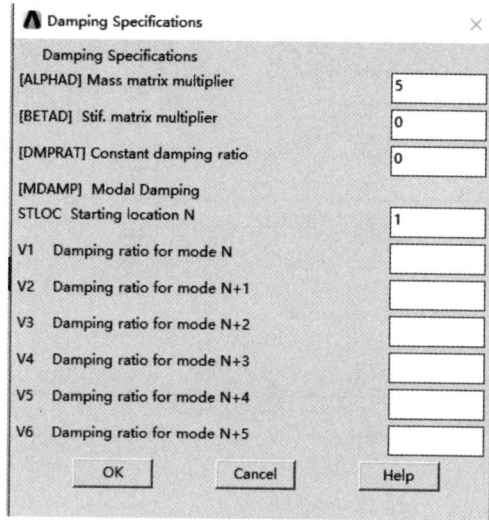

图16.45 阻尼设定

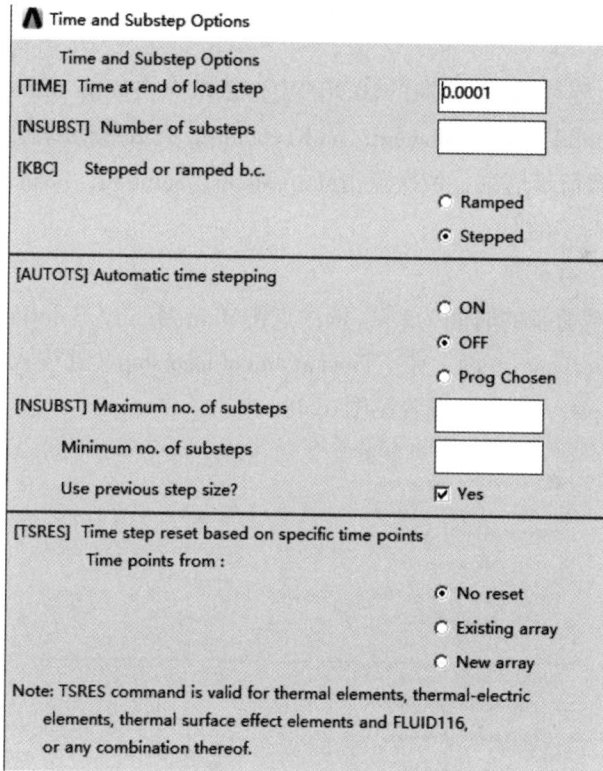

图16.46 初始载荷步设置

（5）定义第一个载荷步。

① 设定第一个载荷步的时间为1 s，依次点击Main Menu，Solution，Load step opts，Time/Frequency，Time Time-steps，在 "Time at end of load step" 处输入 "1"，将载荷形式变为渐变（Ramped），相关设置见图16.47。

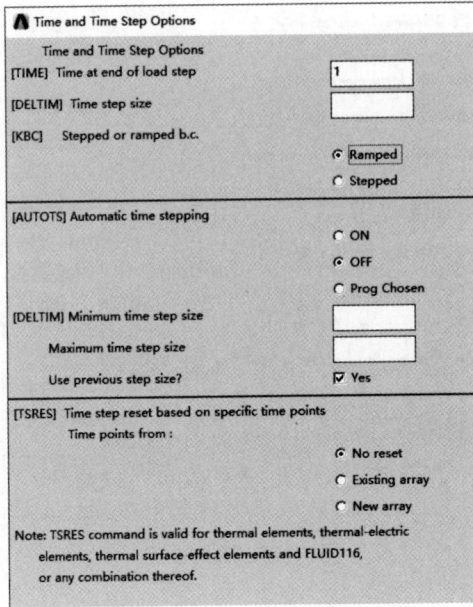

图16.47　第一个载荷步设置对话框

② 在关键点2上施加沿Y轴方向的10 N的力，依次点击Main Menu，Solution，Define Loads，Apply，Structural，Force/Moment，on Keypoints，完成载荷的施加。

③ 写入第一个载荷步信息，依次点击Main Menu，Solution，Load Step Opts，Write LS File，完成第一个载荷步的写入。

（6）定义第二个载荷步。

① 设定第二个载荷步的时间为2 s，依次点击Main Menu，Solution，Load step opts，Time/Frequency，Time Time-steps，在"Time at end of load step"处输入"2"，将载荷加载方式改为阶跃（Stepped），相关设置见图16.48。

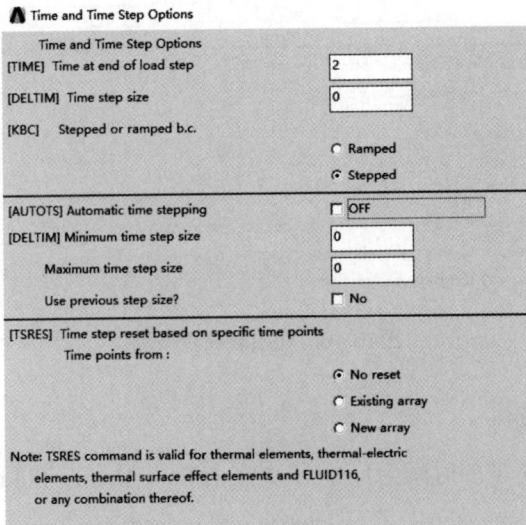

图16.48　第二个载荷步设置对话框

② 写入第二个载荷步信息，依次点击Main Menu，Solution，Load Step Opts，Write LS File，完成第二个载荷步的写入。

（7）定义第三个载荷步。

① 设定第三个载荷步的时间为4 s，依次点击Main Menu，Solution，Load step opts，Time/Frequency，Time and Time-steps，在"Time at end of load step"处输入"4"，载荷加载方式仍为阶跃（Stepped），相关设置见图16.49。

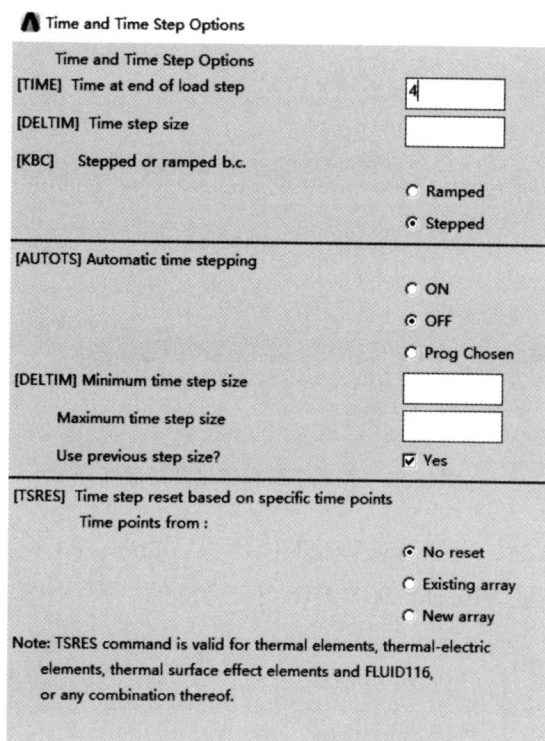

图16.49 第三个载荷步设置

② 在关键点2上施加沿y轴方向的5 N的力，依次点击Main Menu，Solution，Define Loads，Apply，Structural，Force/Moment，On Keypoints，完成载荷的施加。

③ 写入第三个载荷步信息，依次点击Main Menu，Solution，Load Step Opts，Write LS File，完成第三个载荷步的写入。

（8）定义第四个载荷步。

① 设定第四个载荷步的时间为6 s，依次点击主菜单Main Menu，Solution，Load step opts，Time/Frequency，Time Time-steps，在"Time at end of load step"处输入"6"，载荷加载方式仍为阶跃（Stepped），相关设置见图16.50。

② 在关键点2上施加沿y轴方向的0 N的力，依次点击Main Menu，Solution，Define Loads，Apply，Structural，Force/Moment，On Keypoints，完成载荷的施加。

③ 写入第四个载荷步信息，依次点击Main Menu，Solution，Load Step Opts，Write LS File，完成第四个载荷步的写入。

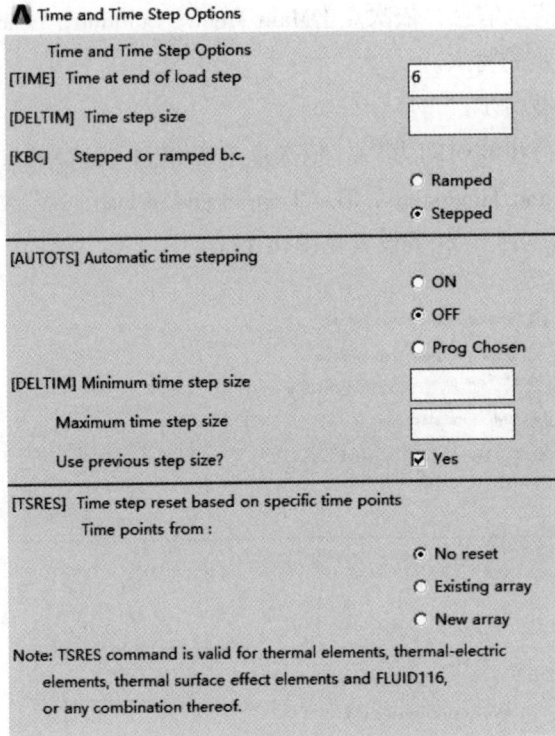

图16.50　第四个载荷步设置对话框

在进行完上述设置后，可执行求解及时间历程后处理，相关操作与完全法部分完全相同，求得的瞬态响应见图16.51。对比图16.41完全法的结果，可知两者基本一致。

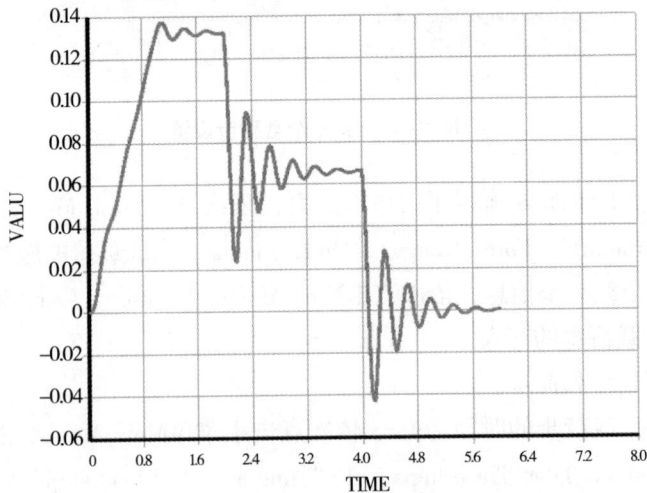

图16.51　基于模态叠加法求得的瞬态响应

对应上述GUI操作，利用模态叠加法对多步载荷作用下的悬臂板进行瞬态响应分析的APDL命令流为。

```
/clear
Finish
!!!!!!!!!!!
/filname,Plate-Transient-Beam-modal    !文件名
!标题
/title,Transient analysis for plate structure
/NOPR
KEYW,PR_SET,1
KEYW,PR_STRUC,1
/PREP7
!定义几何参数
L=900/1000    !长度
W=40/1000
T=3/1000
ET,1,Beam188    !定义梁单元用于模拟窄板
KEYOPT,1,3,2    !高阶形函数
MP,EX,1,2.04E11    !定义材料参数
MP,PRXY,1,0.3
MP,DENS,1,7850
SECTYPE,1,BEAM,RECT,,0    !定义截面
SECOFFSET,CENT
SECDATA,T,W,4,10,0,0,0,0,0,0,0,0
K,1,0,0,0,    !创建几何模型
K,2,L,0,0,
LSTR,1,2
TYPE,1    !开始分网
MAT,1
SECNUM,1
LESIZE,1,,,100,,,,,1    !分网方案设置
LMESH,1
/ESHAPE,1.0
Finish
/Solu    !计算模态
Antype,modal
MODOPT,LANB,30,0.5,0,,OFF
Mxpand,30,,,yes    !扩展30阶模态,yes计算单元结果
DK,1,ALL    !对关键点1加约束悬臂状态

Solve
finish
/SOL    !执行瞬态分析
ANTYPE,TRANS
TRNOPT,MSUP,30    !选择模态叠加法并指定考虑模态数
OUTRes,all,all
Alph,5    !指定质量阻尼系数
time,0.0001    !设定初始载荷步
FK,2,FY,0
kbc,1
autots,off
solve
Time,1    !定义第1个载荷步
!Delt,0.01,0.01,0.05    !载荷步不能变,此条命令没用
Kbc,0
FK,2,FY,10
Lswr,1
Time,2    !设定第2个载荷步
Lswr,2
Time,4    !设定第3个载荷步
Kbc,1
FK,2,FY,5
Lswr,3
Time,6    !设定第4个载荷步
Kbc,1
FK,2,FY,0
Lswr,4
Lssolve,1,4
Finish
/POST26
FILE,,RDSP    !指定结果将要读入的文件
NSOL,2,2,U,Y,UY_2,    !提取节点2的位移
XVAR,1
/grid,1
PLVAR,2
FINISH
```

16.4　本章小结

本章在简要介绍采用完全法及模态叠加法对结构进行瞬态分析流程的基础上，分别以简支梁突然卸载、窄板受多步载荷为例，采用GUI及APDL命令流方式描述了对上述两个结构进行瞬态响应分析的过程，读者应重点掌握如下关键技术点。

（1）采用完全法对结构进行瞬态响应分析的方法。明确通过"Solution controls"对话框设置载荷步作用时间、作用方式、阻尼加载等的方法。要学会对多载荷步的分析及设置。

（2）采用模态叠加对结构进行瞬态响应分析的方法。进行模态分析是执行基于模态叠加法对结构分析的前提，读者应重点学习选择模态阶数、定义阻尼以及通过"Time and substep options"进行载荷步设置的方法。

（3）多载荷步求解及利用时间历程后处理显示时域瞬态响应曲线的方法。瞬态响应分析在求解时，通常要利用"Solve load step file"对话框，读取写入的各载荷步进而求解。时间历程后处理通常需要添加数据及曲线以显示时域结果，其操作方法与谐响应分析一致。

习题

（1）结构形式习题图1所示，简支梁长度L为200 cm，梁横截面I为750 cm^2，h为16 cm，假设悬臂梁的阻尼符合瑞利阻尼，其中$\alpha=0.01$，$\beta=0.0005$。梁中点处集中质量m为0.03 kg。设梁的弹性模量为2.01×10^{11} Pa，泊松比为0.3，所受荷载习题图1所示。梁的质量忽略不计，确定梁上各点最大的竖向位移及其对应的时刻。

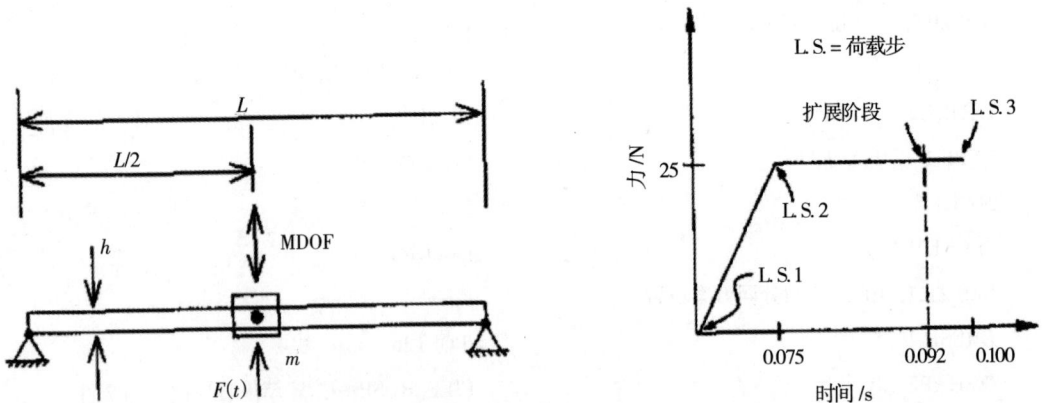

习题图1（简支梁–质量块系统及其载荷形式）

（2）悬臂梁的长度L为1 m，悬臂梁的截面为正方形，其边长为0.03 m，如习题图2所示。悬臂梁的材料参数：弹性模量为2.01×10^{11} Pa，泊松比为0.3。载荷及边界条件：悬臂梁的左端固定，右端承受冲击力F为2000 N，持续时间为0.0004 s，计算0.8 s内梁的响应。假设悬臂梁的阻尼符合瑞利阻尼，其中$\alpha=0.01$，$\beta=0.0005$。

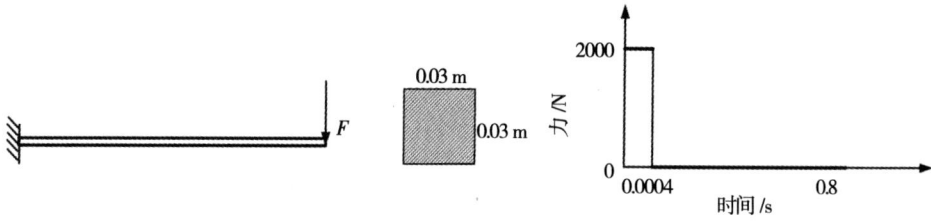

习题图2（悬臂梁受冲击载荷）

第17章 谱分析实例

谱分析是一种将模态分析的结果与一个已知的谱联系起来计算模型的位移和应力的分析技术。谱分析替代时间历程分析，主要用于确定结构对随机载荷或随时间变化载荷（如地震、风载、海洋波浪、喷气发动机推力、火箭发动机振动等）的动响应情况。本章在简要描述谱分析流程的基础上，分别以梁-板结构、悬臂板为对象给出随机激励作用下两种结构谱分析方法。

17.1 谱分析的定义及分析流程

所谓"谱"是指谱值与频率的关系曲线，它反映了时间历程载荷的强度和频率信息。ANSYS的谱分析有三种类型：响应谱分析（RSA）、动力设计分析方法（DDAM）、功率谱密度（PSD）。而响应谱又分为单点响应谱（SPRS）和多点响应谱（MPRS）。本章主要描述功率谱密度（PSD）分析步骤。

17.1.1 建模

与其他分析类型建模过程类似，但需要注意谱分析仅考虑线性行为，任何非线性单元均被视为线性单元处理，如果含有接触单元，则其刚度始终是初始刚度；且必须定义材料弹性模量和密度，材料的任何非线性将被忽略，但允许材料特性是线性的、各向同性或各向异性及随温度变化或不随温度变化。

17.1.2 获得模态解

模态分析在第14章已经介绍，对于谱分析仍需要注意以下几点：①要使用分块兰索斯法、子空间法提取模态，非对称法、阻尼法、QR阻尼法对谱分析无效；②所提取的模态数应足以表征在感兴趣的频率范围内结构所具有的响应；③材料阻尼必须在模态分析中进行指定；④必须在激励谱的位置施加自由度约束；⑤求解结束后需明确退出求解层。

17.1.3 获得谱解

（1）进入求解器，相关对话框见图17.1。

（2）定义分析类型和分析选项。用命令"SPOPT""P.S.D."定义PSD分析类型。如要得到应力结果，则打开命令"SPOPT"的应力计算开关选项，且必须在扩展模态过程中指定过计算应力，这时才能计算由谱引起的应力。相关GUI操作对话框见图17.2。

（3）定义载荷步选项。所用命令主要有：PSDUNIT，PSDFRQ，PSDVAL，ALPHAD，BETAD，DMPRAT，MDAMP等。其中相关阻尼的命令同前面描述的谐响应及瞬态响应分析中的相关阻尼设置，在PSD分析中，若不指定阻尼则使用1%的DMPRAT。关

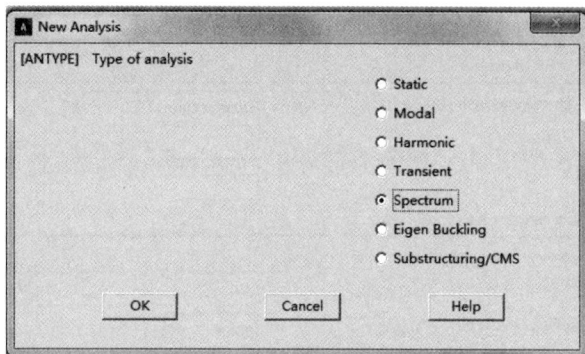

图17.1 选定谱分析

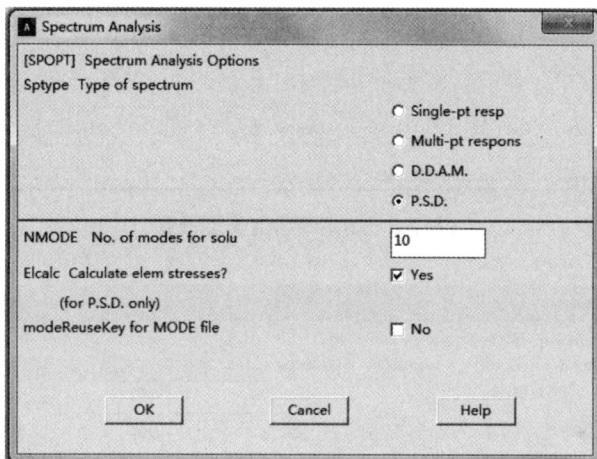

图17.2 谱分析设置

于定义载荷步的具体子步骤如下。

① 定义功率谱密度类型。依次点击主菜单Main Menu，Solution，Load Step Opts，Spectrum，PSD，Settings命令将弹出功率流谱密度设置对话框（见图17.3）。对应的命令流为PSDUNIT，TBLNO， Type，GVALUE，其中TBLNO为功率谱密度—频率表的个数；Type为功率谱密度类型，其中DISP为位移谱（m^2/Hz）、VELO为速度谱[（m/s）^{2}/Hz]、ACEL为加速度谱[（m/s）^{2}/Hz]、ACCG为重力加速度谱（g^2/Hz）、FORC为力谱（N^2/Hz）、PRES为压力谱（Pa^2/Hz），缺省时为加速度谱（ACEL）。GVALUE表示当TYPE为ACCG时不同单位的重力加速度值，缺省为9.8 m/s^2。此外，需要注意的是，力和压力谱只能在节点激励，其余则为基础激励，如果施加压力功率谱密度，则应在模态分析时就施加压力。

② 定义功率谱密度–频率表。相关命令为PSDFRQ，TBLNO1，TBLNO2，FREQ1，FREQ1，FREQ2，FREQ3，FREQ4，FREQ5，FREQ6，FREQ7；命令：PSDVAL，TBLNO，SV1，SV2，SV3，SV4，SV5，SV6，SV7。其中TBLNO1，TBLNO2为表号。FREQ1~FREQ7为功率谱密度–频率表的频率点，重复定义可高达50个点。SV1~SV7为各频率点对应的谱值。相关对话框见图17.4。

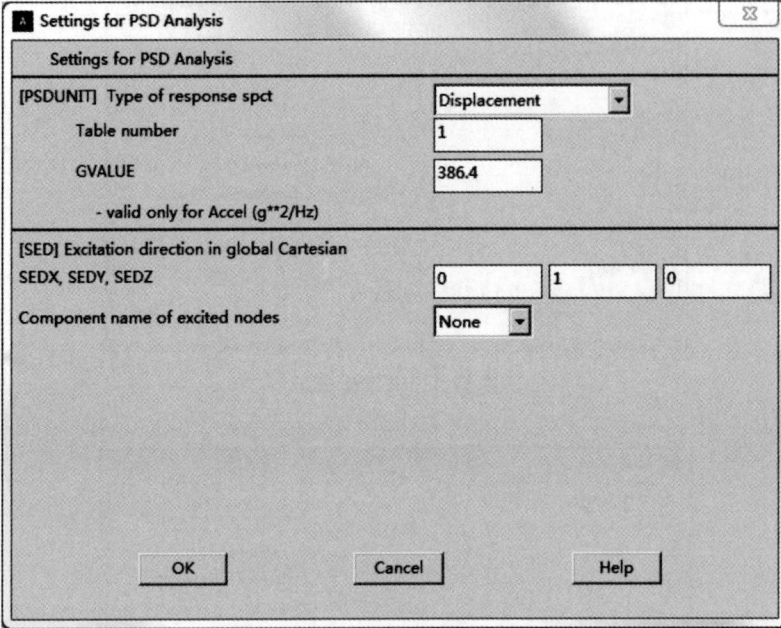

图17.3　功率谱密度类型设置

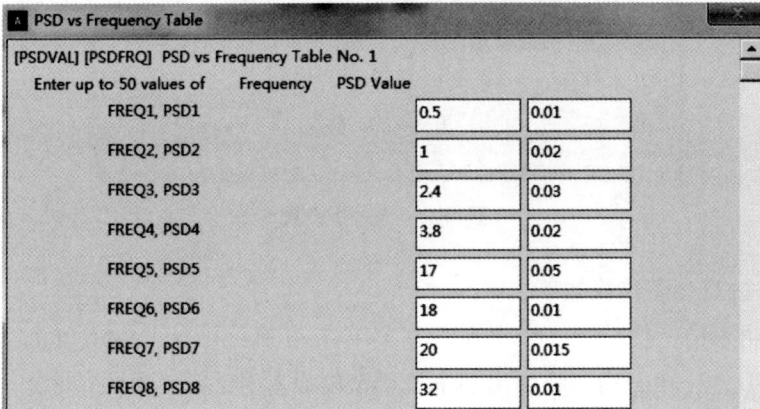

图17.4　利用频率表定义功率谱具体值

（4）在节点上施加功率谱密度（PSD）激励（Main Menu，Solution，Define Loads，Delete，Structual，Spectrum，Base PSD，On Nodes）。用命令D，DK，DL和DA施加基础激励，用命令F或FK施加节点激励，用命令LVSCALE施加压力PSD。当指定值为1.0时，该节点就施加功率谱密度激励，如指定值为0.0（或空值）时，该节点的功率谱密度激励将被删除。激励的方向由D命令中Ux，Uy，Uz的符号或者F命令中Fx，Fy，Fz的符号定义。对于节点激励，非1.0的值充当激励缩放系数；对于压力功率谱密度，引入模态分析中生成的载向量（LVSCALE命令），也可以使用缩放系数。相关对话框见图17.5。

（5）设置输出控制项。仅一条输出控制命令PSDRES，它定义结果文件的输出数据的数量和格式。包括三种结果数据：位移解、速度解或加速度解。每一种解都可以是绝对值或对于基准值的相对值。相关对话框见图17.6。

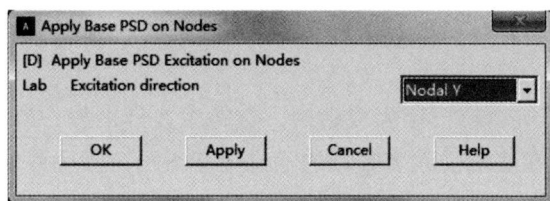

图17.5 施加功率谱密度激励

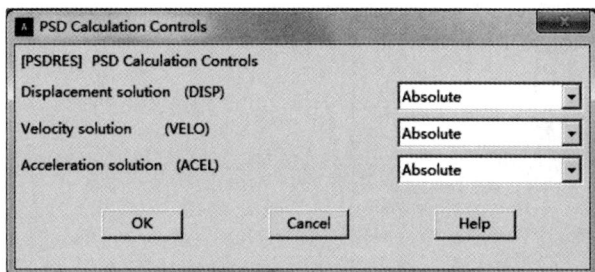

图17.6 结果输出控制

（6）开始求解计算。

（7）退出求解器。

17.1.4 合并模态

按以下步骤完成此项操作：①进入求解器；②指定分析类型，用ANTYPE，SPECTR定义谱分析；③选择模态合并方法，在随机振动中，只有PSD模态合并方法，即命令PSDCOM，PSD模态合并方法中的SIGNIF和COMODE选项指定参加模态合并的数目；④开始求解；⑤退出求解器。

17.1.5 结果输出

将随机振动分析的结果都写入结果文件"Jobname.RST"，它包括：模态分析结果中的扩展模态形状、基础激励静力解。如果进行模态合并（PSDCOM命令）且利用PSDRES命令设置输出，则可得到1σ位移解（位移、应力、应变、力），1σ速度解（速度、应力速度、应变速度、力速度），1σ加速度解（加速度、应力加速度、应变加速度、力加速度）。先在POST1后处理器中观察上述信息，然后在POST26处理器中计算响应PSD。值得注意的是：在随机振动分析中，"应力"并不是实际的应力而是应力的统计值（1σ，2σ，3σ对应的概率分别为65.3%，95.4%，99.7%）。

17.2 位移随机激励作用下梁板结构谱分析

本节以一个梁板结构为例，激励为位移谱，分别基于GUI操作和APDL命令流，描述对其进行谱分析的过程。

17.2.1　问题描述

现有一个如图17.7所示的三层梁板结构，材料参数分别为：$E=2.1 \times 10^{11} \text{Pa}$，$\mu=0.3$，$\rho=7800 \text{ kg/m}^3$。该结构在底端受到宽频带的随机位移激励，激励以功率谱密度形式呈现，具体见图17.7，试采用谱分析法计算该结构的响应功率谱密度。

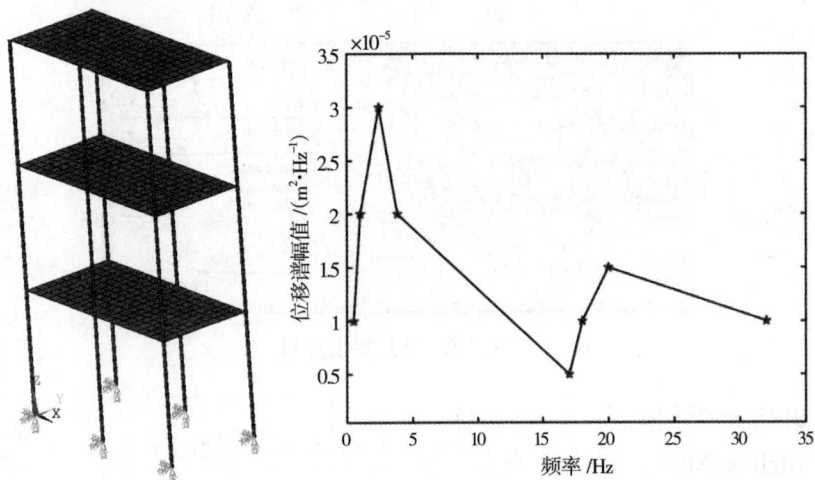

图17.7　梁板结构及其所受的位移谱

17.2.2　基于GUI的求解过程

以下描述基于GUI对梁板结构进行谱分析的主要步骤。

（1）定义单元类型。这个有限元分析中需要用两种单元，依次点击Main Menu，Preprocessor，Element Type，Add/Edit/Delete，弹出单元选择框，选择所需单元类型，选择BEAM188单元，设置单元类型为1，选择SHELL281单元，设置单元类型为2，点击"OK"按钮后关闭界面。选单元的相关对话框见图17.8。

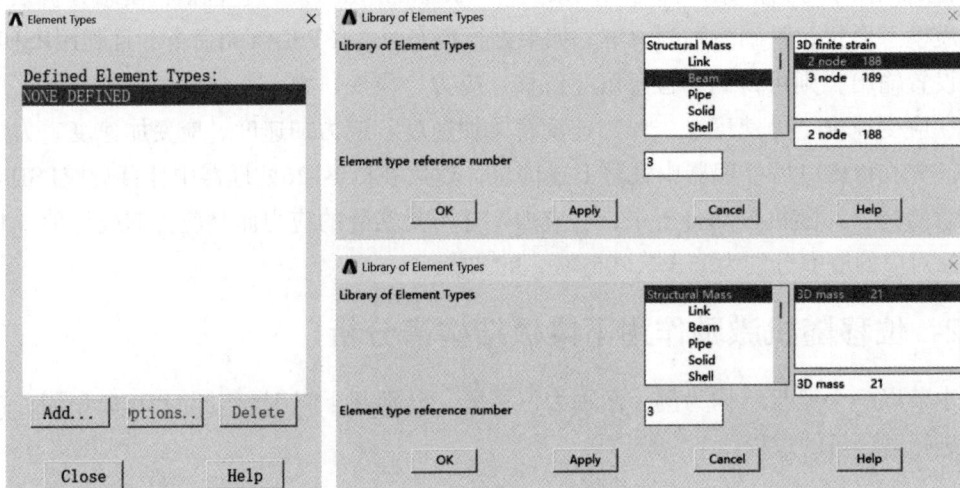

图17.8　定义单元类型

（2）定义材料属性。依次点击Main Menu，Preprocessor，Material Props，Material Models，弹出材料属性对话框，如图17.9所示。依次点击Structural，Linear，Elastic，Isotropic，展开材料属性的树形结构。在弹出的属性对话框中填入弹性模量（EX）和泊松比（PRXY）的数值以及密度（DENS）的数值，点击"OK"按钮完成填写，见图17.10。

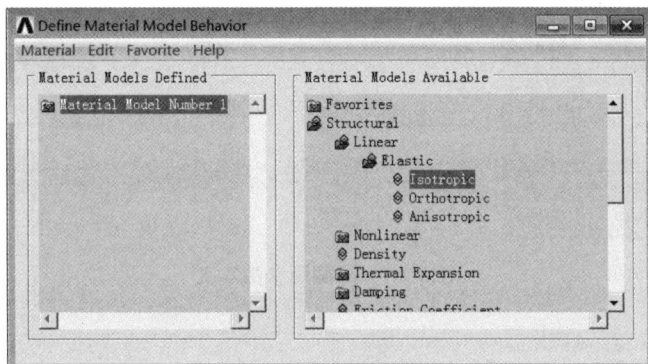

图17.9　定义材料属性

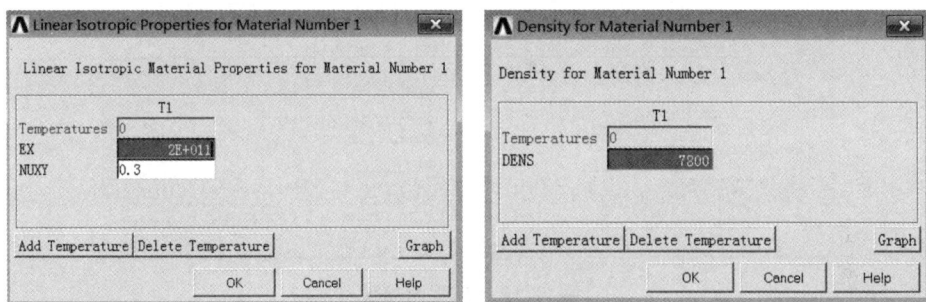

图17.10　材料特性参数输入

（3）定义截面参数。

① 定义梁截面参数。依次点击Main Menu，Preprocessor，Sections，Beam，Common Sections，在弹出的属性对话框"Beam Tool"中的"ID"一栏填入"1"，在"Sub-Type"一栏I，依次输入B和H值，点击"OK"按钮完成填写。相关对话框见图17.11。

② 定义壳单元截面参数。依次点击Main Menu，Preprocessor，Sections，Shell，Lay-up，Add/Edit，在弹出的对话框中设置壳截面参数，如图17.12所示。

（4）建立支撑的线几何模型。

① 创建4个关键点。依次点击Main Menu，Preprocessor，Modeling，Create，Keypoints，In Active CS，弹出创建关键点对话框，依次创建模型的4个关键点：1（0，0，0），2（0，0，0.6），3（0，0，1.2），4（0，0，1.8）。

② 将4个关键点连成线。依次点击Main Menu，Preprocessor，Modeling，Create，Lines，Lines，Straight Line。

③ 第一次复制。依次点击Main Menu，Preprocessor，Modeling，Copy，Lines，弹出复

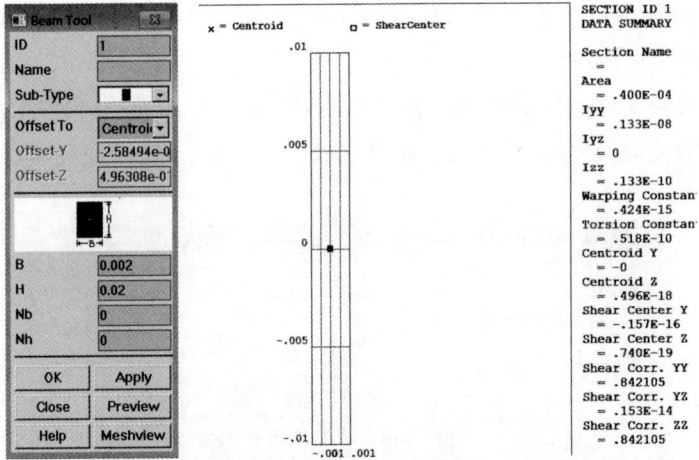

图17.11　梁截面参数定义

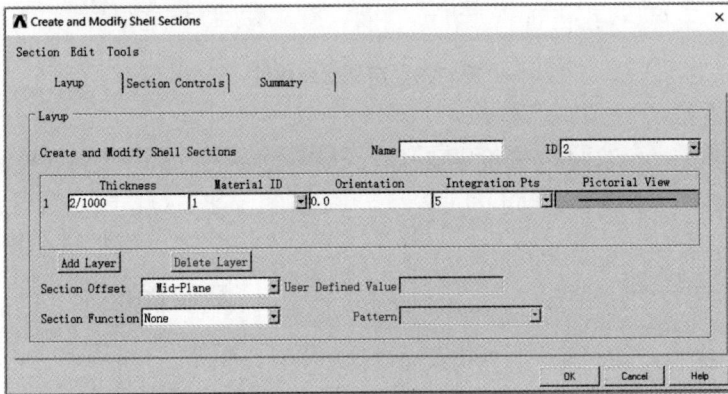

图17.12　壳截面参数

制线的对话框，选中上一步生成的线，重复两次复制线条命令（在"Number of copies"处输入"2"），线之间距离为0.5（在"Y-offset inactive CS"处输入"0.5"），点击"OK"按钮，最终生成两2组线。相关对话框及生成的线条见图17.13。

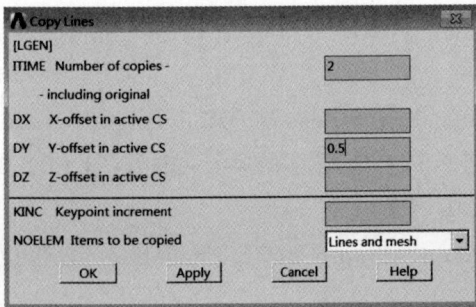

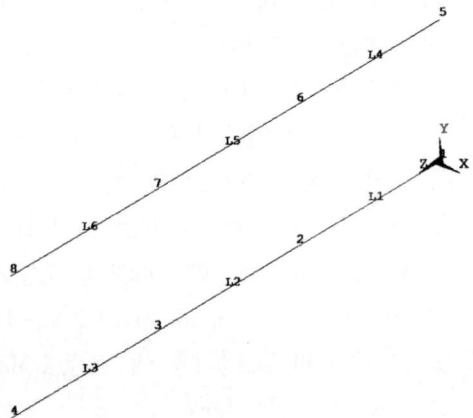

图17.13　第一次复制线及生成的线条

④ 第二次复制。相关菜单路径同前，沿着X方向复制3次，线之间距离仍为0.5，生成所有线的几何模型，相关对话框及生成的线见图17.14。

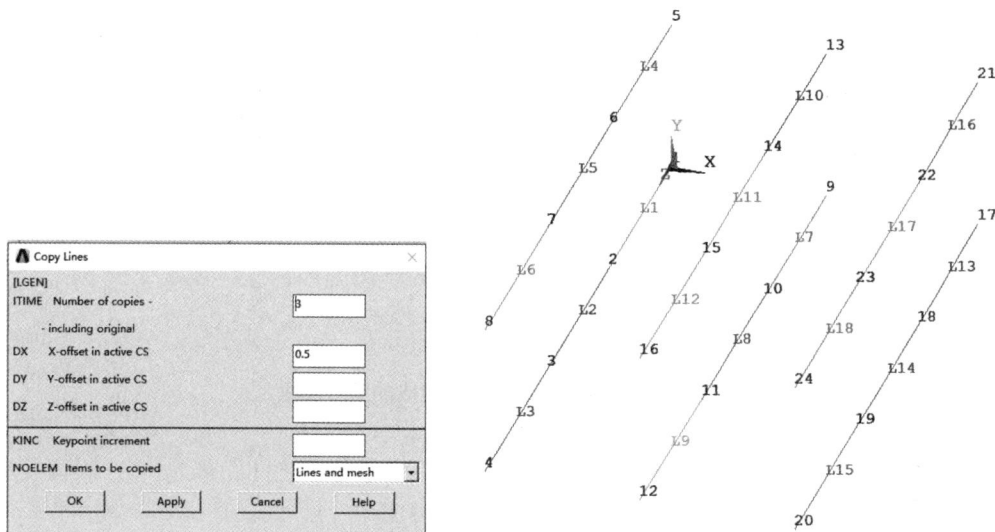

图17.14 第二次复制线对话框及生成的线条

（5）创建各层板的几何模型。

① 生成基础面。依次点击Main Menu，Preprocessor，Modeling，Create，Areas，Arbitrary，Through KPs，选择2，6，14，10，并点击"OK"按钮完成面的生成，相关对话框及生成的几何模型见图17.15。

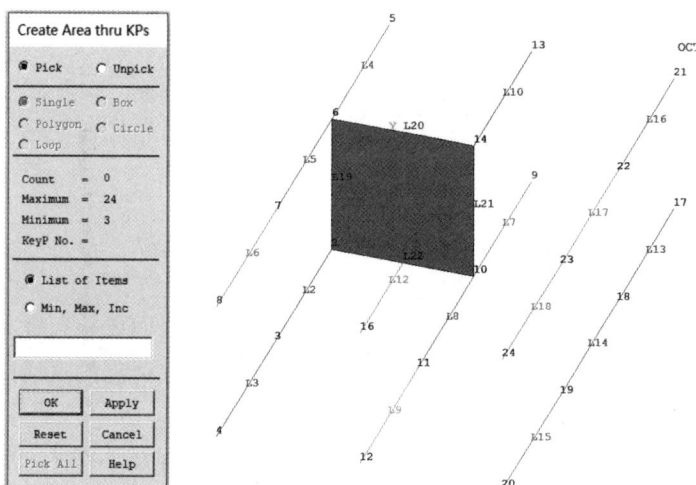

图17.15 创建面及生成的基础面

② 第一次复制。依次点击Main Menu，Preprocessor，Modeling，Copy，Areas，针对基础面沿着X方向复制2次，这样就生成距离地面的第一层板。相关对话框及生成的第一层板见图17.16。

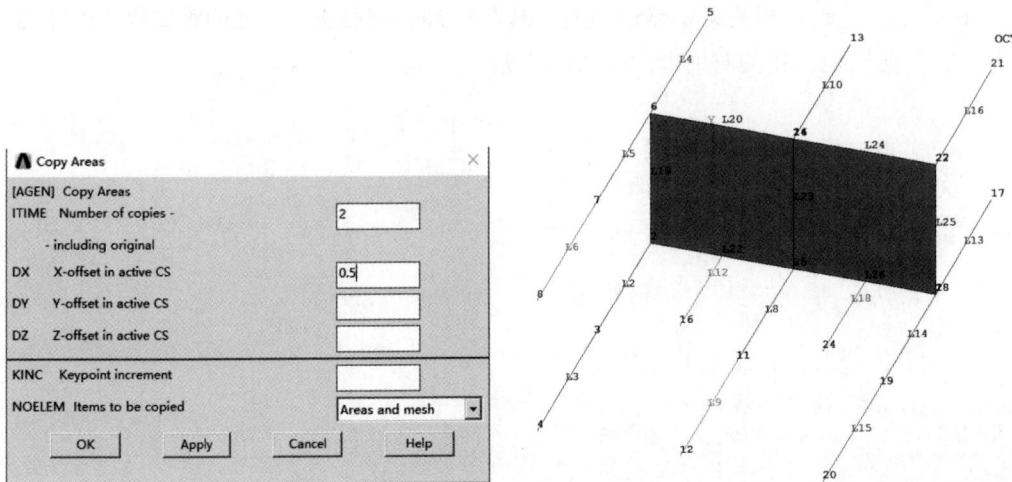

图17.16　第一次复制对话框及生成的第一层板

③ 第二次复制。沿着Z向复制3次，生成3层板，注意各层之间距离是0.6，因而复制的距离是0.6。相关对话框及生成的几何模型见图17.17。

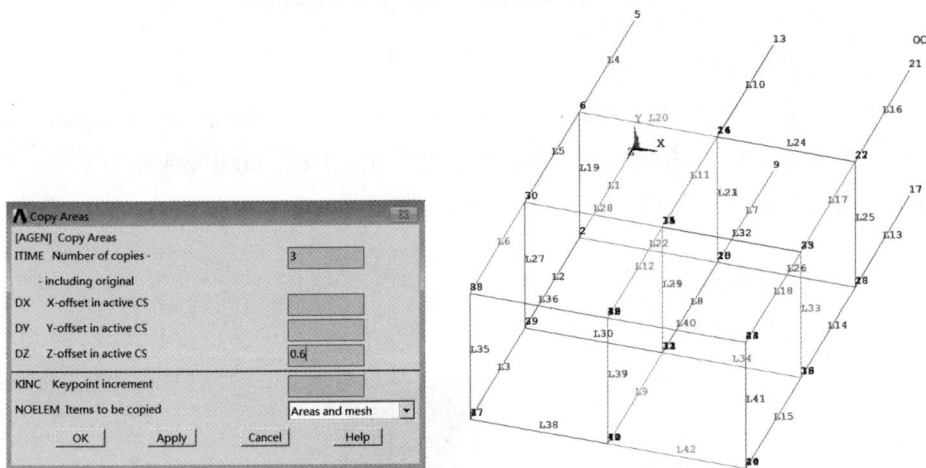

图17.17　第二次复制及生成的所有3层板

（6）合并和压缩。复制产生了重复的关键点编号，因而要执行此操作。依次点击Main Menu，Preprocessor，Numbering Cntrls，Merge Item，在弹出的对话框上点击"OK"按钮完成合并；依次点击Main Menu，Preprocessor，Numbering Cntrls，Compress Numbers，在弹出的对话框中点击"OK"按钮压缩所定义项的编号。相关对话框见图17.18。

（7）划分网格。

① 对梁进行网格划分。

第一，选择支撑梁。在命令窗口输入"lsel，s，tan1，x！先选择所有与X轴垂直的线"（此命令流无对应的GUI操作），得到图17.19（a），再在命令窗口输入"lsel，r，tan1，y！在此基础上进一步选择与Y轴垂直的线"，得到图17.19（b），这样即可选择出所有支撑梁。

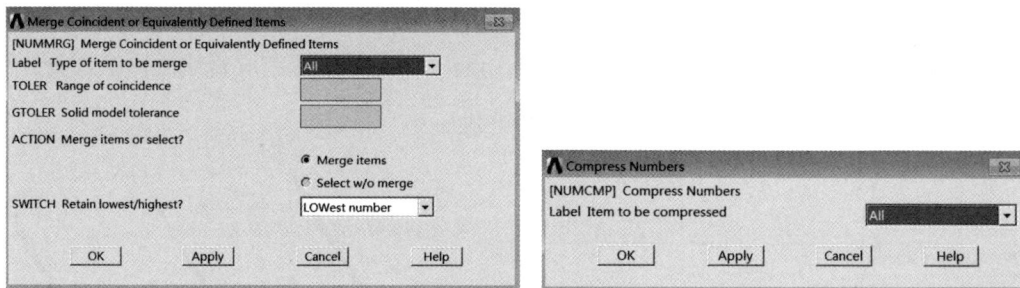

图17.18 合并和压缩

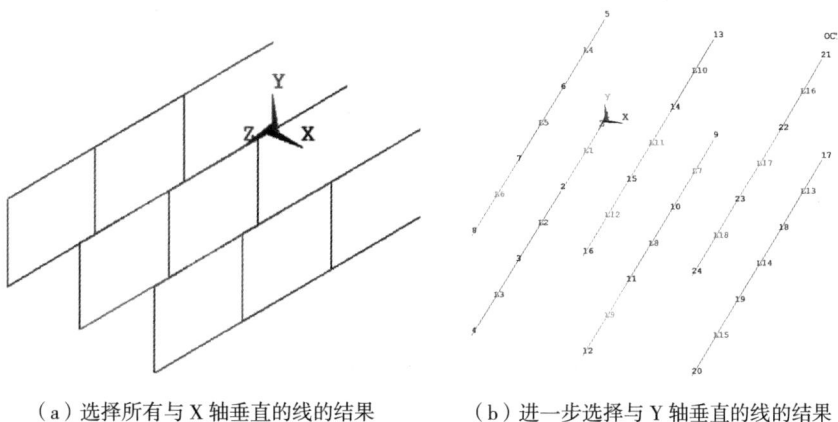

（a）选择所有与 X 轴垂直的线的结果　　　　（b）进一步选择与 Y 轴垂直的线的结果

图17.19 通过选择命令选择出的所有支撑梁

第二，选择梁单元对其进行网格划分。为模拟支撑梁的线设置单元属性，包括材料号、实常数号、单元类型号和截面号。依次点击Main Menu，Preprocessor，Meshing，Mesh Attributes，ALL Lines，弹出网格划分工具对话框，具体设置见图17.20。

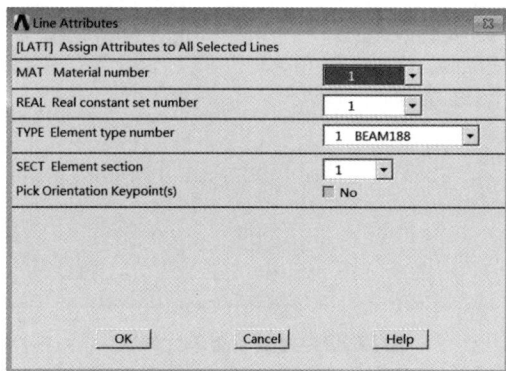

图17.20 为线设置单元属性

第三，分网设置。依次点击Main Menu，Preprocessor，Meshing，Size Cntrls，ManualSize，Lines，All Lines，在弹出网格划分工具对话框上设定每条线划分的单元数，见图17.21（a）。

第四，进行分网。依次点击Main Menu，Preprocessor，Meshing，Mesh，Lines，在弹出的对话框中将上一步中的6条直线全部选中，点击"OK"按钮完成直线的网格划分，划分后的结果见图17.21（b），图形已经实体化显示。

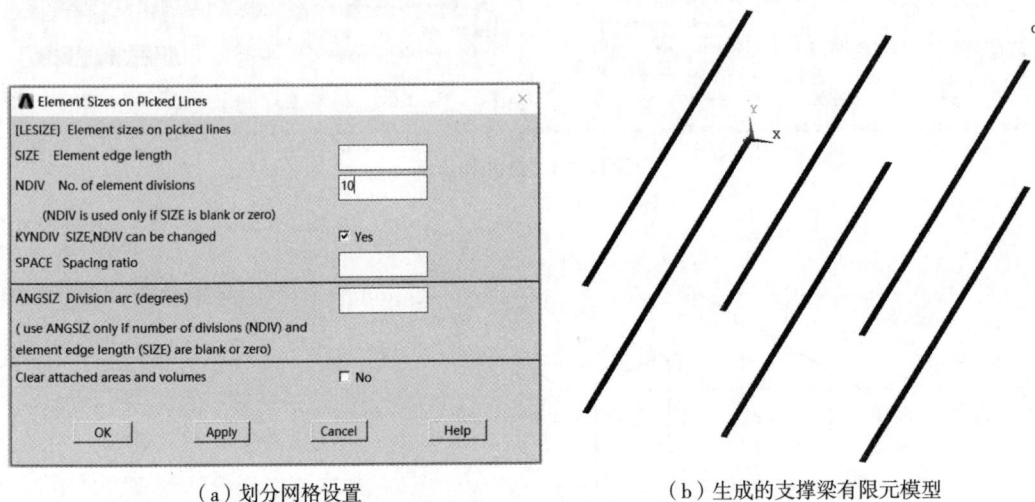

（a）划分网格设置　　　　　　　　　　（b）生成的支撑梁有限元模型

图17.21　网格参数设置及生成的支撑梁有限元模型

第五，退出选择支撑梁。依次点击实用菜单Select，Everything。

② 对面（三层板）进行网格划分。

第一，为所有选择且未划分网格的面设置单元属性，包括材料号、实常数号、单元类型、单元截面号等。依次点击Main Menu，Preprocessor，Meshing，Mesh Attributes，All Areas，在弹出的面网格划分属性对话框中完成相关设置，如图17.22所示。

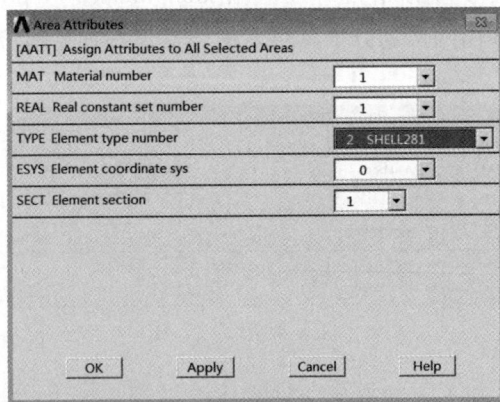

图17.22　为面设置单元属性

第二，分网设置。依次点击Main Menu，Preprocessor，Meshing，Size Contrls，Areas，All Areas，在弹出的对话框中设置单元大小，见图17.23。

第三，进行分网。采用映射方式为选择的面划分网格，依次点击Main Menu，Preprocessor，Meshing，Mesh，Areas，Mapped，3 or 4 sided，选中三层板，完成分网，相关对话框见图17.24。

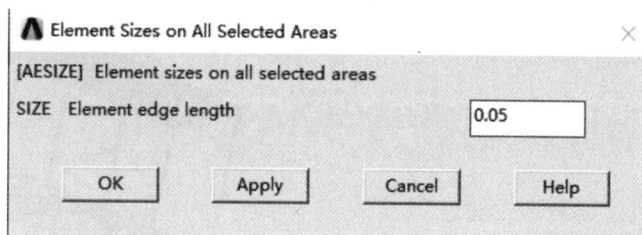

图17.23　面分网网格大小设置

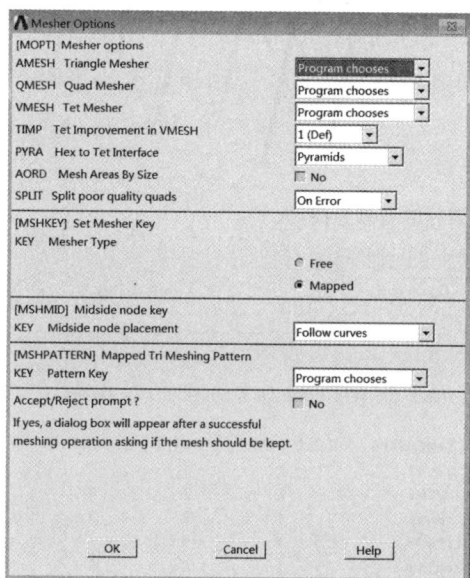

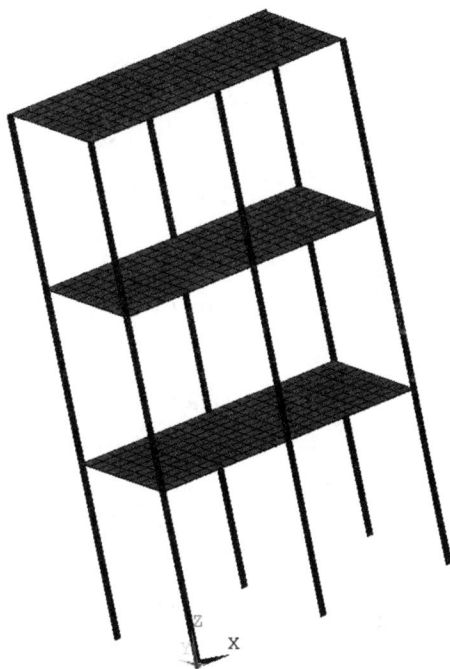

图17.24　网格划分及生成的有限元模型

（8）对底部（地面）施加约束。

① 选择底端Z=0处的所有节点，施加位移约束。依次点击Main Menu，Solution，Define Loads，Apply，Structural，Displacement，on Nodes，在弹出的对话框中完成选择。

② 施加位移约束。依次点击Main Menu，Solution，Define Loads，Apply，Structural，Displacement，on Nodes，在弹出的对话框中点击"Pick All"按钮，并在新弹出的对话框中选择"All DoF"，点击"OK"按钮完成位移约束的施加，如图17.25所示。

（9）模态求解。依次点击Main Menu，Solution，Analysis Type，New Analysis，进入模态求解模块，打开模态扩展选项，在完成相关设置后，求解系统的模态。模态求解设置及求解结果见图17.26。

（10）谱分析相关设置及求解。本步骤是本章重点学习内容，具体可按以下子步骤进行。

① 选择谱分析及类型。依次点击Main Menu，Solution，Analysis Type，New Analysis，进入谱分析求解模块，选择频谱类型为PSD（功率谱密度），采用14阶模态参与计算，相关设置见图17.27。

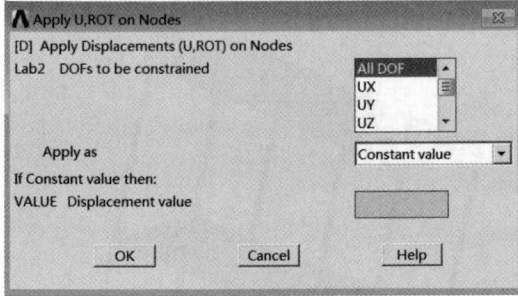

图17.25 施加约束及加约束后的有限元模型

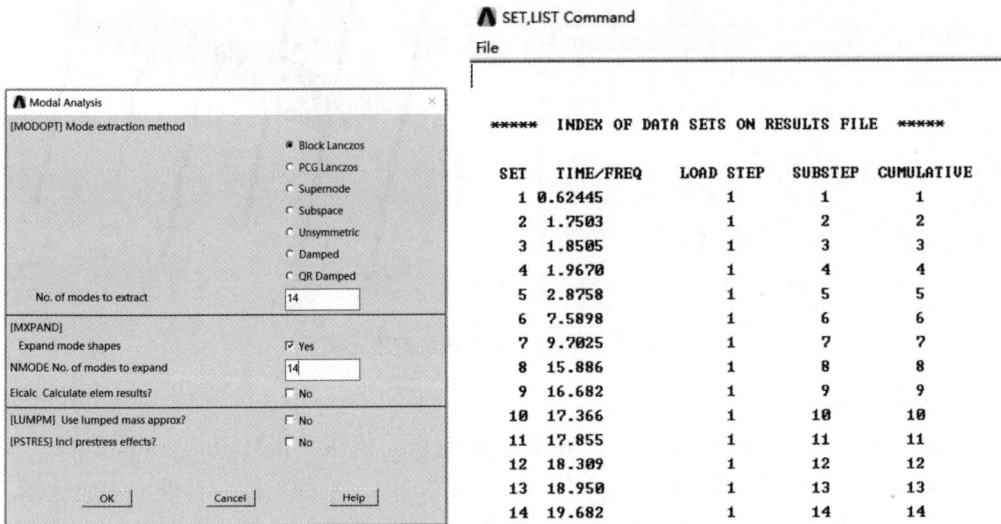

图17.26 模态求解设置及求解结果

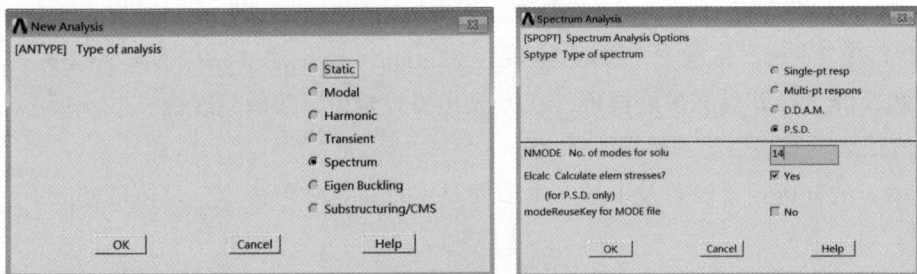

图17.27 选择谱分析及谱类型

② 定义谱的类型。依次点击Main Menu，Preprocessor，Loads，Load Step Opts，Spectrum，PSD，Settings，定义PSD类型为位移谱，如图17.28所示。

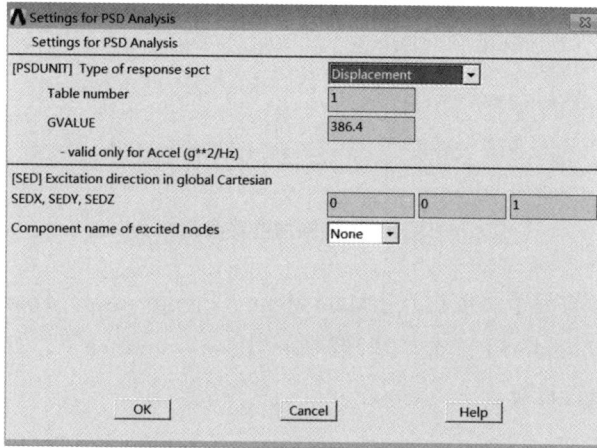

图17.28　PSD分析设置（选位移谱）

③ 定义输入的功率谱的频率点和对应的幅值。依次点击Main Menu，Preprocessor，Loads，Load Step Opts，Spectrum，PSD，PSD vs Freq，按已知条件定义谱值，如图17.29所示。

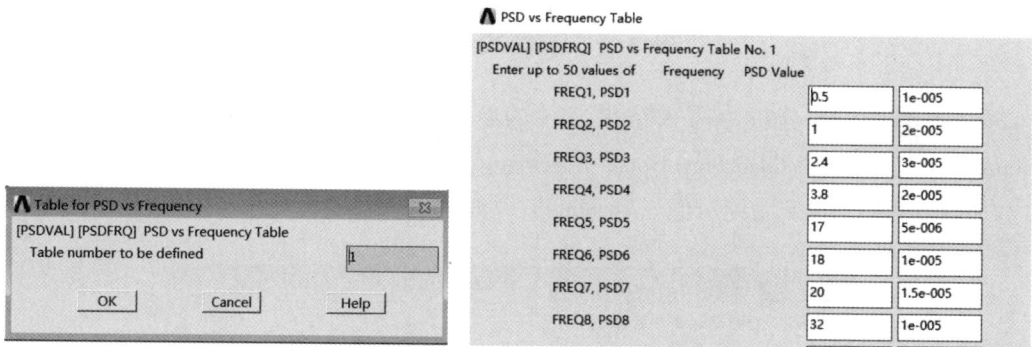

图17.29　写入功率谱的频率点和对应的幅值

④ 施加位移激励，按以下操作步骤执行。

首先，选择位移激励施加节点。在实用菜单中依次点击Select，Entities，选择底端Z=0处的所有节点。

其次，施加激励。依次点击Main Menu，Solution，Define Loads，Apply，Structural，Displacement，on Nodes，沿着Y方向在固定点施加1的位移激励，如图17.30所示。需要说明的是，这里的"1"是一个比例系数，其含义为图17.29设置的位移谱以多大的比例施加在具体结构上。

最后，释放节点选择。依次点击实用菜单中Select，Everything，完成对所有实体选择。

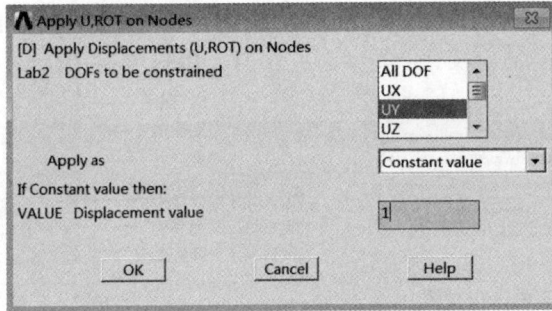

图17.30 施加位移激励

⑤ 设置PSD的参与因子。依次点击Main Menu，Preprocessor，Loads，Load Step Opts，Spectrum，PSD，Calculate PF，选择基础激励"Base excitation"，如图17.31所示。实际上，此步已经开始执行计算。

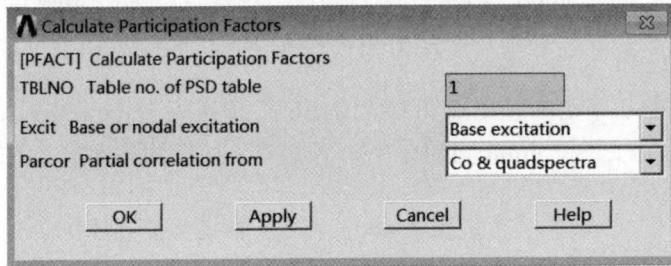

图17.31 设置PSD的参与因子

⑥ 控制从PSD分析中写入结果文件的解决方案输出。依次点击Main Menu，Preprocessor，Loads，Load Step Opts，Spectrum，PSD，Calc Controls，将最终的位移、速度和加速度的结果设定为绝对值"Absolute"，如图17.32所示。

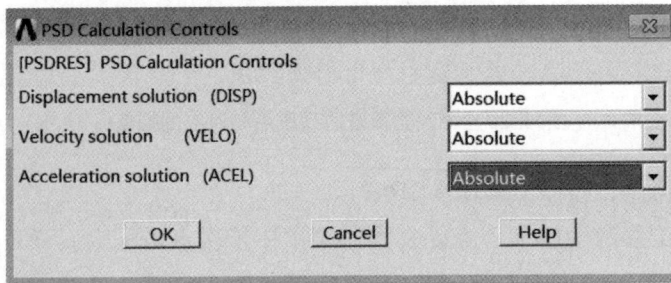

图17.32 控制PSD的写入结果文件设置

⑦ 执行一般行求解。依次点击Main Menu，Solution，Solve，Current LS，完成求解。

（11）合并模态并求解。

① 选择功率谱密度模式组合方法。依次点击Main Menu，Solution，Load Step Opts，Spectrum，PSD，Mode Combine，按图17.33设置合并求解参数。

② 求解。依次点击Main Menu，Solution，Solve，Current LS，完成合并模态求解。

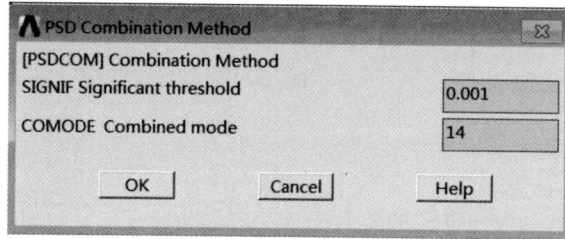

图17.33　合并模态设置

（12）时间历程后处理。谱分析的时间历程后处理操作与前两章谐响应分析及瞬态响应分析有明显不同的地方，在有些子步中还要进一步计算，另外其操作也更加复杂，因而本步骤也是读者应该重点关注的地方。具体操作步骤如下。

① 进入时间历程后处理界面。依次点击Main Menu，TimeHist Postpro，在弹出的对话框中选取功率谱密度响应，即"Create response power spectral density"，如图17.34所示。

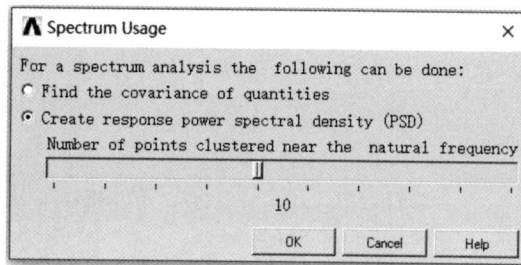

图17.34　功率谱密度响应选择

② 计算节点1544的Y方向位移响应。依次点击Main Menu，TimeHist Postpro，Define Variables，选择1544节点，相关对话框如图17.35所示。此处操作与谐响应及瞬态响应时间历程后处操作基本一致。

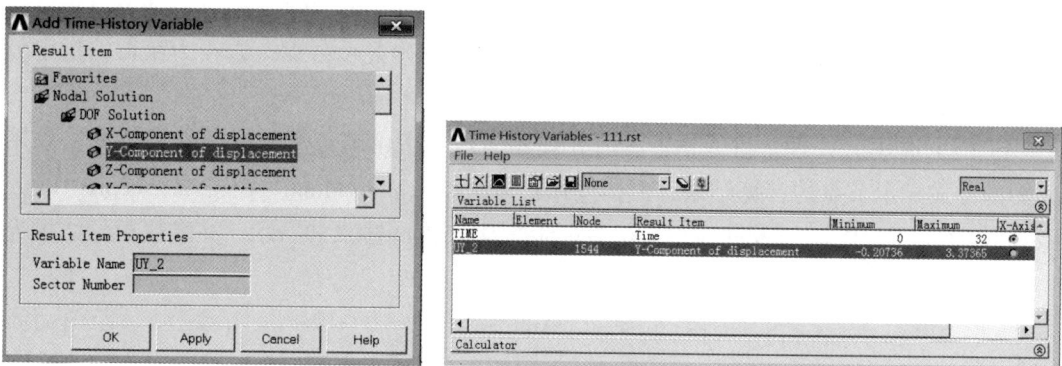

图17.35　提取节点数据

③ 计算响应功率谱密度。依次点击Main Menu，TimeHist Postpro，Calc Resp PSD，对话框如图17.36所示，在"Type of response PSD"处依次选位移（Displacement）、速度（Velocity）及加速度（Acceleration），点击"OK"按钮，完成相应的计算。

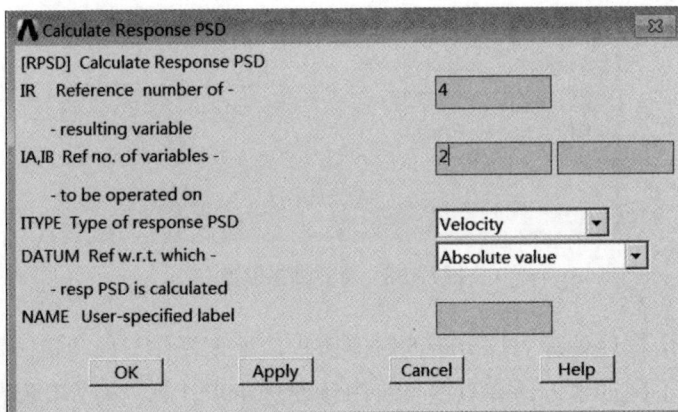

图17.36　计算响应谱

④ 显示响应谱。关掉原对话框，重新依次点击Main Menu，TimeHist Postpro，Variable Viewer，弹出相关对话框（图17.37），点击需要观察的数据即可。

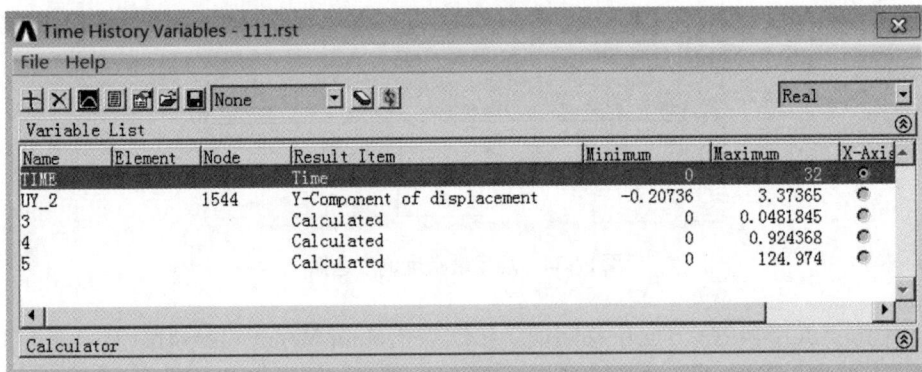

图17.37　计算获得的各数据

此处，还可以通过依次点击Main Menu，TimeHist Postpro，Settings，Graph设置响应的x轴显示范围，调整后原对话框仍旧要关掉重启才能正确显示数据。以下为获得的指定节点的响应谱（图17.38）。

（13）通用后处理。进入POST1后处理界面，列表出节点和单元的结果数据，并用云图的方式显示节点的计算结果，具体操作：依次点击Main Menu，General Postproc，Plot Results，Contour Plot，Nodal Solu。相关对话框及结果如图17.39所示，注意这里的结果为1σ解。

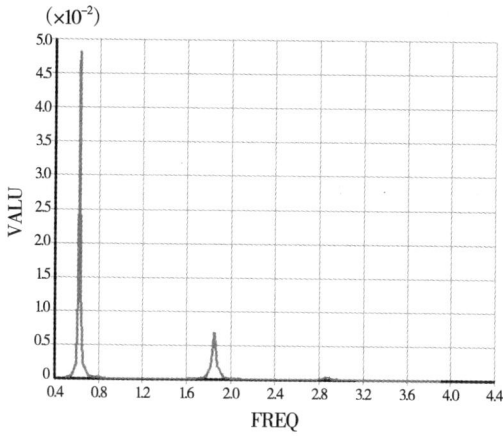

（a）位移的功率流密度

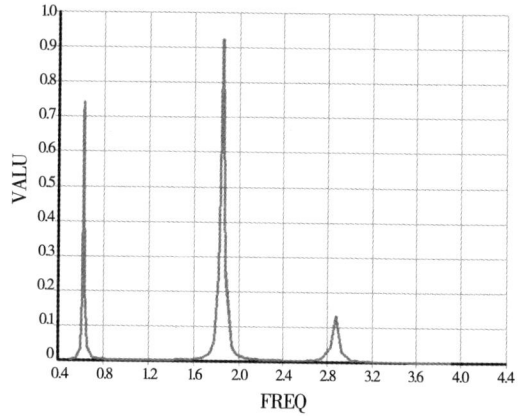

（b）速度的功率谱密度

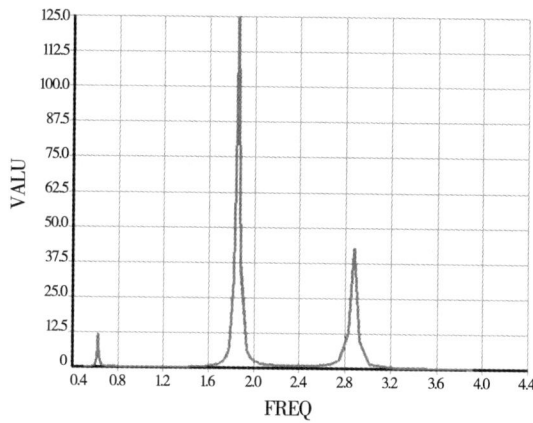

（c）加速度的功率谱密度

图17.38 节点的功率谱密度响应

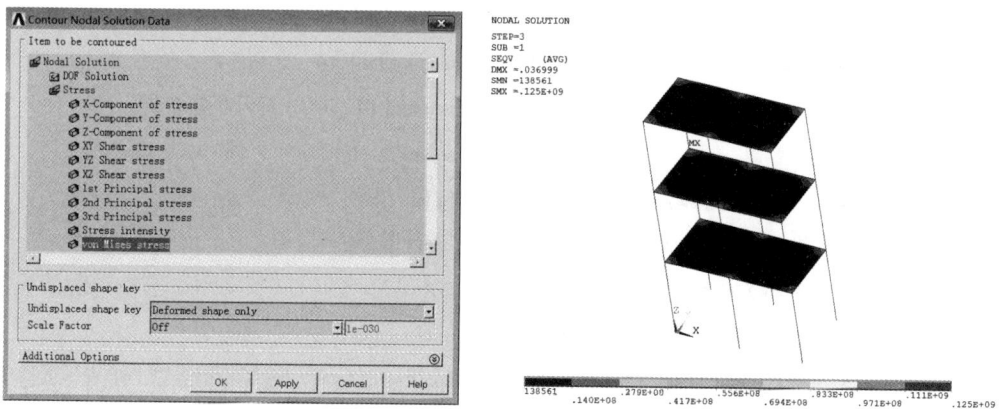

图17.39 相关对话框及显示节点的计算结果

17.2.3 基于APDL命令流的求解过程

对应上述GUI操作步骤，对梁板结构进行谱分析的APDL命令流如下。

```
/clear
!定义分析文件名
/FILNAME,Beam-plate-Spectrum,0
/TITLE,Spectrum analysis for beam-plate structure
/NOPR
KEYW,PR_SET,1
KEYW,PR_STRUC,1
/prep7
et,1,beam188    !单元选择
et,2,shell281
!r,1,0.002    !此命令可能有问题
mp,ex,1,2e11    !材料参数
mp,nuxy,1,0.3
mp,dens,1,7800
SECTYPE,1,BEAM,RECT,,0    !梁截面设置
SECOFFSET,CENT
SECDATA,0.002,0.02,4,8,0,0,0,0,0,0,0,0
SECTYPE,2,SHELL    !定义壳厚度
SECDATA,2/1000,1,,5
SECOFFSET,mid
!创建几何模型
k,1
k,2,,,0.6    !定位3层板的位置
k,3,,,1.2
k,4,,,1.8    !总的高度
l,1,2
l,2,3
l,3,4    !以上画出一根线,注意调整视角可看
lgen,2,all,,,,0.5    !沿着y方向复制
lgen,3,all,,,0.5    !沿着x方向复制
a,2,6,14,10    !生成基础面
agen,2,all,,,0.5    !沿着x方向复制
agen,3,all,,,,,0.6    !沿着y方向复制
nummrg,all    !合并及压缩
numcmp,all
!进行支撑梁网格划分
lsel,s,tan1,x    !选择所有与x轴垂直的线
```

```
lsel,r,tan1,y    !在这个基础上选择与轴垂直的线
TYPE,1
MAT,1
SECNUM,1
!latt,1,,1,1    !为所有选择且未划分网格的线设置
单元属性,材料号、实常数号、单元类型号
lesize,all,,,10
lmesh,all
!进行三层板网格划分
TYPE,2
MAT,1
SECNUM,2
!aatt,1,,2,,2    !另一种选单元的方式
esize,0.05
mshkey,1    !采用映射分网
amesh,all
!底部施加约束
nsel,s,loc,z,0
d,all,all
allsel,all
finish
!进行模态求解
/solu
antype,modal
modopt,lanb,14
mxpand,14,,,yes    !打开模态扩展
solve
finish
!进行谱分析
/solu
antype,spectr
spopt,psd,14,yes    !选择频谱类型,PSD表示选择功率
谱密度,采用14阶模态参与计算,yes表示计算单元解
psdunit,1,disp    !定义psd类型,位移谱
psdfrq,1,,0.5,1.0,2.4,3.8,17    !定义输入的功率谱的频率点
psdfrq,1,,18,20,32
psdval,1,0.01e-3,0.02e-3,0.03e-3,0.02e-3,0.005e-3
```

!定义输入的功率谱的频率点对应的幅值

psdval,1,0.01e-3,0.015e-3,0.01e-3

nsel,s,loc,z,0

d,all,uy,1.0 !沿着y方向在固定点施加1的位移激励

allsel,all

pfact,1,base !参与因子,选择基础激励

psdres,disp,abs !psd写入位移文件,abs是绝对的,rel是相对基础激励的

psdres,velo,abs

psdres,acel,abs

solve

finish

!进行合并模态求解

/solu

antype,spectr

psdcom,0.001,14 !功率谱密度模式组合方法,用前14阶模态

solve

finish

/post26

store,psd,1

nc=node(0.5,0.25,1.8) !由节点位置确定编号

nsol,2,nc,u,y

rpsd,3,2,,1,1 !计算响应功率谱密度(PSD),1为位移,2为速度,3为加速度,最后面的1表示绝对值,2表示相对基础激励的值

rpsd,4,2,,2,1

rpsd,5,2,,3,1

xvar,1

pltime,0,4

plvar,3

plvar,4

plvar,5

/post1 通用后处理显示应力

set,list

set,1,2

prnsol,dof

presol,elem

prrsol,f

set,3,1

plnsol,s,eqv

nsort,s,eqv

prnsol,s,prin

17.3 加速度随机激励作用下悬臂板结构谱分析

17.2描述了梁板结构在位移随机激励作用下的谱分析。实际上,工程上的载荷谱大多以加速度的形式给出,因而本节以一个简单的悬臂板为例,描述其在加速度随机激励作用下的谱分析过程。

17.3.1 问题描述

现有一个如图17.40所示的悬臂金属板结构,材料参数分别为$E=2.1 \times 10^{11}$Pa,μ=0.3,ρ=7800 kg/m^3,长、宽、厚度分别为0.2,0.2,0.002 m。该结构受到宽频带的随机加速度激励,激励以功率谱密度形式呈现,试采用谱分析法计算该结构自由端中点位置处的响应功率谱密度。

17.3.2 基于GUI的求解过程

以下简要描述通过GUI的方式对悬臂板进行谱分析的过程,读者重点掌握的仍旧是谱分析的设置、求解及后处理过程。

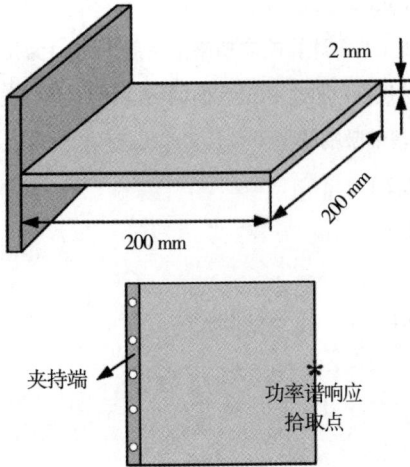

（a）悬臂金属板示意图　　　　　　　　　　（b）加速度载荷谱

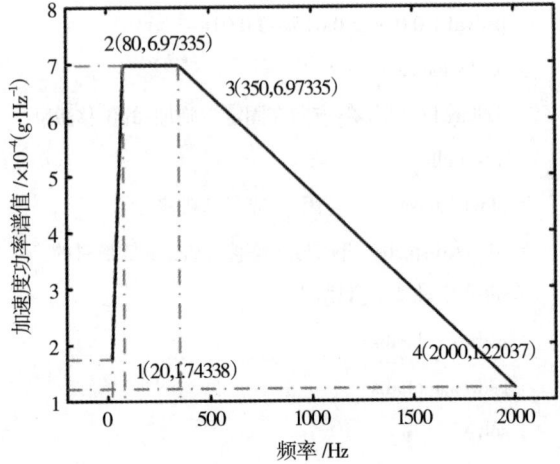

图17.40　悬臂板及其所受的载荷谱

（1）定义单元类型。依次点击Main Menu，Preprocessor，Element Type，Add/Edit/Delete弹出单元选择框，选择单元类型为SOLID 186单元，点击"OK"按钮后关闭界面。

（2）定义材料属性。依次点击Main Menu，Preprocessor，Material Props，material Models，弹出材料属性对话框，按17.3.1给定的已知条件输入材料参数。

（3）建立金属板模型。依次点击Main Menu，Preprocessor，Modeling，Create，Volumes，Block，By Dimensions，弹出创建块体的对话框，在对话框中分别输入板模型相关几何参数，点击"OK"按钮完成模型的创建。相关对话框及创建的几何模型见图17.41。

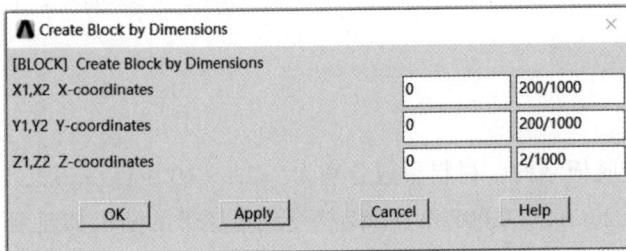

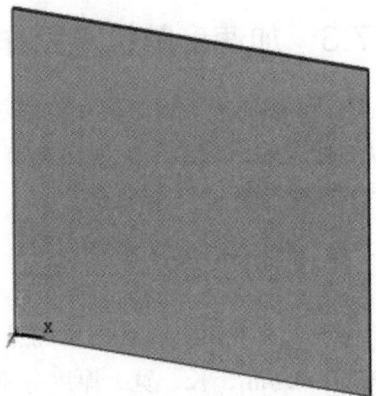

图17.41　创建体及生成的几何模型

（4）划分网格。

① 设置网格划分方案。依次点击Main Menu，Preprocessor，Meshing，Mesh Attributes，Size Cntrls，ManualSize，Global，Size，将弹出网格划分设置对话框，设置网格尺寸为0.005 m，见图17.42。

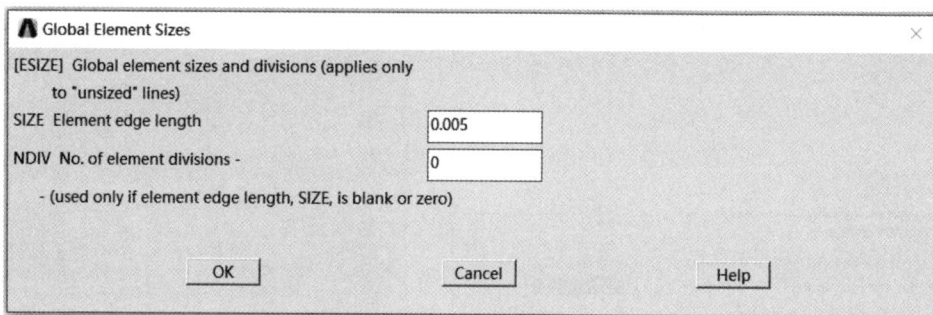

图17.42 网格大小设置

② 进行扫掠分网。依次点击Main Menu，Preprocessor，Meshing，Mesh，Volume Sweep，Sweep，在弹出的对话框中点击"Pick All"按钮完成对模型网格的划分。相关对话框及生成的有限元模型见图17.43。

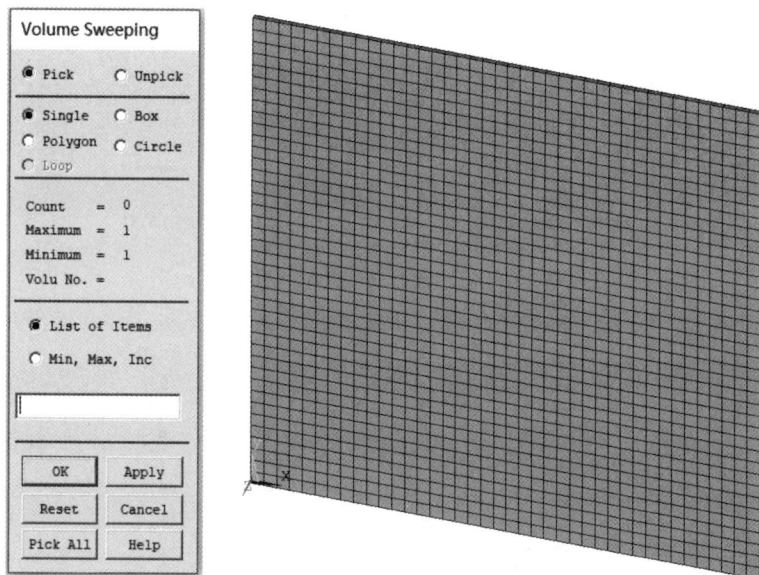

图17.43 扫掠分网及生成的有限元模型

（5）施加约束。

① 选择约束端节点。依次点击实用菜单Select，Entities，在弹出的对话框中选择底端X=0处的所有节点。

② 施加位移约束。依次点击Main Menu，Solution，Define Loads，Apply，Structural，Displacement，On Nodes，在弹出的对话框中点击"Pick All"按钮，并在新弹出的对话框中选择"All DOF"，点击"OK"按钮完成位移约束的施加。相关对话框及加约束后的有限元模型见图17.44。

（6）模态求解。依次点击Main Menu，Solution，Analysis Type，New Analysis，进入模态求解模块，打开模态扩展选项，求解系统的模态，相关结果见图17.45。

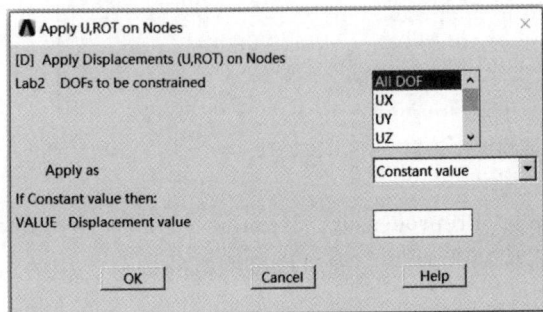

图17.44　加约束及生成的有限元模型

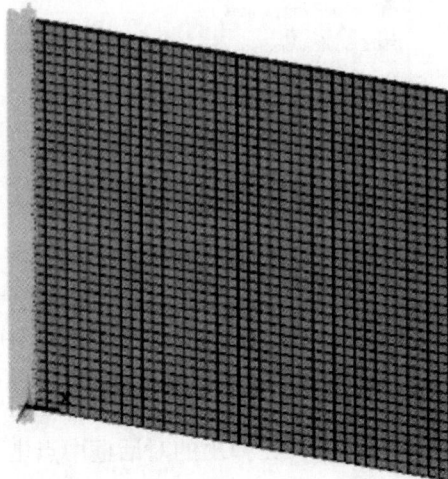

图17.45　悬臂板模态求解结果

（7）谱分析求解。

① 选择谱分析类型及引入模态数设置。依次点击Main Menu，Solution，Analysis Type，New Analysis，进入谱分析求解模块，选择频谱类型为PSD（功率谱密度），采用20阶模态参与计算，相关对话框见图17.46。

② 谱类型设置。依次点击Main Menu，Solution，Load Step Opts，Spectrum，PSD，Settings，定义PSD类型为加速度谱并设置值为9.8，相关对话框见图17.47。

③ 定义输入的功率谱的频率点和对应的幅值。依次点击Main Menu，Solution，Load Step Opts，Spectrum，PSD，PSD vs Freq，按图17.48完成相关设置。

④ 在悬臂端施加加速度载荷谱。首先，选中悬臂端节点。依次点击实用菜单中Select，Entities，选择底端X=0处的所有节点。

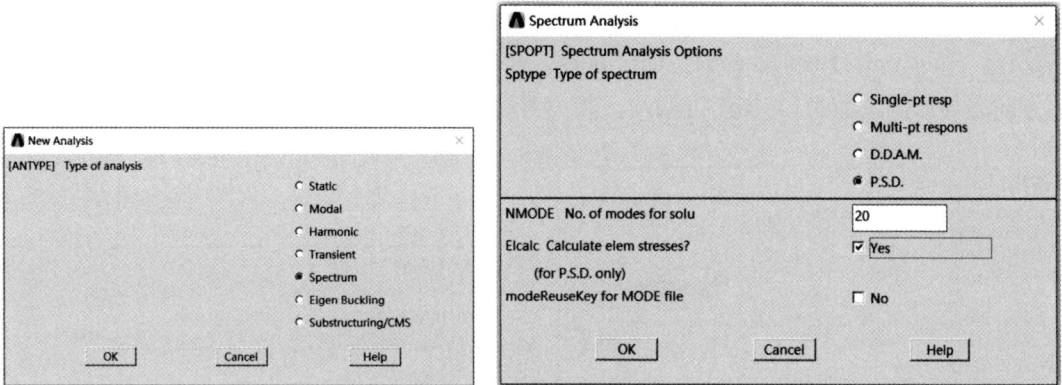

图17.46 选择功率谱密度分析

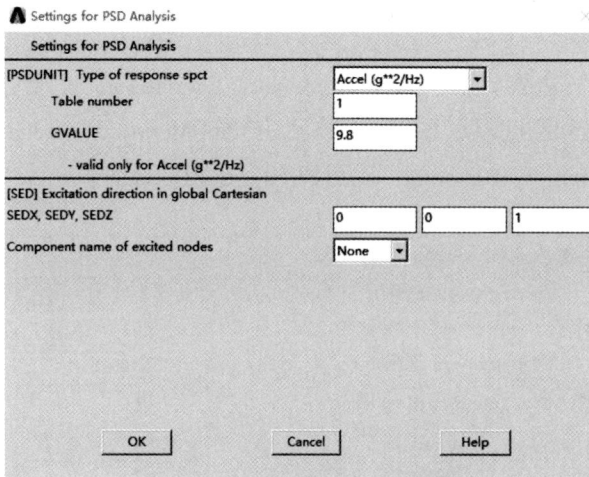

图17.47 设定激励谱为加速度谱

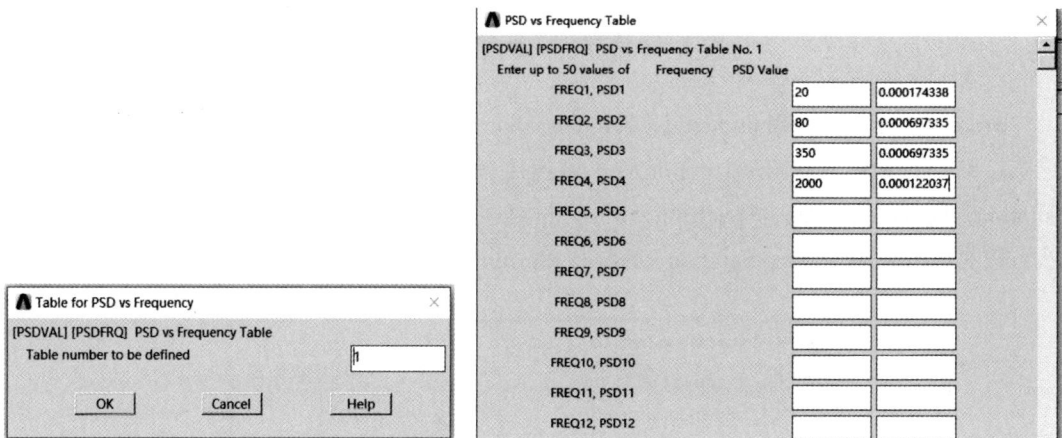

图17.48 谱值输入

其次，对这些节点施加加速度谱。依次点击Main Menu，Solution，Define Loads，Apply，Structural，Displacement，On Nodes，选择"Pick All"按钮后在弹出的对话框沿着Z方向施加比例系数为1的加速度激励。相关对话框见图17.49。

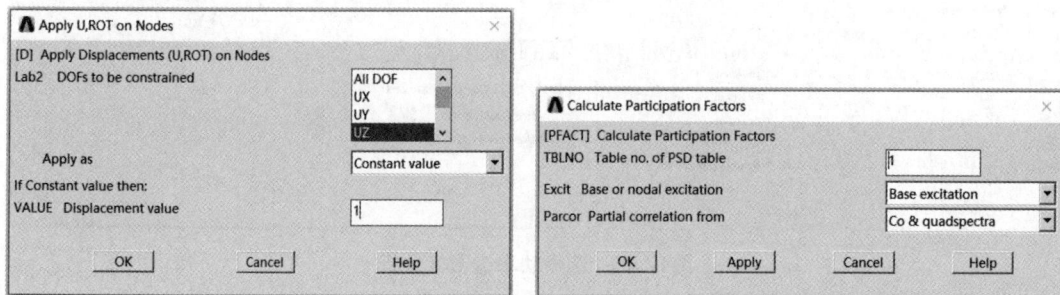

图17.49　施加加速度谱

最后，释放选中的边界节点。依次点击Select，Everything，完成对所有实体选择。

⑤ 设置质量阻尼和刚度阻尼系数。依次点击Main Menu，Preprocessor，Solution，Load Step Opts，Time/Frequency，Damping，按图17.50完成阻尼设置。

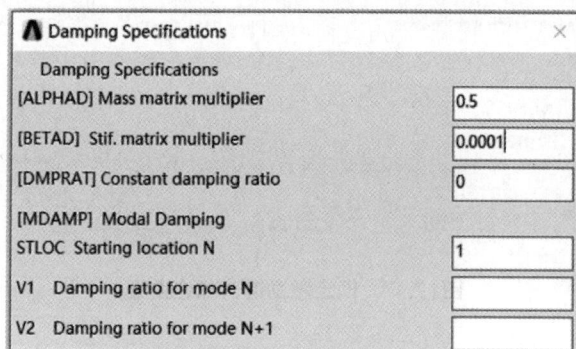

图17.50　阻尼设置

⑥ 求解。依次点击Main Menu，Solution，Solve，Current LS，完成求解。

（8）合并模态并求解。选择功率谱密度模式组合方法，依次点击Main Menu，Solution，Load Step Opts，Spectrum，PSD，Mode Combine，参照图17.51完成相关设置。此外，依次点击Main Menu，Solution，Solve，Current LS，完成合并模态求解。

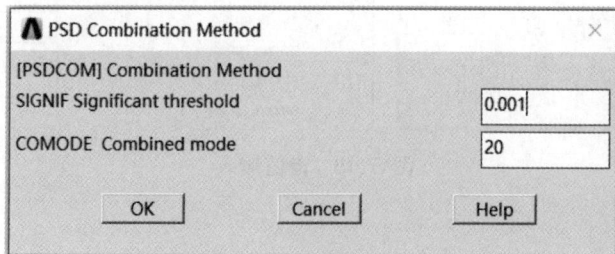

图17.51　合并模态求解设置

（9）时间历程后处理。相关处理方法见17.2.2，这里提取节点5083的z方向位移响应。获得的结果见图17.52。

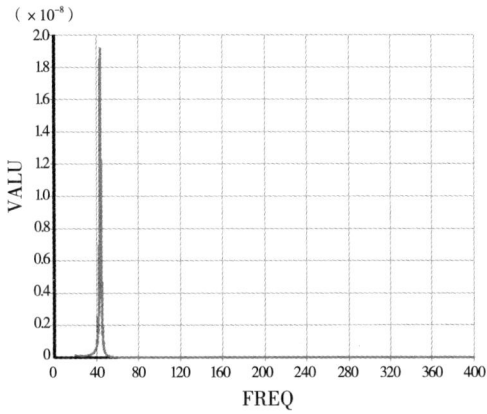

（a）位移的功率流密度

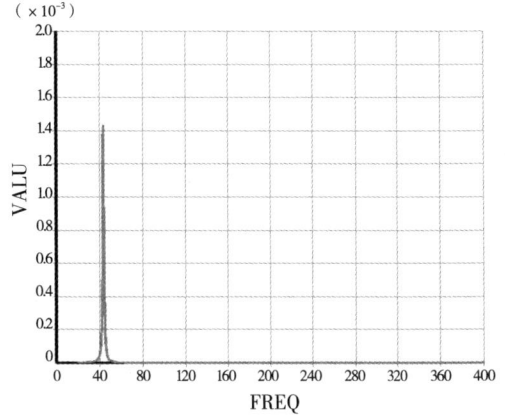

（b）速度的功率谱密度

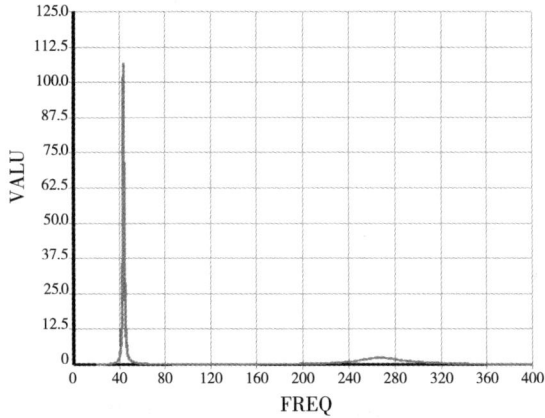

（c）加速度的功率谱密度

图17.52　节点的功率谱密度响应

17.3.3　基于APDL命令流的求解过程

对应17.3.2节GUI操作的，求解悬臂板在受加速度载荷谱激励时的功率谱密度响应的命令流如下。

```
/clear                              ET,1,SOLID186 !选单元
!定义分析文件名                       mp,ex,1,2.1e11  !材料参数设置
/FILNAME,Plate–Spectrum,0           mp,prxy,1,0.3
/TITLE,Spectrum analysis for Plate structure    mp,dens,1,7800
/NOPR                               BLOCK,0,200/1000,0,200/1000,0,2/1000,
KEYW,PR_SET,1                       !建立金属板模型
KEYW,PR_STRUC,1                     ESIZE,0.005   !定义网格大小
/PREP7                              VMESH,all   !划分网格
```

379

```
NSEL,S,LOC,X,0  !加约束                          位移激励
D,ALL,ALL                                       allsel,all
ALLSEL,ALL                                      PFACT,1,BASE,  !计算参与因子
!!!!模态求解                                      !设置阻尼
/SOLU                                           ALPHAD,0.5,
ANTYPE,2                                         BETAD,0.0001,
MODOPT,LANB,20  !模态求解设置                     SOLVE
EQSLV,SPAR                                       FINISH
MXPAND,20,,,1                                    /SOLU
LUMPM,0                                          ANTYPE,spectr  !设置分析类型为谱分析
PSTRES,0                                         PSDCOM,0.001,20,  !模态合并
/post26                                          SOLVE
MODOPT,LANB,20,0,0,,OFF                          FINISH
SOLVE                                            rpsd,4,2,,2,1
FINISH                                           NUMVAR,200
/SOLU                                            STORE,PSD,5
antype,spectr                                    NSOL,2,5083,U,Z,UZ_2,
spopt,psd,20,yes                                 rpsd,3,2,,1,1  !计算响应功率谱密度(PSD),1为位
PSDUNIT,1,ACCG,9.8,                              移,2为速度,3为加速度,最后面的1表示绝对值,2
!定义谱类型为位移谱 ACEL—加速度 ACCG—加速度        表示相对基础激励的值
!设置频率与谱值关系                                rpsd,5,2,,3,1
PSDFRQ,1,,20,80,350,2000                         xvar,1
PSDVAL,1,0.000174338,0.000697335,0.000697335,0.0001   pltime,0,400
22037                                            plvar,3
NSEL,S,LOC,X,0                                   plvar,4
D,ALL,UZ,1.0  !沿着z方向在固定点施加1的            plvar,5
```

17.4 本章小结

本章以梁板结构和悬臂板为例，分别描述了两种结构在位移及加速度载荷谱激励下的功率谱密度（PSD）谱分析的过程，读者应着重学习以下内容。

（1）谱分析的求解设置过程。包括：选择谱分析及类型（这里只关注PSD谱，需确定引入模态数，前面要进行相应的模态分析）；定义激励谱的类型（是位移还是加速度谱，在实际工程中加速度谱更常见）；输入激励谱值（一般为频域输入，输入频率及对应的谱值）；在结构上施加载荷谱；设置PSD参与因子（表征设定的载荷谱多少倍施加在结构上）；设置从PSD分析中写入结果文件的方案（本章实例以绝对值写入），执行求解。

（2）谱分析后处理过程。包括：先执行时间历程后处理，再进行通用后处理，通

用后处理与静力学分析类似，只是需要理解提取的节点应力值为1σ解。时间历程后处理的操作包括：进入时间历程后处理界面，在弹出的对话框中选取功率谱密度响应；计算要提取节点的位移响应；计算响应功率谱，如需要多种类型（例如位移、速度、加速度），则重复操作；显示响应谱，要关掉原有对话框并重新启动。

习题

（1）悬臂梁的长度L为1 m，悬臂梁的截面为长方形。悬臂梁的材料参数：弹性模量为2.01×10^{11} Pa，泊松比为0.3，密度为8000 kg/m³。悬臂梁承受的加速度功率谱作用如习题图1所示，其结构的阻尼比为0.02。

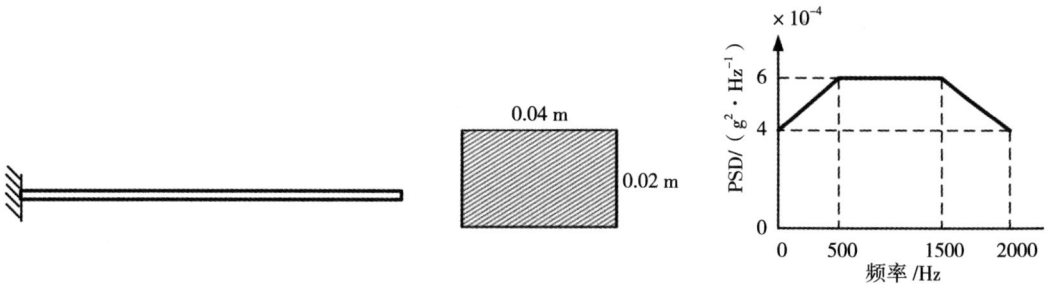

习题图1（悬臂梁模型和随机载荷谱）

（2）梁框架的长边长1 m，短边长0.35 m，梁截面为正方形，如习题图2所示。采用BEAM188单元模拟梁框架，其材料参数：弹性模量为2.1×10^{11} Pa，泊松比为0.31，密度为7000 kg/m³，载荷及边界条件：假设梁框架为平面结构，底端完全约束，框架结构承受位移响应谱的基础激励作用（习题表）。

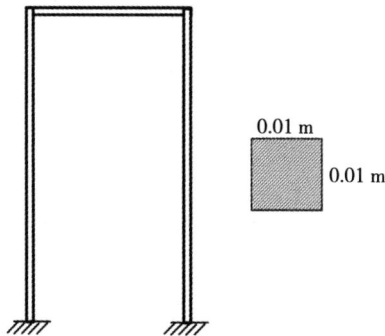

习题图2（梁框架模型）

习题表（位移响应谱和频率）

频率/Hz	1	50	200	300	500	1500	2000
位移幅值/m	0.003	0.01	0.03	0.06	0.08	0.02	0.002

参考文献

[1] 刘鸿文. 材料力学Ⅰ [M]. 4版. 北京：高等教育出版社，2004.

[2] 张洪才. ANSYS 14.0理论解析与工程应用实例 [M]. 北京：机械工业出版社，2013.

[3] 孙伟，汪博，李朝峰，等. 机械结构有限元法与计算机辅助分析 [M]. 北京：科学出版社，2020.

[4] 刘杨，汪博，李朝峰，等. 基于ANSYS的机械结构有限元分析实训教程 [M]. 北京：机械工业出版社，2019.

[5] 李朝峰，孙伟，汪博，等. 机械结构有限元法基础理论及工程应用 [M]. 北京：机械工业出版社，2020.

[6] 王新敏，李义强，许宏伟. ANSYS结构分析单元与应用 [M]. 北京：人民交通出版社，2011.

[7] 王新敏. ANSYS工程结构数值分析 [M]. 北京：人民交通出版社，2007.

[8] 王新敏. ANSYS结构动力分析与应用 [M]. 北京：人民交通出版社，2014.

[9] 龚曙光，谢桂兰，黄云清. ANSYS参数化编程与命令手册 [M]. 北京：机械工业出版社，2009.

[10] 博弈创作室. ANSYS 9.0经典产品高级分析技术与实例详解 [M]. 北京：中国水利水电出版社，2005.

[11] 高耀东，刘学杰. ANSYS机械工程应用精华50例 [M]. 北京：电子工业出版社，2011.

[12] 曾攀，雷丽萍，方刚. 基于ANSYS平台有限元分析手册结构的建模与分析 [M]. 北京：机械工业出版社，2011.

[13] HARRIS C M，PIERSOL A G. 冲击与振动手册 [M]. 刘树林，译. 北京：中国石化出版社，2008.

[14] 蒋治浩. ANSYS APDL应用实例：渐开线圆柱齿轮建模 [J]. 工程与技术，2010（1）：64-67.

[15] 胡国良，任继文，龙铭. ANSYS 13.0有限元分析实用基础教程 [M]. 北京：国防工业出版社，2012.

[16] 王金龙，王清明，王伟章. ANSYS 12.0有限元分析与范例解析 [M]. 北京：机械工业出版社，2010.

[17] 郝文化. ANSYS土木工程应用实例 [M]. 北京：中国水利水电出版社，2005.

[18] 张义民，李鹤. 机械振动学基础 [M]. 北京：高等教育出版社，2010.

[19] 张义民. 机械振动 [M]. 北京：清华大学出版社，2007.

[20] 陈雪峰，李兵，杨志勃，等. 工程有限元与数值计算 [M]. 北京：科学出版社，2017.

[21] 包陈，王呼佳，等. ANSYS工程分析进阶实例 [M]. 北京：中国水利水电出版社，2009.

[22] 李鹤，马辉，李朝峰，等. 机械系统动力学 [M]. 武汉：华中科技大学出版社，2021.